Ethohydraulik

Beate Adam • Boris Lehmann

Ethohydraulik

Grundlagen, Methoden und Erkenntnisse

Springer

Dr. Beate Adam
Institut für angewandte Ökologie
Neustädter Weg 25
36320 Kirtorf
Deutschland
ifoe@schwevers.de

Dr.-Ing. Boris Lehmann
Karlsruher Institut für Technologie (KIT)
Institut für Wasser und
Gewässerentwicklung
Kaiserstraße 12
76128 Karlsruhe
Deutschland
boris.lehmann@kit.edu

ISBN 978-3-642-17209-0 e-ISBN 978-3-642-17210-6
DOI 10.1007/978-3-642-17210-6
Springer Heidelberg Dordrecht London New York

Die Deutsche Nationalbibliothek verzeichnet diese Publikation in der Deutschen Nationalbibliografie; detaillierte bibliografische Daten sind im Internet über http://dnb.d-nb.de abrufbar.

Einbandentwurf: WMXDesign GmbH, Heidelberg

Gedruckt auf säurefreiem Papier

Springer ist Teil der Fachverlagsgruppe Springer Science+Business Media (www.springer.com)

Geleitwort

Gewässer üben seit je her eine besondere Anziehungskraft auf die Menschen aus. Die Siedlungs- und Industrieraumentwicklung folgte daher in vielen Fällen direkt dem Verlauf der Fließgewässer. In diesem Tun entstanden starke Wechselwirkungen aufgrund natürlicher und anthropogener Veränderungen insbesondere der Fließgewässergestalt. Naturbelassene Fließgewässer weisen in Abhängigkeit der Untergrundverhältnisse und der Geländeneigung eine beeindruckende Vielfalt von Windungen, Verzweigungen, Verengungen, Erweiterungen, Vertiefungen, Anlandungen etc. auf, die für Pflanzen und Tiere infolge der dadurch bedingten Strömungsvielfalt bestmögliche Voraussetzungen für ihren Bestand darstellen.

Bei der Lebensraumentwicklung für die Menschen in unseren Regionen geht es aber um die beiden Extreme: vom Schutz vor dem (Hoch-)Wasser bis hin zum Nutzen aus dem Wasser (Wasserversorgung, Abwasserentsorgung, Bewässerung, Energiegewinnung, Schifffahrt, etc.). Die Konsequenzen daraus schlagen sich in einer starken, technisch bedingten Veränderung in der Fließgewässergestalt nieder – die natürliche Vielfalt wird in eine monotone Gewässergestalt umgewandelt mit den dominanten Folgen der Verkürzung des Fließweges und der Vergrößerung des Gefälles. Die mittlere Fließgeschwindigkeit und die Transportintensität der Feststoffe an der Gewässersohle nehmen dabei zu. Derartige Veränderungen der Fließgewässergestalt führen daher in vielen Fällen zur Destabilisierung des strömungsbedingten Feststofftransportes mit allermeist unbekannten Folgen.

Der fortgesetzte Ausbau der Fließgewässer mittels Stauanlagen, vornehmlich zur Energieerzeugung und Schiffbarmachung, beeinträchtigt darüber hinaus die Durchgängigkeit der Gewässer für den strömungsbedingten Transport (stromab) und für die Wassertiere (stromauf und stromab). Staubauwerke bewirken die Unterbrechung des Transportes vorwiegend gröberen Feststoffmaterials (Kiese, Sande), mit den Folgen der Anlandung dieser Feststoffe im Stauraum und der Erosion weiterer Feststoffe unterhalb der Stauanlage. Zur Überwindung der daraus entstehenden Probleme wurden in den vergangenen Jahrzehnten eine Vielzahl von Forschungsarbeiten durchgeführt.

In diesen Jahren hat sich aber auch die Unkenntnis über viele strömungsbedingte Mechanismen in Fließgewässern gezeigt, da an technische Maßnahmen in Fließgewässern in vielfältiger Weise nun Ansprüche erhoben werden, welche besonders die (Wieder-)Herstellung von Strömungsvielfalt und Durchgängigkeit fordern. Dieses Tun folgt den Zielen der Europäischen Wasserrahmenrichtlinie in einer nachhaltigen Weise.

Die Erforschung der Mechanismen des strömungsbedingten Feststofftransportes stellt bereits sehr hohe wissenschaftliche Ansprüche und erscheint auch heute noch nicht zu einem Abschluss gekommen. Die Wiederherstellung der Durchgängigkeit für die Tierwelt erfordert zudem die Erforschung und die Erkenntnis der komplexen Wechselwirkungen zwischen der Strömungsstruktur und den charakteristischen Verhalten der Tiere in diesen Strömungsvorgängen. Führt man dazu eine Parameteranalyse der dabei einflussnehmenden biologischen, physikalischen und geometrischen Größen durch, so zeigt sich rasch ein extrem hoher Unsicherheitsgrad bei der Typisierung und Charakterisierung der Zusammenhänge auf. Die Parameteranalyse lässt zudem die Notwendigkeit zur systematischen und konsequenten Zusammenarbeit von Ingenieuren und Naturwissenschaftlern erkennen, ohne die Lösungsansätze zur zielgerechten Planung und Dimensionierung von Durchgängigkeitsmaßnahmen an Fließgewässern nicht denkbar erscheinen.

Diesen wissenschaftlich anspruchsvollen Weg haben die beiden Autoren dieser Schrift beschritten und in einer arbeitsintensiven, kontinuierlichen und jahrelangen Zusammenarbeit begangen. Ihre Erkenntnisse haben sie bei der Mitwirkung der Planung und der Bemessung von Durchgängigkeitsbauwerken eingebracht und die Richtigkeit ihrer Ansätze wurde im Betrieb der Anlagen überprüft und mehrfach bestätigt.

Der Weg für diese wissenschaftliche Arbeit wurde durch einige kritische Arbeitsphasen geprägt, da die Abstimmung von technischen Ansprüchen auf biologisch bedingte Verhaltenscharakteristika von unterschiedlichen Fischen keine einfache Aufgabe darstellt. Zudem verlangt sie den beteiligten Wissenschaftlern ein gegenseitig großes Verständnis ab. Auf diesem gemeinsamen Weg begründeten die beiden Autoren, Frau Dr. rer. nat. Beate Adam und Herr Dr.-Ing. Boris Lehmann das neue wissenschaftliche Gebiet der ETHOHYDRAULIK. Beiden Wissenschaftlern ist dafür die höchste Anerkennung auszusprechen.

Prof. Dr.-Ing. Dr. h.c. mult. Franz Nestmann

Vorwort

Wesentliche Teile der in diesem Buch angesprochenen Tests und Ergebnisse stammen aus Untersuchungen, welche vom Institut für angewandte Ökologie (Kirtorf-Wahlen) und z. T. gemeinsam mit dem Institut für Wasser und Gewässerentwicklung am Theodor-Rehbock-Wasserbaulabor des Karlsruher Instituts für Technologie (vormals Universität Karlsruhe) durchgeführt wurden. Deshalb gilt unser besonderer Dank allen Mitarbeitern und Mitarbeiterinnen beider Unternehmen, die durch ihren motivierten Einsatz und ihre unerschütterliche Kollegialität maßgeblich zum Gelingen der diversen ethohydraulischen Studien beigetragen haben.

Die notwendige Basis für die Entwicklung der Ethohydraulik zu einer wissenschaftlichen Transdisziplin wurde in einem durch die Deutsche Bundesstiftung Umwelt e. V. (DBU) geförderten Projekt geschaffen. Wir bedanken uns nicht nur bei der DBU, sondern vor allem bei Herrn Dr. Volker Wachendörfer, der stets vom Aussagewert der Ethohydraulik überzeugt war und ihre Entwicklung zu einer transdisziplinären wissenschaftlichen Methode vorangetrieben hat.

Unser großer Dank geht auch an das Ministerium für Klimaschutz, Umwelt, Landwirtschaft, Natur- und Verbraucherschutz des Landes Nordrhein-Westfalen (Düsseldorf), das mit Aufträgen zur Funktionsüberprüfung des Fischschutzsystems Chan-Bar sowie zur Gewährleistung der Auffindbarkeit einer geplanten Fischaufstiegsanlage am Ruhrwehr in Duisburg die Durchführung ethohydraulischer Tests ermöglichte. Die Beratung und Begleitung dieser Studien seitens des Ministeriums erfolgte dabei durch Herrn Dipl.-Ing. Peter Weimer, dem wir für viele konstruktive Anregungen sowie eine intensive und stets vertrauensvolle Zusammenarbeit besonders danken.

Unser ganz spezielles Dankeschön gilt der Vattenfall Europe Generation AG (Cottbus), die viele Aspekte der Planungen für Europas größte Fischaufstiegsanlage am Elbewehr bei Geesthacht durch ethohydraulische Untersuchungen überprüfen und optimieren ließ. Mit diesen Forschungsaufträgen wurde eine völlig neue und wie sich unterdessen bewiesen hat, sehr zielführende Grundlage für die Planung von Anlagen geschaffen, die gewässerökologischen Zwecken dienen. An dieser Stelle sprechen wir den Projektleitern Herrn Dipl.-Ing. Hans-Jürgen Menzel und Herrn Dipl.-Ing. Dietmar Heinze nicht nur unseren Dank für die Unterstützung unserer Arbeiten aus, sondern vor allem auch unsere Anerkennung für ihre weit- und umsichtigen Konzepte, mit denen das Großprojekt für Mensch und Fisch gleichermaßen erfolgreich abgeschlossen wurde.

In diesem Zusammenhang bedanken wir uns auch bei allen Kollegen und Kolleginnen vom Planungsteam für die Unterstützungen bei der Erstellung des vorliegenden Buches durch Diskussionsbeiträge und Abbildungen. Stellvertretend möchten wir uns hiermit bei Herrn Dipl.-Ing. Christof Neumann von der Firma Knabe Enders Dührkop Ingenieure GmbH (Hamburg) und Herrn Dipl.-Ing. Heiner Joswig von der Gesellschaft für Planung, Maschinen- und Mühlenbau Erhard Muhr mbH (Brannenburg) bedanken.

Wir danken dem Institut für Wasserbau und Wasserwirtschaft der Technischen Universität Darmstadt unter Leitung von Prof. Dr. Ulrich Zanke für die Freigabe von Daten und Abbildungen, die aus dem von der Europäischen Union geförderten laufenden Forschungsprojekt HYLOW in das vorliegende Buch eingeflossen sind.

Schließlich sind wir in besonderem Maße all jenen Menschen zu Dank verpflichtet, die uns nicht nur auf unserem Weg zur Ethohydraulik kontinuierlich begleitet, sondern uns vor allem die für die Abfassung des vorliegenden Buches benötigten zeitlichen Freiräume in Familie und Beruf eingeräumt haben:

Herr Prof. Dr.-Ing. Dr. h. c. mult. Franz Nestmann, Ordinarius des Instituts für Wasser und Gewässerentwicklung am Karlsruher Institut für Technologie, Dr. Ulrich Schwevers, Inhaber des Instituts für angewandte Ökologie, Frau Dipl. Päd. Eva Lehmann mit den Kindern Annika und Sarah sowie Herr Dipl.-Ing. Bernd Lehmann.

Ihr Vertrauen in unsere manchmal krausen Ideen, ihre Anteilnahme an unseren Sorgen und Problemen mit der Thematik sowie nicht zuletzt die schonungslose Durchsicht unserer Manuskripte haben die Entstehung dieses Buches maßgeblich unterstützt. Vielen Dank dafür!

Karlsruhe, März 2011 Beate Adam und Boris Lehmann

Inhalt

Einleitung

1

Die Anforderungen der Menschen an die Nutzung der Fließgewässer als Transport- und Entsorgungspfad, zur Energiegewinnung, zur Landschaftskultivierung sowie dem Schutz der Siedlungen vor Hochwasser führten zu einer nachhaltigen Umgestaltung der natürlichen Gewässerläufe. Diese anthropogenen Nutzungsansprüche haben nachhaltige Beeinflussungen des gewässerökologischen Gefüges zur Folge, aus denen nicht selten ein Lebensraumverlust für die aquatischen Organismen und eine Verarmung des Artenspektrums resultiert.

Mit Verabschiedung der Europäischen Wasserrahmenrichtlinie (EU-WRRL) wird von den Mitgliedsstaaten der Europäischen Union das Ziel verfolgt, die ökologische Qualität der Fließgewässersysteme zu schützen und bei stark beeinträchtigten Gewässerläufen nachhaltig zu verbessern (EU 2000). Ein wichtiger Indikator zur Beurteilung des ökologischen Zustandes eines Gewässers stellt dabei die Ausprägung der gewässertypischen Fischfauna dar: sowohl Neunaugen als auch Fische haben differenzierte Lebensraumansprüche, welche sich durch Kriterien wie beispielsweise die Strukturvielfalt von Gewässerbett und Ufern, der Strömungsvielfalt und Abflussdynamik sowie anhand der chemisch-physikalischen Qualität des Wasserkörpers bewerten lassen. In diesem Zusammenhang wird als notwendige Voraussetzung zur Erreichung der angestrebten „guten ökologischen Qualität" u. a. auch die Durchgängigkeit der Fließgewässersysteme für Fische genannt.

Durch die Errichtung zahlreicher mit und ohne Wasserkraftwerke ausgestatteter Stauanlagen und Abstürze sind allerdings aktuell die Wanderkorridore der stromauf- und stromabwärts wandernden Wirbellosen, Neunaugen und Fische unterbrochen. Zudem wurden durch derartige Unterbrechungen der Strömungskontinuität und den daraus resultierenden gewässermorphologischen Folgen die komplexen ökologischen Funktionen der aquatischen Lebensräume verändert und mit zunehmenden Ausbaugrad der Gewässer beträchtlich gestört.

Zeugnis einer solchen Verschlechterung des ökologischen Wertes der Fließgewässerlebensräume geben u. a. Gewässerstrukturgütekarten: Darin überwiegen in allen deutschen Regionen die „strukturell und hydraulisch beeinträchtigt" bewerteten Abschnitte gegenüber den als „naturnah" bewerteten Strecken. Solche Defizite

DOI 10.1007/978-3-642-17210-6_1, © Springer-Verlag Berlin Heidelberg 2011

beeinträchtigen nicht nur die Landschaftsästhetik, sondern werden von einer Verarmung der aquatischen Lebensgemeinschaften begleitet. Diese in den meisten Gewässern nachweisliche Entwicklung ist Beleg dafür, dass der technischen Regelung und Nutzung der Fließgewässer im Rahmen zahlreicher wasserbaulicher Maßnahmen in der Vergangenheit mehr Gewicht zugeordnet wurde, als den Bedürfnissen der darin lebenden Pflanzen und Tiere.

Eine wesentliche Voraussetzung dafür, den gewässerökologischen Gedanken in der wasserwirtschaftlichen Praxis stärker zu verankern, setzt allerdings die Kenntnis der Ansprüche aquatischer Organismen an ihre Umwelt und der kausalen Folgen eines Eingriffes in ihre Lebensbedingungen voraus. Angesichts der Tatsache, dass der Mensch den Fischen von jeher intensiv nachgestellt und mit großem Erfindungsreichtum die Optimierung der Fangmethoden betrieben hat, überrascht die Feststellung, dass das naturwissenschaftliche Wissen um die Bedürfnisse dieser Lebewesen vergleichsweise spärlich ist. Die Gründe für diese Wissensdefizite sind zahlreich: Vor allem entziehen sich Fische in ihrem natürlichen und dem menschlichen Beobachter schwer zugänglichen Lebenselement weitgehend einer direkten Observation. Zudem haben die meisten Fische natürlicher Weise einen großen Aktionsradius. Dementsprechend ist die direkte Beobachtung von Fischen und ihrer Verhaltensweisen einschließlich einer großräumigen Überwachung ihrer Bewegungsmuster unter Freilandbedingungen methodisch und personell enorm aufwendig. Auch beeinflussen diverse Umweltfaktoren wie Abfluss, Strömungsgeschwindigkeit, Wassertiefe und Turbulenz das Verhalten der Fische. Diese Einflüsse unterliegen im natürlichen Gewässer stetigen Veränderungen, sind messtechnisch nur mit großem Aufwand und zumeist nur unscharf zu bestimmen. Nicht zuletzt wurde auch der praktische Nutzwert einer angewandten Forschung über das Verhalten von Fischen und ihre Ansprüche an die Lebensräume bisher verkannt.

Vor diesem Hintergrund existieren bis heute kaum wissenschaftlich abgesicherte Erkenntnisse oder gar quantifizierte Grenz- und Bemessungswerte, wie minimal erforderliche Wassertiefen oder maximal zulässige Turbulenzbedingungen, die im Sinne einer fischökologisch verträglichen und damit naturnahen Gewässerbewirtschaftung praktische Anwendung finden könnten. Angesichts der erläuterten Schwierigkeiten bei biologischen Freilandbeobachtungen und -messungen, bietet sich mit der Ethohydraulik eine neue Methode zur Erarbeitung insbesondere fischrelevanter Regeln, Grenz- und Bemessungswerte als Basis für ein künftig gewässerökologisch und damit naturschutzverträglicheres wasserwirtschaftliches Handeln.

Das vorliegende Buch stellt dar, wie es unter Anwendung der Ethohydraulik gelingen kann, bestehende Wissensdefizite über die Ansprüche der Fische und die Auswirkungen wasserbaulicher Anlagen auf diese Organismen zu schließen. Das Ziel der Ethohydraulik ist es, das Verhalten von Fischen in bestimmten und bestimmbaren hydraulischen Situationen zu verstehen, um diese Erkenntnisse in die wasserwirtschaftliche Praxis zu implementieren. Damit trägt die Ethohydraulik dazu bei, wasserbauliche Maßnahmen nicht nur hydraulisch funktional, sondern gleichfalls ökologisch verträglicher zu gestalten.

1.1 Die Transdisziplin Ethohydraulik

Die Ethohydraulik richtet sich gleichermaßen an Fachleute der Fisch- und Gewässerbiologie resp. -ökologie, wie auch des ingenieurtechnischen Wasserbaus. Das Verständnis der Inhalte dieser neuen Disziplin setzt allerdings den Willen und die Fähigkeit voraus, sich intensiv mit der jeweils anderen Fachdisziplin auseinander zu setzen.

An dieser Stelle scheint es angesichts meist frustrierender Erfahrungen aus voran gegangenen Praxis- und Forschungsprojekten erforderlich, den transdisziplinären Charakter der Ethohydraulik zu unterstreichen: Im Gegensatz zu einer Interdisziplinarität, bei der es sich zumeist um eine wenig erkenntnisbringende Addition fachspezifischen Einzelwissens handelt, erfordert die Ethohydraulik eine echte Durchdringung von naturwissenschaftlich biologischem und ingenieurwissenschaftlichem Denken. Das Ergebnis einer derartigen Arbeitsweise führt – wie im vorliegenden Buch aufgezeigt – zur Entwicklung neuer Methoden und neuem Erkenntniswissen. Die Ethohydraulik ermöglicht mit der Erweiterung des konventionellen wasserbaulichen Versuchswesens durch die Komponente der Lebendtierbeobachtung neue und intensive Einblicke in die Lebenswelt der einheimischen Fische und deren Verhaltensmuster.

Transdiszipinäres Arbeiten von Akteuren unterschiedlicher Fachrichtungen setzt bereits auf der persönlichen Ebene die Bereitschaft zur vorurteilsfreien und respektvollen Kooperation mit dem Partner sowie den Ergeiz voraus, sich in die jeweils andere Disziplin einzuarbeiten (Fuest 2004, 2006). Ein claim- und kompetenzabsteckendes Denken ist hierbei genauso hinderlich, wie eine sozioökonomisch begründete Überheblichkeit. Wie die Erfahrung aus praktizierten ethohydraulischen Untersuchungen zeigt, sind die soziale Kompetenz, Motivation und Geduld fachlich versierter Projektpartner die notwendige Basis für eine fruchtbare transdisziplinäre Zusammenarbeit und damit für den Erfolg ethohydraulischer Projekte.

Neben der für ethohydraulische Forschungen benötigten infrastrukturellen und finanziellen Ausstattung ist vor allem die Entwicklung einer gemeinsamen Sprache und Kommunikationskultur anspruchsvoll und zeitaufwendig. So wurde beispielsweise zwischen den Autoren im Laufe der Jahre eine gemeinsame semantische Plattform entwickelt, die für die systemanalytische Beschreibung gleichermaßen biologischer und technischer Abläufe benötigt wird. Eine wichtige Bedeutung hat hierbei die Parametrisierung qualitativer Ausdrücke, wie sie in der Biologie zwar allgegenwärtig, für den Ingenieur jedoch oft unverständlich und damit wenig umsetzbar sind. So bedeutet beispielsweise die Beschreibung eines „verharrenden Verhaltens" parameterisiert, dass die rheoaktive Fließgeschwindigkeit von 0,2 m/s bis 0,3 m/s unterschritten ist (Kap. 5.4.2), während ein „desorientiertes Verhalten" Ausdruck einer messbaren Rückströmung oder einer Totwasserzone sein kann. Messbare und damit „harte" Parameter, wie die Fließgeschwindigkeit oder die Leistungsdichte, haben wie auch biometrische Daten, z. B. die Körperlänge oder -dicke eines Fisches den Vorteil, dass sie sich klar definieren und als dimensionsbehaftete Werte ausdrücken lassen. Solche Werte sind wiederum eine wesentliche Grundlage für die

Aufstellung von Normen sowie für die Überprüfung der Einhaltung solcher Regeln im Sinne einer Qualitätssicherung.

1.2 Zum Aufbau des Buches

Für das Verständnis der transdisziplinären Ethohydraulik ist es unerlässlich, fischökologische und verhaltensbiologische Grundlagen zu vermitteln. Hierbei beschränken sich die nachfolgenden Ausführungen auf heimische in Binnengewässern beheimatete Neunaugen- und Fischarten, während marine und Süßwasserarten, die die Gewässer außerhalb Deutschlands besiedeln, ausgeklammert bleiben. Außer in biologische Aspekte führt das Buch auch in hydraulische Grundkenntnisse ein, soweit dies zum Verständnis des Themas erforderlich ist. Etwas ausführlichere Darlegungen stellt das Buch zur Teildisziplin des wasserbaulichen Versuchswesens zusammen, da diese den wesentlichen methodisch-technischen Unterbau der Ethohydraulik darstellt.

Zur Erhöhung der Anschaulichkeit des Themas werden zumeist aus Auftragsforschungen stammende Beispiele angeführt, die im Rahmen ingenieurlicher Planungen durchgeführt und deren Ergebnisse bislang nur zum Teil veröffentlicht wurden. Vor diesem Hintergrund stellt das vorliegende Werk auch ein Kompendium über das bis dato erarbeitete ethohydraulische Wissen dar.

Kapitel 1, 2, und **3** befassen sich mit Verhaltensbeobachtungen von Fischen im Kontext wasserbaulicher Fragestellungen und zeigen die bisher eingesetzten Untersuchungsverfahren sowie deren Vor- und Nachteile bezüglich der Ergebnisübertragbarkeit auf.

Darauf aufbauend wird im **Kap. 4** der eigentliche Ablauf ethohydraulischer Untersuchungen mit den drei charakteristischen Phasen des Präprozesses, des ethohydraulischen Tests an sich sowie dem Transferprozess umrissen, bevor sich **Kap. 5** der Erläuterung biologischer und ingenieurtechnischer Grundlagen widmet. Hierbei konzentrieren sich die Ausführungen auf die für das Verständnis der Ethohydraulik sowie die aufgeführten Beispiele relevanten Aspekte.

Im **Kap. 6** werden die infrastrukturellen Einrichtungen und deren Funktionen konkretisiert, welche zur Durchführung ethohydraulischer Untersuchungen erforderlich sind. Aufbauend darauf befasst sich **Kap. 7** mit den diversen Instrumenten und Auswertungsverfahren, welche zur Datenaufnahme, Dokumentation und Analyse ethohydraulischer Tests benötigt werden.

Den Möglichkeiten der Übertragung und Implementierung von Erkenntnissen aus ethohydraulischen Tests im Rahmen eines Transferprozesses in die wasserbauliche Praxis widmet sich **Kap. 8**.

In **Kap. 9** wird exemplarisch die Vorbereitung, der Aufbau, die experimentelle Abarbeitung und Umsetzung eines konkreten Untersuchungsauftrags aufgezeigt.

Kapitel 10 veranschaulicht anhand weiterer Fallbeispiele zu Fragen des Fischaufstiegs, des Fischschutzes und des Fischabstieges den Erkenntnisgewinn ethohydraulischer Untersuchungen für die Planung und Bemessung von wasserbaulichen Anlagen, die fischökologischen Zwecken dienen sollen.

Im **Kap. 11** wird ein abschließender Ausblick auf weiterführende Entwicklungen und Anwendungsmöglichkeiten der Ethohydraulik gegeben.

Im **Anhang** werden im Sinne eines Nachschlagewerkes alle im Buch behandelten Fischarten mit bebilderten Steckbriefen einschließlich der aus bisherigen ethohydraulischen Untersuchungen gewonnenen artspezifischen Erkenntnisse vorgestellt.

Das **Glossar** schließlich unterstützt das transdisziplinäre Verständnis der Ethohydraulik, in dem die aus der Biologie und Ingenieurwissenschaft entnommenen und im vorliegenden Buch verwendeten Fachbegriffe erläutert werden.

Literatur

EU (Europäisches Parlament und Rat der Europäischen Union) (2000) Richtlinie 2000/60/EG des Europäischen Parlaments und Rates der Europäischen Union vom 23. 10. 200 zur Schaffung eines Ordnungsrahmens für Maßnahmen der Gemeinschaft im Bereich der Wasserpolitik. Amtsblatt der Europäischen Gemeinschaften L 327/1–327/72 vom 22. 12. 2000

Fuest V (2004) Alle reden von Interdisziplinarität, aber keiner tut es – Anspruch und Wirklichkeit interdisziplinären Arbeitens in Umweltforschungsprojekten. http://www.hirzel.de/universitas/archiv/fuestneu.pdf. am 05.10.2010

Fuest V (2006) Institutionen und Frustrationen: Grenzen interdisziplinärer Umweltforschung. Technikfolgenabschätzung: Theorie und Praxis 1(15): 99–105

2 Fische im Wasserbau

Die Nutzungsanforderungen der Menschen an die Gewässer hatten seit jeher eine Umgestaltung der Natur- in Kulturlandschaften zur Folge. Damit einhergehend ergaben sich oft morphodynamische und gewässerökologische Defizite, die von den Planern teils billigend in Kauf genommen, zum großen Teil aber nicht vorausgesehen, geschweige denn beabsichtigt worden waren. Und so wurde bereits im Jahr 1912 im Handbuch der Ingenieurwissenschaften über Fischaufstiegsanlagen vom damaligen Wasserbaumeister Gerhard festgestellt (Gerhard 1912):

> *Wenn man die baulichen Anlagen, die Fischereizwecken dienen sollen, richtig entwerfen und ausführen will, so muß man mit den Gewohnheiten der Fische vertraut sein. Zahlreich sind die Klagen über schlecht erbaute Fischwege, die ihren Zweck entweder ganz verfehlt hätten oder zu teuer geworden wären. Die Klagen sind leider vielfach berechtigt. Ihre Ursachen sind fast ausnahmslos darauf zurückzuführen, daß der Ingenieur ohne genaue Kenntnis der Naturgeschichte der Fische seine Arbeit unternahm.*

Auch 100 Jahre später hat sich an dieser Situation weder in Hinblick auf Fischaufstiegsanlagen, noch auf andere wasserbauliche Maßnahmen etwas grundlegend verändert: Die Auswirkungen wasserbautechnischer Maßnahmen zur Verwirklichung anthropogener Nutzungsinteressen auf die aquatischen Lebensräume sind aufgrund fehlender Forschung häufig unverstanden und die entstandenen ökologischen Schäden werden oftmals ignoriert.

Es gäbe keinen Anlass zur Klage, stünde bei unserer einheimischen Fischfauna alles zum Besten. Doch sieht die Realität anders aus (Abb. 2.1): Von insgesamt 89 autochthonen Neunaugen- und Fischarten sind etwa ein Drittel bereits aus deutschen Gewässern verschwunden oder stark gefährdet. Nur 45 % aller Arten erweisen sich stofflichen Belastungen und/oder strukturellen Eingriffen gegenüber als tolerant und gelten damit als ungefährdet.

Wie schnell sich ein solcher Gefährdungsstatus allerdings ändern kann, zeigt das Beispiel des Europäischen Aales, dessen Jungfischaufkommen entlang der europäischen Küsten binnen einer Menschengeneration um mehr als 95 % zurückgegangen ist (Abb. 2.2).

Die Erkenntnis, dass wasserwirtschaftliche Maßnahmen und wasserbauliche Anlagen großen Einfluss auf die Qualität der Lebensräume von Fischen haben, ist

B. Adam, B. Lehmann, *Ethohydraulik*,
DOI 10.1007/978-3-642-17210-6_2, © Springer-Verlag Berlin Heidelberg 2011

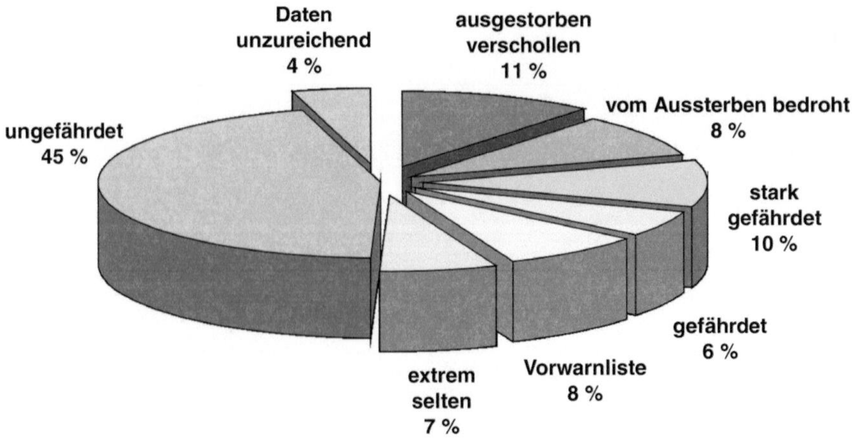

Abb. 2.1 Rote-Liste-Status der Süßwasserfische Deutschlands. (nach: Freyhof 2010)

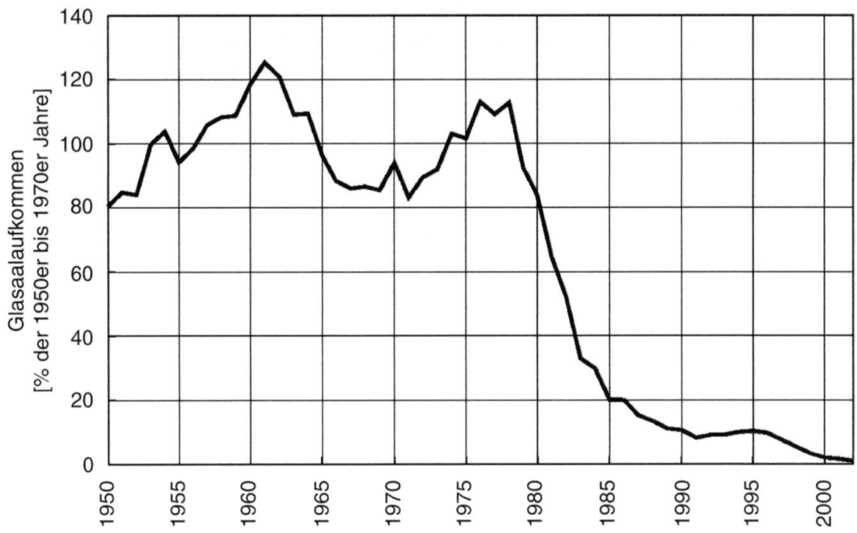

Abb. 2.2 Bestandsrückgang des Europäischen Aals seit den 1970er Jahren. (nach: AFS 2003)

keineswegs neu. Beispielsweise bewirkt die Einleitung von warmem Kühlwasser aus Industrie- und Kraftwerken oder Sümpfungswässern aus Bergwerken eine Erwärmung der Flüsse, was nicht nur den Sauerstoffhaushalt belastet, sondern auch das Fortpflanzungsverhalten der Fische beeinträchtigt (Abb. 2.3). Durch Aufstau und Ausleitung von Wasser für die Energie- oder Trinkwassergewinnung sowie als Prozesswasser werden der Abfluss und die Strömungsvielfalt oft so weit reduziert, dass die betroffenen Gewässerabschnitte als Lebensraum für die aquatische Flora und Fauna untauglich werden (Abb. 2.4).

Durch unzählige Stauanlagen werden die Wanderkorridore der Fische stromaufwärts unterbrochen (Abb. 2.5) und die stromabwärtige Passage von Wasserkraft-

Abb. 2.3 In der durch Sümpfungswasser aus dem Braunkohletagebau erwärmten Erft (Nordrhein-Westfalen) werden die männlichen Fische früher laichreif als die weiblichen Fische. Diese Asynchronität der Geschlechtspartner reduziert den Fortpflanzungserfolg erheblich

anlagen birgt ein hohes Verletzungsrisiko (Abb. 2.6). Zudem werden aufgestaute Gewässer strömungsmechanisch und in ihrem Temperatur- und Stoffhaushalt derart verändert, dass Fließgewässerbewohner ihren Lebensraum verlieren können. Auch das in Wasserstraßen infolge von Hub und Sunk durch Schiffe erzeugte Brandungsgeschehen hat negative Auswirkungen, indem Fische auf die Ufer gespült werden und der Fischbrut kaum Entwicklungschancen bleiben. Mit den üblicherweise zum Schutz gegen Erosion durchgeführten Ausbau- und Befestigungsmaßnahmen geht nicht nur lokal eine Umgestaltung der Gewässerstrukturen, sondern großräumig auch eine Veränderung des Abflussregimes einher, denen sich Arten wie der Hecht nicht anpassen können.

Abb. 2.4 Zu gering beaufschlagtes und damit ökologisch entwertetes Mutterbett unterhalb einer Stauanlage in der Murg (Baden-Württemberg). Das nur wenige Zentimeter tiefe Wasser bietet allenfalls Klein- und Jungfischen einen Lebensraum. Für die meisten Fische ist dieser Abschnitt jedoch durch Katastrophen wie Trockenfallen oder Eisbildung ein unsicherer Lebensraum. (Foto: F. Hartmann)

Abb. 2.5 Wehre wie dieses in der Lahn (Hessen) sind nicht nur für stromaufwärts wandernde Fische ein Hindernis

Abb. 2.6 Dekapitierte Plötze nach der Passage einer Turbine eines Wasserkraftwerks

Die Europäische Wasserrahmenrichtlinie schenkt nun erstmals nicht allein der stofflichen Belastungssituation der Gewässer Aufmerksamkeit, sondern auch den durch wasserbauliche Maßnahmen erzeugten Beeinträchtigungen der aquatischen Lebensgemeinschaften (EU 2000). Sie fordert von den Mitgliedsstaaten der Europäischen Union, dass binnen einer Menschengeneration alle Gewässer wieder in einen guten ökologischen Zustand zu versetzen sind. Bei den massiv veränderten Gewässern, sog. Heavily Modified Water Bodies, soll zumindest das noch vorhandene ökologische Potenzial so weit wie möglich entwickelt werden. Diese Forderungen betreffen dabei explizit auch hydromorphologische Aspekte, wie die strukturelle Ausstattung der Gewässer und ihre Durchgängigkeit. Der ökologische Zustand soll anhand des Zustandes biologischer Qualitätskomponenten bemessen werden, zu denen neben Wasserpflanzen und benthalen Wirbellosen auch die Fische zählen. Der zu erreichende „gute ökologische Zustand" ist dabei vorgegeben:

Die Werte für die biologischen Qualitätskomponenten [hier aquatische Invertebraten und Fische] des Oberflächengewässertyps zeigen geringe, anthropogene Verzerrungen an, weichen aber nur geringfügig von den Werten ab, die normalerweise bei Abwesenheit störender Einflüsse mit dem betreffenden Oberflächengewässertyp einhergehen.

Konkret bedeutet dies, dass alle in deutschen Gewässern ursprünglich vertretenen Neunaugen- und Fischarten mit geringfügigen Abweichungen vom natürlichen Altersaufbau und den ehemaligen Besiedlungsdichten wieder vorkommen sollen. Damit die für die Gewässerunterhaltung Verantwortlichen dieses ehrgeizige Ziel erfüllen können, bedarf es grundlegender Kenntnisse über die Bedürfnisse und Ansprüche der Fische. Wie bereits eingangs dargelegt, waren diese Aspekte bis dato nicht Gegenstand des wissenschaftlichen oder volkswirtschaftlichen Interesses und sind deshalb weitgehend nicht bekannt. Während sich der Mensch im Interesse seines Nahrungserwerbs intensiv mit der Verbesserung von Fanggeräten und -techniken befasst hat, ist z. B. unklar wie viel Wasser Fische nicht nur unter ihrem „Kiel", sondern auch über der Rückenflosse benötigen. Auch wie stark Strömungen und Turbulenzen ausgeprägt sein dürfen, damit ihnen Fische widerstehen können und nicht aus ihren angestammten Lebensräumen verdriftet werden, ist nicht bekannt.

Um einige der bestehenden Wissensdefizite zu beseitigen bedient sich die Ethohydraulik erprobter und bewährter methodischer Ansätze aus fischökologischen Freilanduntersuchungen, Verhaltensbeobachtungen lebender Tiere und wasserbaulicher Modellversuche. Allerdings weisen alle diese Verfahren neben unbestreitbaren Vorteilen auch Nachteile auf:

- Eine direkte Observierung von Fischen in ihrem natürlichen Lebensmilieu ist kaum, oder nur mit enormen technischen Aufwand möglich, da sich die Umweltbedingungen wie der Abfluss, Strömungscharakter und -geschwindigkeit sowie die Trübung innerhalb kurzer Zeit ändern können. Auch sind Fische außerordentlich mobil und besitzen einen großen Aktionsradius, der wie im Falle der diadrom wandernden Arten sogar einen obligaten Wechsel zwischen Lebensräumen im Meer und in den Fließgewässern des Binnenlandes einschließt. Diese multivariablen Einflüsse bedingen sehr inkonstante Untersuchungsbedingungen, weshalb viele im Freiland gewonnene Erkenntnisse als spezifisch und nicht allgemein gültig gewertet werden. Insgesamt sind valide biologische Feldstudien sehr zeit-, personal- und somit kostenintensiv.
- Sofern neben Aquarienstudien durchströmte Laborrinnen für Verhaltensbeobachtungen an Fischen eingesetzt werden, weisen diese Gerinne oft Abmessungen und Abflussspektren auf, die nur in sehr begrenztem Umfang eine hydraulische Modellierung anlagenspezifischer Strömungsmuster zulassen. Kleinskalige Laborrinnen erlauben zudem nur die Verwendung kleiner Fischarten und/oder juvenilen Entwicklungsstadien, so dass die Ergebnisse der Verhaltensbeobachtungen aufgrund der art- und entwicklungsspezifischen Leistungsfähigkeit von Fischen nicht repräsentativ sind.
- Auch klassische wasserbauliche Modellversuche werden nicht zuletzt aus Kostengründen mit Maßstäben von etwa 1:10 bis 1:80 derart kleinskalig ausgeführt, dass zwar die Anwendung der Modellgesetze und damit ein Transfer der physikalischen Messungen auf Naturverhältnisse möglich ist, dieses methodische Vorgehen allerdings in der Regel die Beobachtung von Fischen ausschließt.

Insofern stellt die Ethohydraulik eine Erweiterung des klassischen wasserbaulichen Versuchswesens um den biologischen Aspekt der Lebendtierbeobachtung dar (Lehmann und Nestmann 2007). Sie hat zum Ziel, die unter konditionierten Bedingungen im Labor gewonnene Erkenntnisse über die Reaktionen von Fischen gegenüber bestimmten und bestimmbaren hydraulischen Situationen auf die Realität im Freiland zu übertragen und dieses angewandte Wissen für die wasserbauliche Praxis nutzbar zu machen.

Literatur

AFS (American Fisheries Society) (2003) Proklamation zum Schutze des Aals. Quebec (Canada), 2. International Eel-Symposium, 14. August 2003

EU (Europäische Union)(2000) Richtlinie des Europäischen Parlaments und des Rates zur Schaffung eines Ordnungsrahmens für Maßnahmen der Gemeinschaft im Bereich der Wasserpolitik. In: Amtsblatt der Europäischen Gemeinschaften vom 22. Dezember 2000, Richtlinie 2000/60/EG vom 23. Oktober 2000, L 327/1–327/72

Freyhof J (2010) Rote Liste der im Süßwasser reproduzierenden Neuaugen und Fische (Cyclostomata & Pisces). In: Bundesamt für Naturschutz (Hrsg.): Rote Liste gefährdeter Tiere, Pflanzen und Pilze Deutschlands, 289–316

Gerhardt P (1912) Die Fischwege. In: Handbuch der Ingenieurwissenschaften 3. Teil, II. Bd., 1. Abt.: Wehre und Fischwege, 454–499

Lehmann B, Nestmann F (2007) Wasserbauliches Versuchswesen: Kursbegleitendes Skriptum. Universität Karlsruhe, Institut für Wasser und Gewässerentwicklung (IWG), 1. Auflage April 2007, 110 S

3 Der Weg zur Ethohydraulik

Biologen, die sich mit dem Verhalten von Fischen befassen, stehen grundsätzlich vor dem Problem, dass sich Fische in ihrem natürlichen Lebensmilieu einer direkten Beobachtung zumeist entziehen. Während Tauchgänge bei idealen Sichtbedingungen vor allem über die Verhaltensweisen unter den strömungsfreien Bedingungen in Stillgewässern Aufschluss geben, benötigen Felduntersuchungen in Fließgewässern den Einsatz von Unterwasserkameras, Echolotungssystemen oder einer antennengestützten Überwachung. Eine derartige Überwachung wird mit Hilfe der Telemetrie (Abb. 3.1) oder durch Markieren einzelner Fische mit Transpondern möglich. Solche Studien wurden in Deutschland bisher allerdings nur vereinzelt durchgeführt (u. a. Pelz und Kästle 1989; Marmulla 1996; Behrmann-Godel 2000; Frenz und Hartmann 2001; Fredrich und Arzbach 2002, Abb. 3.2). Angesichts der für fischökologische Grundlagenforschungen nach wie vor fehlenden Budgets lag es nahe, die bisher zur Erforschung strömungsmechanischer Vorgänge genutzten einsehbaren Laborrinnen auch für biologische Untersuchungen mit aquatischen Organismen für ethohydraulische Untersuchungen einzusetzen. Im Gegensatz zu bisherigen Laboruntersuchungen basiert die Ethohydraulik allerdings auf speziellen Verfahrensweisen, um die Übertragbarkeit der im Labor gewonnenen Erkenntnisse auf das Freiland zu gewährleisten.

3.1 Begriffsdefinition

Der Begriff der Ethohydraulik verbindet semantisch und inhaltlich die biologische Teildisziplin der Verhaltensbiologie mit dem ingenieurwissenschaftlichen Fachgebiet der Hydraulik (Abb. 3.3).

Die Ethologie (griechisch; ethos = der Charakter) arbeitet in klassisch naturwissenschaftlicher Manier mit dem Instrument des vergleichenden Experimentes, um das Verhaltensrepertoire von Menschen und Tieren gegenüber bestimmten Einzelreizen aus der belebten und unbelebten Umwelt sowie in komplexen Situationen zu verstehen. Die Hydraulik (griechisch; hydor = Wasser und aulus = das Rohr) als

B. Adam, B. Lehmann, *Ethohydraulik*,
DOI 10.1007/978-3-642-17210-6_3, © Springer-Verlag Berlin Heidelberg 2011

Abb. 3.1 Mit telemetrischen Sendern markierte Fische lassen sich anhand der Radiofrequenz der Emitter unter Einsatz mobiler Antennen individuell über große Distanzen verfolgen (Foto: S. Zienert)

Lehre vom Strömungsverhalten der Flüssigkeiten betrachtet insbesondere Vorgänge in offenen und geschlossenen Gerinnen unter Freispiegel- oder Druckabflussverhältnissen. Als Teilgebiet der Mechanik ermöglicht es die Hydraulik Fließbewegungen zu berechnen und damit Strömungen und Turbulenzen zu verstehen.

Im Gegensatz zur interdisziplinären Forschung, bei der Grundlagen und Methoden mehrerer Disziplinen nebeneinander zur Anwendung kommen, wird der transdisziplinäre Charakter der Ethohydraulik an einer inhaltlichen und methodischen Durchdringung des wasserbaulichen Versuchswesens mit den naturwissenschaftlichen Ansätzen der vergleichenden Verhaltensbiologie deutlich:

Um die Lebensbedingungen insbesondere in strömungsgeprägten Lebensräumen zu simulieren, die Reaktionen aquatischer Organismen im Sinne einer Antwort auf spezielle hydraulische Situationen zu erkennen und damit grundsätzliche Ver-

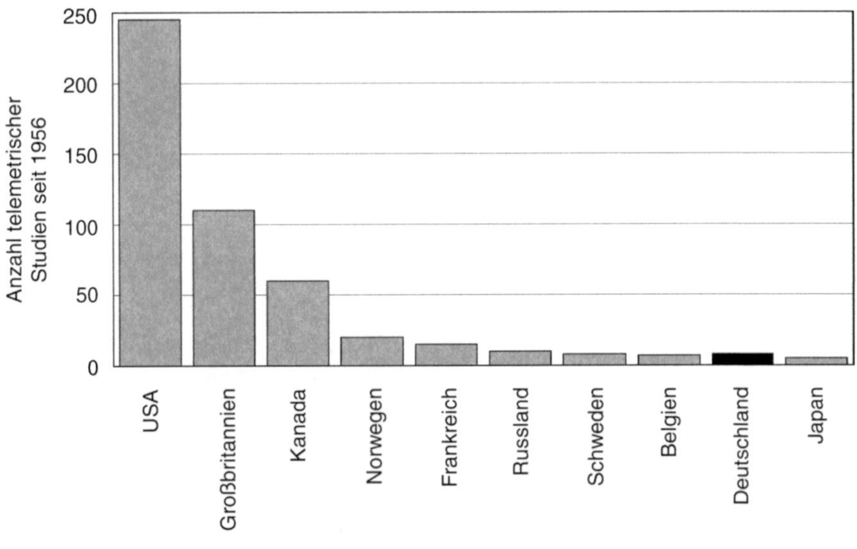

Abb. 3.2 Anzahl weltweit publizierter telemetrischer Freilanduntersuchungen mit Fischen (ergänzt nach: Lucas und Baras 2001)

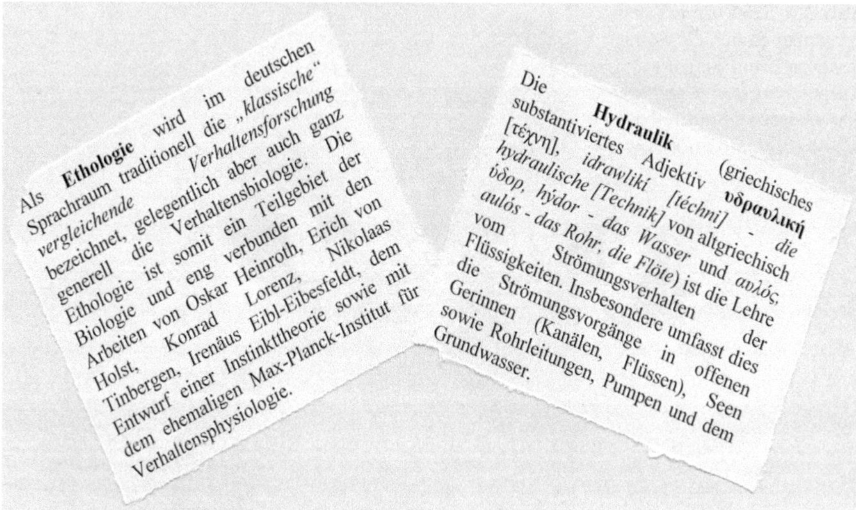

Als **Ethologie** wird im deutschen Sprachraum traditionell die *„klassische" vergleichende Verhaltensforschung* bezeichnet, gelegentlich aber auch ganz generell die Verhaltensbiologie. Die Ethologie ist somit ein Teilgebiet der Biologie und eng verbunden mit den Arbeiten von Oskar Heinroth, Erich von Holst, Konrad Lorenz, Nikolaas Tinbergen, Irenäus Eibl-Eibesfeldt, dem Entwurf einer Instinkttheorie sowie mit dem ehemaligen Max-Planck-Institut für Verhaltensphysiologie.

Die **Hydraulik** (griechisches substantiviertes Adjektiv **υδραυλική** [τέχνη], *idrawliki* [*téchni*] - die *hydraulische [Technik]* von altgriechisch *ὕδωρ, hýdor - das Wasser* und *αυλός, aulós - das Rohr, die Flöte*) ist die Lehre vom Strömungsverhalten der Flüssigkeiten. Insbesondere umfasst dies die Strömungsvorgänge in offenen Gerinnen (Kanälen, Flüssen), Seen sowie Rohrleitungen, Pumpen und dem Grundwasser.

Abb. 3.3 Die Begriffe Ethologie und Hydraulik, welche der Wortschöpfung „Ethohydraulik" als Name für die neue Transdisziplin zu Grunde liegen (aus: Meyers 2005)

haltensweisen zu verstehen, nutzt die Ethohydraulik die methodischen Vorteile von Laboruntersuchungen. Hierbei werden wasserbauliche Modelle verwendet, wie sie auch bei der Planung komplexer wasserbaulicher Anlagen, Prototypen oder ingenieurtechnischen Forschungsarbeiten mit unterschiedlichen Abstrahierungsgraden zum Einsatz kommen. An solchen wasserbaulichen Modellen lassen sich physikalische Zustände, Strömungsvorgänge oder damit zusammenhängende Erscheinungen simulieren, um technische und hydraulische Probleme zu lösen (Kobus 1974). Mittels Modellgesetzen ist es möglich, die am Modell ermittelten kinematischen, dynamischen und hydraulischen Zustände und Parameter auf eine Real-, d. h. Natursituation zu übertragen.

Darüber hinaus kommen bei der Ethohydraulik stochastisch geprägte Methoden der vergleichenden Verhaltensforschung zum Einsatz, um aus der Reaktion von Tieren auf eine modellhaft simulierte Situation Schlussfolgerungen auf ihr Verhalten unter vergleichbaren Naturbedingungen zu ziehen. Im Gegensatz zu Freilanduntersuchungen bieten ethohydraulische Untersuchungen die Möglichkeit, vor allem Strömungen und damit einhergehende Erscheinungen gezielt zu variieren, um durch einen Vergleich der Reaktionen der Tiere auf solche Veränderungen die Bedeutung einzelner Parameter zu erkennen und diese letztlich zu quantifizieren.

3.2 Anwendungsbereiche der Ethohydraulik

Mittels ethohydraulischer Untersuchungen ist es möglich einfache Reiz-Reaktions-Mechanismen bis hin zu komplexen Verhaltensmustern von Fischen zu erforschen. Im Vergleich zu herkömmlichen Lebendtierbeobachtungen im Labor erlauben etho-

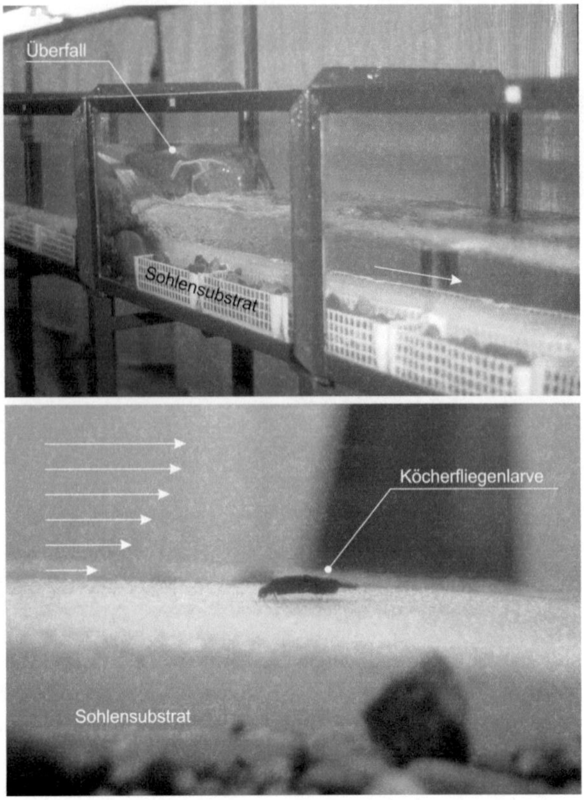

Abb. 3.4 Tests mit Köcherfliegenlarven in einer Laborrinne zur Ermittlung der Anforderung aufwandernder Wirbelloser an Substratbeschaffenheit und Strömung

hydraulische Untersuchungen aufgrund ihres mehrstufigen modularen Ablaufs und der Wahrung von Modellgesetzen jedoch nicht nur eine generelle, sondern auch eine spezielle Übertragbarkeit der im Labor gewonnenen Erkenntnissen auf Freilandverhältnisse. Entsprechend lassen sich aus ethohydraulischen Tests für das Verständnis und die Anwendung fischökologisch relevante Parameter benennen und sogar Grenzwerte ableiten. Diese Kenngrößen sind so präzise, dass sie bei der Planung und Umsetzung wasserbaulicher Anlagen und Maßnahmen konkret berücksichtigt werden können.

Wenngleich verschiedentlich ethohydraulische Untersuchungen mit makrozoobenthalen Invertebraten, insbesondere zur Ermittlung des Wander- und Driftverhaltens in Laborrinnen durchgeführt worden sind (Vobis 1973; Ruettimann 1980), liegt der größte Anwendungsbereich bislang bei gewässer- resp. fischökologischen Fragestellungen (Abb. 3.4). Vor allem in diesem Bereich scheint es lohnend, unter Anwendung ethohydraulischer Erkenntnisse den Schutz noch intakter oder eine gezielte ökologische Aufwertung anthropogen überformter Gewässerabschnitte anzustreben.

3.3 Chronologie der Verhaltensbeobachtung von Fischen im Labor

Während zahlreiche Berichte über Beobachtungen von Fischen in Aquarien existieren, liegen nur wenige Publikationen und unveröffentlichte Berichte über das Verhalten von Fischen in Strömung vor:

- Kreitmann (1931) führte als einer der ersten Forscher Tests zur Schwimmleistung verschiedener Fischarten durch. Er wollte herausfinden, welche maximalen Fließgeschwindigkeiten in Fischaufstiegsanlagen auftreten dürfen, um die Passierbarkeit solcher Anlagen zu gewährleisten.
- Wesentliche, noch heute gültige Erkenntnisse über fischökologische Anforderungen an Fischaufstiegsanlagen gewann Schiemenz (1950, 1952) durch die Beobachtung von Glasaalen in einem Strömungskanal.
- In Russland wurde in den 1970er Jahren mit Verhaltensbeobachtungen bei Fischen begonnen, um unter Berücksichtigung des Einflusses von Licht und Wassertemperatur kritische Fließgeschwindigkeiten zu bestimmen (Pavlov et al. 1972). Bis heute werden in dieser Tradition an der Universität Moskau ethohydraulische Studien durchgeführt, deren Ergebnisse allerdings meist in der Originalsprache publiziert werden oder im Westen nur eingeschränkt verfügbar sind.
- 1973 interessierten sich Siegmund und Wolff im Labor und im Freiland für die Schwimmaktivität verschiedener einheimischer Süßwasserfische.
- Stott und Buckley (1979) befassten sich mit dem Schwarmverhalten von Elritzen.
- Sigler et al. (1984) untersuchten die Auswirkungen chronischer Wassertrübungen auf die Besiedlungsdichte und das Wachstum zweier Salmonidenarten.
- Crisp (1991) sowie Crisp und Hurley (1991a, b) beobachteten das Abwanderverhalten und die Verteilung sehr junger Entwicklungsstadien von Forellen und Lachsen bei vier verschiedenen Fließgeschwindigkeiten während des Tages und in der Nacht.
- Bardonnet (1993) untersuchte die Bedeutung sichtbarer Landmarken für junge Forellenstadien während ihrer Ausbreitung im Gewässersystem.
- Barbin und Krueger (1994) analysierten das Schwimmverhalten junger Steigaalstadien des Amerikanischen Aals (*Anguilla rostrata*).
- Anfang der 1990er Jahre führten Adam und Schwevers im Rahmen eines Forschungsprojekts am Zentrum für Agrarlandschafts- und Landnutzungsforschung in Müncheberg Tests mit verschiedenen rhithralen Fischarten bei unterschiedlichen Randbedingungen zur optimalen Positionierung von Fischaufstiegsanlagen durch (Institut für angewandte Ökologie 1993–1996, Abb. 3.5). Untersucht wurden sowohl verschiedene räumliche Anordnungen einer simulierten Fischaufstiegsanlage an einem über- und unterströmten Wehr, als auch der Austrittswinkel der Leitströmung bei verschiedenen Dotierungen und Fließgeschwindigkeiten (Adam und Schwevers 1997a, b, 1998). Ein in diesem Rahmen angefertigter Lehrfilm dokumentiert die Beeinträchtigung der Auffindbarkeit von Fischaufstiegsanlagen, wenn der Einstieg zu weit im Unterwasser des Wanderhinder-

Abb. 3.5 Ethohydraulische Tests zur Auffindbarkeit einer Fischaufstiegsanlage im Laborgerinne des ZALF in Müncheberg (Brandenburg)

Abb. 3.6 Einseitig verglaste Laborrinne des Alden Lab in Holden (USA) mit schräg zur Anströmung eingebauten 25 mm-Rechen und rechts daneben anschließendem Bypass (Ansicht von hinter dem Rechen gegen die Fließrichtung)

nisses gelegen ist (IWF 1997). Im Rahmen dieses Projektes wurde auch das Wanderverhalten benthaler Wirbelloser in einer Laborrinne sowie im Freiland untersucht und eine durchschnittliche Wandergeschwindigkeit von etwa 1 m/Tag ermittelt (Adam 1996).

- Am Alden Research Laboratory an der amerikanischen Ostküste bei Boston wurde von Amaral et al. (2000, 2003) das Verhalten Amerikanischer Aale sowie verschiedener pazifischer Störarten auf Rechen mit seitlich daneben platzierten Bypässen untersucht (Abb. 3.6).

Abb. 3.7 Verhaltensbeobachtungen über die Wirkung von Elektrobefischungen in einer mit diversen Unterständen „möblierten" Laborrinne im Wasserbaulabor der Universität Darmstadt (Hessen)

- Um die Auswirkungen der Elektrofischerei auf Fische zu untersuchen, wurden vom Institut für angewandte Ökologie Ende der 1990er Jahre Verhaltensbeobachtungen in einer Laborrinne der Universität Darmstadt durchgeführt. Die Ergebnisse daraus wurden mittels Felduntersuchungen überprüft und bestätigt (Adam et al. 1998–1999, Abb. 3.7).
- In einer großdimensionierten, ringförmigen Laborrinne am Forschungslabor des Conte Anadromous Fish Research Center in Turners Falls an der amerikanischen Ostküste wurde das Leistungsvermögen verschiedener Fischarten getestet (Abb. 3.8, Hayes et al. 2000). In jüngerer Zeit wurde dort auch in sehr groß dimensionierten, aber nicht einsehbaren Betonrinnen von Haro et al. (2004a, 2004b, Abb. 6.15) das Schwimmverhalten verschiedener amerikanischer Fischarten bei der Passage von Durchlässen sowie von Strömungsbarrieren untersucht.
- Um die Befahrbarkeit des Borstenfischpasses mit Kanus sowie seine Funktion als Fischaufstiegsanlage zu demonstrieren, setzte Hübner (2000) verschiedene Arten in eine neigungsverstellbare, großdimensionierte Laborrinne an der Universität Kassel ein, die zuvor mit entsprechenden Borstenelementen sowie grobkörnigem Substrat ausgestattet worden war. Die Filmaufnahme einer Kanufahrt sowie zwischen den Borstenbündeln aufwandernder Fische wurde als Funktionsbeleg angeführt. Auch im wasserbaulichen Versuchslabor der Universität Karlsruhe wurden im Rahmen der studentischen Lehre Beobachtungen von Fischen in

Abb. 3.8 Ringförmige Laborrinne am Conte Anadromous Fish Research Center in Turners Falls (USA) mit speziellen Durchlasselementen für leistungsschwache Störartige

einer kleinskaligen Laborrinne, welche mit Borstenfeldern bestückt war, durchgeführt (Lehmann et al. 2004).

- Im Rahmen einer Machbarkeitsstudie führten Adam (1999) und Adam et al. (1999, 2002a, b) mehrfach Verhaltensbeobachtungen mit Europäischen Aalen und anderen Fischarten in einer verglasten 30 m langen Laborrinne der Universität Darmstadt durch. Es galt dabei zu klären, ob und welche technischen Möglichkeiten eingesetzt werden können, um einerseits abwandernde Fische vor einem Eindringen in sie gefährdende Anlagenbereiche einer Wasserkraftanlage zu schützen und ihnen andererseits einen gefahrlosen Abstiegskorridor ins Unterwasser zu öffnen. Dabei zeigte sich, dass die in Deutschland gesetzlich geforderten Rechen mit 20 mm lichter Stabweite vor allem Aalen keinen hinreichenden Schutz bieten. Ethohydraulische Tests mit einem flach zur Sohle geneigten Spaltrechen von 5,3 mm lichter Weite waren dagegen sowohl in einer Laborrinne als auch vor einer Kleinwasserkraftanlage in der Nette bei Ochtendung (Rheinland-Pfalz) effektiver (Arbeitsgemeinschaft Gewässersanierung 2003, Abb. 3.9, Kap. 10.2.2). Über das Problem der artselektiven Passierbarkeit mechanischer

Abb. 3.9 Feinrechen mit geringer lichter Weite, die flach geneigt zur Sohle eingebaut werden verwehren Aalen ein Eindringen in sie gefährdende Anlagenbereiche

Barrieren hinaus wurde erstmals der Einfluss der Anströmgeschwindigkeit beschrieben und im Labor ein zulässiger Grenzwert für abwandernde Aale mit 0,5 m/s bestimmt, der durch französische Feldforschungen auf 0,4 m/s gesenkt wurde (Travade et al. 2010, mündl. Mitt.).

- Strobl und Göhl (2001) griffen die Untersuchungen über abwandernde Europäischen Aale auf und bestätigten durch eigene Tests an der Außenstelle der Universität München beim Walchensee viele der Befunde in einer aus Beton gefertigten Rinne, die mit Bachwasser gespeist wurde und seitlich einsehbar war.
- Hassinger und Hübner präsentierten (2009) Ergebnisse einer von ihnen in einer Laborrinne getesteten Aalabstiegsanlage, die dem patentierten System der Bodengalerie® entspricht. Das System nutzt die von Adam et al. 1999 erstmals beschriebene Umkehrreaktion der Aale vor mechanischen Barrieren (Abb. 3.10, Kap. 10.3.3).

Diese insgesamt vergleichsweise wenigen Befunde aus Verhaltensbeobachtungen mit Fischen in Laborrinnen bilden aktuell den größten Teil des weltweiten Wissens, das entsprechend Eingang in diverse wasserbautechnische Regelwerke fand (DVWK 1996; Dumont et al. 2005; DWA 2005; DWA 2010) und diversen Habitatmodellen zu Grunde liegt (u. a. Jorde und Schneider 1998; Schneider et al. 2001).

3.4 Die Tücken der Ethohydraulik

Aufgrund der spärlichen Zahl versprengt durchgeführter Verhaltensbeobachtungen mit Fischen in durchflossenen Laborrinnen existieren bislang keinerlei methodische Standards für die Durchführung, Auswertung und Interpretation ethohydraulischer Tests. Vielmehr entwickelte jede Arbeitsgruppe ihre eigenen methodischen Ansätze, weshalb bislang die Ergebnisse solcher Studien weder überprüfbar, noch miteinander vergleichbar sind. Auch ist ungeklärt, ob und in wie weit die Befunde der verschiedenen Untersuchungen aus vergangenen Jahren reproduzierbar und damit im

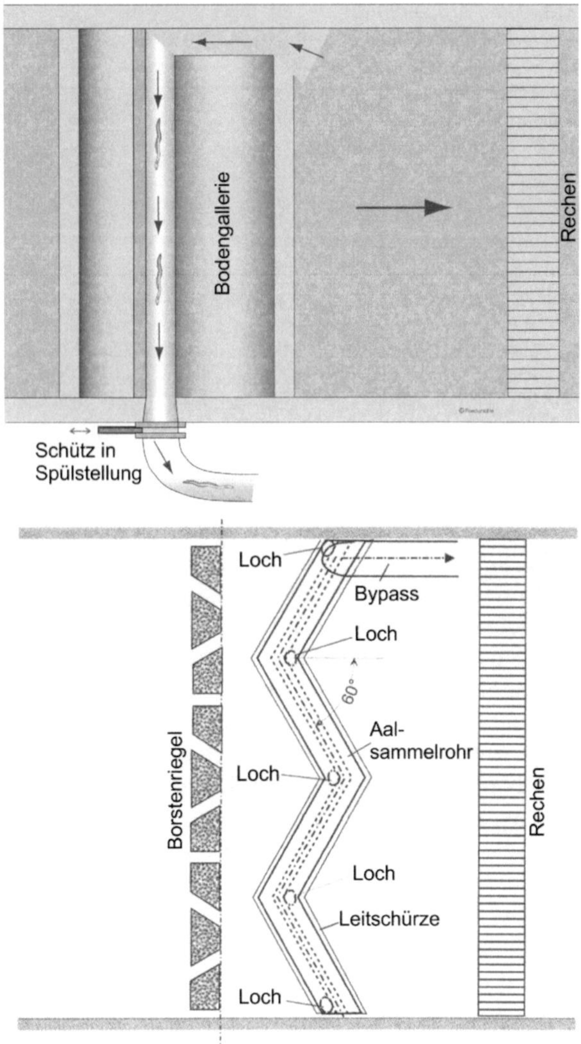

Abb. 3.10 Vergleich der patentierten Bodengalerie® (*oben,* Foto: Ingenieurbüro Floecksmühle) mit dem von Hassinger und Hübner (2009) propagierten Aal-Abstiegssystem mit vorgelagerten Borstenriegeln (*unten*); beides in Draufsicht

wissenschaftlichen Sinne belastbar sind. Schließlich werden grundsätzliche Zweifel darüber geäußert, ob und in wie weit das unter den jeweiligen Laborbedingungen beobachtete Verhalten von Fischen tatsächlich natürlich oder vielmehr artifiziell ist, und dass Artgenossen im Freiland möglicherweise vollkommen anders reagieren.

Praxisbeispiel: Missinterpretation ethohydraulischer Befunde Das Fehlen methodischer Grundlagen für Verhaltensbeobachtungen mit Fischen in Laborrinnen kann zu Missinterpretationen mit schwerwiegenden Konsequenzen in der wasserbaulichen Praxis führen, wie das nachfolgende Beispiel veranschaulicht: Unabhängig voneinander wurden von einer deutschen

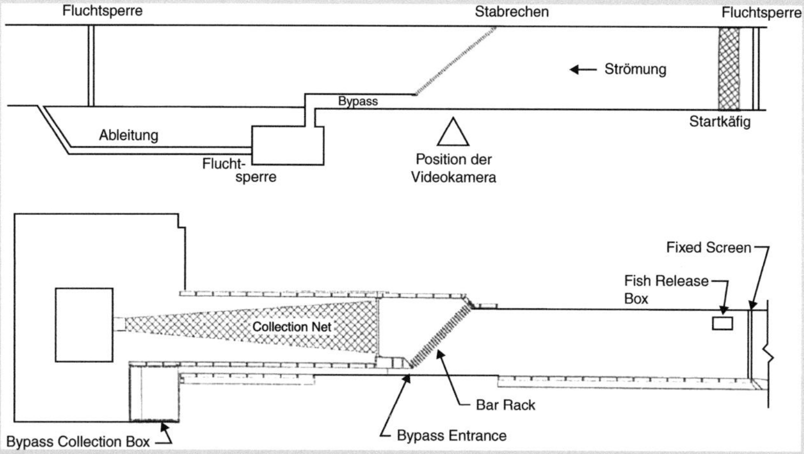

Abb. 3.11 Vergleich der Testkonstellationen mit einem schräg gestellten Rechen und seitlichem Bypass von Adam et al. (1999) (*oben*) und der amerikanischen Arbeitsgruppe (*unten* aus: Amaral et al. 2000); beides in Draufsicht

Tab. 3.1 Vergleich des Versuchsaufbaus und des Vorgehens der beiden Arbeitsgruppen

	Adam et al. (1999)	Amerikanische Forschergruppe
Probanden	60 Europäische Aale (*Anguilla anguilla*)	388 Amerikanische Aale (*Anguilla rostrata*)
Winkel des Stabrechens	18°	15°
Stababstand	20 mm	25 mm
Fließgeschwindigkeit in der Laborrinne	0,3 m/s bis 0,6 m/s	
Anordnung des Bypass	seitlich im spitzen Winkel	
Breite des Bypass	0,5 m	
Dokumentation	Permanente Beobachtung der Aale in der gesamten Laborrinne durch Biologen Videoaufzeichnungen	Abfangen der Aale mit Reusen hinter dem Rechen sowie im Bypass Videoaufzeichnungen
Beobachtungsdauer	10 Testläufe a 30 Minuten	über Nacht

(Adam et al. 1999) sowie einer amerikanischen Arbeitsgruppe ethohydraulische Tests mit nahezu identischem Versuchsaufbau durchgeführt. Beide Untersuchungen wollten ermitteln, ob ein schräg zur Anströmung angeordneter Stabrechen für Aale eine leitende Wirkung in Richtung auf einen im spitzen Winkel positionierten Bypass entfaltet (Abb. 3.11 und Tab. 3.1). Die von beiden Arbeitsgruppen getroffenen Aussagen widersprechen sich grundlegend: Während die deutsche Arbeitsgruppe die getestete Bypassanordnung für wirkungslos erklärten, attestierten die amerikanischen Kollegen dem schräg gestellten Rechen eine eindeutige Leitwirkung und empfahlen diese Anordnung als Schutzsystem zum Einbau vor Wasserkraftwerken.

Eine im Jahr 2000 von beiden Forscherteams gemeinsam vorgenommene Sichtung des Videomaterials deckte schließlich auf, dass die Gründe für die unterschiedliche Interpretation der Ergebnisse in der Art und Weise der Versuchsdurchführung lagen:

- Die deutsche Arbeitsgruppe war während der Tests physisch anwesend. Sie beobachteten die Reaktionen der Fische in der Laborrinne am Rechen sowie im Bereich des Bypasses kontinuierlich, ohne jedoch in das Schwimmverhalten einzugreifen. Deshalb ergaben die Beobachtungen, dass die den Rechen anschwimmenden Aale in der Regel auf der Rechenfläche eine der Anströmung diametral entgegen gerichtete Umkehrreaktion durchführen und deshalb weder den Rechen passieren, noch dem schrägen Verlauf des Rechens in Richtung Bypass folgen (Kap. 10.3.3). Lediglich solche Fische finden in den Bypass hinein, deren Wanderkorridor zufällig auf dessen Öffnung zu gerichtet ist.
- Die amerikanische Arbeitsgruppe hingegen startete die Tests abends mit dem Einsetzen der Fische in die Laborrinne und verließ dann die Versuchshalle. Am nächsten Morgen zählten sie die Exemplare, die sich während der Nacht in getrennten Reusen am Bypass (N_{Bypass}) und in hinter dem Rechen (N_{Rechen}) gefangen hatten und stellten gemäß der Formel $L = N_{Bypass}/(N_{Bypass} + N_{Rechen})$ ein Verhältnis in der Verteilung der Probanden fest, nach der sie die Leitwirkung des schräg gestellten Rechens als erwiesen betrachteten.

Die Videoaufzeichnungen offenbarten indessen, dass die amerikanischen Aale in gleicher Weise wie die europäischen Aale am Rechen mit einer Umkehrreaktion reagierten. Entsprechend hatte jeder umgekehrte amerikanische Aal die Chance, beim nächsten Schwimmmanöver an den Rechen zufällig in den Bypass zu gelangen. Allein aufgrund der natürlichen Bewegungsaktivität der Aale ergab sich so im Verlauf der Nacht eine höhere Wahrscheinlichkeit für die Fische den Bypass irgendwann durch Zufall zu finden und in der dortigen Reuse abgefangen zu werden. Allein deshalb zählten die amerikanischen Forscher nach einer mehrstündigen Testzeit mehr Aale in der Bypassreuse, als hinter dem Rechen. Damit ergab die nachträgliche Auswertung der Videos, dass ein schräg zur Fließrichtung gestellter Rechen weder in Europa noch in Amerika eine leitende Wirkung auf Aale entfaltet. Wenngleich dieses Ergebnis für den Fischschutz an Wasserentnahmestellen von größter Bedeutung ist, wurden die irrigen Annahmen der amerikanischen Arbeitsgruppe zur Leitwirkung von Rechen publiziert. In Konsequenz wurden verschiedentlich schräg zu Anströmung orientierte Rechen mit Bypass installiert, die in Hinblick auf abwandernde Aale in der Praxis versagten.

Dieses Beispiel veranschaulicht, dass die Wahl des methodischen Vorgehens und die Instrumente zur Auswertung von Verhaltensbeobachtungen einen bedeutenden Einfluss auf die Validität ethohydraulischer Erkenntnisse haben. Als weitere Erkenntnis ergibt sich aus diesem Bespiel, dass die Durchführung, Auswertung und Interpretation ethohydraulischer Tests stets Personen überlassen sein sollte, welche über eine verhaltensbiologische Ausbildung mit dem für eine Interpretation der Ergebnisse erforderlichen methodischen Grundwissen verfügen.

Eine weitere Tücke ethohydraulischer Tests besteht in der Belastbarkeit der Übertragung von im Laborversuch gewonnen Erkenntnisse auf Freilandverhältnisse. Die meisten der bisherigen Untersuchungen wurden an mehr oder weniger abstrakten geometrischen Nachbildungen von real existierenden wasserbaulichen Anlagen durchgeführt, ohne dass jedoch die hydraulische Situation detailliert untersucht und nachgebildet worden war. Da jedoch insbesondere das Strömungsgeschehen das Verhalten von Fischen maßgeblich beeinflusst, muss kritisch hinterfragt werden, ob die im Labor eingestellten Strömungsparameter die Freilandsituation tatsächlich charakterisiert haben. Hieraus ergibt sich die Notwendigkeit, eine fischökologisch relevante Situation nicht nur geometrisch sondern insbesondere hydraulisch so ähnlich wie möglich abzubilden. Da diesem Anspruch nicht selten infrastrukturelle Restriktionen entgegenstehen, arbeitet die Ethohydraulik mit den Schnittstellen der sog. „situativen Ähnlichkeit" (Kap. 5.2.3) und der „ethohydraulischen Signatur" (Kap. 5.5). Diese ermöglichen einerseits eine parameterbasierte Kopplung zwischen der Natur- und der Laborsituation und gewährleisten andererseits die Übertragbarkeit von Laborerkenntnissen auf komplexere Realbedingungen.

Literatur

Adam B (1996) Zur Berücksichtigung von Wirbellosen beim Bau von Fischaufstiegsanlagen. Österr. Fischerei 49:186–190

Adam B (1999) Aalabwanderung – Ergebnisse von Versuchen in Modellgerinnen. Arbeiten des Deut Fischereiverb 70:37–68

Adam B, Schwevers U (1997a) Das Verhalten von Fischen in Fischaufstiegsanlagen. Österr Fischerei 50:82–87

Adam B, Schwevers U (1997b) Aspekte des Schwimmverhaltens rheophiler Fischarten. Österr Fischerei 50:256–260

Adam B, Schwevers U (1998) Zur Auffindbarkeit von Fischaufstiegsanlagen – Verhaltensbeobachtungen an Fischen in einem Modellgerinne. Wasser & Boden 50(4):55–58

Adam B, Schwevers U, Dumont U (1999) Beiträge zum Schutz abwandernder Fische – Verhaltensbeobachtungen in einem Modellgerinne. Solingen (Verlag Natur & Wissenschaft). Bibliothek Natur und Wissenschaft 16:63

Adam B, Schwevers U, Dumont U (2002a) Konsequenzen aus dem Verhalten abwandernder Fische für die Gestaltung funktionsfähiger Fischschutz- und -abstiegsanlagen. VAW-Mitt. 175:327–336

Adam B, Schwevers U, Dumont U (2002b) Rechen- und Bypassanordnungen zum Schutz abwandernder Aale. Wasserwirtschaft 92(4+5):43–46

Adam B, Schwevers U, Gumpinger C (1998–1999) Untersuchungen zur Auswirkung der Elektrofischerei auf Fischbestände. Albaum, im Auftrag der LÖBF/LAfAO Nordrhein-Westfalen, Fischereiliche Dezernate (unveröffentlicht)

Amaral SV, Winchell FC, McMahon BC, Dixon DA (2000) Evaluation of an angled bar rack and a louver array for guiding silver American eels to a bypass. St. Louis/Missouri, 1st International Catadromous Eel Symposium 20.-24.08.2000, Symposium Pre-Prints, S 8

Amaral SV, Winchell FC, McMahon BC, Dixon DA (2003) Evaluation of angled bar racks and louvers for guiding silver phase American eels. In: Dixon DA (Hrsg) Biology, management and protection of catadromous eels, Bd 33. American Fisheries Society, Bethesda, S 367–376

Arbeitsgemeinschaft Gewässersanierung (2003) Entwicklung und Erprobung eines Feinstrechens für Wasserkraftanlagen. F+E-Projekt, gefördert durch die Deutsche Bundesstiftung Umwelt, Projekt-Nr. 16321, (unveröffentlicht)

Barbin GP, Krueger WH (1994) Behaviour and swimming performance of elvers of the American eel, *Anguilla rostrata*, in an experimental flume. J Fish Biol 45:111–121

Bardonnet A (1993) Use of visual landmarks by young trout (*Salmo trutta*) during their diel downstream post-emergence displacement in experimental channels. J Fish Biol 43:375–384

Behrmann-Godel J (2000) Telemetrische Untersuchung der herbstlichen Wanderung der Blankaale (*Anguilla anguilla* L.) in der Staustufe Trier. (Hrsg) Aalschutzinitiative Rheinland-Pfalz/RWE Energie AG, Universität Konstanz (Limnologisches Institut), S 29

Bernoulli D, Flierl K (1738) Hydrodynamik oder Kommentare über die Kräfte und Bewegungen der Flüssigkeiten. Strassburg, Dulsecker, Akademische Arbeit

Crisp DT (1991) Stream channel experiments on downstream movement of newly emerged trout, *Salmo trutta* and salmon, *Salmo salar.* – III. Effects of developmental stage and day and night upon dispersal. J Fish Biol 39:371–381

Crisp DT, Hurley MA (1991a) Stream channel experiments on downstream movement of recently emerged trout, *Salmo trutta* and salmon, *Salmo salar*. – I. Effect of four different water velocity treatments upon dispersal rate. J Fish Biol 39:347–361

Crisp DT, Hurley MA (1991b) Stream channel experiments on downstream movement of recently emerged trout, *Salmo trutta* and salmon, *Salmo salar*. – II. Effects of constant and changing velocities and day and night upon dispersal. J Fish Biol 39:363–370

Dumont U, Anderer P, Schwevers U (2005) Handbuch Querbauwerke. Düsseldorf, Hrsg.: Ministerium für Umwelt und Naturschutz, Landwirtschaft und Verbraucherschutz des Landes Nordrhein-Westfalen, S 212

DVWK (Deutscher Verband für Wasserwirtschaft und Kulturbau e. V.) (1996) Merkblätter zur Wasserwirtschaft 232/1996: Fischaufstiegsanlagen – Bemessung, Gestaltung, Funktionskontrolle. Bonn, Hrsg.: Wirtschafts- und Verlagsgesellschaft Gas und Wasser mbH, S 110

DWA (Deutsche Vereinigung für Wasserwirtschaft, Abwasser und Abfall e. V.) (2005) DWA-Themen: Fischschutz- und Fischabstiegsanlagen – Bemessung, Gestaltung, Funktionskontrolle. Hennef, Hrsg.: DWA, 2. überarbeitete Auflage, S 256

DWA (Deutsche Vereinigung für Wasserwirtschaft, Abwasser und Abfall e. V.) (2010) Merkblatt M-509: Fischaufstiegsanlagen und fischpassierbare Bauwerke – Bemessung, Gestaltung, Qualitätssicherung. Hennef, Hrsg.: DWA, Gelbdruck

Fredrich F, Arzbach HH (2002) Wanderungen und Uferstrukturnutzung der Quappe, *Lota lota* in der Elbe, Deutschland. Z. Fischk. (Suppl. 1):159–178

Frenz C, Hartmann L (2001) Radiotelemetrische Untersuchungen zu Meerforellen, *Salmo trutta* L., In der Lippe im Winter 2000/01: Aufstieg, Wanderung, Laichplätze und Verhalten. Universität Essen (Abteilung Hydrobiologie), S 30

Haro A, Castro-Santos T, Noreika J (2004a) Evaluation of passage performance of a deepened (Model A40) Alaska steep pass fishway for American shad *(Alosa sapidissima)* and white sucker *(Catostomus commersoni)*. Turners Falls, S. O. Conte Anadromous Fish Research Center, CAFRC Internal Report No. 2004-01, S 13

Haro A, Castro-Santos T, Noreika J, Odeh M (2004b) Swimming performance of upstream migrant fishes in open-channel flow: a new approach to predicting passage through velocity barriers. Can J Fish Aquat Sci 61:1590–1601

Hassinger R, Hübner D (2009) Entwicklung eines neuartigen Aal-Abstiegssystems mit Hilfe von Laborversuchen. KW Korrespondenz Wasserwirtschaft 2(5):276–281

Hayes D E et al (2000) Fish screen velocity criteria development using a screened, circular swimming channel. In: Odeh M (Hrsg) Advances in fish passage technology. American Fisheries Society, Bethesda, S 137–147

Hübner D (2000) Ichthyologische Funktionskontrolle eines Fisch-Kanu-Passes im Versuchsgerinne. Kassel, im Auftrag der Versuchsanstalt und Prüfstelle für Umwelttechnik und Wasserbau der GhK Kassel, S 40

Institut Für Angewandte Ökologie (1993–1996) Projektberichte: Biologische und ingenieurwissenschaftliche Grundlagen für die Gestaltung nachhaltig wirksamer Fischaufstiegsanlagen, Teilprojekt Rhithral. Berlin, Forschungsprojekt im Auftrag des Bundesministeriums für Forschung und Technologie, (unveröffentlicht)

IWF (Institut für den Wissenschaftlichen Film) (1997) Durchgängigkeit in Fließgewässern; Gewährleistung des Fischaufstiegs. Göttingen, Video, 30 min

Jorde K, Schneider M (1998) Einsatz des Simulationsmodells PHABSIM zur Festlegung von Mindestwasserregelungen. Wasser & Boden 50(4):45–49

Kobus H (1974) Die Anwendung der Dimensionsanalyse in der experimentellen Forschung des Bauingenieurwesens. Die Bautechnik 51(3):88–94

Kreitmann L (1931) Contribution à l'étude des characteristiques des passes à poissons: la vitesse de nage des poissons. Verh Internat Verein Limnol 5:345–353

Lehmann B, Nestmann F, König F (2004) Wanderverhalten von Fischen durch einen Borstenfischpass. Universität Karlsruhe, Institut für Wasserwirtschaft und Kulturtechnik, S 24

Lucas MC, Baras E (2001) Migration of freshwater fishes. Blackwell Science, Oxford, S 420

Marmulla G (1996) Einsatz der Radiotelemetrie im Rahmen des Lachsprogramms. SchrR. LÖBF/LAfAO 11:181–183

Meyers (Hrsg) (2005) Lexikon der Naturwissenschaften – Biologie, Chemie, Physik und Technik. Meyers Lexikonverlag

Pavlov DS, Sbikin YN, Vashehinnikox AY, Mochek AD (1972) The effect of light intensity and water temperature on the current velocities critical to fish. J Ichthyol 12:703–711

Pelz GR, Kästle A (1989) Ortsbewegungen von Äschen *Thymallus thymallus* und Bachforellen *Salmo trutta f. fario* (radiotelemetrische Standortbestimmungen). Frankfurt/Main, Forschungsinstitut Senckenberg, im Auftrag des Hessischen Ministeriums für Landwirtschaft, S 11

Ruettimann M (1980) Autökologische Untersuchung der Eintagsfliegenlarve *Ecdyonurus venosus* (Fabr.) (Ephemeroptera) unter besonderer Berücksichtigung der Aufwanderung. ETH Zürich, Dissertation, S 67

Schiemenz F (1950) Wie soll das Unterende der Fischtreppen in das Hauptwasser einmünden? Versuche mit Glasaalen. Wasserwirtschaft 40:130–135

Schiemenz F (1952) Versuche mit Glasaalen – Beitrag zur Frage des Hineinleitens wandernder Fische in die untere Mündung einer Fischtreppe. Mitt. Hannoversche Versuchsanstalt für Grundbau und Wasserbau 2:24–33

Schneider M, Giesecke J, Zöllner F (2001) CASIMIR – Hilfsmittel zur Mindestwasserfestlegung unter Berücksichtigung von Ökologie und Ökonomie. Wasserwirtschaft 91:486–490

Siegmund R, Wolff KL (1973) Laboruntersuchungen und Freiwasserbeobachtungen zur Schwimmaktivität einheimischer Süßwasserfische. Z Fischereiforsch, wissenschaftliche Schriftenreihe 11:107–116

Sigler JW, Bjornn TC, Everest F H (1984) Effects of chronic turbidity on density and growth of Steelheads and Coho salmon. Trans Am Fish Soc 113:142–150

Stott B, Buckley BR (1979) Avoidance experiments with homing shoals of minnows, *Phoxinus phoxinus* in a laboratory stream channel. J Fish Biol 14:135–146

Strobl T, Göhl C (2001) Modellversuch für eine Fischabstiegsanlage für Aale. ATV-DVWK Landesverband Bayern Mitglieder-Rundbrief 2:26–29

Travade F, Larinier M, Subra S, Gomes P, De-Oliveira E (2010) Behaviour and passage of European siver eels *(Anguilla anguilla)* at small hydropower plant during their downstream migration. In: Knowledge and Management of Aquatic Ecosystems 398:1

Vobis H (1973) Rheotaktisches Verhalten einiger Gammarus-Arten bei verschiedenem Sauerstoffgehalt des Wassers. Helgoländer wiss. Meeresunters 25:495–508

Die drei Phasen der Ethohydraulik 4

Im Gegensatz zu biologischen Verhaltensbeobachtungen, die durchgeführt werden um komplexe Lebensäußerungen, wie das Lernvermögen oder das Sozialverhalten von Tieren und Menschen zu verstehen, ist die Intention der Ethohydraulik einfacher: Es gilt das Verhalten von Fischen zu verstehen, um ihre Lebensraumansprüche präzise definieren zu können.

Die im natürlichen Gewässer auftretenden hydraulischen Bedingungen lassen sich im Laborversuch aufgrund der vorgegebenen Räumlichkeiten und infrastrukturellen Bedingungen zumeist nicht maßstabsgleich nachbilden. Deshalb werden im herkömmlichen wasserbaulichen Versuchswesen physikalische Modelle angefertigt, die stets nur einen Ausschnitt der Realität abbilden. Hierbei wird allerdings angestrebt, innerhalb des Models genau diejenigen Strömungsbedingungen einzustellen, die für die Fließsituation im natürlichen Gewässer maßgeblich sind. In Hinblick auf eine Erweiterung dieses methodischen Ansatzes um die Lebendtierbeobachtung muss für eine ethohydraulische Untersuchung ein wasserbauliches Modell so groß skaliert werden, dass eingesetzten Fischen einer natürlichen Größenverteilung auch der Raum für natürliche Reaktionsweisen zur Verfügung steht. Ist dies nicht vollumfänglich möglich, muss zumindest gewährleistet sein, dass von der zu untersuchenden Gesamtsituation genau diejenigen Parameter so naturähnlich wie möglich im Modell simuliert werden, welche den größten Einfluss auf das Verhalten der Fische erwarten lassen.

Um diese Anforderungen sicher zu stellen ist ein mehrstufiges methodisches Vorgehen erforderlich, das sich in die drei Phasen des Präprozesses mit der Voranalyse, der aus mehreren Einzeltests bestehenden ethohydraulischen Untersuchung selbst sowie dem Transferprozess gliedert.

Diese drei Phasen der Ethohydraulik sind über die Arbeitsschritte zur Gewährleistung der situativen Ähnlichkeit sowie die Aufmessung einer ethohydraulischen Signatur miteinander gekoppelt (Abb. 4.1).

B. Adam, B. Lehmann, *Ethohydraulik*,
DOI 10.1007/978-3-642-17210-6_4, © Springer-Verlag Berlin Heidelberg 2011

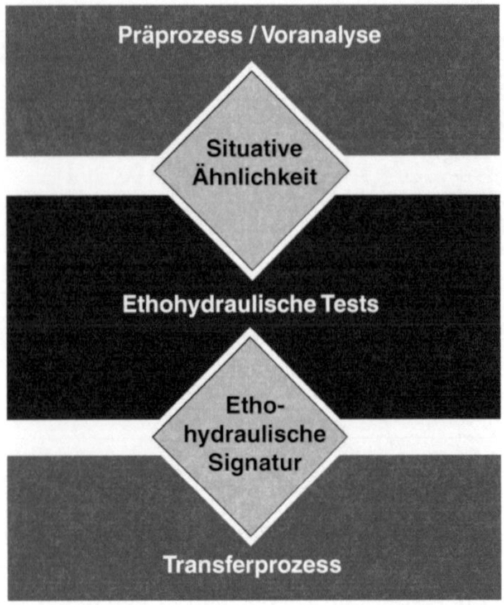

Abb. 4.1 Die drei Phasen der Ethohydraulik

4.1 Präprozess mit Voranalyse

Im Präprozess gilt es sicherzustellen, dass eine auf die Organismen im Gewässer einwirkende Realsituation situativ so ähnlich wie möglich in dem ethohydraulischen Versuchsstand nachgebildet wird. Dabei ist neben der Abbildung der hydraulischen Situation zu gewährleisten, dass Fische unterschiedlicher Arten und Größen im Versuchsstand mit einem quasi natürlichen Verhalten reagieren können. Um die letztere Bedingung erfüllen zu können sind großskalige Laborrinnen erforderlich. Dennoch wird es in einem konventionellen wasserbaulichen Versuchsstand in der Regel nicht gelingen, komplexe bauliche und hydraulische Gegebenheiten im realen Maßstab abzubilden. Deshalb muss beispielsweise mittels einer Naturmesskampagne oder einer hydrodynamisch-numerischen Strömungssimulation sorgfältig bestimmt werden, ob und in wie weit die fragliche wasserbauliche Situation in einem Ausschnittsmodell abgebildet werden kann. In diesem Kontext ist auch festzulegen, in welchem Umfang sich die Realsituation ggf. für die ethohydraulische Untersuchung abstrahieren lässt, damit den Probanden eine der Natursituation möglichst exakt entsprechende Laborsituation angeboten werden kann. Je nach der Komplexität der zu untersuchenden Gegebenheit kann es unter Umständen sogar notwendig sein, zunächst ein herkömmliches wasserbauliches Modell von der Gesamtsituation im verkleinerten Maßstab anzufertigen. Damit können Strömungsinformationen für solche Rahmenbedingungen erarbeitet werden, die über die Realsituation oft nicht zur Verfügung stehen. Dies betrifft beispielsweise Wasserspiegellagen und Fließgeschwindigkeiten bei unterschiedlichen Abflussbedingungen oder in unzugänglichen Bereichen wasserbaulicher Anlagen wie im Unterwasser von Wasserkraftwerken oder vor Wasserentnahmen.

Die Vergleichbarkeit einer fischverhaltensrelevanten baulichen und/oder hydraulischen Situation zwischen der Natur einerseits und den für die ethohydraulische Untersuchung geschaffenen Bedingungen in der Laborrinne andererseits wird als situative Ähnlichkeit bezeichnet. Die Grundlage für die Erzeugung einer situativen Ähnlichkeit bilden einerseits die ähnlichkeitsmechanischen Modellgesetze sowie andererseits die Einstellung solcher Parameter im ethohydraulischen Versuchsstand, die das Verhalten der Fische in gleicher Art und Weise unter Natur-, wie auch Laborbedingungen beeinflussen (Kap. 5.2.2 und 5.2.3). Um die zu untersuchende Natursituation so ähnlich wie möglich im ethohydraulischen Versuchsstand nachzubilden, sind in der Regel Einbauten zu konstruieren, in eine Laborrinne einzubauen und Einstellungen des Versuchsstandes, wie Strömungen, Turbulenzen oder Wasserstände zu definieren. Hierbei ist das Ausschnittsmodell unter Wahrung der Modellgesetze (Kap. 5.2.4) so zu kalibrieren, dass eine Übertragbarkeit der hydraulischen Parameter und ihrer Werte zwischen dem Modell und der Wirklichkeit möglich ist (Kap. 5.2.5).

An dieser Stelle kann unter Umständen ein Maßstabskonflikt auftreten, wenn beispielsweise aus Platzgründen oder aufgrund einer begrenzten Abflussleistung des Versuchsstandes das ethohydraulische Modell im halbtechnischen Maßstab aufgebaut werden muss. Um dennoch die situative Ähnlichkeit sicherzustellen gilt es, solche Strömungsparameter und Dimensionen festzulegen, die von primärer Relevanz für das Fischverhalten sind. Genau diese Parameter sind im Modell so naturidentisch wie möglich nachzubilden, während die Naturtreue anderer Parameter von nachrangiger Bedeutung ist. Dieser Arbeitsschritt macht den transdisziplinären Anspruch der Ethohydraulik besonders deutlich, da es für das wasserbauliche Modell biologische Parameter zu bestimmen gilt, was ohne spezifische art- und verhaltensbiologische Kenntnisse kaum gelingen kann.

4.2 Ethohydraulische Tests

In den eigentlichen ethohydraulischen Tests werden aus dem Freiland entnommene aquatische Organismen unterschiedlicher Art und Größe in einer mit Einbauten bestückten Laborrinne mit der fraglichen baulichen und/oder hydraulischen Situation konfrontiert. In diesem Arbeitsschritt gilt es, das Verhalten der Probanden zu beobachten und solche Reaktionsweisen zu identifizieren, die quasi eine Antwort auf die vorgegebene Situation darstellen, beispielsweise ein Erkundungs-, Meide-, Scheu- oder Fluchtverhalten (Kap. 5.4). Zudem gilt es heraus zu finden, welche konstruktiven oder hydraulischen Parameter in welchem Wertebereich das identifizierte Verhalten der Tiere auslösen. Hierbei handelt es sich zumeist um geometrische Abmessungen, Fließgeschwindigkeiten oder Turbulenzen. Von aussagekräftiger Relevanz sind dabei nur solche Verhaltensweisen, die in stets gleicher Weise, bei unterschiedlichen Probanden im Sinne reproduzierbarer Antworten auf einen bestimmten Reiz oder eine komplexe Testbedingung ablaufen.

Ist durch die Tests eine kausale Reiz- resp. Parameter-Reaktions-Konstellation erkannt, müssen Grundlagen für die Übertragung der ethohydraulischen Ergebnisse auf die fragliche Natursituation geschaffen werden. Dies bedeutet, dass diejenigen geometrischen, kinematischen und dynamischen Parameter benannt und durch Messungen quantifiziert werden müssen, die das beobachtete Fischverhalten ausgelöst oder beeinflusst haben (Kap. 5.5): Es wird von der beschriebenen Beobachtung einer Reaktion eine parametrisierte und mit Werten belegte ethohydraulische Signatur erstellt (Kap. 7.4).

4.3 Transferprozess

Auf der Grundlage der Verhaltensbeobachtungen sowie Messungen ethohydraulischer Signaturen wird die zu untersuchende Situation in Hinblick auf ihre Bedeutung für die Fischfauna und damit die gewässerökologische Bedeutung analysiert und bewertet. Durch das Verschneiden der Erkenntnisse über die Reaktionsweisen der Probanden auf einzelne Parameter oder auch Parameterkombinationen wird es möglich von einer ethohydraulischen Laboruntersuchung auf die korrespondierende Natursituation zu schließen, da begründet davon ausgegangen werden kann, dass Fische im Gewässer auf die gleichen Faktoren in gleicher Weise reagieren. Auch hier gelten in punkto geometrischer, kinematischer und dynamischer Ähnlichkeit die Modellähnlichkeitsgesetze aus dem wasserbaulichen Versuchswesen. Letztlich lassen sich im Transferprozess konstruktive Vorgaben, Grenzwerte oder Regeln für die wasserbauliche Praxis formulieren, welche die Bedürfnisse der betrachteten Organismen berücksichtigen (Kap. 8).

Grundlagen der Ethohydraulik 5

5.1 Rechtliche Voraussetzungen

Ethohydraulische Tests mit Fischen unterliegen den Bestimmungen des Tierschutzgesetzes (TierSchG 2007), d. h. Lebendtierbeobachtungen sowie die Hälterung von Wirbeltieren resp. Fischen bedürfen einer Genehmigung. Vor diesem Hintergrund erweist es sich als sinnvoll, eine geplante ethohydraulische Untersuchung bereits weit im Vorfeld mit der zuständigen Genehmigungsbehörde zu besprechen. Hierbei gilt es in einem ersten Schritt zu klären, ob die Behörde das Vorhaben überhaupt als genehmigungspflichtigen Tierversuch betrachtet oder ob es lediglich als anzeigepflichtig eingestuft wird.

5.1.1 Genehmigung eines Tierversuches

Verhaltensbeobachtungen von Wirbeltieren in wasserbaulichen Versuchen fallen in Deutschland unter das Tierschutzgesetz, dessen Zweck darin besteht: *„[...] aus der Verantwortung des Menschen für das Tier als Mitgeschöpf dessen Leben und Wohlbefinden zu schützen. Niemand darf einem Tier ohne vernünftigen Grund Schmerzen, Leiden oder Schäden zufügen."* Während Versuche mit wirbellosen Organismen, z. B. aquatischen Makrozoobenthern keiner tierschutzrechtlichen Beschränkung, sondern allenfalls den ethischen Grundsätzen der jeweiligen Forschungseinrichtung unterliegen, werden Verhaltensbeobachtungen mit Fischen in Laborrinnen juristisch mit toxikologischen Tests oder operativen Eingriffen gleichgesetzt. Deshalb bedarf die Durchführung ethohydraulischer Tests mit Fischen grundsätzlich einer tierschutzrechtlichen Genehmigung. Ausnahmen von einer Genehmigungspflicht können allerdings für Forschungen im Auftrag der Europäischen Gemeinschaft oder der Bundesländer erteilt werden, wobei solche Vorhaben gemäß TierSchG § 8, Abs. 7 zumindest angezeigt werden müssen. Sowohl für die Anzeige als auch für die Erteilung einer Genehmigung für die Durchführung eines ethohydraulischen Vorhabens ist die Veterinärbehörde derjenigen Örtlichkeit zuständig, an

B. Adam, B. Lehmann, *Ethohydraulik*,
DOI 10.1007/978-3-642-17210-6_5, © Springer-Verlag Berlin Heidelberg 2011

der die Tests durchgeführt werden sollen. In Deutschland sind dies in der Regel die Veterinärbehörden, die zumeist bei den Regierungspräsidien bzw. Bezirksregierungen angesiedelt sind. Das für die Beantragung zu verwendende bundeseinheitliche Formular samt einer fachlichen Stellungnahme vom Tierschutzbeauftragten der durchführenden Institution muss von eben jenem bei der Genehmigungsbehörde eingereicht werden. Der Antrag hat darüber hinaus detaillierte Auskunft u. a. über folgende Aspekte zu geben:

- Dauer, Zweck und Unerlässlichkeit des Vorhabens;
- Herkunft, Art und Anzahl der vorgesehenen Tiere;
- Detaillierte Darlegung über die Art und Weise des Umgangs mit den Tieren, ob und in wie weit sie – ggf. differenziert nach Intensität und Dauer – Schmerzen, Leiden oder Betäubungen erfahren;
- Nachweis der Qualifikation derjenigen Personen, die mit den Fischen umgehen und für deren Hälterung und Gesundheit verantwortlich sind.

Die Behörde kann ihre auf maximal drei Jahre befristete Genehmigung nur mit dem Einverständnis einer beigeordneten Ethikkommission erteilen, die über den vorgelegten Antrag berät.

Der Genehmigungsweg ist langwierig und kann erfahrungsgemäß mehrere Monate dauern, zumal die umfangreichen Antragsunterlagen von ehrenamtlichen Mitgliedern einer zumeist unregelmäßig tagenden Ethikkommission zu prüfen sind. Ferner wird die Benennung eines sachkompetenten verantwortlichen Projektleiters, eines speziell die für die Verhaltensbeobachtungen zuständigen Verantwortlichen und eines für das Projekt zuständigen Tierschutzbeauftragten verlangt, der gegenüber der Genehmigungsbehörde berichtspflichtig ist. Schließlich muss über die in einem Kalenderjahr durchgeführten Tierversuche ein Kurzbericht abgegeben werden, in dem u. a. die Anzahl der verwendeten Probanden sowie deren eventuelle Beeinträchtigungen durch die Tests dokumentiert ist.

5.1.2 Genehmigung zur Hälterung von Wirbeltieren zu Versuchszwecken

Für die Zeit, in der ethohydraulische Tests durchgeführt werden sollen, müssen die Probanden an der jeweiligen Forschungseinrichtung gehältert werden. Die Hälterung von Fischen zu wissenschaftlichen Zwecken bedarf nach TierSchG § 2 einer Erlaubnis der vor Ort zuständigen Veterinärbehörde, denn *„wer ein Tier hält, betreut oder zu betreuen hat, muss es seiner Art und seinen Bedürfnissen entsprechend angemessen ernähren, pflegen und verhaltensgerecht unterbringen“*. Der diesbezügliche Antrag muss u. a. Angaben enthalten über:

- Art und Anzahl der vorgesehenen Tiere sowie deren Herkunft;
- Dauer der Hälterung;
- Beschaffenheit der Hälterung, Bewegungsmöglichkeiten, Lichtverhältnisse;
- Fütterung, Gesundheitsmaßnahmen;
- Nachweis der Qualifizierung der Pfleger.

Die Genehmigungsbehörde überprüft in der Regel die Hältereinrichtung im Rahmen eines Ortstermins.

5.1.3 Umgang mit Fischen

Grundsätzlich dürfen ethohydraulische Tests nur von biologisch oder veterinärmedizinisch ausgebildeten und beruflich erfahrenden Personen durchgeführt werden. Als Nachweis der Qualifikation für den Umgang mit Tieren wird daher ein abgeschlossenes Studium der Biologie oder Veterinärmedizin verlangt. Welcher fachliche bzw. berufliche Hintergrund allerdings im Sinne der Genehmigungsbehörden als rechtskonform erachtet wird, ist in den Bundesländern unterschiedlich geregelt und muss entsprechend vor Ort und vor Beginn der Untersuchung geklärt werden.

Die Hälterung der Tiere kann auch von Tierpflegern übernommen werden. Der alleinige Nachweis einer bestandenen Sportfischerprüfung oder aquaristischer Erfahrungen sind jedoch keine ausreichende Qualifikation.

5.2 Wasserbauliches Versuchswesen

Das wasserbauliche Versuchswesen ermöglicht die Entwicklung ingenieurmäßiger Konstruktionen und Bemessungen für wasserbauliche Anlagen und deren Funktionsweise. Hierbei kommen physikalische Modelle zum Einsatz, um in Experimenten durch Messungen das Ursachen-Wirkungsgefüge zwischen dem Bauwerk oder der Maßnahme und der Strömung abzubilden und letztendlich in empirische Formelansätze zu übersetzen.

In diesem Zusammenhang wird als Modell ein vereinfachendes, aber die wesentlichen interessierenden Merkmale bewahrendes Abbild eines realen Systems und der in ihm ablaufenden Prozesse bezeichnet. Im wasserbaulichen Versuchswesen handelt es sich dabei um ein physikalisches Analogiemodell, das sog. wasserbauliches Modell. Der Grad seiner Abstraktion ist je nach Untersuchungszweck mehr oder weniger stark an die natürlichen Gegebenheiten angelehnt. Wasserbauliche Modelle kommen in folgenden Fällen zum Einsatz:

- Wenn die theoretischen Möglichkeiten für die Bemessung von wasserbaulichen Bauwerken oder Maßnahmen ganz oder teilweise fehlen. Dies ist insbesondere bei räumlich komplizierten Bauwerken mit schwer erfassbaren Strömungsvorgängen der Fall, z. B. im Tosbecken stromab einer Stauanlage oder bei der Gestaltung von Wasserkraftwerken.
- Um theoretische Berechnungsansätze zu bestätigen oder in ihnen enthaltene Korrekturbeiwerte zu ermitteln, z. B. Überfallbeiwerte bei unterschiedlichen Überfallformen.

Das grundsätzliche Vorgehen bei Experimenten mit wasserbaulichen Modellen ist stets gleich: Auf der Grundlage eines diagnostischen Ansatzes soll das Ursachen-Wirkungsgefüge zwischen einem strömungsbeeinflussenden System oder Bauwerk und dem dadurch veränderten Strömungsverhalten untersucht werden. Ist dieses Wirkungsgefüge kalibriert, kann das System derart verändert und/oder optimiert werden, dass eine im Sinne der Fragestellung zielführende hydraulische Funktion erfüllt wird.

Prinzipiell lässt sich das diagnostische Vorgehen in folgende drei Schritte gliedern:

1. Ein Bauwerk oder eine hydraulische Bedingung entfaltet eine Wirkung, die als Strömungssituation bezeichnet wird. In einem wasserbaulichen Modell werden solche Strömungssituationen naturähnlich nachgebildet, so dass sie vom Experimentator direkt beobachtet werden können. Verhält sich die Strömung im Sinne der Fragestellung ungünstig, gilt es, die Ursache hierfür zu identifizieren und entsprechend zu ändern.
2. Dazu werden mit Hilfe hydrometrischer Methoden diejenigen Parameter ermittelt, die das Strömungsgeschehen beschreiben, z. B. Wassertiefe, Fließgeschwindigkeit und -richtung, Turbulenzcharakter etc. Auf Basis dieser Parameter wird das im ersten Verfahrensschritt beobachtete Phänomen bewertet. Zudem ist es im Modell möglich, durch Änderung der Randbedingungen, d. h. Modifikation der Ursachen das, sich neu ergebende Strömungsverhalten mit den ursprünglichen Verhältnissen zu vergleichen und in Hinblick auf die gewünschte Wirkung zu beurteilen.
3. Auf der Grundlage der in unterschiedlichen Testvarianten erfassten und quantifizierten strömungsspezifischen Parameter gilt es sodann das Ursachen-Wirkungsgefüge nachzuvollziehen, um z. B. durch konstruktive/hydraulische Veränderungen der Randbedingungen ein im Sinne der Fische gewünschtes Strömungsgeschehen zu bewerkstelligen. Damit ergeben sich aus einem Modellversuch konkrete Planungs- und Bewertungsvorgaben für die betrachtete wasserbauliche Anlage oder Maßnahme.

5.2.1 Historie

Der Weg bis zum Einsatz wasserbaulicher Modelle war lang und ist von Erfahrungswissen geprägt: An den Anfängen des Bauens am Wasser stand die Erfahrung über das Gelingen oder Versagen eines Wasserbauwerkes. Solche Erkenntnisse wurden durch die frühen Hochkulturen in Ägypten, China, Mesopotamien und im Indus-Ganges-Gebiet bereits um 4.000 v. Chr. durch den Bau von großen Be- und Entwässerungseinrichtungen dokumentiert (Rouse und Ince 1980). Zahlreiche Neuerungen wurden auch durch die römische Kultur u. a. mit dem Bau von Wasserversorgungsleitungen erarbeitet (Tölle-Kastenbein 1990). Die ersten systematischen Experimente mit Wasser erfolgten durch Wissenschaftler der Antike wie Thales von Milet (640 bis 546 v. Chr.), Aristoteles (384 bis 322 v. Chr.) oder Archimedes (287 bis 212 v. Chr.), die u. a. Auftriebsphänomene oder den Ausfluss aus Gefäßen untersuchten. Auch in der Renaissance wurden Versuche mit Wasser durchgeführt, in dem beispielsweise Leonardo da Vinci (1452 bis 1519) die Flugparabel von Wasserstrahlen untersuchte. Viele heute noch gültige hydromechanische Gesetze basieren auf solchen Experimenten und sind mit den Namen folgender Wissenschaftler verbunden (Abb. 5.1):

- Evangelista Torricelli (1608 bis 1647): Formel für den Ausfluss aus Öffnungen
- Isaac Newton (1642 bis 1727): Kraftansätze für Flüssigkeiten

Abb. 5.1 Namhafte Ingenieurwissenschaftler, deren Entdeckungen durch wasserbauliche Versuche möglich wurden. (Bilder: www.wikipedia.de)

- Giovanni Poleni (1683 bis 1761): Wehrabflussformel mit Überfallbeiwert
- Daniel Bernoulli (1700 bis 1782): Energiegleichung für bewegte Flüssigkeiten
- Leonard Euler (1757 bis 1793): Bewegungsgleichung von Strömungen
- Gotthilf Heinrich Ludwig Hagen (1797 bis 1884) und Jean Louis Poiseuille (1799 bis 1869): Schubspannungsgesetze
- Henry Philibert Gaspard Darcy (1803 bis 1858) und Julius Weisbach (1806 bis 1871): Fließformel zur Ermittlung mittlerer Strömungsgeschwindigkeiten
- William Froude (1810 bis 1879): Gesetzmäßigkeit zur Berücksichtigung der Erdschwere in Strömungsvorgängen
- Robert Manning (1816 bis 1897): Fließformel zur Ermittlung mittlerer Strömungsgeschwindigkeiten für offene Gerinne
- Osborne Reynolds (1842 bis 1912): Gesetzmäßigkeit zur Berücksichtigung der Viskosität (Zähigkeit) in Strömungsvorgängen

Diese Liste dokumentiert auch die enge Verzahnung von experimenteller Erfahrung und physikalisch-mathematischer Problembeschreibung. Wie viele Zweige der Ingenieurwissenschaften erlebte die Strömungsmechanik im Laufe des 18. und

Abb. 5.2 Theodor Rehbock (1864 bis 1950) der die experimentelle Arbeitsmethode zur Lösung wasserbaulicher Aufgaben entwickelt hat. In dem von ihm erbauten Flussbaulaboratorium an der Universität Karlsruhe werden bis heute Planungen komplexer wasserbaulicher Anlagen z. B. für die Wasserkraftnutzung, den Hochwasserschutz und den naturnahen Gewässerbau geprüft und optimiert

19. Jahrhunderts eine rasche Entwicklung; allerdings blieb die wasserbauliche Praxis hiervon lange Zeit unberührt.

Es ist der Verdienst einiger deutscher Ingenieurwissenschaftler zu Beginn des 20. Jahrhunderts die experimentelle Arbeitsmethode zur Lösung wasserbaulicher Aufgaben entwickelt und die Baupraxis von der Nützlichkeit und Gültigkeit dieses Lösungsweges überzeugt zu haben. Als ständige Versuchseinrichtung wurde 1898 das erste flussbauliche Wasserlabor von Hubert Engels an der Technischen Hochschule in Dresden gegründet. Fast gleichzeitig erbaute Theodor Rehbock an der Universität Karlsruhe im Jahr 1901 ein Wasserbaulaboratorium, das 1921 stark erweitert wurde (Abb. 5.2). Unter dem Einfluss dieser beiden Pioniere fand das wasserbauliche Versuchswesen rasche Verbreitung.

Das erfolgreiche Beispiel des Karlsruher Wasserbaulabors fand auch im Ausland Nachahmung. Institutsgründungen folgten beispielsweise 1907 in St. Petersburg, 1908 in Toulouse, 1910 in Padua, 1912 in Wien, 1917 in Stockholm, 1927 in Delft und 1928 in Zürich. Auch in den USA entstand eine Reihe von Wasserbaulaboratorien. Seither entwickelte sich der wasserbauliche Modellversuch zu einem allgemein anerkannten Instrument des Ingenieurs zur Lösung wasserbaulicher Aufgaben.

Mit der raschen Entwicklung der Kapazität von Computern hat sich seit den 1970er Jahren die Anwendung hydrodynamisch-numerischer Strömungssimulationsmodelle zur Prognose von Abfluss- und Wasserstandsgeschehen etabliert. Hydrodynamisch-numerische Modelle ergänzen das wasserbauliche Modellwesen hervorragend, da sie das Strömungsgeschehen in großen, weitläufigen Untersuchungsgebieten simulieren können. Hingegen bilden wasserbauliche Modelle, die aufgrund der verfügbaren Laborkapazitäten meist räumlich begrenzt sind, mit sehr hoher Genauigkeit das Strömungsgeschehen im Nahbereich von Konturen, Anlagenteilen oder Bauwerken ab. Solche Strömungsdetails können mit Computermodellen bis dato nur bedingt berechnet werden.

5.2.2 Ähnlichkeitsmechanik

Das wasserbauliche Modell ist eine vereinfachende Darstellung eines zu untersuchenden Bauwerkes, Zustandes oder Ereignisses. Grundsätzlich unterscheidet man zwei Gruppen von wasserbaulichen Modellen:

- Ähnliche Modelle, in denen alle Größen im Modell einen vorgegebenen Bezug zu den korrespondierenden Größen in der Natur aufweisen. Dieser Bezug wird durch einen oder mehrere Modellmaßstäbe ausgedrückt.
- Unähnliche Modelle, die die Ähnlichkeitsforderungen nicht, bzw. nur teilweise erfüllen. Unähnliche Modelle werden auch als beschreibende oder qualitative Modelle bezeichnet.

Im Rahmen ethohydraulischer Untersuchungen können sowohl ähnliche als auch unähnliche wasserbauliche Modelle zum Einsatz kommen:

- So ist es beispielsweise möglich, für den Präprozess ein ähnliches Modell zu verwenden, um die notwendigen Daten zum Strömungsgeschehen unter verschiedenen Randbedingungen im Untersuchungsgebiet zu ermitteln. Diese Informationen können erforderlich sein, um einen geeigneten Aufbau des Versuchsstandes und seiner Steuerung für ethohydraulische Lebendtierbeobachtungen zu konzipieren.
- Im Rahmen einer ethohydraulischen Untersuchung kann es aufgrund räumlicher und hydraulischer Restriktionen in dem Wasserbaulabor notwendig werden, unähnliche Modelle einzusetzen. In einem solchen Fall ist es mit Hilfe der Daten aus dem Präprozess erforderlich, das unähnliche Modell derart zu kalibrieren, dass die situative Ähnlichkeit der fischrelevanten Strömungsparameter gewährleistet ist. Andere Parameter, wie geometrische Abmessungen bestimmter Anlagenteile oder weniger relevante hydraulische Parameter wie die Schubspannung, werden im ethohydraulischen Test nicht ähnlich abgebildet; deshalb können sie auch nicht auf die Naturverhältnisse übertragen werden.
- Im Transferprozess können anhand eines ähnlichen Modells konkrete Regeln und Bemessungsvorgaben formuliert und auf die Natursituation übertragen werden. Dies ist unabdingbar, um eine in ethohydraulischen Tests erarbeitete hydraulische Signatur, von der erkannt wurde, dass sie das Fischverhalten im Sinne der Aufgabenstellung beeinflusst, in das Ursachen-Wirkungsgefüge der Gesamtsituation einfügen zu können. Bei ähnlichen Modellen ist im Einzelfall zu prüfen, welche Parameter übertragen werden können.

Letztendlich kommt es sowohl bei den ähnlichen als auch bei den unähnlichen Modellen darauf an, dass das Modell in der Lage ist, Zustände, Strömungsvorgänge oder damit zusammenhängende Erscheinungen möglichst so exakt abzubilden, dass die im Experiment gewonnen Ergebnisse übertragbar sind. Im Falle der Ethohydraulik sind dies Erkenntnisse über das Verhalten der Fische im Sinne ihrer Antwort auf eine ihnen im jeweiligen Modell gebotene bauliche und/oder hydraulische Situation.

Während wasserbauliche Modelle im Labor in der Regel als verkleinerte Nachbildung der Natur aufgebaut werden, kommen bei der Ethohydraulik großskalige Modelle bis hin zum Maßstab 1:1 zum Einsatz. Solche ethohydraulischen Modelle stellen quasi den Ausschnitt einer Natursituation dar, um im Labor unter konditionierten und kontrollierbaren Bedingungen die Wirkung von Strömungsvorgängen auf das Verhalten der Fische zu untersuchen. Das Erfordernis großer ethohydraulischer Versuchsstände ergibt sich aus der Tatsache, dass mit Fischen realer Größe gearbeitet wird. Alleinige Erkenntnisse über das Verhalten kleiner Arten oder juveniler Entwicklungsstadien lassen sich nicht auf eine Natursituation übertragen, da beispielsweise die physiologische Leistungsfähigkeit und Motivation bei kapitalen und/oder adulten Exemplaren anders ausgeprägt ist, als bei kleinwüchsigen und/ oder juvenilen Fischen (Kap. 5.2.3).

Auch im ethohydraulischen Modell gilt es ähnlichkeitsmechanische Bedingungen einzuhalten, um ein möglichst vollständiges und natürliches Abbild der Strömungsvorgänge zu erhalten. Zudem muss zur Wahrung der Ähnlichkeit die Übertragbarkeit geometrischer, kinematischer und dynamischer Parameter von der Natur ins Modell und umgekehrt gewährleistet sein. Folgende drei Ähnlichkeitsstufen sind zu berücksichtigen:

- Geometrische Ähnlichkeit: Bei der Wahrung der geometrischen Ähnlichkeit ist das Verhältnis aller Längen, Flächen und Volumina zwischen Natur und Modell konstant und wird und durch die Maßstabszahl M_L ausgedrückt: $M_L = \text{Länge}_{Natur}/\text{Länge}_{Modell}$
- Kinematische Ähnlichkeit: Die kinematische Ähnlichkeit baut auf die geometrische Ähnlichkeit auf und besagt, dass analog zur geometrischen Ähnlichkeit auch die Ablaufzeiten einzelner Prozesse zwischen Natur und Modell in einem konstanten Verhältnis zueinander stehen. Das bedeutet, dass z. B. die Geschwindigkeiten und Beschleunigungen des Wassers vom Modell auf die Natur übertragen werden können. Auch hier gelten wiederum Maßstabszahlen zur Umrechnung von Zeiten $M_t = \text{Zeit}_{Natur}/\text{Zeit}_{Modell}$, Geschwindigkeiten $M_v = M_L/M_t$ und Beschleunigungen $M_a = M_L/M_t^2$.
- Dynamische Ähnlichkeit: Die dynamische Ähnlichkeit setzt die geometrische und kinematische Ähnlichkeit voraus und gewährleistet, dass z. B. Kräfte und deren Vektoren vom Modell auf die Natur übertragen werden können, da auch sie in einem konstanten Verhältnis zueinander stehen. Hierzu gelten analog zu den zahlreichen Kräftearten diverse Maßstabszahlen, die exemplarisch in Tab. 5.1 dargestellt sind.

Weil bei strömungsmechanischen Prozessen zahlreiche Kräfte das Fließgeschehen beeinflussen, ist eine vollständige mechanische Ähnlichkeit zwischen Modell und Natur nur dann gewährleistet, wenn alle Kräftearten untereinander dynamisch ähnlich sind. In diesem Fall können alle Messwerte ohne Einschränkungen mit Hilfe der Maßstabszahlen vom Modell auf die Natursituation umgerechnet werden.

Die in der voranstehenden Tabelle aufgeführten Gleichungen zur Berechnung der kraftspezifischen Maßstabszahlen lassen erkennen, dass eine mechanische Ähnlichkeit nur genau dann gegeben ist, wenn die Längen- und Zeitmaßstabszahl zu 1 gesetzt werden ($M_L = M_t = 1$). Nur in diesem Fall kann die Gleichheit aller Kraftmaßstabszahlen erreicht werden:

$$M_L = M_t = 1 \rightarrow M_{FT} = M_G = M_{FR} = M_{FK} = M_{FE} = 1$$

Tab. 5.1 Wichtige Kräftearten, ihre physikalischen Kenngrößen und Maßstabszahlen (Lehmann und Nestmann 2007)

Kraft infolge von	Ansatz	Physikalische Kenngröße und deren Maßstabszahl	Maßstabszahl der Kraft
Trägheitsreaktion	$F_T = m \cdot a = \rho \cdot \forall \cdot a$	Dichte ρ $M_\rho = \frac{\rho_N}{\rho_M}$	$M_{FT} = \frac{\rho_N \cdot \forall_N \cdot a_N}{\rho_M \cdot \forall_M \cdot a_M} = \frac{M_\rho \cdot M_L{}^4}{M_t{}^2}$
Schwere	$F_G = m \cdot g = \rho \cdot \forall \cdot g$	Erdbeschleunigung g $M_g = \frac{g_N}{g_M}$	$M_G = \frac{\rho_N \cdot \forall_N \cdot g_N}{\rho_M \cdot \forall_M \cdot g_M} = M_\rho \cdot M_L{}^3 \cdot M_g$
Reibung	$F_R = \eta \cdot \frac{dv}{dn} \cdot A$	dynamische Viskosität η $M_\eta = \frac{\eta_N}{\eta_M}$	$M_{FR} = \frac{\eta_N \cdot A_N \cdot dv_N/dn_N}{\eta_M \cdot A_M \cdot dv_M/dn_M} = \frac{M_\eta \cdot M_L{}^2}{M_t}$
Oberflächenspannung	$F_K = 2 \cdot \sigma \cdot L$	Oberflächenspannung σ $M_\sigma = \frac{\sigma_N}{\sigma_M}$	$M_{FK} = \frac{2 \cdot \sigma_N \cdot L_N}{2 \cdot \sigma_M \cdot L_M} = M_\sigma \cdot M_L$
Elastizität	$F_E = E \cdot \frac{\Delta\forall}{\forall} \cdot A$	Elastizitätsmodul E $M_E = \frac{E_N}{E_M}$	$M_{FE} = \frac{E_N \cdot A_N \cdot (\Delta\forall/\forall)_N}{E_M \cdot A_M \cdot (\Delta\forall/\forall)_M} = M_E \cdot M_L{}^2$

Bedeutung der Formelzeichen: m = Masse [kg], a = Beschleunigung [m/s²], ∀ = Volumen [m³], A = Querschnittsfläche [m²], v = Fließgeschwindigkeit [m/s]

Dies zeigt, dass eine vollständige mechanische Ähnlichkeit eines wasserbaulichen Modells nur im Realmaßstab unter Beibehaltung der in der Natur gegebenen Längen, Flächen und Volumina gegeben ist. Es ist allerdings gute Praxis, bei Modellen mit $M_L \neq 1$ die dynamische Ähnlichkeit von bis zu zwei Kräftearten gleichzeitig zu bewerkstelligen. Werden also im Modellmaßstab genau diejenigen zwei Kräftearten dynamisch ähnlich abgebildet, welche den zu untersuchenden Prozess maßgeblich verursachen und/oder beeinflussen, können mit dem Modell durchaus abgesicherte Erkenntnisse erarbeitet werden.

Bei Strömungsprozessen mit freier Wasseroberfläche sind dies in der Regel Trägheits- und Schwerekräfte. Die zeitgleich im Innern des fließenden Wassers wirkenden Zähigkeitskräfte können hingegen vernachlässigt werden, da sie vergleichsweise sehr klein sind und die Strömung kaum beeinflussen.

Gegenüber dem konventionellen wasserbaulichen Versuchswesen ist es im Falle ethohydraulischer Untersuchungen notwendig, neben den Ähnlichkeitsgesetzen biologische Rahmenbedingungen mit zu berücksichtigen, damit sich die Probanden möglichst authentisch, d. h. wie ihre frei lebenden Artgenossen verhalten. Nur wenn dies weitgehend gelingt, erbringen ethohydraulische Tests aussagekräftige Befunde, die sich auf die zu untersuchende Natursituation übertragen lassen. Solche Rahmenbedingungen sind beispielsweise:

- Die Wassertemperatur des Wasserkörpers in der Laborrinne, die einen direkten Einfluss auf die physiologischen Prozesse von Fischen hat und damit z. B. über die Leistungsfähigkeit in Hinblick auf Schwimmgeschwindigkeit und Ausdauer entscheidet;
- Die durch Hormone oder die Tageslänge gesteuerte Aktivität und Motivation von Fischen, die über die Bereitschaft der Individuen bestimmen, sich in einer Laborrinne aktiv zu bewegen und sich stressvollen Situationen bei z. B. hohen Fließgeschwindigkeiten und Turbulenzen auszusetzen;
- Die inner- und zwischenartliche Kommunikation unter den Probanden, die Einfluss auf das Verhalten nehmen kann, indem Fische z. B. in einem Schwarm Schutz oder aber infolge von Konkurrenz Stress empfinden;
- Auch die Hälterung der Probanden unter den künstlichen Bedingungen in einem wasserbaulichen Labor sowie die Beobachtungsprozesse im ethohydraulischen Test können Einfluss auf das Verhalten nehmen.

Darüber hinaus kann es für ethohydraulische Untersuchungen in Hinblick auf die zu untersuchende Fragestellung erforderlich werden, relevante gewässerökologischen Parameter zu berücksichtigen und nachzubauen, die Nebenaspekte der situativen Ähnlichkeit betreffen. Im Falle von Strömungen, die durch Bauwerke erzeugt werden, können dies beispielsweise Randbedingungen wie Uferstrukturen und die Beleuchtungssituation sein, welche das Schwimmverhalten von Fischen beeinflussen, in dem sich die Probanden beispielsweise lieber in Unterstände zurück ziehen, als sich im freien Wasserkörper zu bewegen.

5.2.3 Herstellung der situativen Ähnlichkeit

Die situative Ähnlichkeit ist in Hinblick auf die untersuchungsrelevante Fragestellung dann gegeben, wenn zwischen der zu untersuchenden Freilandsituation und der modelltechnisch nachgebildeten Situation die größtmögliche Übereinstimmung bezüglich der geometrischen, strömungsmechanischen, energetischen und biologischen Aspekte und Parameter herrscht:

- Ein **Aspekt** definiert einen Zustand, der bei Fischen ein bestimmtes Verhalten auslöst oder beeinflusst. Dazu fasst ein Aspekt eine Gemengelage aus geometrischen, hydraulischen, fischbiologischen und gewässerökologischen Strukturen und Zuständen zusammen, welche eine hydraulische Strömungssituation und/ oder eine konstruktive Eigenschaft bestimmen.
- **Parameter** sind die bestimm- und messbaren Größen von Strukturen und Strömungszuständen. Die Parameter können sowohl qualitativ sein, z. B. „die Fließbewegung wird in der Zone A durch eine Rückströmung dominiert“. Andere Parameter sind quantitativer Natur, z. B. „die Wassertiefe beträgt 0,85 m“.
- Darüber hinaus kann eine situative Ähnlichkeit durch weitere **Bedingungen** definiert sein, die es im ethohydraulischen Versuchsstand einzuhalten gilt. Dies sind zumeist Wertebereiche für einzelne Parameter, z. B. „die maximale Sprintgeschwindigkeit einer Fischart liegt zwischen 1 und 1,5 m/s“.

Für die Qualität und Aussagekraft einer ethohydraulischen Untersuchung ist es von entscheidender Bedeutung, dass im Präprozess zumindest alle untersuchungsrelevanten biologischen und technischen Aspekte erkannt und bei der Planung und den Betrieb des Versuchsstandes berücksichtigt werden. Bei Aspekten, die im Rahmen der Voranalyse als nicht primär relevant eingestuft wurden, kann auf deren ähnliche Abbildung im Versuch verzichtet werden, ohne dass hierdurch der Aussagewert einer ethohydraulischen Testserie abnimmt.

Nachfolgend werden beispielhaft einige Aspekte und mögliche zugehörige Parameter aufgeführt, welche für ethohydraulische Fragestellungen von Bedeutung sein können und somit im Präprozess jeweils sorgfältig festgelegt werden müssen. Angesichts der Vielfältigkeit ethohydraulischer Fragestellungen ist diese Auflistung weder hinsichtlich der Anzahl noch der Auswahl der aufgeführten Aspekte und Parameter vollständig.

Aspekte des Gewässerbettes und der –sohle Für die Gewässerfauna stellen die Sohlenstrukturen des Gewässerbettes, vor allem bei Strömungsangriff einen wichtigen Lebens- und Rückzugsraum dar. So nutzen benthale Wirbellose die strömungsarmen Bedingungen im Lückensystem der Sedimente für stromaufwärts gerichtete Wanderungen sowie kieslaichende Fische diese Gegebenheiten für die Anlage von Laichgruben. Da sich die Morphologie des Gewässerbettes aber auch auf das lokale Strömungsverhalten auswirkt, ist im Rahmen ethohydraulischer Untersuchungen zu klären, ob und welche Relevanz die Sohlenstruktur bzw. die Gewässerbettmorphologie für die vorliegende Fragestellung besitzt. Zugehörige Parameter:

- Sohlenformen und deren Abmessungen, z. B. Transportkörper, Erosionsmulden und Sedimentationsflächen.
- Sohlenstrukturen und deren Abmessungen, z. B. herausragende Einzelsteine im Sinne von Störsteinen, Riffel- und Rauschenstrecken, Step-Pool-Sequenzen.
- Sohlentexturen und deren Fraktionierung sowie die Substratdiversität, die sich durch Kornverteilungskurven ermitteln lassen, z. B. steinig, kiesig oder sandig sowie die Ungleichförmigkeitszahl, die sich aus der Kornverteilungskurve ableitet.

Aspekte strömungsbeeinflussender Bauwerke Wasserbauliche Anlagen regeln u. a. den Abfluss in einem Gewässer durch Umlenkung und Beeinflussung der Strömung. So hat eine Stauanlage stets Auswirkungen auf das Abflussregime, die Hydraulik und sie unterbricht zudem die Durchgängigkeit des Gewässers für benthale Wirbellose, Neunaugen und Fische. Mittels ethohydraulischer Tests kann untersucht werden, welche genauen Auswirkungen bestimmte Anlagenbereiche und -komponenten auf das Verhalten aquatischer Tiere haben. Bei der Erzeugung einer situativen Ähnlichkeit gilt es dafür anlagenspezifische Abmessungen und Konturen mit biometrischen Kennwerten der relevanten Fauna zu verschneiden, z. B. die Abmessungen der größten am Standort zu erwartenden Fischart und die Öffnungsweite eines Durchlasses in der Anlage. Zugehörige Parameter:

- An- und Einbindung des Bauwerks in das Ober- und Unterwasser und Berücksichtigung des dortigen Strömungsverhaltens.
- Lage, Größe und Gestalt von Bauwerkskomponenten in räumlichem Bezug zueinander.
- Betriebszustände beweglicher Bauteile, wie Wehrklappen oder Schütztafeln für die Abflusssteuerung.
- Von wandernden Fischen präferierte Wander- und Passagekorridore im räumlichen und zeitlichen Kontext zum Bauwerk und seinen Betriebszuständen.

Hydraulische Aspekte wie Strömungspfade, Wirbel- und Totwasserzonen, Walzen und Rückströmungen etc. Um das Verhalten von Fischen in Strömungen zu untersuchen, gilt es eine Vielzahl verschiedener hydraulischer Parameter mit der physiologischen Leistungsfähigkeit der Fische zu verschneiden. Diese physiologische Leistungsfähigkeit äußert sich insbesondere in den verschiedenen Schwimmmodi in Abhängigkeit von der Körperlänge eines Fisches (Kap. 5.4.3). Zugehörige Parameter sind:

- Wassertiefen und zugehöriger Gewässerquerschnitt.
- Lokale maximale und minimale, zeitlich und/oder räumlich gemittelte Fließgeschwindigkeiten, hydrostatische und hydrodynamische Kräfte.
- Fließrichtungen bzw. -vektoren, um daraus dann Wirbel-, Turbulenz- bzw. Strömungsstrukturen abzuleiten.
- Sohlen- und Energieliniengefälle sowie das Wasserspiegelliniengefälle entlang des Hauptfließweges.
- Flächenbezogene Druck- und Schubspannungskräfte.

Artspezifische Aspekte zu Morphologie und Größe Viele Arten haben Körpergestalt und Verhalten in idealer Weise aufeinander abgestimmt, um sich beispielsweise Strömungen zu entziehen oder sich in solchen energiesparend zu behaupten. So ist die Bauchseite vieler bodenorientiert lebenden Arten wie der Groppe, Barbe oder Flunder abgeflacht, um sich enger an die Sohle anzuschmiegen. Hingegen ist der Körper von Arten, die bevorzugt im freien Wasser rasch fließender Gewässer leben mit einem eher drehrunden Querschnitt und einer torpedoförmigen Längsform so gestaltet, dass er der Strömung nur einen geringen Widerstand bietet. Arten stehender oder träge fließender Gewässer schließlich sind nicht selten hochrückig gebaut, da sie in ihren angestammten Lebensräumen den verdriftenden Einfluss der Strömung nicht fürchten müssen. In Hinblick auf die Herstellung einer maximalen Ähnlichkeit ist stets die autochthone Fischfauna des Standortes zu ermitteln und es ist sorgfältig festzulegen, auf welche Arten die zu testende hydraulische oder bauwerksspezifische Situation Einfluss nimmt, d. h. ob eher oberflächennah, pelagial oder sohlennah lebende und schwimmende Arten von einer wasserbaulichen Anlage betroffen sind. So werden beispielsweise Untersuchungsergebnisse zur Schutzwirkung von Rechen entscheidend davon abhängig sein, ob Arten mit drehrundem Körperquerschnitt, dorso-ventral abgeflachter oder hochrückiger Körperform eingesetzt werden.

Die Größe von Fischen im Sinne ihrer Totallänge von der Schnauze bis zur Schwanzspitze, ihre Körperdicke sowie -höhe spielt nicht nur in Hinblick auf die

Leistungsfähigkeit, sondern auch bei der Dimensionierung wasserbaulicher Anlagen eine wichtige Rolle. So muss sich beispielsweise die Bemessung der Beckenlängen oder der Geometrie von Engstellen in einer Fischaufstiegsanlage stets an der am jeweiligen Standort zu erwartenden größten Fischart orientieren (DWA 2010), während für die Schutzwirkung eines Rechen in Hinblick auf den zulässigen lichten Stababstand die kleinsten und schlanksten Fischarten zu berücksichtigen sind (DWA 2005). Hierbei ist zu beachten, dass im Gegensatz zu anderen Wirbeltieren Fische Zeit ihres Lebens wachsen, wobei der jährliche Zuwachs mit zunehmendem Alter nachlässt. Deshalb und aufgrund des z. T. hohen Alters, das Fische erreichen können, ist es kaum möglich die Maximalgröße einer Art anzugeben.

Aspekte des Leistungsvermögens von Fischen Das Leistungsvermögen der Fische ist einerseits artspezifisch unterschiedlich, zum anderen unmittelbar von der Körperlänge des jeweiligen Exemplars abhängig (Kap. 5.4.3). Vereinfacht betrachtet sind große Fische leistungsfähiger als kleine Exemplare der gleichen Art, d. h. sie können ausdauernder und schneller schwimmen. Auch zählen Kleinfische mit geringer maximaler Körperlänge im Gegensatz zu großwüchsigen Arten, wie Hecht und Wels zu den leistungsschwächeren Vertretern der Fischfauna. Dass die Körperlänge allein nichts über die Leistungsfähigkeit einer Art aussagt, zeigt sich am Beispiel der die Flussunterläufe besiedelnden Störartigen, bei denen nicht nur die juvenilen, sondern auch die z. T. mit über 3 m Länge kapitalen Elterntiere hohen Fließgeschwindigkeiten nichts entgegen zu setzen haben. Da Fische in Fließgewässern mehr oder weniger permanent Strömungen ausgesetzt sind, haben sie kräftesparende Strategien entwickelte, indem sie sich beispielsweise in Abhängigkeit von ihrem Leistungsvermögen und ihrer Motivation in mehr oder weniger stark durchflossenen Gewässerabschnitten aufhalten. So sind leistungsschwächere Jungfische bevorzugt in strömungsarmen Strecken wie an Gleithängen, auf der Lee-Seite von Buhnen, in Altwässern und Buchten sowie in gering beaufschlagten Ausleitungsstrecken anzutreffen. Mit zunehmendem Alter und Wachstum und der damit einhergehenden Steigerung ihres Schwimmvermögens können sich die Ansprüche jedoch ändern. Beispielsweise wechseln Jungfische des Rapfens aus schwach durchströmten Lebensräumen, wo sie sich von wirbellosen Organismen ernährt haben, in Abschnitte mit starker Strömung, um fortan räuberisch anderen Fischen nachzustellen.

Im Rahmen ethohydraulischer Tests gilt es sorgfältig festzulegen, mit Hilfe welchen Spektrums von Arten und Größen die jeweils vorliegende Fragestellung untersucht werden muss, d. h. ob eher leistungsschwache oder schwimmstarke Probanden einzusetzen sind.

Aspekte des Umweltfaktors „Wassertemperatur" Fische sind wechselwarm (poikilotherm), d. h. sie sind nicht in der Lage, ihre Körpertemperatur konstant zu halten. Die Innentemperatur des Körpers ist unmittelbar von der Wassertemperatur abhängig, was Konsequenzen für die Stoffwechselaktivität hat: Je niedriger die Körpertemperatur, desto langsamer laufen Stoffwechselprozesse ab und umso geringer sind Reaktionszeiten und Leistungsfähigkeit.

Leben ist nur innerhalb bestimmter Temperaturgrenzen möglich. Die absolute obere Grenze liegt bei etwa 60 °C, wenn Proteine zu denaturieren beginnen. Die absolute untere Grenze wird durch die Bildung von Eiskristallen in den Körperflüssigkeiten verursacht. Sie liegt deutlich unter 0 °C, weil die Körperflüssigkeiten gelöste Salze enthalten, welche eine Gefrierpunktserniedrigung bewirken. Der tatsächlich nutzbare Temperaturbereich umfasst jedoch keineswegs diese gesamte Spanne. Vielmehr bietet nur ein bestimmter Ausschnitt dieser Temperaturspanne günstige Lebensbedingungen. Wird dieser Optimalbereich über- oder unterschritten, hat dies eine Beeinträchtigung wesentlicher biologischer Funktionen zur Folge.

Die Optimalwerte unterscheiden sich bei den verschiedenen Arten je nach dem, ob es sich um Bewohner sommerkühler oder sommerwarmer Gewässer handelt. Während bei Ersteren das Temperaturoptimum zwischen etwa 8 °C und 16 °C liegt, ist die Aktivität der zweiten Gruppe bei Wassertemperaturen bis etwa 25 °C maximal. Als ideal für die Durchführung ethohydraulischer Tests mit Gemischtartenschwärmen, denen Vertreter beider Temperaturoptima angehören, hat sich ein Temperaturbereich zwischen 15 und 20 °C erwiesen. Höhere Wassertemperaturen bis maximal 22 °C sind allenfalls während der Sommermonate und nur für die Arten sommerwarmer Gewässer tolerabel (Kap. 6.1.3).

Aspekt der Verfügbarkeit von Sauerstoff Damit die Fischmuskulatur Leistung erbringen kann, ist im Wasser gelöster Sauerstoff erforderlich, der über die Kiemen aufgenommen und dem Körper zur Verfügung gestellt wird. Die Löslichkeit des Sauerstoffs im Wasser ist von der Wassertemperatur abhängig, wobei kälteres Wasser mehr Sauerstoff binden kann, als warmes. Demzufolge sind die Arten sommerkühler Gewässer auf einen hohen Sauerstoffgehalt angewiesen, während die Arten der Flussunterläufe wesentlich geringere Werte tolerieren.

Bei der Durchführung ethohydraulischer Tests sind auch bezüglich der Sauerstoffkonzentration stets Optimalwerte einzuhalten. Dies ist die Voraussetzung dafür, dass die Probanden unter Laborbedingungen dasselbe Leistungsvermögen und dieselbe Aktivität entwickeln wie in der Natur.

Aspekt der Störungen von Fischen durch Stressfaktoren Fische reagieren sehr empfindlich auf Reize wie starke Lichtkontraste, Bewegungen, Geräusche, Schwingungen etc. Zur Gewährleistung einer unbeeinträchtigten Beobachtungssituation im wasserbaulichen Versuchslabor ist es deshalb unbedingt erforderlich, die Probanden nur solchen Reizen auszusetzen, die auch in der Realität der Natursituation vorhanden sind. So können schon für den Menschen nicht wahrnehmbare Schwingungen des Laborbodens dazu führen, dass die Fische Deckung suchend an einer Stelle im Laborgerinne verharren, anstelle auf die gebotene hydraulische Situation zu reagieren.

Aus der großen Anzahl der in der obigen Zusammenstellung genannten Parameter wird ersichtlich, dass zur Erzeugung situativ ähnlicher Versuchsbedingungen oftmals in der Voranalyse eine Naturmesskampagne, ein klassischer wasserbaulicher Modellversuch oder ein entsprechend aussagefähiges hydrodynamisch-numerisches Strömungsmodell erforderlich sind, um die Parameter für diverse Betriebszustände überhaupt erheben und quantifizieren zu können.

Selbst bei sorgfältigsten Überlegungen ist zu Beginn einer Untersuchung nicht immer klar, welche Aspekte und Parameter bei Fischen ein bestimmtes Verhalten auslösen und beeinflussen, zumal ethohydraulische Untersuchungen ja gerade dazu dienen, einen weitgehend unbekannten Organismus und seine Reaktionen verstehen zu lernen. Wie in solchen Fällen vorzugehen ist, veranschaulicht das nachstehende Beispiel:

Praxisbeispiel: Bedeutung der situativen Ähnlichkeit für ethohydraulische Untersuchungen zum Aalschutz an einem Wasserkraftwerk Im Rahmen einer Machbarkeitsstudie über Möglichkeiten des Aalschutzes am Wasserkraftstandort Wahnhausen an der Fulda (Hessen) war zu untersuchen, wie sich abwandernde Aale im Bereich des mit einem konventionellen senkrecht stehenden Stabrechen von 20 mm lichter Weite ausgestatteten Turbineneinlaufs verhalten (Abb. 5.3). Da weltweit keine Erkenntnisse verfügbar waren, welche Aspekte das Verhalten der Fische im Nahbereich des Rechens maßgeblich auslösen und beeinflussen, wurde in folgenden Schritten vorgegangen (Adam et al. 1999).

Voranalyse und Präprozess Um zu klären welche Anlagenbereiche, Betriebseinrichtungen sowie hydraulischen und betrieblichen Zustände in Hinblick auf die vorliegende Fragestellung Einfluss nehmen könnten, wurden zunächst alle quantifizierbaren hydrologischen und baulichen Bedingungen des Kraftwerksstandortes zusammengetragen, u. a.:

Abb. 5.3 Einlauf in das Wasserkraftwerk Wahnhausen (Hessen) mit 20 mm-Rechen

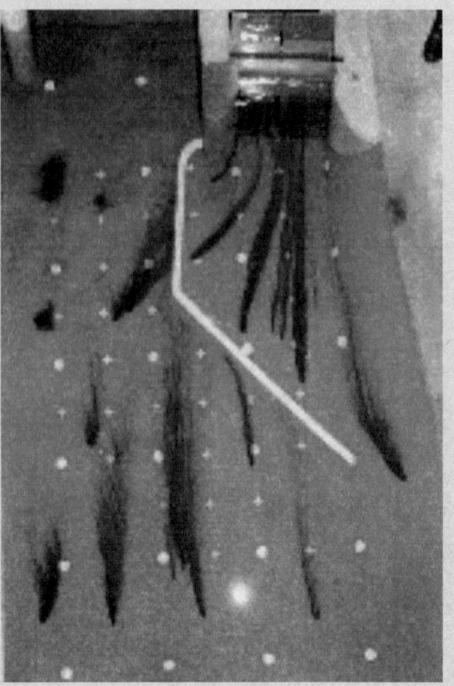

Abb. 5.4 Wasserbauliches Modell vom Einlauf in das Wasserkraftwerk Wahnhausen zur Erfassung der hydraulischen Situation

- Einzugsgebietsgröße: $A_E = 6.360$ km²,
- Lage: Fulda-km 94,7
- Abflusskennwerte der Fulda:
  Hochwasserabfluss HQ = 980 m³/s
  Mittelwasserabfluss MQ = 57,7 m³/s
  Niedrigwasserabfluss MNQ = 16,4 m³/s
- Breite des Einlaufs: 10 m
- Tiefe vor dem Einlauf: 8 m
- Schluckvermögen der Kaplanturbine: 60 m³/s
- Stabrechen mit 20 mm lichter Weite, senkrecht zur Anströmung

Unter Verwendung dieser Daten wurde sodann an der Technischen Universität Darmstadt ein konventionelles wasserbauliches Modell von der Wehranlage mit dem Turbineneinlauf im Maßstab 1:15 angefertigt (Abb. 5.4). Während an der Wasserkraftanlage im Gewässer die Erkennung und Messung alle betriebsrelevanten Strömungsparameter aufgrund der schwierigen Zugänglichkeit und der damit verbundenen Gefahren unmöglich war, konnten an dem Modell alle untersuchungsrelevanten Aspekte identifiziert und ihre Parameter quantifiziert werden.

Abb. 5.5 20 mm-Rechen im ethohydraulischen Test

Auf der Grundlage der nunmehr bekannten Bedingungen im Einlaufbereich des Wasserkraftwerks wurden folgende hydraulische Situationen als für das Verhalten von abwandernden Aalen und anderen Arten wahrscheinlich relevant erkannt:

- ungleichmäßige Anströmung der Rechenfläche infolge Strömungsablösungen vor allem am linken Wehrpfeiler und
- Anströmgeschwindigkeit vor der Rechenfläche im Normalbetrieb von 0,8 m/s bis über 1 m/s.

Um einen situativ ähnlichen ethohydraulischen Versuchsstand zu konzipieren wurden alle das Verhalten der Aale wahrscheinlich beeinflussende biologische, konstruktive und hydraulische Aspekte mit ihren zugehörigen Parametern zusammengestellt, u. a. Körperdicke [mm] abwandernder Aale und Schwimmleistung [L_{Fisch}/s] in Abhängigkeit von der Körperlänge [m], Anströmgeschwindigkeit des Rechens [m/s], durchströmte Rechenfläche [m^2], lichte Weite der Rechenstäbe [mm] und Wassertiefe [m]. Dann wurde in einer 30 m langen, 2 m breiten und 1,5 m hohen Laborrinne ein senkrecht stehender 20 mm-Flachstabrechen eingebaut. Dieser wurde mit situativ realen Anströmgeschwindigkeiten von 0,3 m/s bis 1 m/s beaufschlagt (Abb. 5.5). Diese Grundanordnung wurde für weitere ethohydraulische Tests modifiziert, in dem z. B. der Winkel der Stellung des Rechens zur Anströmung oder seine Neigung in Fließrichtung zur Sohle oder die Positionierung eines Bypasses zu der mechanischen Barriere variiert wurde.

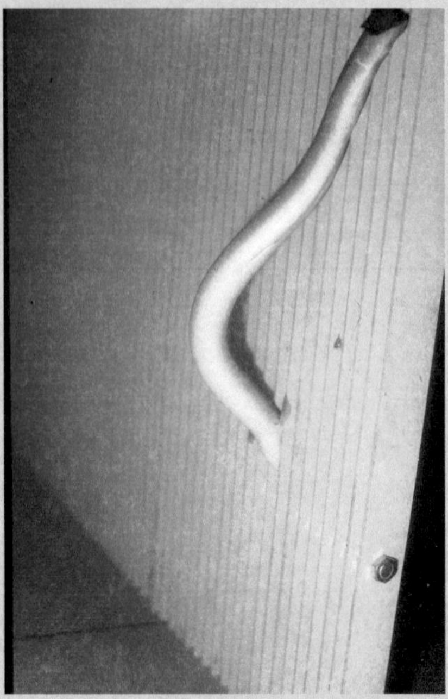

Abb. 5.6 Vor der Anströmung gegen die Rechenfläche gepresster Aal

Ethohydraulische Tests In den ethohydraulischen Tests wurde das Verhalten von 50 cm bis 80 cm langen Aalen vor dem 20 mm-Stabrechen bei verschiedenen Anströmgeschwindigkeiten beobachtet und filmisch dokumentiert. Es zeigte sich, dass Aale bei Anströmgeschwindigkeiten unter 0,5 m/s in Richtung Oberwasser fliehen, sobald sie den Rechen berühren. Ab einer Anströmgeschwindigkeit von 0,5 m/s gelingt ihnen dies jedoch nicht mehr, da sie von der Anströmung gegen die Rechenfläche gepresst werden (Abb. 5.6). Aale unter 70 cm Körperlänge können sich dieser Situation allein dadurch entziehen, dass sie sich zwischen den Rechenstäben hindurch zwängen, während längeren Exemplaren eine Passage aufgrund eines größeren Körperquerschnittes zunehmend weniger gelingt (Abb. 5.7).

Transferprozess Übertragen auf die Freilandsituation am Wasserkraftstandort Wahnhausen zeigen die Befunde, dass sich abwandernde Aale so lange einer Schädigung aktiv entziehen können, wie die Anströmgeschwindigkeit vor der mechanischen Barriere geringer als 0,5 m/s ist. Bei höherer Anströmgeschwindigkeit hingegen werden Aale gegen die Rechenfläche gepresst. Bei ungleichmäßig angeströmten Barrieren entscheidet nicht der Mittelwert, sondern der lokal auftretende maximale Anströmungswert über

Abb. 5.7 Rückwärtige Passage eines Aals durch einen 20 mm-Rechen

die Schädigung von Fischen, zumal mit einer zunehmenden Verlegung des durchflossenen Querschnittes durch Fischleiber die Anströmgeschwindigkeit steigt. Aale, für die ein Rechen unpassierbar ist, werden von einer zu starken Anströmung bis zur Erschöpfung angepresst, oder sterben in Konsequenz aus dieser Situation an inneren Blutungen oder letztlich infolge der Rechenreinigung.

Einem Angepresstwerden versuchten sich Aale bis 70 cm Körperlänge zu entziehen, in dem sie sich durch die Rechenstäbe aktiv hindurch zwängten. Hierdurch steigt allerdings für diese Exemplare das Risiko, von der hinter dem Rechen angeordneten Turbine geschädigt zu werden.

Aufgrund dieser ethohydraulischen Erkenntnisse wurde für den zu betrachtenden Wasserkraftstandort davon abgesehen, eine mechanische Barriere mit noch geringerer lichter Weite zu installieren. Alternativ wurde ein Frühwarnkonzept erarbeitet, mit dem zum Zeitpunkt eines beginnenden Aalabwanderereignisses die Turbine gedrosselt wird, um die Anströmgeschwindigkeit unter 0,5 m/s zu reduzieren und damit Aalen eine Flucht vor dem Einlaufbauwerk mit dem Rechen zu ermöglichen. Seit dem Jahr 2002 kommen keine Blankaale mehr am Turbineneinlauf des Wasserkraftwerks Wahnhausen zu Schaden und haben die Möglichkeit, über die überströmten Wehrfelder stromabwärts zu wandern.

Es bedarf der transdisziplinären Zusammenarbeit von Biologen und Wasserbauingenieuren, um alle zur Herstellung der situativen Ähnlichkeit relevanten technischen und biologischen Aspekte benennen zu können. Dabei ist es von Bedeutung alle jene hydraulischen Parameter zu bestimmen, die das Fischverhalten maßgeblich auslösen und beeinflussen, um den ethohydraulischen Versuchsstand so zu planen, bemessen und steuern zu können, dass diese verhaltensrelevanten Parameter weitestgehend naturähnlich realisiert werden können. Hierfür hat sich folgendes grundsätzliches Vorgehen als zweckmäßig erwiesen:

- Jede untersuchungsrelevante wasserbauliche Anlage und jede durch die Betriebsweise oder Bauwerkskonturen verursachte Strömungssituation ist in Hinblick darauf zu analysieren, welche Reize von diesen Bauwerken und hydraulischen Bedingungen auf Fische ausgehen, die ihr Verhalten beeinflussen könnten.
- Es gilt zudem diese im Sinne von Kräften oder Reizen wirkenden Aspekte durch entsprechende Parameter präziser zu definieren und möglichst auch den Wertebereich, in denen diese Parameter auftreten durch Schätzung näherungsweise zu quantifizieren.

Hingegen müssen die weniger fischrelevanten Parameter im Modell nicht zwangsweise den Ähnlichkeitsanforderungen entsprechen. Damit wird also bewusst in Kauf genommen, dass bei einem Teil der Parameter keine mechanische Ähnlichkeit zwischen der Labor- und der Natursituation besteht, während bei verhaltensrelevanten Parametern die mechanische Ähnlichkeit zur Natursituation zwingend gegeben sein muss. Auch in einem solchen Fall ist das ethohydraulische Modell als situativ ähnlich zu betrachten.

Vor dem Hintergrund dieser Überlegungen lässt sich das Vorgehen für die Erzeugung einer situativen Ähnlichkeit in der in Abb. 5.8 dargestellten Weise zusammenfassen.

5.2.4 Maßstäblichkeiten und Skalierungseffekte

Da die Ethohydraulik auf der Verhaltensbeobachtung von Fischen in mehr oder weniger abstrahierten wasserbaulichen Modellen basiert, tritt mit dem Einsatz der Tiere ein Maßstabsproblem auf: Während es im wasserbaulichen Versuchswesen unter Beachtung der Ähnlichkeitsgesetze möglich ist, einem Modell auch relativ kleinskalige Maßstäbe zuzuweisen, lässt sich die Körpergröße lebender Fische nicht maßstabskonform anpassen. So ist der u. a. von Haselbauer und Barreira-Martinez (2007) praktiziere Ansatz, in kleinen Modellen mit Jung- oder Kleinfischen geringer Größe zu arbeiten unsinnig, weil es zu falschen Ergebnissen führt. Dies hat vor allem physiologische Ursachen, da sich die Leistungsfähigkeit und damit die Schwimmgeschwindigkeit und das Schwimmverhalten nicht nur bei den verschiedenen Fischarten unterscheidet, sondern vor allem auch abhängig von der Körperlänge und damit dem Alter eines Fisches ist.

Ob ein Fisch in der Lage ist, gegen eine bestimmte Fließgeschwindigkeit anzuschwimmen bzw. wie lange er dieser widerstehen kann, bevor er erschöpft ist

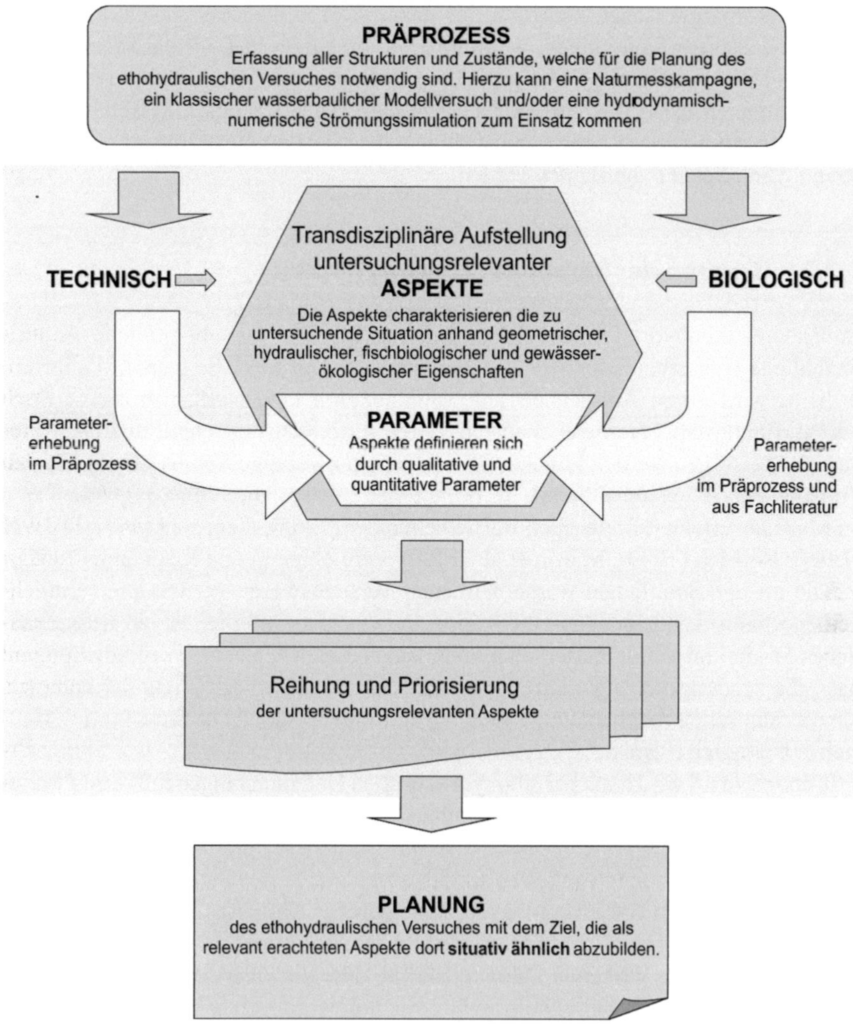

Abb. 5.8 Erarbeitung der Planungsgrundlagen für die Herstellung eines situativ ähnlichen ethohydraulischen Modells

und abgetrieben wird, spielt aber bei ethohydraulischen Untersuchung eine wesentliche Rolle. Nach derzeitigem Wissen weisen juvenile Fische nicht nur andere biometrische Kennzeichen als ihre adulten Artgenossen auf, sondern besitzen andere Motivationslagen und verfügen vor allem über eine andere Physis. So haben sich viele juvenile Fische zwar als leistungsfähiger, aber weitaus weniger ausdauernd als adulte Exemplare erwiesen (Pavlov 1989). Entsprechend kann nach derzeitigen Erkenntnissen keinesfalls aus Ergebnissen zum Verhalten juveniler auf die Reaktionsweisen adulter Exemplare geschlossen werden.

Bei ethohydraulischen Tests wird es daher stets notwendig sein, mit großskaligen Versuchskonfigurationen, wenn möglich im Maßstab 1:1 zu arbeiten. Daher bietet es sich an, eine möglichst große und hydraulisch leistungsfähige Laborrinne vorzuhalten. In diese Basisstruktur können dann mittels modularer Einbauten die jeweiligen ethohydraulischen Versuchskonstellationen zur Gewährleistung der situativen Ähnlichkeit eingerichtet werden.

5.2.5 Grenzen der Parameterübertragbarkeit

Im Rahmen ethohydraulischer Untersuchungen kommen sowohl ähnliche als auch unähnliche wasserbauliche Modelle zum Einsatz. Die Modelle werden kalibriert, d. h. es wird deren Ähnlichkeit zur Natursituation eingestellt, damit sich Strömungseffekte und Parameter maßstabsgetreu ausbilden und damit auf die Natur zurück übertragen werden können. Dies ist eine notwendige Voraussetzung für den Transferprozess. Weiterführende Informationen zur Parameterübertragbarkeit und zu Maßstabseffekten finden sich in Bretschneider (1965); Gehring (1967); DVWK (1984); Bollrich (1989); Martin et al. (2000) und Lehmann und Nestmann (2007).

Die im herkömmlichen wasserbaulichen Versuchswesen verwendeten ähnlichkeitsmechanischen Modellgesetze zeigen, dass es nicht möglich ist ein wasserbauliches Modell im verkleinerten oder auch vergrößerten Maßstab so zu konzipieren, dass alle Modellgesetze gleichzeitig erfüllt sind. Die Gewährleistung der kompletten mechanischen Ähnlichkeit zwischen Natur und Modell ist de facto nur im Maßstab 1:1 möglich (Kap. 5.2.2).

Entsprechend wird auch bei ethohydraulischen Untersuchungen mit Modellen im etwas verkleinerten Maßstab die Vernachlässigung einzelner an der Strömungssituation beteiligter Kräftearten erforderlich, um zumindest dominierende Kräftearten mechanisch so ähnlich wie möglich abbilden zu können. Beispielsweise dominieren bei Untersuchungen von Strömungsprozessen großer Abflüsse um ein Bauwerk herum die Massenträgheits- und Schwerekräfte das Strömungsgeschehen derart, dass die im Fluidinneren wirkende Zähigkeitskräfte oder die Oberflächenspannung vernachlässigt werden können. Die primär bei ethohydraulischen Untersuchungen zu berücksichtigenden Übertragbarkeitskriterien sind nachfolgend aufgeführt.

5.2.5.1 Turbulenz

Eine turbulente Strömung (lateinisch; turbulentus = unruhig) bezeichnet eine Bewegung von Flüssigkeiten, bei der auf allen Größenskalen Verwirbelungen auftreten. Diese Strömungsform ist gekennzeichnet durch meist dreidimensionale, scheinbar zufällige, instationäre Bewegungen der Wasserteilchen. Aufgrund der Viskosität des Wassers und infolge der Fluktuationsbewegung ist eine verstärkte Vermischung die wichtigste Eigenschaft turbulenter Strömungen. Turbulenz tritt nur auf, wenn die Trägheitskräfte des bewegten Wassers im Vergleich zu den Zähigkeitskräften einen Grenzwert überschreiten, den der Physiker Osborne Reynolds als dimensionslose Kennzahl Re_{krit} beschrieben hat: Unterhalb Re_{krit} werden Strömungsinstabilitäten durch die Zähigkeit des Wassers gedämpft, während bei der Überschreitung von

Re_{krit} Turbulenz entsteht, bei der große, instabile Wirbel in kleinere Wirbel zerfallen, bis sich diese unter Dissipation ihrer hydraulischen Energie in Wärme und Schall vollständig auflösen (Kolmogorov 1941).

In Natur und Modell muss stets die gleiche Fließart herrschen, was mit Hilfe der Reynolds-Zahl überprüfbar ist (Bollrich 1996):

$$\mathrm{Re} = \frac{v_m \cdot h}{\upsilon}$$

mit $Re_{krit} < 2.320 \rightarrow$ laminares Fließen und $Re_{krit} > 2.320 \rightarrow$ turbulentes Fließen
Re dimensionslose Kennzahl nach Reynolds
v_m mittlere Fließgeschwindigkeit [m/s]
h mittlere Wassertiefe [m]
υ kinematische Viskosität des Wassers [m^2/s]

Ist die Strömung in der Naturausführung turbulent, so ist die kleinste in der Modellausführung zulässige Reynoldszahl durch den Umschlagspunkt zwischen dem laminaren und turbulenten Fließen gegeben: $Re_{krit} = 2.320$. Da der Übergang vom laminaren zum turbulenten Fließen jedoch in der Praxis unscharf ist, sollte man sich dieser Grenze nicht allzu sehr nähern und im Modell $Re_{Modell} = 5.000$ bis 6.000 nicht unterschreiten.

In der Praxis bereitet die Beschreibung und Messung von Turbulenzen infolge der breiten Spanne der auftretenden Längen- und Zeitskalen von Wirbelstrukturen große Schwierigkeiten. Zudem ist bislang weitgehend unbekannt, ob, wie und ab welcher Stärke Fische auf Turbulenzen reagieren.

5.2.5.2 Fließwechsel

Auch der schießende oder strömende Fließzustand muss in Natur und Modell einander gleichen. Da Abflussvorgänge mit freiem Wasserspiegel im ethohydraulischen Modell derart nachgebildet werden, dass Trägheits- und Schwerekräfte eine dynamische Ähnlichkeit zur Natur aufweisen, treten Schwierigkeiten nur dann auf, wenn in der Natur der Fließzustand im Übergangsbereich zwischen dem Strömen und Schießen liegt. Man überprüft dies mit der dimensionslosen Kennzahl nach Froude (Bollrich 1996):

$$Fr = \frac{v_m}{\sqrt{g \cdot (A/B)}}$$

mit $Fr < 1 \rightarrow$ Strömen und $Fr > 1 \rightarrow$ Schießen
Fr dimensionslose Kennzahl nach Froude [–]
v_m mittlere Fließgeschwindigkeit [m/s]
g Erdbeschleunigung [m/s^2]
A senkrecht durchflossene Querschnittenfläche [m^2]
B Breite des Wasserspiegels im Querschnitt [m]

Besonders beim Übergang vom Schießen zum Strömen (Abb. 5.9), der lokal in Form eines sog. Wechselsprunges stattfindet, ist die Rauheit im Modell möglichst genau nachzubilden, da sie die Lage des Fließwechsels beeinflusst: Eine zu große

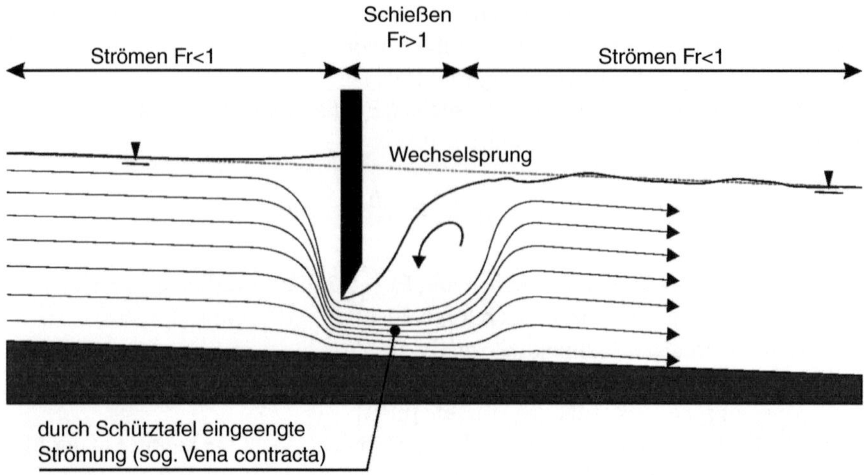

Abb. 5.9 Längsschnittskizze der Fließwechselgrenze in Form eines Wechselsprungs am Beispiel einer Schütztafel

Rauheit im Modell bewirkt beispielsweise, dass der Wechselsprung bereits an einer Stelle auftritt, die in der Natursituation noch im schießendem Zustand durchflossen wird.

5.2.5.3 Rauheit

Die maßstabsgetreue Nachbildung von Oberflächenrauheiten, z. B. an der Wandung der Laborrinne, ist in der wasserbaulichen Modellpraxis in der Regel nicht möglich. Die Forderung nach ähnlicher Rauheit zwischen Natur und Modell ist im Wesentlichen dann erfüllt, wenn das Energieliniengefälle I_E als Verhältnis aus Verlusthöhe h_f pro Fließstrecke ℓ entsprechend im Modellmaßstab abgebildet ist. Die Verlusthöhe h_f errechnet sich dabei nach dem Bernoulli-Ansatz (Schröder 1994) aus den Fließgeschwindigkeits-, Sohlenlagen- und Wassertiefenmessungen in zwei Gewässerquerschnitten, welche die Fließstrecke ℓ auseinander liegen:

$$h_f = \frac{v_{m,1}^2 - v_{m,2}^2}{2 \cdot g} + (h_1 - h_2) + (z_1 - z_2) \qquad \text{und} \qquad I_E = \frac{h_f}{\ell}$$

h_f Fließverlust infolge Reibung zwischen zwei Gewässerprofilen [m]
$v_{m,i}$ mittlere Fließgeschwindigkeit im Querschnitt i [m/s]
g Erdbeschleunigung [m/s²]
h_i mittlere Wassertiefe im Querschnitt i [m]
z_i geodätische Höhe der Gewässersohle im Querschnitt i [m]
I_E Energieliniengefälle zwischen den Querschnitten i [–]
ℓ Fließstrecke zwischen den Querschnitten i [m]

Die Herstellung der ähnlichen Rauheitscharakteristik zwischen der Natur und dem Modell erfolgt durch Kalibrierung: Mit Hilfe der Überprüfung des oben genannten Energieliniengefälles I_E wird dafür solange eine künstliche Rauheit auf die Gerinnesohle und -wandungen im Modell aufgebracht, bis sich dessen Energieliniengefälle maßstäblich ähnlich der Natur einstellt. In der Praxis kann dies z. B. durch das Aufbringen von Steinen auf die Sohle der Laborrinne bewerkstelligt werden.

5.2.5.4 Lufteintrag

Besonders turbulente Strömungen, wie Frei- und Schussstrahlen und Unterdruckströmungen belüften sich selbst, d. h. mit Überwindung der Oberflächenspannung des Wassers bzw. durch Ansaugen von Luft kommt es zur Vermischung von Wasser und Luft. Solche Vorgänge sind zwischen einem Modell und der Natur nicht übertragbar, denn sie sind eng mit der Fließgeschwindigkeit und der Turbulenz verbunden, die in der Laborrinne infolge des Maßstabes nicht den Naturbeträgen entsprechen.

Auch die Tatsache, dass der Umgebungsdruck und die Lufteigenschaften bei Natur und Modell in der Regel gleich sind, führt dazu, dass sich Luftblasen im verkleinerten Modell nicht geometrisch ähnlich verhalten und entsprechend maßstäblich verkleinert auftreten. Vielmehr besitzen Luftblasen sowohl im Modell als auch in der Natur stets den gleichen Durchmesser. Sofern also in einem ethohydraulischen Test zur Gewährleistung der situativen Ähnlichkeit mit den Naturbedingungen ein intensiver Lufteintrag mit der damit einhergehenden Trübung und Mischung des Wassers erzeugt werden muss, ist zu berücksichtigen, dass dies Einfluss auf das Verhalten der Fische nehmen kann. Für solche Fragestellungen ist die Großmaßstäblichkeit des ethohydraulischen Versuchsstandes besonders wichtig.

5.3 Verhaltensbiologie mit Fischen

5.3.1 Historie

Im Gegensatz zum wasserbaulichen Versuchswesen ist die Ethologie eine vergleichsweise junge Disziplin, die sich mit dem Verhalten von Tieren und Menschen befasst. Lässt man die Züchtungsversuche von Charles Darwin außer Acht, in denen er die Vererbung verschiedener Verhaltensweisen bei Tauben nachwies, wurden fundierte verhaltensbiologische Experimente erst gegen Ende des 19. Jahrhunderts durchgeführt (Wukettis 1995). Bereits zu dieser Zeit prägte William Morton Wheeler den Begriff „Ethologie“. Hatte diese neue, im deutschsprachigen Raum auch als „Tierpsychologie“ bezeichnete Wissenschaft zunächst eher beschreibenden Charakter, so wurde in den nachfolgenden Jahrzehnten bis zum Ende des 2. Weltkrieges zunehmend der Nutzwert die Ethologie erkannt. Dies betraf z. B. die Landwirtschaft, indem die Erkenntnisse zur „Sprache“ der Bienen gezielt zur Ertragssteigerung in der Imkerei, aber auch zur verbesserten Befruchtung von Nutzpflanzen eingesetzt wurden (Frisch 1947). Dem Zeitgeist entsprechend bemühte man sich ebenso intensiv um militärische Fragestellungen z. B. in Hinblick auf die Hundestaffeln und die Kavallerie der Wehrmacht. So untersuchte der Veterinärmediziner und spätere Direktor des Frankfurter Zoos, Bernhard Grzimek, die Farbwahrnehmung und das Heimfindevermögen von Militärpferden.

Bis in die Mitte des 20. Jahrhunderts beschäftigten sich europäische Ethologen, inspiriert durch die Arbeiten von u. a. Jean-Henri Fabre, Otto Heinroth, Konrad Lorenz, Karl von Frisch, Nikolaas Tinbergen, Erich von Holst und Günter Tembrock, primär mit dem Verhalten von Tieren. Ausgangspunkt war hierbei zunächst die Auffassung, dass Verhalten eine reflexartige, stereotype und damit instinktive und genetisch fixierte Antwort auf einen bestimmten Reiz oder eine Reizkette sei. In heftigem Widerspruch hierzu stand der von dem amerikanischen Psychologen Watson (1914) begründete Behaviorismus, der das Verhalten und insbesondere das Lernen des Menschen erforschte und hierbei alle subjektiven Faktoren die nicht unmittelbar zu beobachten waren, wie Empfindung, Wahrnehmung, Denken, Fühlen etc. systematisch ausklammerte. Das gesamte Verhalten wurde hierbei erklärt als eine erlernte Verknüpfung zwischen Reizen, welche ein Lebewesen aufnimmt und der Reaktion, welche es zeigt. Hingegen lehnten es die Behavioristen ab, die angeborenen Elemente des (menschlichen) Verhaltens in ihre Betrachtungen einzubeziehen. Dieser dogmatische Ansatz des Behaviorismus wird heute kaum noch vertreten. Jedoch fand die behavioristische Lerntheorie in geänderter Form Eingang in die moderne Ethologie, so dass heute das Verhalten als ein komplexer Ausdruck sowohl von ererbten, als auch von erfahrungsbedingten, durch die Sinnesleistungen und die Umwelt beeinflussten Lebensäußerungen betrachtet wird.

Ein wichtiges Instrument zur Unterscheidung angeborenen und erlernten Verhaltens bieten sog. Kaspar-Hauser-Versuche, bei denen Jungtiere in vollständiger Isolation von Artgenossen aufgezogen werden, wodurch ein Erlernen artspezifischer Verhaltensweisen sicher ausgeschlossen werden kann. Generell ist der Anteil erlernten Verhaltens umso größer, je höher das Gehirn eines Tieres entwickelt ist. Den Zenit öffentlicher Beachtung erreichte die Ethologie im Jahr 1973 mit der Verleihung des Nobelpreises an Konrad Lorenz (Abb. 5.10), Nikolaas Tinbergen und Karl von Frisch.

Aktuell befasst sich die Ethologie mit allen Aktionen und Reaktionen von Tieren oder Menschen sowie mit den zu beobachtenden Bewegungen oder Zuständen und deren Veränderungen, die durch das Nervensystem koordiniert und gesteuert werden (Becker et al. 1987). Solche Forschungen finden auf unterschiedlichen Ebenen statt. Die klassische vergleichende Verhaltensbiologie untersucht, welche inneren Faktoren wie Alter, Geschlecht und Motivation spezielle Verhaltensweisen auslösen bzw. steuern und welche Rolle hierbei äußere Faktoren wie die Umwelt, das Klima, das Nahrungsangebot und die Konkurrenz spielen (Eibl-Eibesfeldt 1978).

Eine wichtige Arbeitsgrundlage auf diesem Gebiet bilden sog. Ethogramme, die das Gesamtrepertoire und die unterschiedlichen Ausdrucksformen sämtlicher Verhaltensweisen verzeichnen, über das ein Individuum bzw. eine Art verfügt.

Abb. 5.10 Konrad Lorenz (1903 bis 1989). Der Zoologe und Nobelpreisträger von 1973 wurde vor allem durch die Erforschung der instinktgeprägten Verhaltensweisen von Graugänsen und tropischen Korallenfischen bekannt. Foto: www.guenzl.net

Ein weiterer Zweig der Verhaltensbiologie befasst sich mit Fragen der Reizerkennung und -verarbeitung und steht damit der Neurobiologie nahe (u. a. Kapoor et al. 1975; Guthrie und Banks 1978; Mogdans und Bleckmann 1998). Obwohl aus diesem primär in der Grundlagenforschung angesiedelten Gebiet eine Vielzahl experimenteller Befunde vorliegen, lassen sich diese nur ansatzweise für die ingenieurliche Praxis, insbesondere im Bereich des Wasserbaus, anwenden.

Die Komplexität des Fachgebietes der Ethologie macht es in Kombination mit der Problematik der Beobachtbarkeit und der für die Forschung notwendigen Handhabung von in freier Wildbahn lebenden Tieren nicht leicht, fundierte Erkenntnisse zu erarbeiten. Vor diesem Hintergrund befassen sich die meisten Verhaltensforscher mit tagaktiven, landlebenden Tieren, die sich ungleich einfacher beobachten lassen als Fische. Die unter Verhaltensbiologen in der Zoologie mit Abstand beliebtesten Studienobjekte sind Vögel und Säugetiere, also die am höchsten entwickelten Organismen mit ihren besonders komplexen Verhaltensweisen. In diesem Zusammenhang trugen die langjährigen Verhaltensstudien der beiden Forscherinnen Diane Fossey (Abb. 5.11) und Jane Goodall maßgeblich zu einem besseren Verständnis der Menschenaffen bei. Da diese Arten allerdings interpretierbare Lautäußerungen von sich geben, sind sie hinsichtlich ihres Verhaltens weitaus umfassender untersucht und verstanden als Fische.

Zwar liegen eine Reihe von Verhaltensstudien an Fischen aus dem Meer, und hier vor allem an Korallenriffen sowie aus Aquarien vor (u. a. Eibl-Eibesfeld 1978), doch existieren nur sehr wenige Untersuchungen über das Verhalten einheimischer Fische in Fließgewässern unter natürlichen Strömungsbedingungen, bei ständig wechselnden Abflussverhältnissen und bei stofflichen und strukturellen Beeinträchtigungen. Und selbst diese wenigen Studien wie über die Elritze (Stott und Buckley 1979) oder das Abwanderstadium des Atlantischen Lachses (Meager et al. 2006) befassen sich nur peripher mit Aspekten, die für die Berücksichtigung der Belange dieser Spezies im Rahmen wasserbaulicher Eingriffe relevant wären, z. B. benötigte Mindestwassertiefen oder maximal zulässige Fließgeschwindigkeiten und Turbulenzen.

Abb. 5.11 Diane Fossey (1932 bis 1985) wurde wahrscheinlich im Dezember 1985 im Dschungel Ruandas ermordet, als sie Verhaltensforschungen an Berggorillas durchführte. Foto: www.travelblog.org

Grundsätzlich ist die Verhaltensbeobachtung eine langwierige Methode und führt nur selten zu raschen Erkenntnissen. Da sie zwar ein hohes Maß an Disziplin erfordert, jedoch ohne komplizierte Apparatetechnik auskommt, erscheint die Ethologie derzeit in einem antiquierten Licht. Schließlich hat sie stets unter der Kritik gelitten, dass ihre Ergebnisse eher einen anekdotischen Charakter haben, nur wenig für eine Anwendung in der Praxis beitragen und deshalb von nur geringem Nutzen sind. Infolge dessen werden immer mehr der in Deutschland ohnehin nur wenigen verhaltensforschenden Institutionen geschlossen und über Ethologie wird in Zeiten der Genforschung an deutschen Universitäten kaum noch gelehrt. So lebt die Verhaltensforschung heute vor allem in der banalisierten Form populär- oder pseudowissenschaftlicher Dokumentarfilme fort, die weiterhin hohe Einschaltquoten erzielen.

Wie mit den nachfolgenden Ausführungen gezeigt wird, können die Erkenntnisse aus verhaltensbiologischen Untersuchungen mit Fischen dennoch einen wertvollen Beitrag für die wasserbauliche Praxis leisten, um beispielsweise die Gewässer gemäß den Forderungen der europäischen Wasserrahmenrichtlinie in einen besseren ökologischen Zustand zu versetzen oder tatsächlich funktionsfähige Fischaufstiegsanlagen sowie Fischschutz- und Fischabstiegsanlagen zu errichten.

5.3.2 Wahrnehmung als Voraussetzung für Verhalten

Als Voraussetzung dafür, dass sich ein Organismus an die Bedingungen in seinem Lebensraum anpassen und auf sie reagieren kann, ist es für ihn von essentieller Bedeutung, Informationen über seine Umwelt zu erhalten. Diese Informationen bestehen einerseits aus abiotischen Reizen die physikalischer und/oder chemischer Beschaffenheit sind, z. B. Schwerkraft, Druckwellen, Licht, Temperatur oder stoffliche Eigenschaften, wie Säuren, Basen, Salze etc. Anderseits werden Reize auch von anderen Lebewesen der gleichen oder anderer Arten ausgesandt, z. B. in Form von Pheromonen, Färbungen oder Verhaltensweisen. Diese biologischen Informationen spielen unter anderem bei der Partnersuche, bei Auseinandersetzungen mit Konkurrenten um Lebensraum und Nahrung oder für die erfolgreiche Flucht vor Prädatoren eine wichtige Rolle.

Um solche abiotischen und biotischen Reize empfangen und aufnehmen zu können, benötigt der Organismus entsprechende Sensoren, die als Rezeptoren bezeichnet werden. Rezeptoren haben sich im Laufe der Evolution von einer einfach gebauten einzelnen Sinneszelle, bis hin zu einem aus vielen Einzelrezeptoren mit durchaus unterschiedlichen Empfindlichkeiten und Leistungen bestehenden, komplexen Sinnesorgan entwickelt. Die zahlreichen Einzelreize, die aus der Umwelt auf ein Lebewesen einwirken, erfordern je nach der Komplexität der Lebensform eine entsprechende Rezeptorenausstattung. Vereinfacht betrachtet benötigt ein ortsgebunden lebendes Tier, wie ein Korallenpolyp weit weniger Informationen über seine Umwelt und verfügt deshalb über eine eher schlichte sensorische Ausstattung. Sich rasch bewegende Tiere hingegen, wie die zu den Weichtieren (Mollusken) zählenden Kraken, besitzen im Gegensatz dazu weitaus mehr, höher entwickelte und leistungsfähigere Sinnesorgane.

Es ist grundsätzlich davon auszugehen, dass im Laufe der Evolution jede Tierart jeweils das Repertoire an Rezeptoren ausgebildet hat, das es benötigt, um die in seinem Lebensraum herrschenden Bedingungen wahrnehmen und in Hinblick auf eine erfolgreiche Überlebensstrategie in ein entsprechend angepasstes Verhalten umsetzen zu können. Ist diese Wahrnehmungsfähigkeit nicht gegeben oder gestört, führt dies zur Schädigung oder gar zum Tod des Individuums sowie langfristig zum Erlöschen der Population und schließlich zum Aussterben der Art.

Der Mensch ist mit seiner Gehirnleistung die höchst entwickelte Spezies auf diesem Planeten, doch ist seine Ausstattung mit Sinnesorganen keinesfalls allen anderen Organismen überlegen. Dies betrifft einerseits die Reizschwellen, die bei vielen Tieren wesentlich niedriger liegen. So hören und riechen Hunde sehr viel besser als der Mensch, nachtaktive Säugetiere können sich noch bei Lichtverhältnissen optisch orientieren, die wir als völlige Dunkelheit empfinden und auch der Orientierungssinn von Zugvögeln ist demjenigen des Menschen weit überlegen. Selbst die genannten Kraken erreichen dem Menschen vergleichbare Sehleistungen, wobei ihr Linsenauge erhebliche konstruktive Vorteile und damit bessere optische Eigenschaften aufweist. Auch die Spanne der wahrnehmbaren Reize ist bei Tieren häufig wesentlich größer als beim Menschen. Beispiele hierfür sind die Fähigkeit vieler Insekten, Farben im ultravioletten Spektralbereich wahrzunehmen oder das Hörvermögen der Fledermäuse, das sich bis weit in den für den Menschen unhörbaren Ultraschallbereich erstreckt.

Insbesondere im Wasser lebende Organismen verfügen über zusätzliche, höchst leistungsfähige Sinnesorgane deren Reizwahrnehmung und -empfindung uns völlig fremd sind. Hierzu zählen u. a.:

- Der Sonarsinn der Wale für die Orientierung und Kommunikation in vollständiger Dunkelheit und über sehr große Distanzen.
- Die Lorenzini'schen Ampullen unter der Kopfhaut von Haien und Rochen, die der Naherkennung selbst schwächster elektrischer Impulse mit Spannungen im

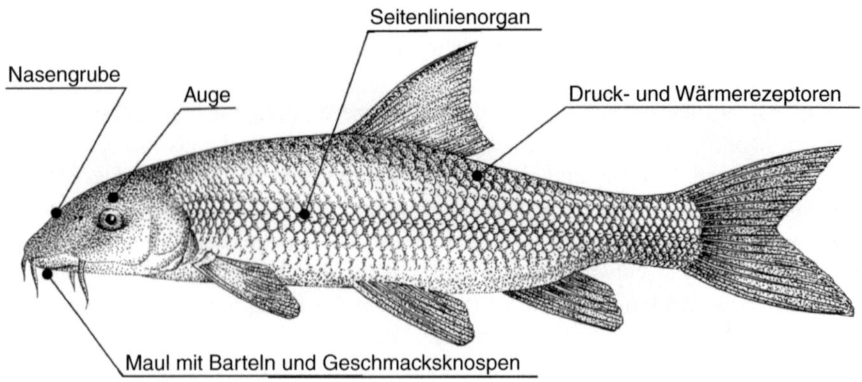

Abb. 5.12 Die Sinnesorgane eines Fisches am Beispiel der Barbe

10 Millionstel-Volt-Bereich sowie der Wahrnehmung des Erdmagnetfeldes dienen.
- Elektrische Organe und elektrische Rezeptoren, die Fischen insbesondere in trüben Gewässern die Orientierung, das Auffinden von Nahrung, die Verteidigung und eine innerartliche Kommunikation ermöglichen.

Solche Spezialentwicklungen sind zwar von einheimischen Süßwasserfischen nicht bekannt. Doch auch sie sind nicht nur mit denselben Sinnen ausgestattet wie der Mensch, sondern verfügen darüber hinaus mit dem sog. Seitenlinienorgan über einen hoch sensiblen Strömungssinn (Kap. 5.3.2.6), von dessen Wahrnehmungsmöglichkeiten wir uns allenfalls vage Vorstellungen machen können.

Sinnesorgane lassen sich grundsätzlich danach unterteilen, ob sie Reize über kurze Distanzen oder aus großer Ferne aufnehmen können (Abb. 5.12). Hinsichtlich der aquatischen Organismen versagt diese Einteilung allerdings zumindest bei den chemischen Sinnen, da sich Stoffe im Wasser vollkommen anders lösen und ausbreiten, als in Luft. Zudem lässt sich im aquatischen Milieu nicht eindeutig zwischen Geruch und Geschmack unterscheiden, da im Wasser gelöste Stoffe sowohl vom Riechepithel, als auch von den Geschmacksknospen wahrgenommen, und damit sowohl gerochen, als auch geschmeckt werden können. Gänzlich unvorstellbar wird dem Menschen die Sinneswelt des Fisches jedoch mit der Erkenntnis, dass sich Geschmacksrezeptoren bei Fischen nicht nur im Maul, sondern auch auf den Barteln und sogar über die gesamte Körperoberfläche verteilt finden. Neunaugen und viele Fische besitzen zudem neben ihren paarigen Augen auf der Kopfoberseite ein Parietal- oder Pinealorgan, mit dem sie Helligkeitsunterschiede wahrnehmen (v. Frisch 1970). Hinzu kommen Druck- und Wärmerezeptoren, die sich zwar in bestimmten Regionen konzentrierten, darüber hinaus jedoch ebenfalls über den gesamten Körper verteilt zu finden sind.

Als Grundlage für Verhaltensbeobachtungen und ebenso im Rahmen ethohydraulischer Tests ist es unumgänglich, sich mit der Sinneswelt der Fische vertraut zu machen. Dies ist deshalb wichtig, weil der Beobachter letztlich unterscheiden muss, ob beispielsweise ein bestimmtes Verhalten des Fisches durch seine optische Wahrnehmung oder eine bestimmte hydraulische Situation ausgelöst wird (Bone und Marshall 1985). Zeigt der Fisch hingegen keinerlei Reaktion auf einen Reiz stellt sich die Frage, ob er ihn überhaupt wahrnimmt. Hierbei ist zu berücksichtigen, dass Fische zum Teil unterschiedliche artspezifische Wahrnehmungsschwellen besitzen, wie dies beispielsweise in Kap. 5.3.2.5 für den akustischen Sinn dargestellt wird.

Die Frage, welcher Reiz durch welchen Sinn des Fisches wahrgenommen wird und dadurch ein entsprechendes Verhalten auslöst, ist in allen Phasen der Ethohydraulik zu berücksichtigen:

- Im Präprozess ist als Grundlage für die Konzeption des ethohydraulischen Versuchsaufbaus zu entscheiden, welche Aspekte es im biologischen Sinne eines Reizes situativ ähnlich abzubilden gilt und welche Einflüsse hingegen vernachlässigt werden können, bzw. bei welchen Parametern die Maßstäblichkeit verletzt werden darf.
- Im ethohydraulischen Test wird erforscht, auf welche Einzelparameter oder Parameterkombinationen Fische primär reagieren. Durch Variation der jeweiligen hydraulischen Bedingungen gilt es dann, aus der Vielzahl der auf die Fische einwirkenden Reize diejenigen zu isolieren, durch die ein bestimmtes, für die zu untersuchende Fragestellung relevantes Verhalten, ausgelöst wird. Zudem bieten ethohydraulische Tests die Möglichkeit, durch Messwerterfassung die hydraulische Situation einer Versuchseinstellung zu dokumentieren und damit die Reizschwelle und die Stärke des verhaltensrelevanten Reizes parameterbasiert zu ermitteln.
- Im Transferprozess sind schließlich die ermittelten Reizschwellen als situationsspezifische Grenz- oder Richtwerte Bemessungswerte zusammenzustellen und somit für die wasserbauliche Planungspraxis verfügbar zu machen.

5.3.2.1 Optischer Sinn

Mit ihren zwei hoch entwickelten Linsenaugen können Fische Objekte und Bewegungen optisch wahrnehmen sowie Richtungen und Entfernungen bestimmen. Durch die seitliche Anordnung der Augen verfügen sie hierbei über eine nahezu vollständige Rundumsicht. Begünstigt durch die unterschiedlichen Lichtbrechungseigenschaften von Wasser und Luft sowie die kugelrunde Linse können Fische nicht nur Objekte und Bewegungen unter Wasser, sondern auch über der Wasseroberfläche erkennen (Abb. 5.13). Hierbei entstehen mit Hilfe der durch Muskeln verschiebbaren Linse auf der Netzhaut des Fischauges nahezu verzerrungsfreie und scharfe Bilder.

Die Sehleistung von Neunaugen und Fischen ist durch eine hohe Dichte von Photorezeptoren in der Netzhaut des Auges hervorragend ausgebildet. Diese Sinneszellen lassen sich in die für die Helligkeitswahrnehmung zuständigen Stäbchen und die für das Farbsehen verantwortlichen Zäpfchen unterscheiden. Dass Fische tatsächlich Farben sehen und unterscheiden können, wurde erstmals von Frisch (1911) durch Dressurversuche mit Elritzen und Dreistachligen Stichlingen nachgewiesen. Inzwischen ist dies auch für viele andere einheimischen Arten, wie Aal, Hecht, Schleie und Goldfisch bekannt. Deren Farbempfindlichkeit ist dabei jeweils dem Wellenlängenspektrum angepasst, das in ihrem Lebensraum auftritt.

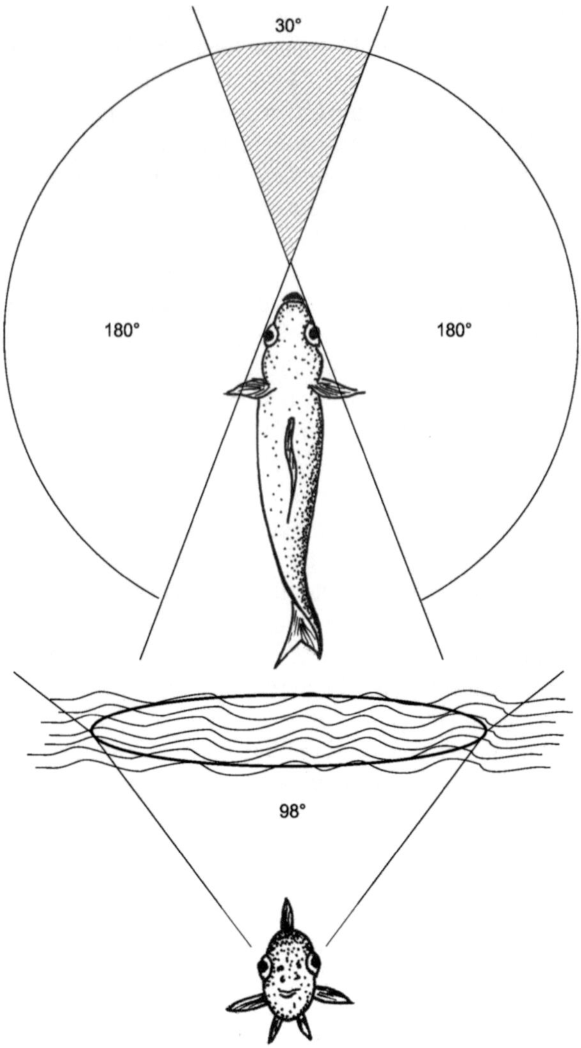

Abb. 5.13 Die Anordnung und Leistungsfähigkeit der Linsenaugen ermöglicht nicht nur eine fast vollständige Rundumsicht, sondern auch die räumliche Orientierung und scharfe Wahrnehmung von Objekten unter- und oberhalb der Wasseroberfläche. (verändert nach: Muus und Dahlström 1978)

Ebenso wie der Mensch, aber im Gegensatz zu vielen anderen Wirbeltieren, scheinen einige Arten unter den Karpfenartigen, Welsen und Barschen sogar in der Lage zu sein, Infrarotlicht mit einer Wellenlänge bis etwa 850 nm wahrzunehmen. Zum Problem wird dies unter methodischen Gesichtspunkten vor allem dann, wenn Verhaltensbeobachtungen unter Einsatz von Infrarotlicht durchgeführt werden sollen (Kap. 7.2.1). Dies ist in der Verhaltensbiologie üblich, um Vorgänge störungsfrei zu beobachten, die natürlicherweise bei Dunkelheit stattfinden, beispielsweise das Abwanderverhalten von diadromen Arten wie Aalen und Lachsen (Meager et al. 2006): Können die Probanden Licht dieser Wellenlänge noch wahrnehmen, ist ihnen eine optische Orientierung durchaus möglich. Bezüglich des Parameters Licht

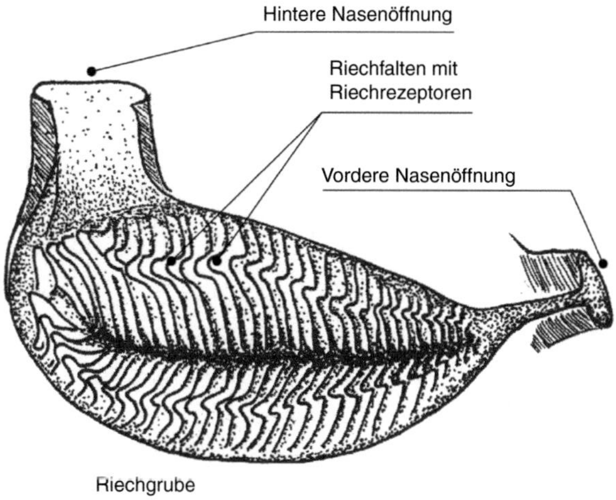

Abb. 5.14 Das Geruchsorgan des Aals mit den beiden Nasenöffnungen sowie der Riechgrube mit dem in Falten gelegten Riechepithel. (verändert nach: Tesch 1983)

ist dann keine situative Ähnlichkeit mit der Natursituation gegeben und die Übertragbarkeit der Befunde wird damit in Frage gestellt.

Ebenfalls in Konsequenz ihres gut ausgebildeten Sehvermögens zeigen Fische ein ausgeprägtes Fluchtverhalten gegenüber Silhouetten, die sich am Ufer oder über der Wasseroberfläche bewegen. Dies erschwert nicht nur im Freiland, sondern auch im Labor eine Annäherung und damit die Durchführung von Fischbeobachtungen. Auch hat sich gezeigt, dass Fische davor zurück scheuen, Übergänge mit abrupten Hell/Dunkel-Kontrasten zu passieren.

Bei den bisher durchgeführten ethohydraulischen Untersuchungen reagierten Fische umso empfindlicher auf optische Reize, je weniger ihre Aufmerksamkeit von der herrschenden hydraulischen Situation beansprucht wurde. Auch sind der optischen Wahrnehmungsfähigkeit von Fischen mit zunehmender Dunkelheit oder/und bei starker Trübung Grenzen gesetzt, was allerdings gleichermaßen für den Beobachter gilt.

5.3.2.2 Geruchssinn

Die paarig ausgebildeten Geruchsorgane der Fische, die Riechgruben, befinden sich links und rechts am Kopf oberhalb der Maulspalte. Sie erstrecken sich unter der Haut zwischen einer in der Regel vorhandenen vorderen und einer hintere Nasenöffnung und werden vom Umgebungswasser durchströmt. In jeder Riechgrube befindet sich ein je nach Art mehr oder weniger stark aufgefaltetes Epithel, in das Riechrezeptoren in großer Dichte eingebettet sind (Abb. 5.14).

An der Oberfläche eines jeden Riechrezeptors erfolgt die Bindung von Geruchsmolekülen, wodurch die Sinneszelle erregt wird. Diese Erregung wird über ein Axon direkt an das Riechhirn, den sog. Bulbus olfactorius, weitergeleitet.

Wie bei anderen Wirbeltiergruppen, lassen sich auch bei Fischen Mikro- und Makrosmaten unterscheiden, d. h. Arten mit nur gering ausgeprägter Riechempfindlichkeit gegenüber hoch spezialisierten „Schnüfflern“. Zu Letzteren zählen bei den Fischen beispielsweise viele diadrome Arten, wie der Atlantische Lachs und der Europäische Aal, die von ihrem Geruchsvermögen geleitet, oft über Hunderte

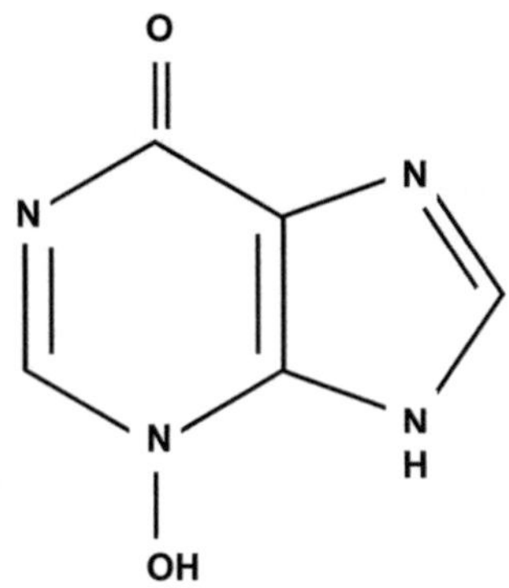

Abb. 5.15 Hypoxanthin-3-N-oxid ist der Schreckstoff in der Haut von Elritzen. (Argentini 1976)

Kilometer zwischen dem Meer und ihren Aufwuchs- bzw. Reproduktionshabitaten im Binnenland wandern. Diese Arten verfügen neben einer enormen Rezeptorendichte auch über ein ausgesprochen großes und leistungsfähiges Riechhirn, das eine entscheidende Rolle bei der Verarbeitung der von den Rezeptoren aufgenommenen Geruchsinformationen spielt (Tesch 1983).

Die Leistungsfähigkeit dieser Sinnesausstattung ist beispiellos: In Dressurversuchen fand Teichmann (1957) heraus, dass Aale in der Lage sind, Rosenöl (Phenylethylalkohol) noch in einer Verdünnung von 1:2,8 Trillionen ($2{,}8 \cdot 10^{-18}$) wahrzunehmen, was einer Lösung von 0,058 ml Öl im Wasservolumen des Bodensees entspricht. Dies bedeutet, dass der Aal in der Lage ist, Geruchsstoffe bereits bei der Präsenz einzelner Moleküle in seinen Riechgruben wahrzunehmen.

Eine besonders hohe Geruchsempfindlichkeit zeigt auch der Lachs, der als Jungfisch zum Zeitpunkt der Abwanderung olfaktorisch auf sein Heimatgewässer geprägt wird. Auf ihrem Weg zurück zu den Laichgründen in den Oberläufen der Binnengewässer orientieren sich die Laichfische am Gradient des spezifischen „Parfüms" ihres Heimatgewässers. Gemäß neurophysiologischer Untersuchungen reagieren Lachse dabei auf das Wasser ihres Geburtsflusses wesentlich empfindlicher, als auf Wasser anderer Lachsgewässer. Entsprechend dieser Fähigkeit, Gewässer an ihrem spezifischen Geruch unterscheiden zu können, wandern über 95 % der Lachse zur Fortpflanzung in genau das Gewässer zurück, in dem sie einst geboren wurden.

Aber auch potamodrome Arten, deren Aktionsradius sich auf die Flusssysteme des Binnenlandes beschränkt, bedürfen eines guten Geruchssinnes um Nahrung zu finden und die Beschaffenheit ihres Lebensraumes zu prüfen. Auch bei elektrischen Fischen, von denen eigentlich zu erwarten wäre, dass sie zur Auffindung von Nahrung primär ihren elektrischen Sinn einsetzen, spielt der Geruchssinn eine wichtige Rolle, wie Tests mit Futterpresssäften zeigten (Adam 1988).

Schließlich setzen Fische ihr Geruchsvermögen auch zur Vermeidung von Gefahren ein. So enthält die Haut von Elritzen Schreckstoffe (Abb. 5.15), die bei Verletzung frei werden und bei den Artgenossen aber auch bei anderen Arten ein panisches Fluchtverhalten auslösen (Frisch 1938, 1941; Mathies und Smith 1993). Die im Schweiß von Bären enthaltene Aminosäure L-Serin wird von Lachsen noch in einer Verdünnung von 1:1 Billion ($1 \cdot 10^{-12}$) als Alarmstoff wahrgenommen und ermöglicht es ihnen, einen auflauernden Bären wahrzunehmen und zu meiden.

Abb. 5.16 Rasterelektronische Aufnahme der Bartelspitze einer Schmerle mit zahlreichen Sinneshügeln (*oben*) und schematischer Aufbau einer Geschmacksknospe (*unten*)

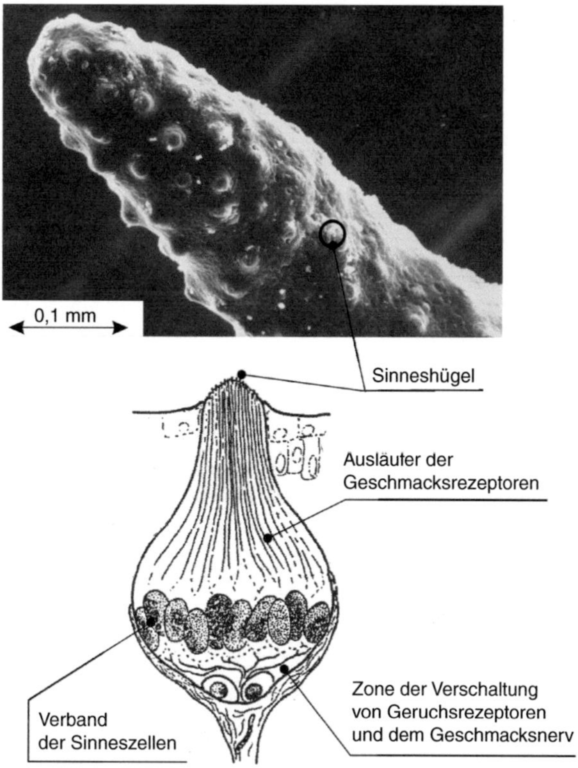

5.3.2.3 Geschmackssinn

Die Unterscheidung des Geruchs- und Geschmackssinnes bereitet bei landlebenden Tieren keine Probleme: Das Riechepithel reagiert auf Substanzen, die sich über die Luft verbreiten, während Geschmacksstoffe nur in gelöster Form und bei unmittelbarem Kontakt mit den auf der Zunge lokalisierten Geschmacksrezeptoren wahrgenommen werden. Bei wasserlebenden Organismen entfällt dieses Unterscheidungskriterium, da beide Sinne auf die im Wasser gelöste Stoffe reagieren. Hanström stellte hierzu bereits 1924 fest, dass die Ausbildung eines olfaktorischen und eines gustatorischen Sinnes die Präsenz zweier verschiedener Sinnesorgane mit getrennten Nerven und Gehirnzentren erfordert. Tatsächlich handelt es sich bei den Geschmackssinneszellen der Fische um einen grundsätzlich anderen Rezeptor- und Nerventyp, als bei den Riechzellen. Allerdings ist bis heute nicht verstanden, welche Informationen von welchem Rezeptortyp aufgenommen werden und in welcher Weise sich die wahrgenommenen Reize unterscheiden.

Die Geschmackssinneszellen der Fische sind, ebenso wie bei anderen Wirbeltieren und dem Mensch, in sog. Geschmacksknospen organisiert, die sich im Maul und auf den Lippen konzentrieren. Viele bodenorientierte Fische tragen im Maulbereich Barteln, die ebenfalls in hoher Dichte mit Geschmacksknospen besetzt sind (Abb. 5.16). Zudem finden sich Geschmacksknospen in geringerer Dichte über den gesamten Fischkörper verteilt sowie auf den Kiemen und Flossen. In einer Geschmacksknospe sind zahlreiche einzelne Geschmacksrezeptoren zusammen gefasst, die sich mit jeweils einem dendritischen Ausläufer bis an die Oberfläche des Epithels erstrecken und sich dort in Form eines Sinneshügels erheben. Dieser Sinneshügel ist der Ort der Wahrnehmung von im Wasser enthaltenen Geschmacksstoffen. Die Weiterleitung der Geschmacksinformation erfolgt sodann über Geschmacksnerven, die an einer jeden Rezeptorzelle ansetzen und von dort über mannigfache Verschaltungen bis zum Gehirn gelangen.

Wenngleich nur wenige Untersuchungen über das Geschmacksvermögen von Fischen durchgeführt wurden, so scheint der gustatorische Sinn vor allem im Dienste der Nahrungsfindung zu stehen. Dressurversuche mit Elritzen haben dazu ergeben, dass diese Fische 500-fach empfindlicher auf Rohrzucker und 180-fach empfindlicher auf Kochsalz reagieren, als der Mensch (Penzlin 1996).

Die gustatorischen Rezeptoren von Fischen haben sich als vergleichsweise sehr anfällig gegenüber Umweltgiften wie Tensiden und Schwermetallen erwiesen, die bereits in geringer Konzentration die Zellstruktur der Geschmacksknospen schädigen (Schwevers 1984; Adam 1992a, b). Dies führt zu Beeinträchtigungen der Wahrnehmungsfähigkeit des Fisches gegenüber chemischen Informationen aus der Umwelt.

5.3.2.4 Lage- und Drehsinn

Um sich in der Dreidimensionalität des Wasserkörpers auch unter eingeschränkten Sichtverhältnissen und bei turbulenten Strömungen zu orientieren sowie die eigene Körperlage im Raum kontrollieren zu können, verfügen Fische über ein Sinnesorgan, das in der Lage ist, die Schwerkraft sowie Linear- und Winkelbeschleunigungen wahrzunehmen. Dieses paarig, jeweils seitlich am Kopf hinter den Augen und in unmittelbarer Nähe zum Gehirn angeordnete Sinnesorgan entspricht dem Innenohr des Menschen und ist vergleichbar aufgebaut. Es besteht aus einem System von miteinander kommunizierenden, flüssigkeitsgefüllten Kammern und Kanälen und wird aufgrund seiner Struktur als Labyrinth bezeichnet.

In drei Aussackungen des Labyrinths befinden sich Polster von Sinneszellen, deren dünne Fortsätze in eine aufgelagerte Gallertschicht eingebettet sind. Durch eingelagerte Calcitkristalle bildet diese Gallerte eine kompakte Platte, den sog. Gehörstein oder Otolith, dessen Dichte größer ist als diejenige des umgebenden Mediums. Die Sinneszellen reagieren auf Druck-, Zug- und Scherkräfte infolge einer Auslenkung des Otolithen, die in Falle einer Linearbeschleunigung aus der Trägheit des Festkörpers resultiert. Der Betrag der Auslenkung verursacht unterschiedliche Reizzustände der Sinneszellen in Abhängigkeit von der Lage des Kopfes im Raum.

Zur Wahrnehmung von Winkelbeschleunigungen sind drei filigrane, rechtwinkelig zueinander angeordnete Bogengänge mit jeweils endständigen Auftreibungen ausgebildet, die als Ampullen bezeichnet werden (Abb. 5.17). Die in den Bogengängen enthaltene Flüssigkeit gerät bei Drehbewegungen des Kopfes ins Fließen, wobei die Fließrichtung und -geschwindigkeit in jedem einzelnen Bogengang von der Richtung und Stärke der Drehbewegung abhängig ist. Dies wird von Sinnes-

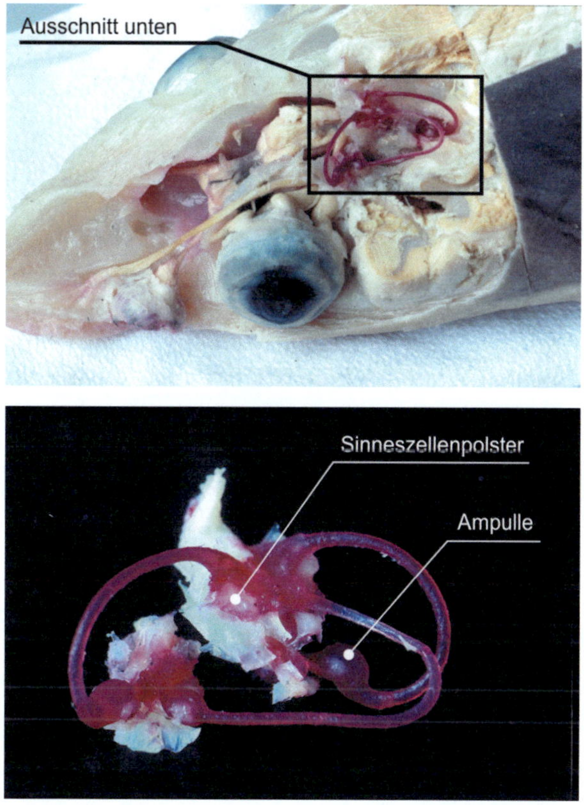

Abb. 5.17 Lage des statischen Organs hinter den Augen im Kopf eines Hais. Durch die eingefärbte Lymphe sind die Bogengänge mit den Ampullen sowie die darin befindlichen Sinnespolster zu erkennen

organen registriert, die sich in den Ampullen befinden. Die Sinneszellen besitzen Fortsätze, die in eine Gallertkuppe hinein ragen. Diese Kuppe hat eine ähnliche Dichte wie das umgebende Medium, so dass sie nur bei Fließbewegungen innerhalb der Bogengänge, nicht aber durch die Schwerkraft ausgelenkt wird. Dies ermöglicht eine separate Wahrnehmung von Winkelbeschleunigungen.

5.3.2.5 Akustischer Sinn

Obwohl Fische keine äußeren Ohren besitzen, sind sie dennoch in der Lage, Schallwellen wahrzunehmen. Der Gehörsinn der Fische basiert darauf, dass Schallwellen die Otolithen im Innenohr in Schwingungen versetzen. Diese Schwingungen werden von denselben Sinnespolstern registriert, die auch für die Wahrnehmung der Linearbeschleunigung und der Schwere verantwortlich sind (Kap. 5.3.2.4).

Diese recht unspezifische Art der Sinneswahrnehmung ist nicht besonders leistungsfähig und differenziert, da keine direkte Verbindung zwischen dem akustischen Organ und dem Außenmedium besteht. Fische aus der Familie der Cypriniden haben allerdings ihr akustisches Organ perfektioniert, indem sie ihre luftgefüllte Schwimmblase als Resonanzverstärker nutzen. Die Schallleitung zwischen der Schwimmblase und dem Innenohr erfolgt über eine Reihe kleiner Knöchelchen,

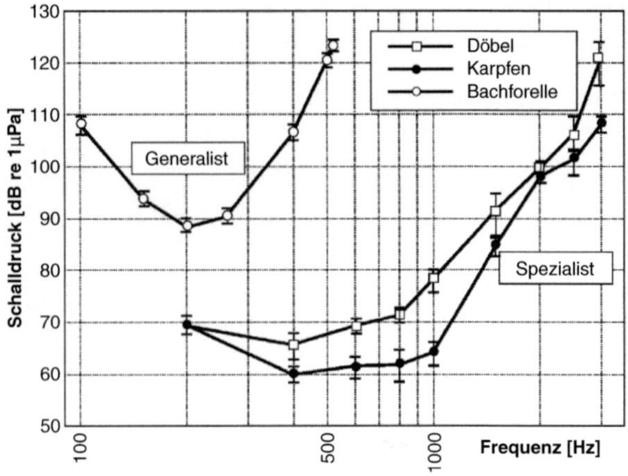

Abb. 5.18 Hörschwellen einheimischer Fische: Cypriniden, wie Karpfen und Döbel nehmen Geräusche bereits bei vergleichsweise niedrigem Schalldruck [Dezibel gegen die Referenz von 1 µPa] und über einen größeren Frequenzbereich [Hz] wahr, als Generalisten wie die Forelle (Rüter 2011)

dem sog. Weber'schen Apparat. Auch einige andere Fischarten haben vergleichbare Mechanismen entwickelt.

Entsprechend des Fehlens oder Vorhandenseins eines schallleitenden Apparates unterscheidet man Fische in die „schwerhörigen" Generalisten wie Lachs, Forelle und Äsche, die vornehmlich laute, tiefe Töne wahrnehmen. Diesen werden den sog. Spezialisten gegenüber gestellt, zu denen vor allem die Karpfenartigen zählen. Diese hören eine wesentlich größere Bandbreite an Tönen, die sie bereits bei geringer Lautstärke zu unterscheiden vermögen (Abb. 5.18).

Das unterschiedliche Hörvermögen von Generalisten und Spezialisten ist von praktischer Relevanz, wenn z. B. Geräusche zum Schutz von Fischen vor dem Eindringen in die Turbinen von Wasserkraftanlagen eingesetzt werden sollen. Dies wird in Kap. 10.2.3 am Beispiel ethohydraulischer Untersuchungen zur Wirksamkeit des sog. Chan-Bar-Rechens dargestellt.

Einige Arten wie Welse und Heringe erzeugen Geräusche durch das Knirschen mit Zähnen, Abschlucken von Luft oder ein Aneinanderreiben von Flossenstrahlen, wobei diese Laute durch Resonanz an der Schwimmblase verstärkt werden. Diese Geräusche werden im Sinne akustischer Reize von den Artgenossen wahrgenommen und dienen so der Kommunikation zwischen Tieren einer Art.

Die Überlegung, dass Fische auch die Fressgeräusche von Raubfischen als Gefahr wahrnehmen und vor ihnen fliehen würden, führte zu der Entwicklung einer akustischen Scheuchanlage, bei der solche Fressgeräusche aufgezeichnet und unter Wasser laut abgespielt wurden (Taft 1986). Der beabsichtigte Scheucheffekt trat jedoch nicht ein und es gelang nicht, Fische auf diese Weise von einem Einschwimmen in Wasserentnahmebauwerke abzuhalten. (DWA 2005).

5.3.2.6 Strömungssinn

Ein hoch entwickeltes Sinnessystem der Fische, das landlebenden Wirbeltieren gänzlich fehlt, ist das sog. Seitenlinienorgan. Die Rezeptoren bestehen aus Gruppen sensibler Zellen, die als Neuromasten bezeichnet werden und ähnlich

Abb. 5.19 Beim Zander ist die Lage des Seitenlinienorgans an einer dunklen Einfassung gut zu erkennen

aufgebaut sind wie die Strömungsrezeptoren in den Ampullen des Labyrinths (Kap. 5.3.2.4). Auch sie befinden sich in Kanälen, die jedoch kein geschlossenes System bilden, sondern unmittelbar unter der Haut verlaufen und in regelmäßigen Abständen über kleine Poren mit dem Außenmedium in Verbindung stehen. Ein solcher Kanal verläuft bei den meisten Fischen als mehr oder weniger deutlich sichtbare Seitenlinie über die gesamte Flanke, wobei jede Schuppe von einer Pore durchbrochen wird (Abb. 5.19 und 5.20). Auf dem Kopf setzt sich das Seitenlinienorgan fort, wo vielfach verzweigte Kanäle komplizierte Muster bilden. Weitere Neuromasten liegen außerhalb solcher Kanäle über den gesamten Fischkörper verteilt.

Das Funktionsprinzip des Seitenlinienorgans besteht darin, dass sich Druckwellen vom Außenmedium in das Innere der mit einer Gallerte gefüllten Kanäle fortpflanzen und dort die Sinneshärchen der Neuromasten bewegen. Diese sind hoch sensibel und reagieren bereits auf eine Auslenkung um 1 bis 2 Nanometer (Bone und Marshall 1985). Die Vielzahl der über den gesamten Körper verteilten Sinnesorgane ermöglicht eine sehr differenzierte Wahrnehmung von Druckwellen unterschiedlichster Herkunft. So nutzen Raubfische offensichtlich die durch die Schwimmbewegungen anderer Fische hervorgerufenen Druckwellen dazu, diese zu orten. Die Reflexion der von den eigenen Schwimmbewegungen hervorgerufenen Druckwellen an festen Körpern können wahrgenommen und zur Lokalisierung von Hindernissen genutzt werden. Auf diese Weise kann sich beispielsweise der augenlose mexikanische Höhlenfisch *Anoptichthys jordani* sicher ein seinem Lebensraum orientieren, ohne Gefahr zu laufen, mit den Höhlenwänden zu kollidieren. Auch die komplexen Strömungsverhältnisse in Fließgewässern lösen vielfältige Druckphänomene aus, die von Fischen äußerst sensibel wahrgenommen werden. Welche Wahrnehmungen hierbei möglich sind ist für den Menschen, dem ein solcher Sinn völlig fehlt, kaum nachvollziehbar. Unzweifelhaft bildet die Wahrnehmungsfähigkeit und Sensibilität des Seitenlinienorgans die wichtigste Grundlage für das Schwimmverhalten und die Orientierung von Fischen in Strömungen, was selbst durch starke Turbulenzen nicht beeinträchtigt wird. Offensichtlich reichen bereits minimale Strömungsgradienten aus, um dem Fisch einen räumlichen

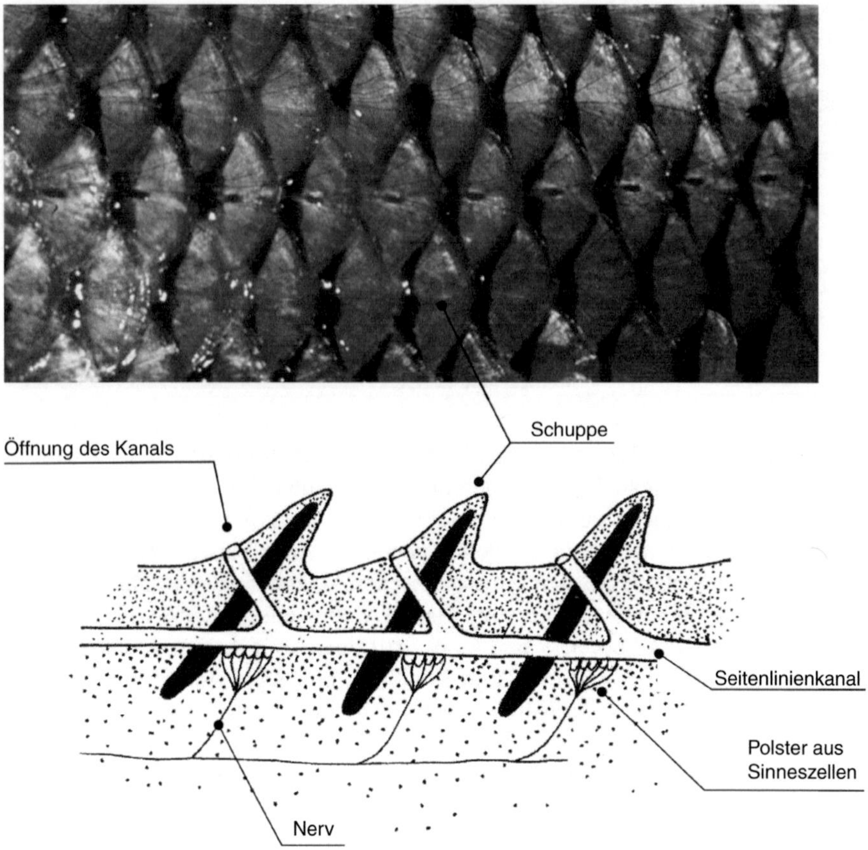

Abb. 5.20 Seitenlinienorgan entlang der Flanke eines Döbels mit Öffnungen des Seitenlinienkanals (*oben*), schematischer Aufbau (*unten*, verändert nach: Muus und Dahlström 1978)

Eindruck seiner Umgebung zu vermitteln. Bei Dunkelheit kann der Strömungssinn so den Ausfall des optischen Sinnes zumindest teilweise kompensieren (Pavlov et al. 2002).

Im Rahmen ethohydraulischer Tests wird immer wieder offenkundig, dass die Strömungswahrnehmung die entscheidende Grundlage für das Verhalten von Fischen ist. Auf die hydraulischen Bedingungen im Bereich wasserbaulicher Anlagen reagieren sie wesentlich stärker und differenzierter als beispielsweise auf akustische oder optische Reize. Insofern erschwert die mangelnde Einsicht des Menschen in die Sinneswelt der Fische im Allgemeinen und die durch das Seitenlinienorgan vermittelten Wahrnehmungen und Empfindungen im Speziellen das Verständnis ihres Verhaltens, zumal auch die Reize selbst vom Beobachter nicht direkt wahrgenommen, sondern nur indirekt mittels aufwändiger Messverfahren erfasst werden können.

5.3.2.7 Wahrnehmung von Druck und Temperatur

Die einfachsten Rezeptoren, welche die Fische ausgebildet haben, sind freie Enden der Nervenbahnen in der Haut, ohne spezielle zelluläre Strukturen. Solche freien Nervenenden reagieren auf hohe und niedrige Temperaturen und Temperaturgradienten oder werden durch Deformation infolge von Druck gereizt. Morphologisch lassen sich diese beiden Rezeptortypen nicht unterscheiden.

Von besonderer Bedeutung ist die Druckwahrnehmung bei vielen bodenorientierten Fischen, die mit Hilfe ihrer Druckrezeptoren den Gewässergrund ertasten. Sie können hierdurch ihre Bewegungsrichtung und -geschwindigkeit in Relation zum Gewässergrund wahrnehmen und ggf. kontrollieren. Insofern ergänzt der Tastsinn bei ihnen die Orientierung aufgrund optischer Reize und anhand der Strömung. In besonders großer Dichte konzentrieren sich Drucksenrezeptoren auf Barteln, wie sie viele bodenlebende Arten, beispielsweise Stör, Wels, Schmerle und einige Cypriniden ausgebildet haben.

Daneben finden sich Thermorezeptoren, die bei Fischen eine Empfindlichkeit von weniger als 0,1 °C besitzen (Penzlin 1996). Diese Wahrnehmungsfähigkeit für Temperaturen nützt Fischen beispielsweise bei der Auffindung geeigneter Laichplätze, um optimale Entwicklungsmöglichkeiten für Eier und Brut sicher zu stellen.

5.3.3 Verarbeitung von Reizen

Entsprechend der umrissenen, reichen Ausstattung mit Sinnesorganen empfängt der Fisch zeitgleich eine Vielzahl von Informationen aus der Umwelt, die nicht nur aus seinem unmittelbaren Nahfeld stammen, sondern ihn auch über große Distanzen erreichen. Alle diese Reize werden von den Rezeptoren der Sinnesorgane über Nerven an das Gehirn geleitet und dort verarbeitet. In Konsequenz reagiert das Tier in einer bestimmten Art und Weise, u. a. durch entsprechende Stoffwechselvorgänge. Vor allem aber lassen sich Reaktionen des Fisches auf Reize an Muskelbewegungen erkennen (Abb. 5.21), deren Summe sich als eine einzelne Verhaltensweise oder in einer Kette von Einzelhandlungen ausdrückt.

Um festzustellen, welcher Reiz und welche Reizstärke ein bestimmtes Verhalten auslösen, kommen in klassischen Verhaltensexperimenten mehr oder weniger abstrahierte Attrappen zum Einsatz, mit denen die Probanden konfrontiert werden. So hat sich beim männlichen Dreistachligen Stichling beispielsweise nicht die naturgetreue Silhouette eines Konkurrenten als Angriffe auslösender Reiz erwiesen, sondern der bei paarungsbereiten männlichen Fischen dieser Art leuchtend rot gefärbter Bauch. Dieser Zusammenhang wurde übrigens zufällig entdeckt, indem die in einem Aquarium auf dem Fensterbrett eines niederländischen Forschungslabors gehälterten Stichlingsmännchen stets dann ein auffälliges Angriffsverhalten an den Tag legten, so bald das rote Postauto vorbei fuhr (Pelwijk und Tinbergen 1937).

Allerdings sind nicht sämtliche Reize für den Fisch von gleicher Relevanz. Allein schon um die permanent auf den Organismus einwirkende Informationsfülle

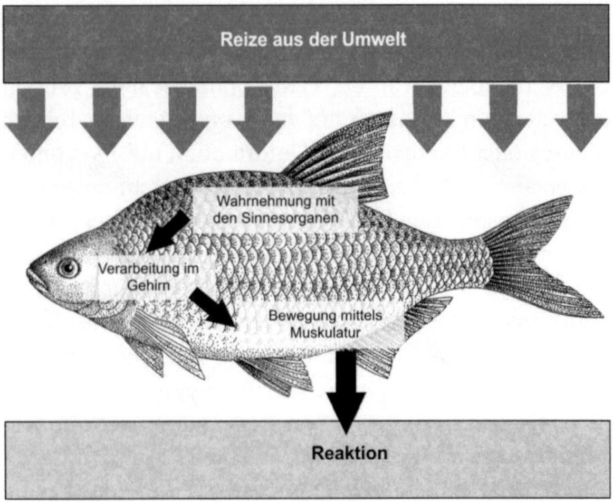

Abb. 5.21 Verschränkung von Reiz und Reaktion

beherrschen zu können, müssen die eingehenden Reize in wichtige und unwichtige unterschieden werden. Hierbei hängt die Bedeutung einer Information weniger von der Stärke des Reizes ab, sondern vor allem von seinem Einfluss auf das aktuelle Leben und Überleben des Fisches. Daraus ergibt sich eine situationsbedingte Hierarchie verschiedener Reize, die in Abhängigkeit von der jeweiligen Kombination endogener und exogener Einflüsse völlig unterschiedlich ausfallen kann. Während der Fisch also auf bestimmte Reize sehr sensibel und mit einem deutlich sichtbaren Verhalten reagiert, zeigt er gegenüber anderen Reizen, die ebenfalls von seinen Sinneszellen registriert werden, nur eingeschränkte oder gar keine bzw. für den Beobachter erkennbare Reaktionen. So wird der von seiner Nahrung ausgehende Geruch einen Fisch während der Laichzeit kaum von der Wahrnehmung eines Artgenossen ablenken, dem dann je nach Geschlecht entweder als Reproduktionspartner oder als Rivale eine viel größere Bedeutung zukommt, auf die der Fisch mit adäquaten Verhaltensweisen reagieren muss. Gleichzeitig ist auch seine Aufmerksamkeit gegenüber Fressfeinden und anderen Gefahren reduziert.

Ähnliche Hierarchien sind auch im ethohydraulischen Test zu beobachten. So hat sich gezeigt, dass das Verhalten der Fische durch optische Störungen an der Laborrinne kaum oder nur marginal beeinflusst wird, so lange die hydraulischen Bedingungen, insbesondere die Fließgeschwindigkeit den Probanden die volle Aufmerksamkeit abverlangen.

Das Verhalten von Tieren resultiert somit aus einem komplexen Zusammenspiel zwischen den Sinnesorganen, dem Nervensystem mit der übergeordneten Instanz des Gehirns sowie den „Ausführungsorganen", insbesondere der Muskulatur. Aufgrund der Reizverarbeitung im Gehirn handelt es sich beim Verhalten eines Fisches somit in aller Regel nicht um einen einfachen, stereotypen Reflex, bei dem auf einen Reiz stets eine genau festgelegte Reaktion folgt, sondern um ein variables, situationsbedingtes Verhalten auf bestimmte, von ihm aktuell und subjektiv als prioritär bewertete Reize. Hieraus folgt, dass selbst wenn die Sinnesausstattung einer

Art und die Leistungsfähigkeit der einzelnen Sinne bekannt sind, kaum auf das Verhalten eines Fischindividuums gegenüber bestimmten Reizsituationen geschlossen werden kann. Erschwerend kommt hinzu, dass Fische nicht nur artspezifisch, sondern auch in Abhängigkeit von ihrem Entwicklungsstadium auf denselben Reiz verschieden reagieren, zumal sich die Reizschwellen im Laufe des Lebens verändern. So entwickelt beispielsweise der Strömungssinn erst im Verlauf der Juvenilentwicklung seine volle Leistungsfähigkeit (Pavlov et al. 1989).

Entsprechend sind im Zusammenhang mit ethohydraulischen Fragestellungen die im Hintergrund ablaufenden neurophysiologischen Vorgänge von nachrangigem Interesse. Im Vordergrund steht vielmehr das Resultat dieser komplexen Prozesse im Sinne der Antworten des Fisches auf bestimmte Reize in seiner natürlichen oder durch den Menschen beeinflussten Umwelt: Es gilt also, einen kausalen Zusammenhang zwischen bestimmten Verhaltensweisen von Fischen mit denjenigen Reizen zu erkennen, durch die sie ausgelöst werden.

5.4 Ethohydraulisch relevante Verhaltensweisen

Fische zeigen ein großes Repertoire verschiedenster Verhaltensweisen. Für die wasserbauliche Praxis und für die Ethohydraulik sind nur solche Verhaltensweisen relevant, wie sie Auskunft über die Akzeptanz des Lebensraumes, über die Orientierung sowie die Auffindung oder Meidung von Bereichen mit bestimmten hydraulischen Eigenschaften geben. Äußerlich sichtbar und damit für den Beobachter erkennbar sind vor allem Reaktionen, die sich im Schwimmverhalten des Fisches ausdrücken. Vor diesem Hintergrund werden nachfolgend die im Rahmen ethohydraulischer Untersuchungen grundsätzlichen Verhaltensweisen von Fischen beschrieben.

5.4.1 Normalverhalten im Gegensatz zu Verhalten unter Stress

Ob und in wie weit ein Fisch sich normal verhält oder z. B. durch eine hydraulische Situation gestresst wird, lässt sich an seiner Atemfrequenz und seinem Schwimmverhalten erkennen. Unter normalen Bedingungen ist die Frequenz, mit der sich bei Fischen die Kiemendeckel und bei Neunaugen die Kiemenspalten bewegen gleichmäßig und ruhig. Nicht gestresste Fische schwimmen zudem mit geringer Geschwindigkeit umher oder verharren mehr oder weniger bewegungslos auf einer ihnen angenehmen Position. Ein solches Verhalten zeigt an, dass ausreichend Sauerstoff im Wasserkörper enthalten ist, die übrigen Wasserparameter wie pH-Wert und Temperatur unauffällig sind und die Tiere vor allem nicht durch äußere Umstände oder durch die Strömungsbedingungen beeinträchtigt wurden.

Führen die Fische hingegen Schnappbewegungen aus, um Wasser zu schlucken, deutet dies auf ungünstige chemisch-physikalische Bedingungen im Wasserkörper hin. Schnappatmung tritt vor allem auch dann auf, wenn der Stoffwechsel und damit der Sauerstoffbedarf des Fisches stressbedingt erhöht sind. Ein eindeutiger Hinweis für Stress ist auch ein hektisches Umherschwimmen der Tiere mit fortwährenden, abrupten Richtungswechseln, welche nicht selten in Kombination mit dem Bestreben auftreten, sich zu verstecken.

5.4.2 Positive Rheotaxis

Taxien bezeichnen in der Verhaltensbiologie eine durch bestimmte Reize ausgelöste, gerichtete Bewegung. Dabei richtet der Fisch seinen Körper gegenüber einer Reizquelle aus, indem er die hierzu erforderlichen Lagekorrekturen und Orientierungsbewegungen durchführt. Bewegt sich der Fisch auf die Reizquelle zu, spricht man von einer positiven Taxis; entfernt er sich von ihr, handelt es sich um eine negative Taxis. Fischrelevante Taxien sind beispielsweise:

- Rheotaxis = Ausrichtung und Bewegungen von Fischen in der Strömung.
- Phototaxis = Verhalten gegenüber Lichtquellen.
- Galvanotaxis = Verhalten in einem elektrischen Feld, was insbesondere bei der Durchführung von Fischbestandsuntersuchungen durch Elektrofischerei von Bedeutung ist (Bankstahl 1991).
- Weitere, durch Reize induzierte, gerichtete Bewegungen sind Phonotaxis (Schallrichtung), Thermotaxis (Temperaturgefälle) und Chemotaxis (Konzentrationsgefälle), die allerdings im Rahmen ethohydraulischer Fragestellungen von untergeordneter Bedeutung sind.

Die Ethohydraulik betrachtet primär das Verhalten von Fischen in Strömungen. Deshalb spielt hierbei die Rheotaxis die zentrale Rolle, denn der Fisch muss stets gegenüber der Strömung reagieren, um stromauf- und stromabwärts gerichtete Ortsveränderungen vorzunehmen. Infolge des fließenden Wassers muss sich der Fisch auch dann positiv rheotaktisch verhalten, wenn er lediglich an derselben Stelle verharren und eine Verdriftung vermeiden will.

Bei der positiven Rheotaxis ist die Körperachse des Fisches grundsätzlich mit dem Kopf voran gegen die Strömung ausgerichtet, so dass die Körperform den geringstmöglichen Widerstand bietet. Dies ist allerdings erst dann der Fall, wenn der Strömungsreiz eine bestimmte Stärke erreicht, d. h. die Fließgeschwindigkeit einen bestimmten Schwellenwert überschreitet (Abb. 5.22 und 5.23). Dieser Schwellenwert ist in Abhängigkeit von der Art und dem Entwicklungsstadium des Individuums unterschiedlich und wird als rheoaktive Geschwindigkeit bezeichnet (Pavlov et al. 1989).

Aufgrund der zentralen Bedeutung der Rheotaxis wurde bei bisherigen ethohydraulischen Untersuchungen jeweils zunächst die rheoaktive Geschwindigkeit der eingesetzten Probanden ermittelt, so dass inzwischen die Schwellenwerte zahlreicher Fischarten und ihrer Entwicklungsstadien bekannt sind (Tab. 5.2). Zu diesem Zweck werden Probanden unterschiedlicher Arten und Größen bzw. Altersstadien in eine geflutete Laborrinne eingesetzt und die mittlere Fließgeschwindigkeit (v_m, [m/s]) von Null an so lange erhöht, bis die Tiere die charakteristische positiv rheotaktische Ausrichtung einnehmen.

Abb. 5.22 Unterschreitet die Strömung die rheoaktive Geschwindigkeit schwimmen Fische ungerichtet umher, hier bei $v_m = 0,05$ m/s

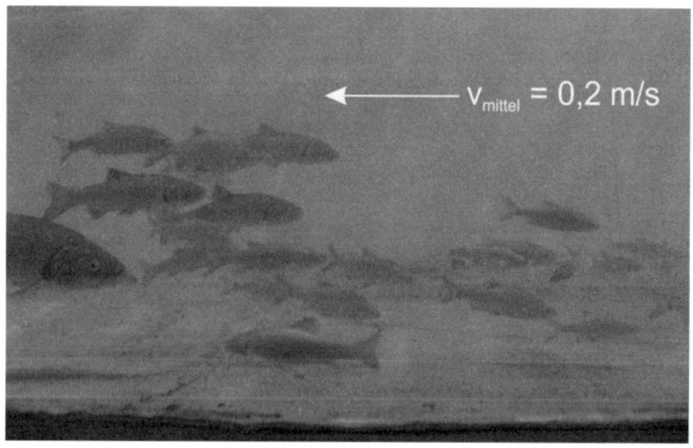

Abb. 5.23 Verschiedene Arten zeigen ab einer Fließgeschwindigkeit von $v_m = 0,2$ m/s ein positiv rheotaktisches Verhalten

Fast alle bisher im Rahmen ethohydraulischer Untersuchungen eingesetzten Fischarten zeigten ein deutliches rheoaktives Verhalten und eine eindeutig bestimmbare rheoaktive Geschwindigkeit. Dies gilt auch für Meerneunaugen, die ab einer mittleren Fließgeschwindigkeit von 0,2 m/s nicht mehr im Gerinne umherkreuzen, sondern sich in der Strömung ausrichten und zügig dagegen anschwimmen. Demgegenüber ist die Rheotaxis bei Flussneunaugen nicht besonders stark ausgeprägt. Vielmehr schwimmen Exemplare dieser Art häufig unabhängig von der Fließgeschwindigkeit und Richtung mit hoher Geschwindigkeit in der Laborrinne stromauf und stromab, wobei sie häufig die Gerinneseite wechseln und die Strömung queren. Eine rheoaktive Geschwindigkeit konnte deshalb für diese Art bisher nicht bestimmt werden. Um zu verweilen sind Neunaugen zudem nicht auf langsam durchströmte Bereiche angewiesen sondern sie können auch bei hohen Fließgeschwindigkeiten ausruhen, indem sie sich mit ihrer Maulscheibe an glatten Flächen festsaugen (Abb. 5.24).

In der wasserbaulichen Praxis ist die Kenntnis der rheoaktiven Geschwindigkeit dann von Nutzen, wenn es einen Teillebensraum eines Gewässers so zu gestalten gilt, dass er von Fischen als Lebensraum akzeptiert oder gar als Wanderkorridor angenommen wird. So sind Mutterbetten von Ausleitungskraftwerken ungeachtet der Problematik der Wassertiefe oft allein schon aufgrund der dortigen zu geringen Fließgeschwindigkeiten als Wanderkorridor nicht geeignet, weil die Werte für

Tab. 5.2 Schwellenwerte für die positive Rheotaxis verschiedener Neunaugen- und Fischarten

Art	Entwicklungsstadium oder Größe	rheoaktive Geschwindigkeit	Quelle
Flussneunauge	adult	nicht erkennbar	Adam et al. 2010
Bitterling	bis 8 cm	0,1 m/s	Adam et al. 2009a
Elritze	bis 15 cm	0,1 m/s	Institut für angewandte Ökologie 1993–1996
Stint	bis 20 cm	0,1 m/s	Adam et al. 2009c
Sibirischer Stör	bis 26 cm	0,1 m/s	Adam et al. 2009b
Hecht	juvenil	0,1 m/s	Adam et al. 2009b
Groppe Elritze Schmerle Dreistachl. Stichling	juvenil	0,15 m/s	Adam und Schwevers 1997
Äsche Bachforelle Hasel	bis 12 cm	0,15 m/s	
Aal Barbe Brachsen Döbel Giebel/Goldfisch Güster Gründling Hasel Karpfen Plötze Rotfeder Schleie Ukelei Wels	adult	0,2 m/s	Adam et al. 1999 Adam et al. 2009a Adam et al. 2009b Adam et al. 2010 Kampke et al. 2008 Pavlov 1989
Flussbarsch Schleie	bis 20 cm	0,2 m/s	Adam et al. 2009a
Meerneunauge	bis 75 cm	0,2 m/s	Adam et al. 2010
Lachs-Smolts	12 bis 15 cm	0,3 m/s	Adam et al. 1997
anadrome Salmoniden	adult	>0,3 m/s	Pavlov 1989

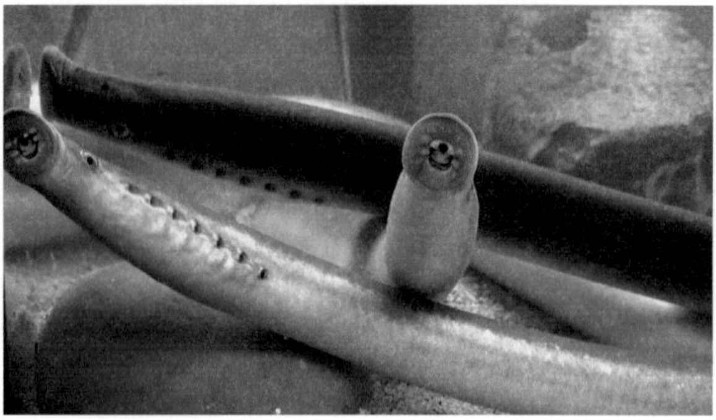

Abb. 5.24 An die Sichtscheibe angesaugte, verharrende Flussneunaugen

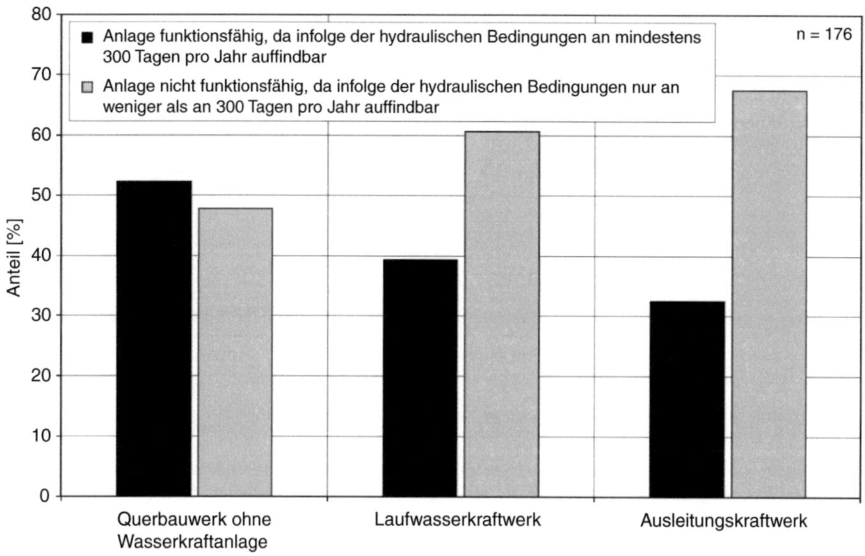

Abb. 5.25 Bewertung der Auffindbarkeit von Fischaufstiegsanlagen an 176 untersuchten Wehrstandorten mit unterschiedlicher Nutzung. (nach: Schwevers und Adam 2006)

ein positiv rheotaktisches Verhalten nicht erreicht werden. Mündet eine Fischaufstiegsanlage aus bautechnischen Gründen oder zwecks Kostenersparnis nun in ein solches Mutterbett ein, so ist deren Auffindbarkeit nicht bzw. nur zu Zeiten erhöhten Abflusses gewährleistet. In Deutschland sind deshalb Fischaufstiegsanlagen an Ausleitungskraftwerken häufig nicht auffindbar und damit nicht funktionsfähig (Abb. 5.25). Der Grund hierfür ist die mangelnde Berücksichtigung einer essentiellen ethohydraulischen Regel.

5.4.3 Schwimmen gegen die Strömung und Leistungsfähigkeit

Entsprechend ihrer grundsätzlich positiv rheotaktischen Ausrichtung zeigen Fische eine deutliche Neigung stromaufwärts zu schwimmen. Den hierfür erforderlichen Vortrieb erzeugen Arten mit typischer Fischmorphologie durch seitliche Schläge ihrer Schwanzflosse. Dieser Heckantrieb ist beim Schwimmen auf gerader Linie besonders effizient. Allerdings benötigen Fische mit ihrer starren Körperachse in Abhängigkeit von ihrer Totallänge für seitlich von der geraden Ideallinie versetzte Manöver, um Kurven herum oder für Kehrtwendungen viel Platz. Insbesondere wenn die Tiere gegen hohe Fließgeschwindigkeiten anschwimmen müssen, sind ihnen Richtungswechsel auf engstem Raum kaum möglich. Eine Ausnahme hiervon bilden Neunaugen und Aale, die sich mit ihrem schlangenförmigen Körperbau selbst durch enge und stark gewundene Korridore und Spalte hindurch winden können. Letztere sind sogar in der Lage, durch eine Richtungsumkehr der Wellen-

Abb. 5.26 Darstellung der Leistungsfähigkeit von Fischen mit Zuordnung der jeweils größenabhängigen Leistungsdauer. (verändert nach: Pavlov 1989)

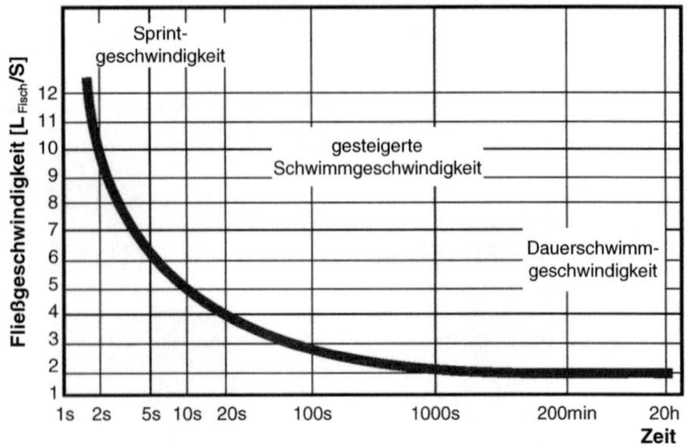

bewegung ihres Flossensaumes rückwärts zu schwimmen, was den übrigen einheimischen Fischen mit konventionellem Körperbau unmöglich ist. In Konsequenz aus diesen lokomotorischen Fähigkeiten dürfen beispielsweise Beckenstrukturen von Fischaufstiegsanlagen oder die Abstände zwischen Störsteinen nicht geringer sein, als die dreifache Körperlänge der größten am jeweiligen Standort zu erwartenden Fischart mit konventionellem Körperbau (DWA 2010).

Stromaufwärts schwimmende Fische legen in durchgängigen Fließgewässern beachtliche Distanzen zurück. Beispielsweise wandern Lachse gemäß Untersuchungen im britischen Fluss Dee bis zu 37 km pro Tag (Hawkins und Smith 1986). Barben schwimmen, wie Scheuring (1949) in der damals noch großräumig durchgängigen Donau feststellte, in 37 Tagen bis zu 303 km weit, und selbst die nur maximal 20 cm langen Schmerlen legten im niedersächsischen Flüsschen Mittelriede immerhin bis zu 4 km in 5 Wochen zurück (Brunken 1988).

Die Schwimmgeschwindigkeit und Wanderdistanz eines Fisches sind das Resultat seines durch Muskelkraft erzeugten Vortriebs. Bei der stromaufwärts gerichteten Wanderung reduziert sich die tatsächlich zurückgelegte Strecke allerdings entsprechend der Strömung, gegen die er anschwimmen muss. Daneben beeinflussen außer Umweltparametern, wie Wassertemperatur und Sauerstoffgehalt vor allem die Leistungsfähigkeit der jeweiligen Fischart und die Ausdauer des Fisches die Schwimmgeschwindigkeit, wobei seine Körperlänge als Ausdruck der vorhandenen Muskelmasse eine entscheidende Rolle spielt. Diese komplexen physikalischen und physiologischen Zusammenhänge hat Pavlov (1989) in grober Annäherung graphisch dargestellt (Abb. 5.26) und in verschiedene Leistungsmodi unterteilt: Sprintgeschwindigkeit, gesteigerte Schwimmgeschwindigkeit sowie Dauerschwimmgeschwindigkeit.

Im Modus der Dauerschwimmgeschwindigkeit kann der Fisch über viele Stunden weitgehend ermüdungsfrei gegen die Strömung schwimmen. In diesem Leistungsmodus bewegt sich der Fisch beim normalen Schwimmen bei Fließgeschwindigkeiten unter- und oberhalb des Schwellenwertes für die rheoaktive Geschwindigkeit. Ein Schwimmen in Dauerschwimmgeschwindigkeit ist daran zu erkennen, dass der Fisch jederzeit ohne erkennbaren Kraftaufwand und ohne Anzeichen von

Abb. 5.27 Mit Dauerschwimmgeschwindigkeit schwimmender Giebel: Seine Flossen sind weitgehend entfaltet, Schwanzflossenschläge treiben den Fisch voran

Abb. 5.28 Zur Wasseroberfläche aufsteigender Karpfen

Stress seine Lage im Wasserkörper, seine Schwimmrichtung und -geschwindigkeit kontrollieren und beliebig verändern kann (Abb. 5.27). Zudem sind in das Schwimmen andere Verhaltensweisen eingebettet, beispielsweise das Gründeln nach Futter an der Sohle, ein Jagen und Schnappen nach treibenden Partikeln, ein rasches Aufsteigen des Fisches zur Oberfläche mit sofortigem wieder Abtauchen (Abb. 5.28) oder Suchbewegungen mit häufigen Richtungswechseln. Unter den Bedingungen des stressfreien Dauerschwimmens zeigen Fische eine starke Neigung, sich zu Schwärmen zusammen zu schließen (Abb. 5.29 und 5.30, Kap. 5.4.11).

Die maximale Dauerschwimmgeschwindigkeit, die ein Fisch erbringt, entspricht etwa seiner zweifachen Körperlänge pro Sekunde (2 L_{Fisch}/s). Ist ein Fisch also 30 cm lang, kann seine maximale Dauerschwimmgeschwindigkeit mit 0,6 m/s angenommen werden. Mit diesem Ansatz lässt sich abschätzen, ob ein Fisch bestimmte Strömungsbedingungen dauerhaft toleriert oder letzten Endes doch ermüdet und strömungsreduzierte Bereiche aufsuchen muss.

Abb. 5.29 Gegen die Strömung anschwimmender Gemischtartenschwarm kleiner Exemplare

Abb. 5.30 Positiv rheotaktisch ausgerichteter Gemischtartenschwarm großer Exemplare

Das kraftaufwändigere Schwimmen mit gesteigerter Geschwindigkeit vermag der Fisch bis zu einer Fließgeschwindigkeit zu erbringen, die etwa seiner 4- bis 5-fachen Körperlänge pro Sekunde (4 bis 5 L_{Fisch}/s) entspricht. Allerdings ermüdet er beim Schwimmen mit gesteigerter Geschwindigkeit auf Dauer und muss nach etwa 3 Stunden strömungsreduzierte Bereiche aufsuchen um auszuruhen.

Die maximale Sprintgeschwindigkeit können Fische nur über 10 bis 20 Sekunden aufrechterhalten. Bei völliger Erschöpfung benötigen sie eine etwa 24-stündige, bisweilen sogar mehrere Tage dauernde Regenerationsphase, bevor sie wieder in der Lage sind, solche Spitzenleistungen zu erbringen. In Sprintgeschwindigkeit erreichen adulte Fische Geschwindigkeiten, die etwa dem 10- bis 12- fachen ihrer Körperlänge pro Sekunde entsprechen, während Jungfische mit dem 12- bis 15-fachen ihrer Körperlänge pro Sekunde relativ gesehen sogar noch etwas leistungsfähiger sind.

Sowohl im Leistungsmodus der gesteigerten, als auch der Sprintgeschwindigkeit verändert sich die Lokomotion des Fisches in charakteristischer Weise, indem sich seine Schwanzschlagfrequenz erhöht. Auch werden mit zunehmender Schwimmgeschwindigkeit die Brust- und Bauchflossen an den Rumpf angelegt, wodurch sich der Körperwiderstand verringert (Abb. 5.31 und 5.32). Im Zuge der beschleunigten

Abb. 5.31 Karpfen in gesteigerter Schwimmgeschwindigkeit

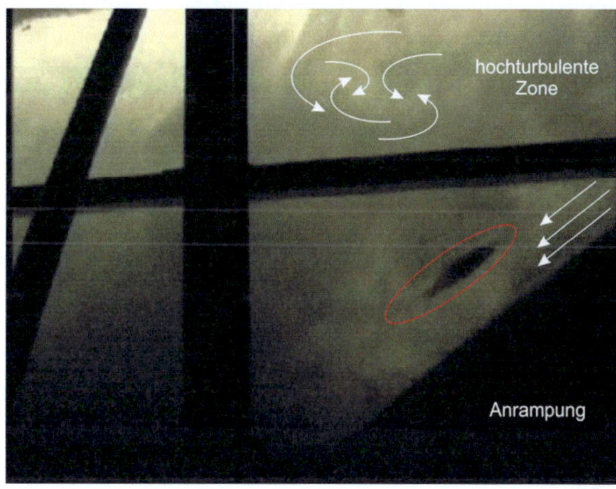

Abb. 5.32 Ein etwa 20 cm langer Hasel im Sprint, dessen Flossen eng an den Körper angelegt sind, während der Vortrieb mit kräftigen Schlägen der Schwanzflosse erfolgt

Fortbewegung wird es für die Fische zunehmend schwieriger ihre der Anströmung entgegen gerichtete Schwimmrichtung zu ändern. Eine eindeutige Unterscheidung des Schwimmens in gesteigerter Geschwindigkeit und in Sprintgeschwindigkeit ist allerdings allein anhand der Beobachtung von Bewegungsabläufen schwerlich möglich, da die Übergänge von dem einen in den anderen Modus fließend erfolgen.

Als besonders sprintfreudig erwiesen sich in ethohydraulischen Tests anadrome Dreistachlige Stichlinge, die im Freiland in einem kurzen Zeitraum zwischen März und April aus den Brackwasserzonen der Küstengebiete in Flussmündungen einwandern: Einzelnen dieser bis maximal 8 cm langen Exemplare gelang es, eine 2 m lange Engstelle gegen eine Fließgeschwindigkeit von 1,9 m/s zu passieren, was einer Sprintleistung von mehr als dem 20-fachen ihrer Körperlänge entspricht. Allerdings waren dies seltene Ausnahmen: Mehr als 90 % der Passageversuche scheiterten und die meisten Dreistachligen Stichlinge wurden stromab verdriftet. Insofern wäre es grundsätzlich falsch, maximal zulässige Fließgeschwindigkeiten an derartigen, nur unter optimalen Bedingungen und von wenigen Exemplaren erbrachten Spitzenwerten zu bemessen (Adam et al. 2010).

5.4.4 Schwimmen mit der Strömung

Fische schwimmen nicht permanent gegen die Strömung an. Stromaufwärts schwimmende Exemplare kehren sowohl im begrenzten Raum einer Laborrinne, als auch im Gewässer nach einer mehr oder weniger langen Strecke um und folgen der Strömung stromabwärts. Auf diesem Weg bewegen sie sich stets in und mit der Hauptströmung, folgen also einer relativ geraden Linie. Davon abweichende seitwärts orientierte Schwimmmanöver sind nur zu beobachten, wenn der Fisch eine Kurve schwimmt, um sich wieder gegen die Strömung auszurichten, oder im Falle, dass die rheoaktive Fließgeschwindigkeit unterschritten wird und er im Gewässer umherkreuzt. Beim stromabwärts gerichteten Schwimmen sparen die Fische in der Regel Energie und nutzen die Transportkraft der fließenden Welle. Deshalb bewegen sie sich ohne eigenes Zutun etwa mit Fließgeschwindigkeit, wobei sie allenfalls ihre Lage durch Flossenbewegungen korrigieren. Bereits durch geringste Flossenschläge erfährt der Fischkörper allerdings beim Abwärtsschwimmen eine zusätzliche Beschleunigung, die in der Regel nur bei Fluchtmanövern eingesetzt wird.

Insbesondere diadrome Arten führen während bestimmter Entwicklungsstadien in ihrem Leben eine Abwanderung aus den Flüssen ins Meer durch. Dieses dem Prinzip der positiven Rheotaxis widersprechende Verhalten wird sowohl von inneren hormonellen Prozessen, als wahrscheinlich auch durch den Einfluss von Pheromonen gesteuert, die von Artgenossen abgegeben werden. So wandern die ca. 12 cm bis 18 cm langen Junglachse als sog. Smolts stets von den Oberläufen beginnend in Schwärmen ab, wobei sich stromabwärts sukzessive weitere Artgenossen anschließen. Bei der Abwanderung lassen sich Lachssmolts positiv rheotaktisch ausgerichtet und damit quasi rückwärts treiben; d. h. die Fische schwimmen mit geringerem Vortrieb, als die Geschwindigkeit der im Gewässer herrschenden Strömung.

Bei den Massenabwanderungen von 50 cm bis über 1 m langen adulten Aalen, die aufgrund ihrer silbrigen Färbung als Blankaale bezeichnet werden, agiert im Gegensatz zu den schwarmbildenden Smolts jeder Fisch individuell. Auch lassen sich Aale stets gestreckt, mit dem Kopf voran von der Strömung verdriften, während sie durch Flossenbewegungen lediglich ihre Lage im Wasserkörper korrigieren (Adam et al. 1999). Auf diese Weise wandern Aale mit annähernd der gleichen Geschwindigkeit wie die Strömung im Fluss stromab. In Seen und Stauräumen beschleunigen sie allerdings durch aktive Schwimmbewegungen ihre Abwanderung. Der Zusammenschluss zahlreicher, nur in wenigen Nächten pro Jahr abwandernder Blankaale kommt dadurch zu Stande, dass ihre zeitgleiche Migration in einem Flusssystem offenbar durch die gleichen Zeitgeber ausgelöst und synchronisiert wird, wobei diese Faktoren bislang jedoch noch weitgehend unbekannt sind (Durif et al. 2008).

5.4.5 Schwimmen in Wellen, Turbulenzen und Wirbeln

Strömungen werden nicht alleine durch die Fließgeschwindigkeit charakterisiert, sondern auch durch die Präsenz von Wellen und Turbulenzen, die sich innerhalb des Wasserkörpers ausbreiten und so auch auf den Fisch einwirken.

Grundsätzlich sind Fische bestens an den bewegten Lebensraum angepasst und zeigen sich von inkonstanten Bedingungen unbeirrt, solange ihr Leistungsvermögen nicht überfordert wird. Beispielsweise wurden im Rahmen ethohydraulischer Tests mit einem Wasserrad durch das rhythmische Eintauchen der Schaufeln Wellen erzeugt, die sich an der Wasseroberfläche gegen die Fließrichtung ausbreiteten und den übrigen, etwa 0,6 m tiefen Wasserkörper bis zur Sohle in rhythmische Turbulenzen versetzten. Die mit verschiedenen oberflächen- und bodenorientierten Fischarten durchgeführten Verhaltensbeobachtungen ließen keinerlei spezifische Reaktionen auf diese Bewegungen im Wasserkörper erkennen: Die an der Sohle verharrenden Probanden ließen sich ohne erkennbaren Stress in dem hin und her wiegen Wasserkörper mitschaukeln. Auch die von stärkeren Wellen bewegte Wasseroberfläche wurde keineswegs gemieden, selbst wenn einige Individuen von brechenden Wellen erfasst und etwas stromaufwärts davon getragen wurden. Selbst in solchen Situationen verloren die Fische niemals ihre positiv rheotaktische Ausrichtung und bewegten sich stets deutlich gerichtet und ohne Hast entweder mit oder gegen die Fließrichtung (Abb. 5.33). Seitlich orientierte Ausweichmanöver oder ein Abtauchen in ruhigere Wasserschichten wurde nie beobachtet.

Die Beurteilung des Verhaltens von Fischen gegenüber Turbulenzen bereitet Schwierigkeiten, da es bisher an einem Maßsystem fehlt, um die qualitative und quantitative Ausbildung von Turbulenzen objektiv und in Hinblick auf den Fisch so beschreiben zu können, dass sich unterschiedliche Zustände miteinander vergleichen lassen. Im Rahmen ethohydraulischer Tests zur Passierbarkeit der hochturbulenten Zone im Tosbecken unterhalb einer Wehranlage wurde deshalb als Hilfskriterium für die Turbulenzintensität die spezifische Leistungsdichte gewählt. Gemäß der Formel

$$E = \frac{\rho \cdot g \cdot Q \cdot \Delta h}{\forall}$$

mit:

E Leistungsdichte in der hochturbulenten Zone [W/m³]
ρ Dichte des Wassers [kg/m³]
g Erdbeschleunigung [m/s²]
Q Durchfluss [m³/s]
Δh Fallhöhe, mit dem das Wasser in die hochturbulente Zone einfällt. Die Fallhöhe ermittelt sich in der Regel aus der Differenz der Wasserspiegellagen zwischen der hochturbulenten Zone und dem Wasserzulauf Oberstrom [m]
∀ Wasservolumen im Tosbecken [m³]

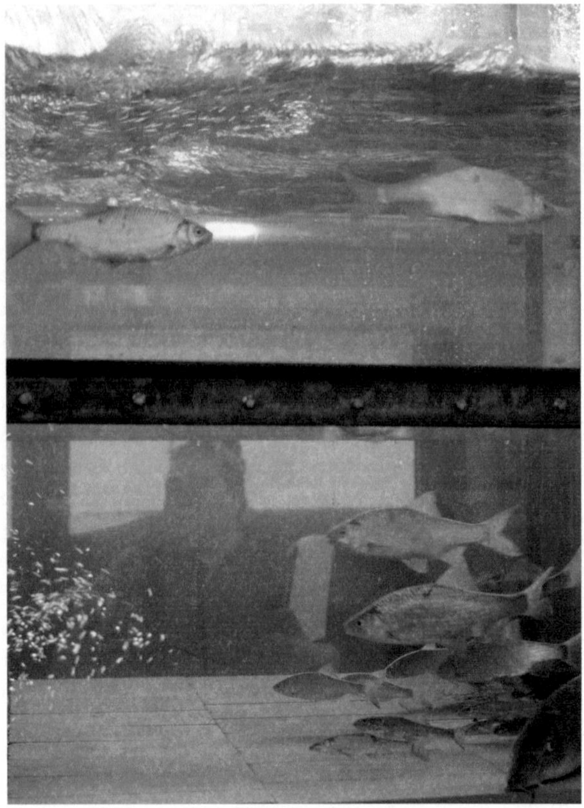

Abb. 5.33 Während ein Gemischtartenschwarm im hin und her wiegenden Wasserkörper an der Sohle verweilt, schwimmen zwei Plötzen an der wellengeprägten Oberfläche

wurde die spezifische Leistungsdichte dabei für unterschiedliche Abflüsse sowie für unterschiedliche Fallhöhen für das Volumen des in der Laborrinne installierten Tosbeckens errechnet. Dabei zeigte sich, dass weder eine mit etwa 80 W/m³ vergleichsweise schwach ausgeprägte, noch eine mit 1.300 W/m³ sehr energiereiche Turbulenzzone für Neunaugen und Fische eine Wanderbarriere darstellt. Allenfalls wurde bei einigen Individuen ein geringfügiges Zögern beobachtete, in die dicht mit Luftblasen durchsetzten Turbulenzen hinein zu schwimmen. Letzten Endes passierten jedoch Fische aller Arten und Größen, sowie selbst strömungsungünstig geformte hochrückige Arten das simulierte Tosbecken in gerader Linie gegen die Fließrichtung. Das Einschwimmen in die Turbulenzzone erfolgte dabei in allen Wassertiefen.

Nach Untersuchungen von Pavlov et al. (2000) zum Verhalten von Jungfischen mit einer Körperlänge unter 10 cm in Turbulenzen, spreizen diese vor allem ihre Brust- und Bauchflossen ab, um dadurch ihre Lage im Wasserkörper zu stabilisieren und ggf. zu korrigieren. Im Rahmen aller bisherigen ethohydraulischen Beobachtungen konnte ein derartiges Verhalten nicht dokumentiert werden; sei es, dass sich die Fische in stark turbulenten Zonen einer Beobachtung entzogen, oder diese mit erhöhter Schwimmgeschwindigkeit und deshalb mit angelegten Brustflossen durcheilten.

Entgegen diesem gegenüber Turbulenzen eher unempfindlichen Verhalten reagieren stromauf- und stromabwärts schwimmende Fische sehr sensibel, sobald sich

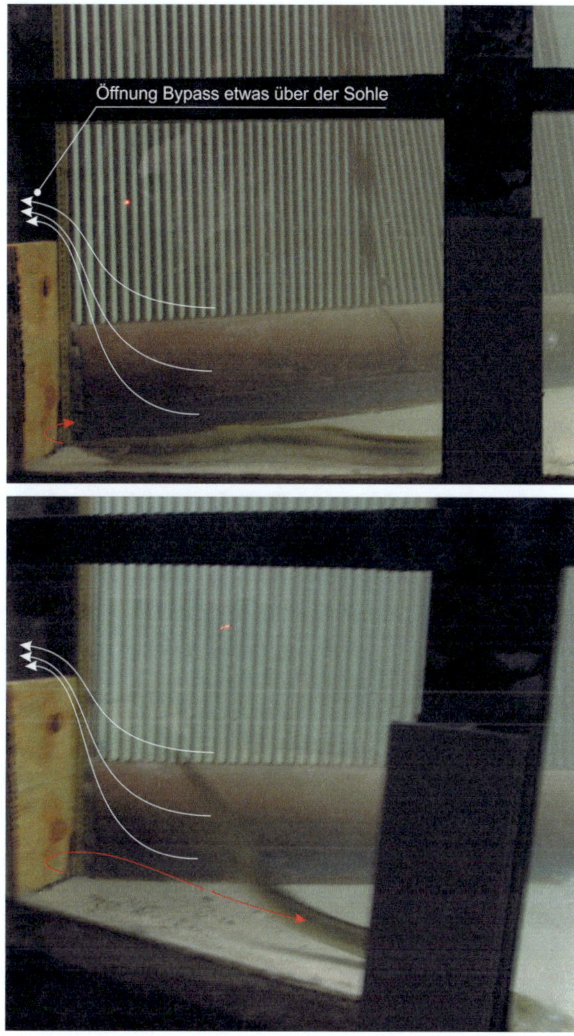

Abb. 5.34 Der einen Bypass anschwimmende Aal scheut vor dem Einschwimmen zurück (*oben*) und flieht stromaufwärts (*unten*)

der Charakter einer Strömung abrupt verändert. Eine solche hydraulische Situation entsteht beispielsweise vor und nach einer plötzlichen Einengung oder Aufweitung des durchflossenen Querschnittes. Während stromaufwärts schwimmende Fische oft das Durchschwimmen schmaler Durchlässe verweigern, scheuen stromabwärts schwimmende Fische unmittelbar vor dem Eintritt in eine Verengung zurück, kehren ihre Schwimmrichtung um und fliehen stromaufwärts (Abb. 5.34).

Bei ethohydraulischen Tests zur Passagestrategie von Schlitzen wurden einige Fische von einem horizontalen, korkenzieherartigen Wirbelzopf erfasst, worauf hin sie vollständig die Kontrolle über ihre Körperlage verloren und mit hoher Geschwindigkeit vielfach um ihre Längsachse gewirbelt wurden (Abb. 5.35). Die Fische waren diesem Wirbelzopf so lange hilflos ausgeliefert, bis sich die einwirkenden Kräfte derart abgeschwächt hatten, dass sie mit Hilfe ihrer Flossenstellung und kräftigen Schlägen der Schwanzflosse aus dem Einflussbereich des Wirbels

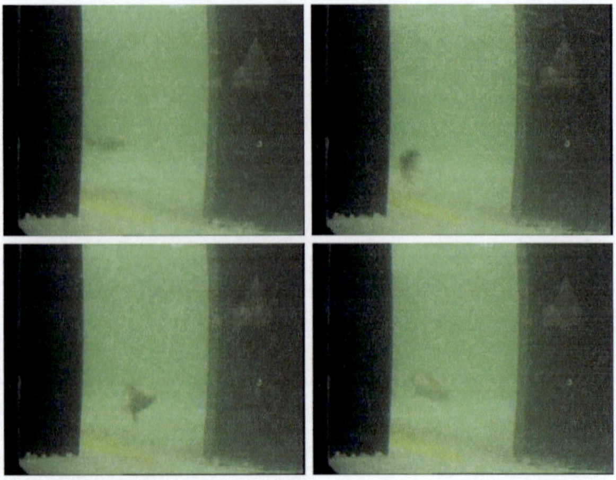

Abb. 5.35 Von einem Wirbelzopf erfasster Aland rotiert um seine Achse

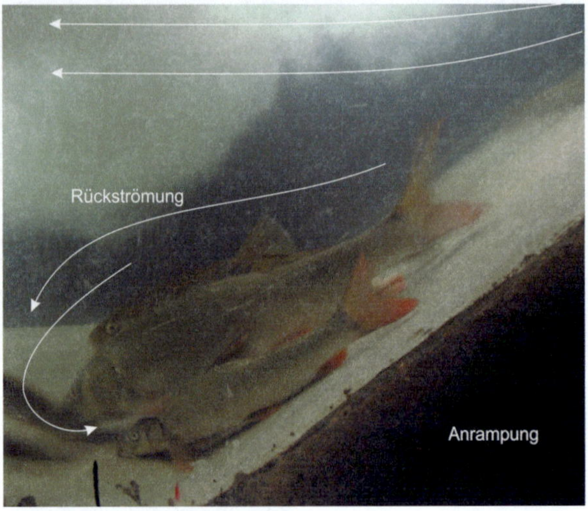

Abb. 5.36 Auch in Kehrströmungen richten sich Fische konsequent positiv rheotaktisch gegen die Anströmung aus

entfliehen konnten. Von einem solchen Wirbelzopf erfasste Individuen trugen allerdings weder erkennbare Verletzungen davon, noch zeigten sie Anzeichen von erhöhtem Stress oder mieden fortan Bereiche mit Wirbelzöpfen.

5.4.6 Verhalten in Rückströmungen

Entsprechend ihrem grundsätzlich positiv rheotaktischen Verhalten richten sich Fische auch in Rückströmungen stets gegen die Anströmung aus (Abb. 5.36). Und auch wenngleich z. B. hinter Störelementen der Eindruck entsteht, dass Fische hier Kopf-voran in Strömungsrichtung ausgerichtet wären, belegen Messungen der hydraulischen Situation an solchen Stellen, dass in derjenigen Wasserschicht, in der sich die Fische aufhalten, eine der Hauptfließrichtung entgegen gerichtete Rückströmung ausgebildet ist (Abb. 5.37).

Abb. 5.37 Rückströmungen bilden sich oft auf der Lee-Seite von Rauheitselementen aus

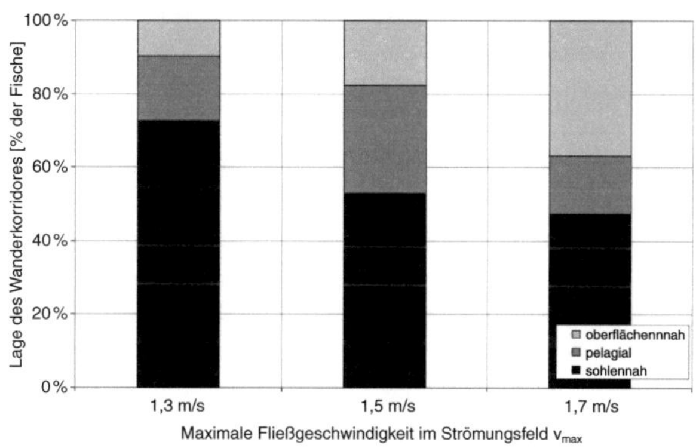

Abb. 5.38 Positionen im Wasserkörper, in denen Fische in Abhängigkeit von der Fließgeschwindigkeit bevorzugt schwimmen

5.4.7 Schwimmposition in der Wassersäule

Die Frage, in welcher Höhe sich Fische im Wasserkörper bewegen, wird oft mit den Aufenthaltsgewohnheiten der Arten beantwortet. Danach wird beispielsweise in oberflächennah schwimmende Arten, wie Ukelei, Moderlieschen und abwandernde Lachssmolts, in pelagiale Arten, die sich wie Äsche und Zander bevorzugt im freien Wasserkörper aufhalten oder in bodenorientiert lebende Arten, wie Groppe, Schmerle, Aal und Barbe differenziert. Allerdings ist diese Unterteilung keinesfalls trennscharf und deswegen wenig hilfreich, wenn es darum geht, wasserbauliche Anlagen in Hinblick auf die Aufenthaltshöhe von Fischen im Wasserkörper auszulegen. So wird nach wie vor die Ansicht vertreten, dass abwandernden Aalen sohlennahe, bis in einer Höhe von maximal 0,6 m über Grund positionierte Bypässe angeboten werden müssten. Ethohydraulische Tests haben hingegen gezeigt, dass sich auf- und abwandernde Fische aller Gilden mit steigender Fließgeschwindigkeit zunehmend von der Gewässersohle ablösen und eine Schwimmposition im freien Wasserkörper aufsuchen (Abb. 5.38, Adam et al. 2009a, b). Ob es sich bei dem beobachteten Verhalten um eine Strategie zur Vermeidung von Kollisionen mit Sohlenrauheiten handelt, bedarf einer weiteren Klärung.

5.4.8 Verharren

Fische führen nicht permanent Ortsveränderungen durch, sondern sie verharren auch über längere Zeit an einer Position. Sofern sie die Wahl haben, suchen sie hierfür Stellen auf, wo sie in gleichmäßiger, aber moderater Strömung, ohne erkennbare Anstrengung positiv rheotaktisch ausgerichtet verweilen können, ohne fortgesetzt Lagekorrekturen durchführen zu müssen. Nicht selten sind die Aufenthaltsorte, an denen sich dann auch Fische unterschiedlicher Arten und Größen zusammenfinden, durch bestimmte Strukturen oder Eigenschaften gekennzeichnet, z. B. eine leichte Erhebung oder Senkung der Sohle, vor oder seitlich versetzt neben aufragenden Sohlenstrukturen oder die Stelle ist nicht einsehbar bzw. liegt im Schatten, was dem Schutzbedürfnis der Fische entgegen kommt.

Bemerkenswert ist das Verhalten der Fische gegenüber von der Sohle aufragenden Störelementen. Sind solche Rauheitselemente in großer Dichte vorhanden, weichen Fische bei Fließgeschwindigkeiten ab ca. 0,4 m/s der abstromigen Lee-Seite des umströmten Körpers aus: Hierzu stellen sie sich positiv rheotaktisch ausgerichtet etwas schräg versetzt seitlich stromabwärts neben der äußeren Kante oder aber unmittelbar stromauf vor dem Störelement ein, um zu verharren (Abb. 5.39, Kap. 10.1.5). Dieses Verhalten veranschaulicht, dass die immer wieder postulierten Ruhezonen im so bezeichneten Strömungsschatten hinter Störkörpern in der Wahrnehmungswelt der Fische nicht existieren oder aber unattraktiv sind. Vielmehr reagieren Fische offenbar auf die an den Kanten umströmter Konturen entstehenden Wirbelschleppen, indem sie diesen ausweichen und sich außerhalb dieser Turbulenzen in gleichmäßig durchströmten Räumen positionieren.

Die genauen Anforderungen, welche Fische beispielsweise an die Ausdehnung und Strömungscharakteristik von Bereichen stellen, in denen sie überwintern oder nach kräftezehrenden Sprints ausruhen, sind bislang unbekannt. Zwar werden in der Literatur immer wieder Forderungen nach Ruhezonen und Ruhebecken für Fische erhoben, doch ist weder die biologische Notwendigkeit für solche turbulenzarmen Räume nachgewiesen, noch sind die ethohydraulischen Anforderungen in Hinblick auf die Größe und die hydraulischen Eigenschaften solcher Bereiche parametrisiert.

5.4.9 Deckungsbedürfnis

Nach Erfahrungen aus der Angelfischerei suchen Fische Deckung vor Feinden in Unterständen. Darüber hinaus wird angenommen, dass die Tiere sich räumlich an ein definiertes Territorium binden. Hiervon ausgehend wurden in der Vergangenheit beispielsweise Betonfertigteile verkauft, um diese in die Ufer ausgebauter Gewässer einzubringen und damit eine Verbesserung der Lebensqualität der Fische zu erzielen (Wilke 1969; Weismann 1979). Auch aktuell wird die Notwendigkeit des Vorhanden-

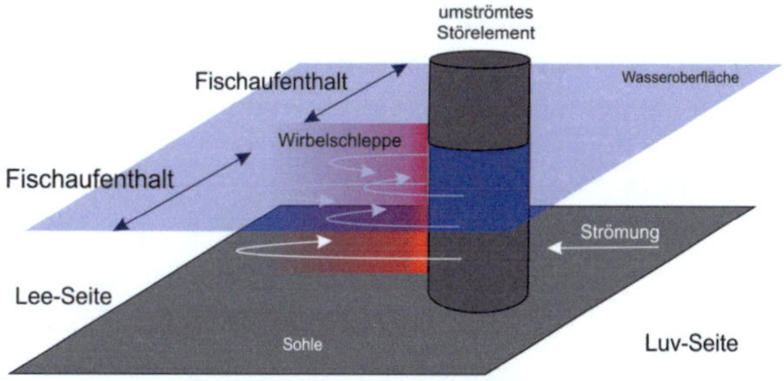

Abb. 5.39 Fische stellten sich nicht hinter ein umströmtes Element (*oben*), sondern stets schräg versetzt daneben (*unten*) oder aber oberstrom davon ein

seins von Unterständen in der morphologischen Ausstattung der aquatischen Lebensräume nicht in Frage gestellt, sondern z. B. als Argument für die Belassung oder Einbringung von Totholz in Gewässer angeführt (Zika und Peter 1996).

Ethohydraulische Test mit sieben rhithralen Arten, darunter Bachforelle, Lachssmolts und Schneider haben keine Belege dafür erbracht, dass die Fische das Bedürfnis haben, sich in Deckungsstrukturen einzustellen und diese ggf. zu verteidigen (Adam und Schwevers 1998). Lediglich im Fall drohender Gefahr, z. B. wenn eine Feindsilhouette in ihrem Gesichtskreis aufragt, suchen Fische die nächst beste schutzbietende Struktur auf und verweilen in ihr so lange, bis die Störung vorüber ist; danach streifen sie wieder in Gemischtartenschwärmen im Gewässer umher (Kap. 5.4.11).

5.4.10 Suchen, meiden und fliehen

Fische lassen auch unter den Bedingungen einer Laborrinne ein neugieriges Verhalten erkennen, um eine ihnen unbekannte oder interessante Situation bzw. ein Objekt zu erkunden. Ein suchendes oder erkundendes Verhalten ist daran zu erkennen, das der Fisch nicht gezielt die Reizquelle anschwimmt, sondern seine Schwimmrichtung zumeist ohne erkennbaren Stress fortwährend und scheinbar ziellos verändert, wobei er das Ziel seiner Neugier jedoch stets im Fokus behält.

Hat der Fisch ein Objekt oder eine Situation erfasst, die ihm attraktiv erscheint, nähert er sich mit geringer Schwimmgeschwindigkeit vorsichtig an, was bei Überschreitung der rheoaktiven Geschwindigkeit stets gegen die Strömung erfolgt. Auch wird ein Objekt auf kurzer Distanz in Augenschein genommen und nicht selten auch mit der Schnauze berührt, wobei sich Neunaugen ggf. auch mit ihrer Maulscheibe daran festsaugen. Eine Abtastung kann durchaus auch mit der Schwanzflosse erfolgen, indem sich der Fisch positiv rheotaktisch ausgerichtet unmittelbar vor dem Objekt positioniert, um beispielsweise die lichte Weite zwischen Rechenstäben zu ergründen.

Wird die Situation oder das Objekt vom Fisch als uninteressant bewertet, vermeidet er einen direkten Kontakt und schwimmt stromaufwärts daran vorbei oder kehrt seine Schwimmrichtung um.

Im Falle, dass ein Objekt oder eine Situation als bedrohlich eingeschätzt wird, flieht der Fisch, durch wenige kräftige Schwanzschläge beschleunigt, aus dem Einflussbereich entweder nach stromauf- oder stromabwärts. Seitliche Ausweich- oder Suchbewegungen finden nur dann statt, wenn die um ihn herum herrschende Fließgeschwindigkeit in Abhängigkeit von seinem jeweiligen Leistungsvermögen so gering ist, dass er jederzeit in der Lage ist, Richtungsänderungen vorzunehmen. Ein Fluchtverhalten ist stets daran zu erkennen, dass sich der Fisch mit großer Eile und nicht selten unter Stress von einer Reizquelle fort bewegt.

5.4.11 Schwarmverhalten

Weitgehend unbekannt war bislang die in ethohydraulischen Tests immer wieder dokumentierte Neigung einheimischer Fische, sich zu Schwärmen zusammen zu schließen, die aus unterschiedlichen Arten gebildet sind (Adam und Schwevers 1998). Bei solchen Gemischtartenschwärmen handelt es sich um anonyme Verbände, deren Mitglieder sich nicht persönlich kennen. Auch sind die Schwärme offen, d. h. es gesellen sich immer wieder neue Individuen hinzu, während andere aus dem Verband ausscheiden, um entweder kurzzeitig alleine umher zu schwimmen oder sich einem anderen Verband anzuschließen. Bemerkenswert ist die Beobachtung, dass Gemischtartenschwärme zumeist aus Mitgliedern ungefähr gleicher Körperlänge bestehen. Besonders große Neigungen zur Bildung von Gemischtartenschwärmen zeigen die meisten Cypriniden. Aber auch Aale gesellen sich nicht selten der Gemeinschaft mit anderen, vor allem größeren Exemplaren hinzu.

Dem gegenüber zeigen folgende Arten nach bisheriger Erfahrung nur geringe Neigungen, sich Gemischtartenschwärmen anzuschließen:

- Die bislang beobachteten Störartigen verhalten sich streng solitär.
- Salmoniden, wie Bach- und Regenbogenforellen als auch juvenile Lachse zeigen sich sowohl im Gewässer, als auch in einer Laborrinne einzelgängerisch. In gefährlichen Situationen besetzen diese Arten Unterstände, die sie ggf. gegen andere Exemplare verteidigen.
- Flussbarsche, Welse und Hechte stellen in den Hälterbecken als auch in Laborrinnen anderen, zumeist kleineren Fischen nach, fressen sie oder fügen ihnen

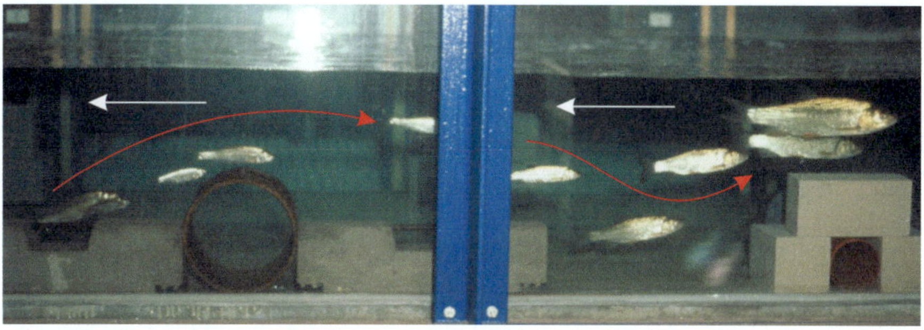

Abb. 5.40 Gemischtartenschwarm, gegen die Strömung mehrere Hindernisse überschwimmend

Abb. 5.41 Gemischtartenschwarm mit der Strömung seitlich an Hindernissen vorbei schwimmend

schwere Bissverletzungen bei. Ansonsten verhalten sich auch diese Arten in der Regel solitär.

- Gründlinge und Schneider bevorzugen die Gesellschaft von Artgenossen und finden sich bevorzugt in Reinartenschwärmen zusammen.

Gemischtartenschwärme lassen spezielle Verhaltensweisen erkennen, indem die Schwärme unabhängig von Mitgliederzahl und Körperlänge stets von einem Leitfisch angeführt werden, wobei die Anführer keinesfalls immer dieselben sind, sondern öfters wechseln. Beim stromaufwärtigen Schwimmen werden von der Sohle aufragende Hindernisse von Gemischtartenschwärmen bevorzugt überschwommen (Abb. 5.40). Folgen mehrere Hindernisse aufeinander, so werden sie nicht in einer einheitlichen Wassertiefe passiert, sondern der Schwarm taucht zwischen den Objekten immer wieder zur Sohle ab, um zur Überwindung des nächsten Hindernissen wieder aufzusteigen; ein seitliches Ausweichen findet nur in seltenen Fällen statt. Beim Schwimmen mit der Strömung hingegen führen Fischschwärme bevorzugt zu den Seiten hin orientierte Ausweichmanöver durch (Abb. 5.41).

5.4.12 Lernverhalten

Lernen ist eine komplexe Fähigkeit zur Aufnahme, Verwertung und Speicherung von Informationen, die in Form spezifischer Reaktionen einem Individuum zur Befriedigung seiner Bedürfnisse oder Ziele stets abrufbar zur Verfügung stehen. Selbst die gegenüber Säugetieren evolutiv weniger hoch entwickelten Fische sind in der Lage Erfahrungen zu sammeln und entsprechende Verhaltensweisen zu erlernen, was sich anhand von Dressurversuchen dokumentieren lässt: So können beispielsweise außer den sehr gelehrigen Goldfischen auch andere Arten durch Futtergaben dazu gebracht werden, ihr Lebensmilieu zu verlassen und über der Wasseroberfläche positionierte Reifen zu durchspringen.

Da es allerdings das Ziel ethohydraulischer Tests ist, natürliche Reaktionen von Fischen zu erkennen und zu verstehen, stehen das Lernvermögen der Fische und Dressurabsichten der wissenschaftlichen Intention der Ethohydraulik entgegen. Vor diesem Hintergrund verbietet sich jegliche Fütterung der Probanden im unmittelbaren zeitlichen und räumlichen Kontext mit ethohydraulischen Tests im Versuchsstand, um Dressur- und damit Lerneffekte auszuschließen.

Doch selbst wenn peinlich darauf geachtet wird, dass keine Dressur stattfindet, lernen die Fische im Verlauf mehrerer Tests früher oder später den Versuchsstand, seine Dimensionen und die darin herrschenden hydraulischen Situationen kennen. Beschleunigt wird dies, wenn Fische nach den Tests der Laborrinne nicht entnommen und in die Hälterbecken zurückgesetzt, sondern beispielsweise über Nacht im Versuchsstand belassen werden. Unabhängig davon, ob der Versuchsstand dabei mit einer Strömung beaufschlagt wird oder nicht, zeigen einige Probanden bei nachfolgenden ethohydraulischen Tests nur noch eine geringe Neigung auf die dargebotene Testsituation zu reagieren und ziehen sich zurück, um auf bestimmten Positionen zu verharren. Andere Individuen reagieren auf eine Testsituation in dem bekannten Versuchsstand in wesentlich kürzerer Zeit, als dies ungelernte Fische tun.

Vor diesem Hintergrund ist es erforderlich Maßnahmen zu ergreifen, um den Fischen das Sammeln von Erfahrungen mit und in der Laborrinne so weit als möglich zu erschweren. Als probates Mittel hat sich der Einsatz von mindestens zwei Gruppen von Probanden erwiesen, die in aufeinander folgenden ethohydraulischen Tests abwechselnd eingesetzt werden. Doch selbst bei einem solchen konsequenten Vorgehen ist es angeraten, die Probanden nach spätestens zwei Wochen gegen neue Fische auszutauschen.

5.4.13 Motivation

Verhalten ist keineswegs nur eine unwillkürliche, reflexartige Antwort auf einen Reiz. Vielmehr wird der Ablauf und die Stärke einer Verhaltensweise durch die innere Bereitschaft des Tieres maßgeblich beeinflusst. Diese als Motivation bezeichnete innere Reaktionsbereitschaft ist Ausdruck unterschiedlichster Bedürfnisse wie Neugier und Vergnügen sowie von Gefühlen und Erinnerungen. In Konsequenz daraus zeigen in einem ethohydraulischen Test nur selten alle Fische zur selben Zeit die gleiche Aktivität. Vielmehr findet sich stets eine mehr oder weniger große Anzahl von Individuen, die sich nicht am Test beteiligen und auf die dargebotene Situation reagieren.

Nach den vorliegenden Erfahrungen beeinträchtigt ein geringer Anteil passiver Probanden die Aussagekraft eines ethohydraulischen Tests nicht. Problematisch wird die Durchführung und Interpretation von Verhaltensbeobachtungen jedoch, wenn sich die meisten Probanden passiv verhalten. In diesen Fällen ist es erforderlich die Ursache für die kollektive Verweigerung zu identifizieren, um die richtigen Schlüsse in Hinblick auf das Resultat des Tests oder aber die zu ergreifenden Maßnahmen ziehen zu können. Grundsätzlich kommen für eine solche Situation mehrere Ursachen in Betracht:

- Die Probanden sind krank oder sind aufgrund falscher Behandlung z. B. beim Fang oder der Hälterung in schlechter körperlicher Verfassung.
- Die chemisch/physikalische Beschaffenheit des Wasserkörpers ist nicht optimal, wodurch die körperliche Verfassung und Leistungsfähigkeit der Fische leidet.
- Die in der Laborrinne gebotene Situation löst bei den Probanden ein Meideverhalten aus, das sich als Passivität äußert.
- Den Fischen fehlt die Motivation auf die dargebotene Situation zu reagieren.

Während sich gesundheitliche Beeinträchtigungen anhand äußerlicher Symptome an den Fischen finden lassen, z. B. Schuppenverluste oder zerfranste Flossensäume und pessimale Testbedingungen im Labor durch Messung der einschlägigen Wasserparameter zu erkennen sind, bestehen nur begrenzte Möglichkeiten die Motivation von Fischen abzuschätzen, geschweige denn zu messen (Kap. 7.2).

5.5 Die ethohydraulische Signatur

Mit dem Begriff der hydraulischen Signatur (lateinisch; signatum = das Gezeichnete) wird die Charakteristik und Einzigartigkeit eines Strömungsphänomens bezeichnet. Solche für Fische relevante hydraulischen Signaturen wurden verschiedentlich im Rahmen von physiologischen Experimenten ermittelt (u. a. Lupandin 2005; Liao 2007) oder finden im Sinne von Annahmen mit Begriffen wie „Stream habitat types“ (Aadland 1993), „Hydraulic Stream Ecology“ (Statzner et al. 1988) und „Hydraulic Signature“ (Coarer 2007) Eingang in Habitat-Modelle.

Im Kontext mit der Ethohydraulik wird unter der ethohydraulischen Signatur ein Reiz oder eine Reizkombination verstanden, der bei den Probanden ein bestimmtes, stets in gleicher Weise reproduzierbar ablaufendes Verhalten auslöst. Damit ist die ethohydraulische Signatur das durch Parameter quantifizierte Ergebnis eines erfolgreichen ethohydraulischen Tests.

Um die ethohydraulische Signatur zu beschreiben, sind grundsätzlich die gleichen geometrischen, kinematischen und dynamischen Parameter geeignet, die einer situativen Ähnlichkeit zu Grunde liegen (Kap. 5.2.3). Aus der Vielzahl möglicher Parameter ist allerdings jenen den Vorzug zu geben, die im Transferprozess die Erarbeitung und Bemessung praktisch anwendbarer Maßnahmen, Regeln und Vorschriften erlauben. So lässt sich beispielsweise in einem ethohydraulischen Versuch zur Planung oder Optimierung einer speziellen wasserbaulichen Anlage aus den gemessenen Werten die spezifische Leistungsdichte für einen relevanten Bereich rechnerisch ableiten (Kap. 5.4.5). Allerdings ist die Kenntnis dieses Wertes keine notwendige Bedingung, solange in der Transferphase darauf geachtet wird, dass die im ethohydraulischen Test ermittelten Strömungscharakteristika und -geschwindigkeiten möglichst exakt auf die jeweilige Naturanlage übertragen werden. Der Parameter Leistungsdichte gewinnt jedoch an Bedeutung, wenn es bei einer ethohydraulischen Untersuchung darum geht, allgemein anwendbare Grenz- und Richtwerte für standardisierte Anlagen oder Situationen zu erarbeiten.

5.5.1 Vorgehen bei der Ermittlung der ethohydraulischen Signatur

Am Ende eines erfolgreichen ethohydraulischen Tests gilt es, das beobachtete reproduzierbare Verhalten der Fische auf eine bestimmte im Modell erzeugte Situation zu parametrisieren und diese Parameter zu quantifizieren. Hierfür wird wie folgt vorgegangen:

- Zu Beginn erfolgt die Benennung maßgeblicher Verhaltensweisen der Fische auf die ihnen im Test angebotene Situation.
- Sodann gilt es die für diese Verhaltensweisen verantwortlichen konstruktiven und/oder hydraulischen Reize zu identifizieren, wobei die Verhaltensbefunde ggf. art- und größenspezifisch differenziert betrachtet werden müssen. Da die Bedingungen im ethohydraulischen Test in der Regel mehrere Sinne der Probanden gleichzeitig ansprechen, ist mit einer Reihung zu klären, welche Reize von primärer Bedeutung für das Verhalten der Fische in der jeweiligen Situation waren.
- Im nächsten Schritt erfolgt die Ermittlung der ethohydraulischen Signatur durch Parametrisierung der Reize und Messung ihrer Stärke: Die im ethohydraulischen Test als für das Verhalten der Fische relevant erkannte Situation wird mit Hilfe geometrischer, kinematischer und dynamischer Parameter charakterisiert (Kap. 5.5.2). Dazu sind die Werte der Parameter mit geeigneten Messgeräten zu erfassen (Kap. 6.2.6).
- Abschließend erfolgt die Dokumentation der ermittelten Werte ggf. in graphischer Form, die Aufschluss über die hydraulische Situation an sich gibt und/oder eine Beurteilung der vorgefundenen konstruktiv/hydraulischen Situation hinsichtlich der Fischrelevanz anhand bekannter Grenzwerte erlaubt. Eine solche Darstellung wird als ethohydraulisches Diagramm bezeichnet (Kap. 7.3).

5.5.2 Parameter der ethohydraulischen Signatur

Die Schwierigkeit bei der Bestimmung der für das Fischverhalten relevanten Parameter zur Abbildung der ethohydraulischen Signatur besteht in dem stets gegebenen Zusammenhang zwischen den geometrischen Strukturen einerseits und dem Strömungsverhalten andererseits. So ist beispielsweise bei einer Sohle mit dichtem Besatz an Störsteinen die Angabe von Strömungsrichtung und mittlerer Fließgeschwindigkeit wenig hilfreich, da sich an den Konturen der Störsteine Ablösungen ausbilden, die Bereiche des Strömungsfeldes nachhaltig mit Turbulenzen unterschiedlicher Intensität bedecken. Infolge dieser Turbulenzen weisen Messungen in solchen Bereichen große räumliche und zeitliche Schwankungen auf. Fasst man solche Messwerte in einem einzigen Mittelwert zusammen, gehen wichtige Informationen über Wirbelintensität und damit zum Sekundärströmungsmuster verloren, die unter Umständen für Fische eine wesentlich wichtigere Rolle spielen, als dies durch einen gemittelten Wert ausgedrückt werden kann.

Von daher gilt es, im Rahmen der Erhebung der ethohydraulischen Signatur stets derartige Interaktionen mit zu berücksichtigen und bei der Aufmessung der benötigten Parameter räumlich und zeitlich sorgfältig aufzulösen (Kap. 6.2.6, Inoue et al. 2002). Umso strukturreicher sich also eine Strömung darstellt, desto genauer muss für ethohydraulische Untersuchungen die qualitative Einteilung des Strömungsfeldes in charakteristische Bereiche erfolgen, z. B. Strömungspfad, Rückström- und Totwasserzone, hochturbulente Zone mit Durchmischung, Ablösungszone mit Wirbelausbildung etc.. Danach richtet sich dann die Festlegung der räumlichen Auflösung des Messrasters innerhalb des Strömungsgeschehens:

- Es gilt: Je strukturreicher und turbulenzgeprägter die zu erfassende Strömungszone ist, desto dichter müssen die Messpunkte liegen, damit auch kleinskalige Wirbelphänomene erfasst werden. Als normales Messraster hat sich für ethohydraulische Tests ein Messpunktabstand von 0,1 bis 0,3 m bewährt. Für dichte Messraster sind Abstände zwischen 0,5 und 5 cm üblich.

Eine äquivalente Empfehlung wird auch für die Festlegung der Messdauer resp. die Anzahl von Messungen pro Messpunkt gegeben.

- Es gilt: Je turbulenter das Strömungsgeschehen ist, desto mehr Messungen desselben Parameters sollten pro Messpunkt ermittelt werden, um auch zeitliche Veränderung erfassen zu können. Beispielsweise ändern sich im Bereich der Strömungsablösung an Konturen von Störelementen sowohl die Strömungsrichtung, als auch die -geschwindigkeit infolge von Pulsation oder Fluktuation mehrmals pro Sekunde. Bei Verwendung herkömmlicher Messgeräte haben sich in Zonen mit gleichmäßiger Strömung ohne signifikante Turbulenzen Messzeiten von 30 Sekunden als ausreichend erwiesen. In hochturbulenten Zonen sind jedoch pro Messpunkt Messzeiten von 3 bis 5 Minuten erforderlich, um das Strömungsgeschehen adäquat auflösen zu können (Kap. 6.2.6.2). Aus derart zeitlich und räumlich gewonnenen Messdaten können mittels statistischer Auswertung und Interpolation umfangreiche Strömungsinformationen abgeleitet werden.

Im Folgenden werden die wesentlichen Parameter, die zur Erstellung der ethohydraulischen Signatur notwendig sind, erläutert. Ergänzend dazu sei auf die im Kap. 6.2.6 vorgestellten hydrometrischen Instrumente und Messmethoden hingewiesen.

5.5.2.1 Geometrische Parameter

Die Begrenzung des für Fische relevanten Strömungsgeschehens erfolgt mit Hilfe geometrischer Parameter, wie Längen und Flächen sowie deren Lage im Raum. Wurden Einbauten in der Laborrinne installiert, die die Strömung beeinflussen, sind

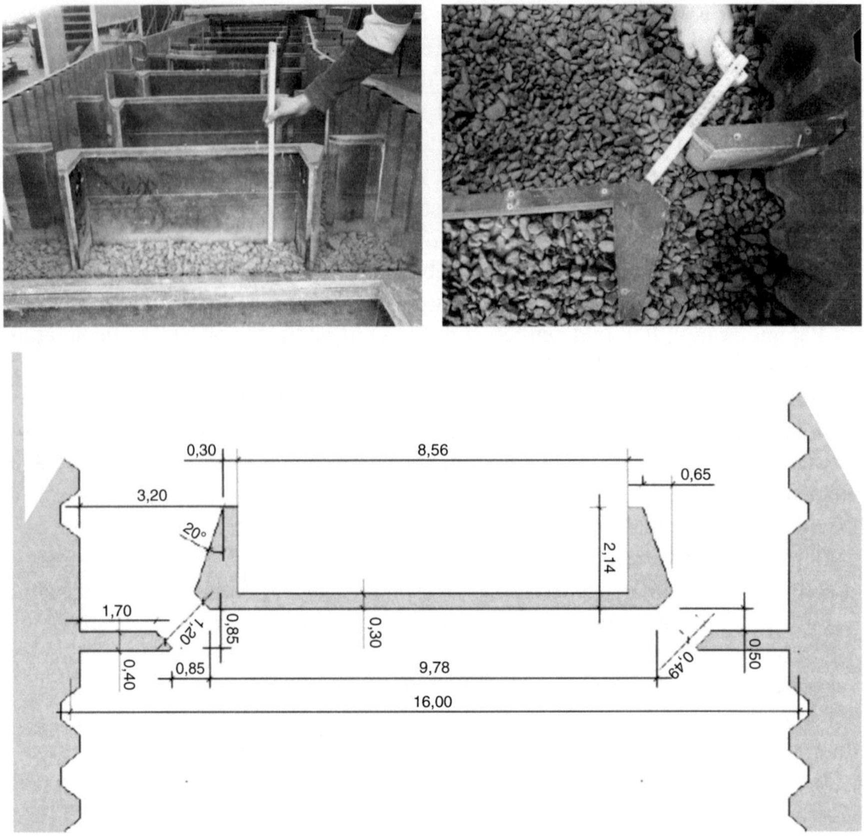

Abb. 5.42 Manuelle Aufmessung geometrischer Parameter an einem wasserbaulichen Modell (*oben*) mit einem Maßstab zur Erfassung der Dimensionen von Einbauteilen und Bauwerkskonturen am Beispiel der Durchlässe eines Doppelschlitzpasses (*unten*)

deren Konturen exakt zu vermessen, sofern nicht bereits entsprechende Informationen aus der Planung des Testaufbaus resp. aus dem Präprozess vorliegen. Ferner ist die Erfassung von Wasserständen, Wassertiefen und/oder Wasserspiegellagen für die Verschneidung mit den Erkenntnissen aus den Verhaltensbeobachtungen erforderlich. Die Aufnahme geometrischer Werte erfolgt entweder durch manuelle Messungen (Abb. 5.42), Rasteraufnahmen oder mittels terrestrischem Laserscanning (Abb. 5.43).

5.5.2.2 Kinematische Parameter

Die kinematischen Parameter geben die räumliche und zeitliche Verteilung der Fließgeschwindigkeiten und -richtungen eines Strömungsgeschehens wieder. Diese Daten sind im ethohydraulischen Test von zentraler Bedeutung, da sie maßgeblich zum Verständnis des Verhaltens der Fische beitragen. Da auch von der Turbulenzverteilung in einer Strömung ein Einfluss auf das Fischverhalten zu erwarten ist

Abb. 5.43 Aufmessung von Schlitzkonturen mit einem terrestrischen Laserscanner; Realsituation (*links oben* und *Mitte*); Darstellung der erzeugten Messwerte als kolorierte Punktwolke (*rechts oben*); Umrechnung der Punktwolke zu einem dreidimensionalen Computermodell (*unten*)

(Kap. 5.4.5), wird im ethohydraulischen Versuch neben der Erfassung der zeitlichen und räumlichen Geschwindigkeitsmittelwerte eine hoch aufgelöste Aufnahme der lokalen Geschwindigkeiten notwendig. Nur aus diesen Parametern lässt sich über Kennzahlen die Turbulenz ausdrücken. In Tab. 5.3 sind einige wichtige Strömungsmessgrößen in Anlehnung an Ruck (2010) zusammengestellt und hinsichtlich deren ethohydraulischer Relevanz erläutert.

5.5.2.3 Dynamische Parameter

Dynamische Parameter geben sowohl die angreifenden und wirkenden Kräfte, als auch ihre räumliche und zeitliche Verteilung im System wieder. Für die Bemessung wasserbaulicher Anlagen ist die Kenntnis der infolge der Strömung einwirkenden Kräfte notwendig, um die Standsicherheit und Funktionsfähigkeit planerisch nachweisen zu können. Daher werden bei herkömmlichen wasserbaulicher Modellversuchen, die eine Optimierung der hydraulischen Funktionalität zur Aufgabe haben, in der Regel auch die vorhandenen Strömungskräfte mit erfasst und zur statischen Dimensionierung des Bauwerks an die Planer übergeben. Dieselbe Möglichkeit bietet auch eine ethohydraulische Untersuchung: Neben kinematischen Parametern, die primär das Strömungsverhalten beschreiben, können auch die nachfolgend

Tab. 5.3 Strömungsmessgrößen (verändert nach: Ruck 2010)

Messgröße	Bedeutung
x, y, z	Koordinatenrichtungen im dreidimensionalen Raum [m]
u, v, w	Augenblickliche lokale Strömungsgeschwindigkeit in den Raumrichtungen [m/s]
$\bar{u}, \bar{v}, \bar{w}$	Zeitlich gemittelte Strömungsgeschwindigkeiten in den Raumrichtungen an einem Ort [m/s]
u', v', w'	Augenblickliche Schwankungsgeschwindigkeiten in den Raumrichtungen an einem Ort [m/s]
$\overline{u'}, \overline{v'}, \overline{w'}$	Zeitliche gemittelte Schwankungsgeschwindigkeiten in den Raumrichtungen an einem Ort [m/s]
$u = \bar{u} + u'$ $v = \bar{v} + v'$ $w = \bar{w} + w'$	Ausdruck der augenblicklichen Strömungsgeschwindigkeit in Abhängigkeit vom Mittelwert und der Schwankung an einem Ort [m/s]
$\vec{V}(u, v, w)$	Dreidimensionaler augenblicklicher Geschwindigkeitsvektor mit den Komponenten u, v und w an einem Ort [m/s]
Parameter zur Charakterisierung eines Strömungsfeldes	Erläuterung und ethohydraulische Bedeutung
$u_{max}, v_{max}, w_{max}$	Maximalwert lokal gemessener Fließgeschwindigkeiten einer Zeitreihe mit n Messwerten [m/s] Maximale Fließgeschwindigkeiten können mit der Schwimmleistung von Fischen verglichen werden, um z. B. gemäß Abb. 5.26 die Passierbarkeit eines Strömungsfeldes abzuschätzen.
$\bar{u} = \frac{1}{n} \cdot \sum_{i=1}^{n} u_i$ analog für $\bar{v}$ und $\bar{w}$	Mittlere lokale Fließgeschwindigkeit [m/s]. Die mittlere Fließgeschwindigkeit ist das arithmetische Mittel von n Messwerten der Geschwindigkeit u_i innerhalb einer definierten Messzeit. Mittlere Geschwindigkeiten können üblicherweise in allen drei Raumrichtungen bestimmt werden. Mittlere Fließgeschwindigkeiten bilden u. a. die Grundlage für ethohydraulische Diagramme, die als Kombination aus Vektor- und Isotachendarstellung ein zeitlich gemitteltes Strömungsfeld in Hinblick auf die Schwimmleistung eines Fisches mit definierter Körperlänge im Sinne eines Bemessungsfisches abbilden (Kap. 7.3).
$\sigma_u = \sqrt{\frac{1}{n-1} \cdot \sum_{i=1}^{n} (\bar{u} - u_i)^2}$ analog für ${\sigma_v}^2$ und ${\sigma_w}^2$	Varianz der Geschwindigkeitsmesswerte an einem Ort [m/s]. Die Streuung der Geschwindigkeitsmesswerte stellt ein Maß für die Breite der örtlich gemessenen Geschwindigkeitsverteilung dar. Daraus lässt sich das Vorhandensein von Geschwindigkeitsschwankungen feststellen. Sie kann für jede Raumrichtung aus den Messwerten berechnet werden. Da aus der Varianz allerdings weder eine Turbulenzintensität, noch die Größe und Stärke von Wirbeln ersichtlich wird, stellt dieser Wert nur die grundsätzliche Anwesenheit turbulenter Strömungsfelder dar. Fische nehmen die Varianz einer Strömung jedoch wahr (Kap. 5.3.2.6). Sehr wahrscheinlich löst eine hohe Strömungsvarianz bei Fischen eine Reaktion aus. Allerdings sind die genauen Zusammenhänge zwischen Strömungsvarianz, Turbulenzmuster und einem kausalen Fischverhalten bislang nicht erforscht.

Tab. 5.3 (Fortsetzung)

Parameter zur Quantifizierung von Turbulenz- und Wirbelfelder	Erläuterung und ethohydraulische Bedeutung
$Tu = \frac{\sqrt{\frac{1}{2}\cdot(\sigma_u{}^2)}}{\bar{u}}$ (1D)	Turbulenzgrad und Turbulenzintensität [–]. Der Turbulenzgrad bezieht die Varianz der Strömung auf die mittlere Geschwindigkeit in betrachteter Strömungsrichtung. Grundsätzlich ist dabei eine ein-, zwei- oder dreidimensionale Betrachtung möglich.
$Tu = \frac{\sqrt{\frac{1}{2}\cdot(\sigma_u{}^2+\sigma_v{}^2)}}{\bar{u}}$ (2D)	Bei nur eindimensionaler Betrachtung spricht man von der Turbulenzintensität in der entsprechenden Strömungsrichtung.
$Tu = \frac{\sqrt{\frac{1}{2}\cdot(\sigma_u^2+\sigma_v^2+\sigma_w{}')}}{\bar{u}}$ (3D) analog für $\bar{v}$ und $\bar{w}$	Der dimensionslose Parameter ist ein geeignetes Maß zum Vergleich unterschiedlicher Turbulenzen. Im Vergleich zur Varianz besitzt er aufgrund der Normierung zur mittleren Fließgeschwindigkeit den Vorteil, dass man Turbulenzgrade aus unterschiedlichen Strömungsfeldern direkt miteinander vergleichen kann.
	Für ethohydraulische Untersuchungen ist die Angabe des Turbulenzgrades dazu geeignet Strömungsfluktuationen aus verschiedenen lokalen Strömungsfeldern und -pfaden miteinander zu vergleichen. Eine Zuordnung spezieller Werte des Turbulenzgrades zu einem spezifischen Verhalten von Fischen ist bislang aufgrund fehlender Forschungen hierüber nicht möglich.
$e_{kin,\ str\ mung} = \frac{1}{2}\cdot\left(\bar{u}^2+\bar{v}^2+\bar{w}^2\right)$	Mittlere kinetische Energie der Strömung bezogen auf die Masseeinheit [W/m³]. Die mittlere kinetische Energie der Strömung berechnet sich aus den zeitgemittelten Geschwindigkeiten in den entsprechenden Raumrichtungen. Die kinetische Energie bezieht sich immer auf eine Raumeinheit.
	Nach vorliegenden Erfahrungen kann dieser Parameter im Rahmen der Ethohydraulik mit einschlägigen Angaben zur Leistungsdichte (Kap. 5.4.3) verglichen werden (DWA 2010).

beschriebenen dynamischen Parameter ermittelt werden, um im Transferprozess für Detailbemessungen zur Verfügung zu stehen. Dies könnte z. B. für die Bemessung der Standsicherheit der Trennwände von Fischaufstiegsanlagen von Belang sein. Folgende Kräftearten spielen dabei eine Rolle:

- Hydrostatische Kräfte
  Diese resultieren aus der Wasserauflast. Unter Einbezug der Dichte des Wassers ($\rho = 1.000$ kg/m³) lassen sich hydrostatische Kräfte in Abhängigkeit von der Wassertiefe bestimmen. Die Kräfte wirken in der Regel als Flächenkraft, so dass bei Kenntnis der Kraftangriffsfläche ein resultierender Kraftvektor bestimmt werden kann, welcher im Schwerpunkt der Fläche angreift.
- Strömungskräfte
  Durch die Strömung werden hydrodynamische Kräfte induziert. In der angewandten Hydraulik werden die Strömungskräfte meist als Reaktionskräfte eines

in einem Strömungsfeld platzierten Formwiderstandes dargestellt: Die Strömungskraft berechnet sich nach folgender Formel:

$$F = \frac{1}{2} \cdot c_W \cdot A^* \cdot \rho \cdot v^2$$

mit:
F = Strömungskraft [N]
c_w = Formwiderstandsbeiwert des angeströmten Körpers [–]
A* = senkrecht angeströmte Fläche des Körpers [m^2]
g = Dichte des Wassers [kg/m^3]
v = mittlere Anströmgeschwindigkeit [m/s]
Neben der indirekten Erfassung der Strömungskraft mittels genannter Formel und aus den Messwerten der Anströmgeschwindigkeit kann eine direkte Messung durch Druckmessgeräte erfolgen (Kap. 6.2.6.3).

- Impulskräfte
  Impulskräfte sind sehr kurzzeitig wirkende, stark variierende Strömungskräfte. Neben ihrer zeitlichen und räumlichen Varianz können Impulskräfte zudem unterschiedliche Angriffsrichtungen aufweisen, was in der Regel mit dem Turbulenzgefüge der Strömung zusammen hängt. Die Impulskraft lässt sich lokal nur messtechnisch mittels Druckmessgeräten erfassen. Bei turbulenzarmen, gleichförmigen Strömungsfeldern wird eine Bestimmung mit der Formel möglich:

$$F = \rho \cdot Q \cdot v$$

mit:
F = Impulskraft [N]
ρ = Dichte des Wassers [kg/m^3]
Q = Durchfluss [m^3/s]
v = Fließgeschwindigkeit [m/s]

Literatur

Aadland LP (1993) Stream habitat types: their fish assemblages an relationship to flow. North Am J Fish Manage 13:790–806

Adam B (1988) Vergleichende Funktionsmorphologie und Histologie des Geruchsorganes elektrischer Fische mit ergänzenden Tests zur Bedeutung des Geruchssinnes. Justus-Liebig-Universität Gießen, Diplomarbeit am FB Biologie, 93 S

Adam B (1992a) Untersuchungen über die Schadwirkung subletaler Gewässerbelastungen an den Geschmacksknospen der Schmerle (*Noemacheilus barbatulus* (L.)) – Vorschlag für ein neues Biomonitoring-System. – Justus-Liebig-Universität Gießen, Dissertation am FB Biologie, S 146

Adam B (1992b) Untersuchungen über die Schadwirkung subletaler Gewässerbelastungen an den Geschmacksknospen der Schmerle *(Noemacheilus barbatulus* (L.)) – Vorschlag für eine neues Biomonitoring-System. Dissertation, Justus-Liebig-Universität Gießen, 146 S

Adam B, Schwevers U (1997) Das Verhalten von Fischen in Fischaufstiegsanlagen. In: Österr. Fischerei 50:82–87

Adam B, Schwevers U (1998) Untersuchungen zur Auswirkung der Elektrofischerei auf Fischbestände/Teil 1 Verhaltensbeobachtungen von Fischen unter Laborbedingungen. Im Auftrag der LÖBF/LAfAO Nordrhein-Westfalen, Fischereiliche Dezernate, 44 S (unveröff.)

Adam B, Schwevers U, Dumont U (1999) Beiträge zum Schutz abwandernder Fische – Verhaltensbeobachtungen in einem Modellgerinne. Solingen (Verlag Natur und Wissenschaft), Bibliothek Natur und Wissenschaft 16, 63 S

Adam B, Engler O, Kampke W, Lehmann B (2009a) Wasserbauliche und ethohydraulische Untersuchungen zur Anbindung einer Fischaufstiegsanlage beim Wehr Duisburg-Ruhrort. Im Auftrag des Staatlichen Umweltamt Duisburg, Bezirksregierung Düsseldorf, (unveröff)

Adam B, Kampke W, Engler O, Lindemann C (2009b) Ethohydraulische Tests zur Rauhigkeitspräferenz kleiner Fischarten und Individuen. Bericht im Rahmen des DBU-Projekts „Ethohydraulik, eine Grundlage für naturschutzverträglichen Wasserbau", 32 S (unveröff.)

Adam B, Lindemann C, Kampke W, Lehmann B (2009c) Ethohydraulische Tests zur Passierbarkeit von Schlitzen. Im Auftrag der Vattenfall Europe Generation AG, 37 S (unveröff.)

Adam B, Lindemann C, Läkemäker K, König F, Lehmann B (2010) Ethohydraulische Tests zur Optimierung der Fangwirkung einer Fangkammer. Im Auftrag der Vattenfall Europe Generation AG, 45 S (unveröff.)

Argentini M (1976) Isolierung des Schreckstoffes der Elritze *Phoxinus phoxinus* (L). Dissertation der Universität Zürich (Schweiz)

Bankstahl M (1991) Merkblatt für die praktische Anwendung der Elektrofischerei in Binnengewässern. Landesanstalt für Fischerei Nordrhein-Westfalen, Kirchhundem-Albaum, 17 S

Becker et al. (1987) Lexikon der Biologie. Verlag Herder, Freiburg i.Br

Bollrich G (1989) Technische Hydromechanik 2. Verlag für Bauwesen,

Bollrich G (1996) Technische Hydromechanik 1. Verlag für Bauwesen, Berlin, 4. Auflage

Bone Q, Marshall NB (1985) Biologie der Fische. Gustav Fischer Verlag, Stuttgart, 236 S

Bretschneider H (1965) Die Auswirkung von Oberflächenkräften im wasserbaulichen Versuchswesen. Die Bautechnik, Jg. 42, Heft 4, S 126–130

Brunken H (1988) Ausbreitungsdynamik von *Noemacheilus barbatulus* (LINNAEUS, 1758). Dissertation, Univ. Braunschweig, 219 S

Coarer YL (2007) Hydraulic signatures for ecological modelling at different scales. Aquatic Ecol 41:451–459

Durif CM, Travade F, Rives J, Elie P, Gosset C (2008) Relationship between locomotor activity, environmental factors, and timing of the spawning migration in the European eel, *Anguilla anguilla*. Aquat Living Resour 21:163–170

DVWK (Deutscher Verband für Wasserbau und Kulturwesen e.V.) (1984) Wasserbauliches Versuchswesen. Hennef, DVWK-Schriftenreihe Nr. 39, 2. Auflage

DWA (Deutsche Vereinigung für Wasserwirtschaft, Abwasser und Abfall e.V.) (2005) DWA-Themen: Fischschutz- und Fischabstiegsanlagen – Bemessung, Gestaltung, Funktionskontrolle. Hennef, 2. Auflage, 256 S

DWA (Deutsche Vereinigung für Wasserwirtschaft, Abwasser und Abfall e.V.) (2010) Merkblatt M-509 Fischaufstiegsanlagen und fischpassierbare Bauwerke – Konstruktion, Bemessung Qualitätssicherung. Hennef, (Gelbdruck), 287 S

Eibl-Eibesfeld I (1978) Grundriss der vergleichenden Verhaltensforschung. Verlag Piper & Co, München, S. 779

Frisch K von (1911) Über den Farbensinn der Fische. Verh Dtsch zool Ges 1911:220–225

Frisch K von (1938) Zur Psychologie des Fischschwarms. Naturwiss 26:601–606

Frisch K von (1941) Über einen Schreckstoff der Fischhaut und seine biologische Bedeutung. Z Vergl Physiol 29:46–145

Frisch K von (1947) Duftgelenkter Bienen im Dienste der Landwirtschaft und Imkerei. Springer, Wien, 189 S

Frisch K von (1970) Über das Parietalorgan der Fische als funktionierendes Organ. München (BLV), ausgewählte Vorträge 1911–1969, 9–16

Gehrig W (1967) Über die Frage der naturähnlichen Nachbildung der Feststoffbewegung in Modellen. In: Mitteilungen des Franzius-Instituts für Grund- und Wasserbau an der TH Hannover, Heft 29, S. 213–308

Guthrie DM, Banks JR (1978) The receptive field structure of visual cells from the optic tectum of the freshwater perch *(Perca fluviatilis)*. Brain Res 37:399–403

Haselbauer MA, Barreira-Martinez C (2007) Proposal of a Sluice-type Fish Pass. Neotropical Ichthyol 5(2):223–228

Hawkins AD, Smith GW (1986) Radio-tracking observations on Atlantic Salmon ascending the Aberdeenshire Dee. Scottish Fish Res Rep 36:1–24

Inoue M, Nunokawa M (2002) Effects of longitudinal variations in stream habitat structure on fish abundance – an analysis based on subunit-scale habitat classification. Freshwater Biol 47:1594–1607

Kampke W, Adam B, Engler O, Lehmann B, Schwevers U (2008) Ethohydraulische Untersuchungen zur Funktionsfähigkeit des Chan-Bar Systems. Im Auftrag der Bezirksregierung Düsseldorf, Außenstelle Duisburg, 53 S (unveröff.)

Kapoor BG, Evens HE, Pevzner RA (1975) The gustatory system in fish. Adv Mar Biol 13:53–108

Kolmogorov A (1941) Dissipation of energy in the locally isotropic turbulence. In: Comptes rendus (Doklady) de l'Académie des Sciences de l'URSS, 32 :16–18

Lehmann B, Nestmann, F (2007) Wasserbauliches Versuchswesen – Kursbegleitendes Skriptum. Universität Karlsruhe (TH), Institut für Wasser und Gewässerentwicklung

Liao JC (2007) A review of fish swimming mechanics and behaviour in altered flows. Phil Trans R Soc Lond B 362:1973–1993

Lupandin AI (2005) Effect of flow turbulence on swimming speed of fish. Biol Bull 32(5): 461–466

Martin H, Pohl R (2000) Technische Hydromechanik 4 – Hydraulische und numerische Modelle. Verlag Bauwesen, Berlin

Mathies A, Smith RJF (1993) Chemical labeling of northern Pike *(Esox lucius)* by the alarm pheromone of fathead minnows (*Pimephales promelas*). J Chem Ecol 19:1967–1979

Meager JJ, Domenici P, Shingles A, Utne-Palm AC (2006) Escape responses in juvenile Atlantic cod *Gadus morhua* L.: the effects of turbidity an predator speed. J Exp Biol 209:4174–4184

Mogdans J, Bleckmann H (1998) Responses of the goldfish trunk lateral line to moving objects. J Com Physiol A 182:659–676

Muus BJ, Dahlström P (1978) Süßwasserfische Europas. – BLV, München, 224 S

Pavlov DS (1989) Structures assisting the migrations of non-salmonid fish: USSR. FAO Fish Tech Paper 308:1–97

Pavlov DS, Lupandin IA, Skorobogatov MA (2000) The effects of flow turbulence on the behavior and distribution of fish. J Ichthyol 40(2):232–261

Pavlov DS, Lupandin IA, Kostin VV (2002) Downstream migration of fish through dams of hydroelectric power plants. Oak Ridge National Laboratory, Oak Ridge/Tennessee, 249 S

Pelwijk JJ, Tinbergen N (1937) Eine reizbiologische Analyse der Verhaltensweisen von *Gasterosteus aculeatus* L. Z Tierpsychol 1:193–200

Penzlin H (1996) Lehrbuch der Tierphysiologie. Gustav Fischer Verlag, Stuttgart, 6. Auflage, 596 S

Rouse H, Ince S (1980) History of Hydraulics. Iowa Institute of Hydraulic Research, University of Iowa

Ruck B (2010) Zusammenstellung von Strömungsmessgrößen. www.gala-ev.org/messgroessen.htm. 21.02.2010

Rüter A (2011) Anpassung der Hörschwellen einheimischer Fischarten an ihre natürliche akustische Umwelt und der Einfluss von anthropogener Lärmbelästigung. Dissertation, Rheinische Friedrich-Wilhelm-Universität Bonn, Abteilung Vergleichende Physiologie (in Vorbereitung).

Scheuring L (1949) Die Wanderungen unserer Flußfische. Österr Fischerei 2:261–268

Schröder RCM (1994) Technische Hydraulik – Kompendium für den Wasserbau. Springer, Berlin

Schwevers U (1984) Vergleichende histologische Untersuchungen an den Barteln einheimischer Süßwasserfische unter besonderer Berücksichtigung der Geschmacksknospen und deren Schädigung durch Waschmittel. Diplomarbeit, Justus-Liebig-Universität Gießen, 104 S

Schwevers U, Adam B (2006) DWA-Themen: Funktionskontrolle von Fischaufstiegsanlagen – Auswertung durchgeführter Untersuchungen und Diskussionsbeiträge für Durchführung und Bewertung. Hennef (DWA – Deutsche Vereinigung für Wasserwirtschaft, Abwasser und Abfall e.V.), 123 S

Statzner B, Gore JA, Resh VH (1988) Hydraulic stream ecology: observed patterns and potential applications. J North Am Benthol Soc 7:307–360

Stott B, Buckley BR (1979) Avoidance experiments with homing shoals of minnows, *Phoxinus phoxinus* in a laboratory stream channel. J Fish Biol 14:135–146

Taft EP (1986) Assessment of downstream migrant fish protection technologies for hydroelectric application. EPRI research project 2694-1. Stone und Webster Engineering Corporation, Boston

Teichmann H (1957) Das Riechvermögen des Aals. Naturwissenschaften 44:242 S

Tesch FW (1983) Der Aal – Biologie und Fischerei. Verlag Paul Parey, Hamburg, 2. Auflage, 340 S

TierSchG (2007) Tierschutzgesetz. – Aktuelle Fassung: Bekanntmachung vom 18.05.2006, BGBl. I S. 1206, 1313, geändert zuletzt durch das Gesetz vom 15.07.2009, BGBl. I S. 1950

Tölle-Kastenbein R (1990) Antike Wasserkultur. Verlag Beck, München

Watson jB (1914) Behaviour: an introduction to comparative psychology. H. Holt., New York

Weismann W (1979) Betonkastenstufen in Bächen und Flüssen – eine fischereifreundliche Bauweise. Österr Fischerei 32:1–5

Wilke H (1969) Fischereiliche Gesichtspunkte beim Ausbau von Gewässern. Wasser Boden 21:342–344

Wukettis F (1995) Die Entdeckung des Verhaltens. Eine Geschichte der Verhaltensforschung. Wissenschaftliche Buchgesellschaft, Darmstadt

Zika U, Peter A (1996) Totholz als Strukturelement in Fließgewässern: Auswirkungen von gezielt eingebrachtem Totholz auf die Bachmorphologie und den Fischbestand. BUWAL, Mitt Fischerei 58:79–99

Vorbereitung ethohydraulischer Untersuchungen

6

6.1 Probanden

Eine unabdingbare Voraussetzung für die Durchführung ethohydraulischer Untersuchungen ist es, Fische zu verwenden, deren Verhalten so normal wie möglich ist und sich nicht von dem frei lebender Artgenossen unterscheidet. Bereits bei der Beschaffung der Probanden, wie auch bei ihrem Transport, Handhabung und Hälterung im wasserbaulichen Labor sind deshalb Verletzungen in keiner Form hinnehmbar. Da Verhaltensstörungen jedoch auch durch Stress verursacht werden können, ist jede Beeinträchtigung des Wohlbefindens der Fische zu vermeiden. Zu diesen Aspekten werden im Rahmen der Prüfung des tierschutzrechtlichen Antrages detaillierte Ausführungen gefordert (Kap. 5.1). Daher ist es oberstes Gebot in einer ethohydraulischen Untersuchung, die Fische zu jedem Zeitpunkt so schonend wie möglich zu behandeln, damit der Aussagewert der Untersuchung möglichst hoch ist.

6.1.1 Beschaffung

Der Aufwand für die Beschaffung von Probanden für ethohydraulische Tests wird in der Regel deutlich unterschätzt. Die Beschaffung ist vor allem dann problematisch, wenn Fische nicht bei Zuchtbetrieben angekauft, sondern aus dem Freiland entnommen werden sollen. Letztere Beschaffung ist immer vom Fangerfolg abhängig, der nicht nur von der Methode und den Witterungsbedingungen, sondern vor allem auch vom Glück des Fängers beeinflusst wird. Die Beschaffung mit all ihren Unwägbarkeiten hat daher einen nicht zu unterschätzenden Einfluss auf den logistischen Aufwand und den Zeitplan einer ethohydraulischen Untersuchung.

Für die Beschaffung von Neunaugen und Fischen aus natürlichen Gewässern sind grundsätzlich Fangmethoden auszuschließen, welche die Tiere verletzen. Dies betrifft nicht nur die Verwendung von Angelhaken, die offene Wunden verursachen, sondern auch der Fang mit aus Garn gefertigten Reusen oder Hamen ist kritisch zu sehen, da die gefangenen Exemplare Verletzungen ihrer Schleimschicht und/oder

B. Adam, B. Lehmann, *Ethohydraulik*,
DOI 10.1007/978-3-642-17210-6_6,

Abb. 6.1 Mit dieser 30 m langen und mit einem großlumigen endständigen Fangsack ausgestatteten Garnreuse, die außerhalb der auf den Einlauf einer Fischaufstiegsanlage zuführenden Hauptströmung gestellt ist, lassen sich Fische schonend fangen

der sehr dünnen und empfindlichen Haut davon tragen können. Solche Verwundungen erhöhen das Risiko von Verpilzungen z. B. durch *Saprolegnia*, bakteriellen oder virulenten Infektionen oder Parasitosen z. B. durch Befall mit dem Einzeller *Ichthyophtirius*, wodurch die Gesundheit, Leistungsfähigkeit und damit das Verhalten der Probanden beeinträchtigt wird. Auch Stress, wie er durch den Fang unvermeidlich entsteht, erhöht das Infektionsrisiko. Vor dem Hintergrund, dass für Fische wirksame Medikamente wie Malachitgrün oder Chloramin vor einigen Jahren ersatzlos verboten wurden, kommt der prophylaktischen Vermeidung von Erkrankungen und Infektionen eine besondere Bedeutung zu.

Ein stress- und verletzungsfreier Fang von Fischen ist grundsätzlich mit Hilfe von Reusen möglich, wie sie verschiedentlich für Aufstiegszählungen an Fischaufstiegsanlagen eingesetzt werden. Solche aus Lochblech gefertigten Kasten- oder aus knotenlosen Netzmaterial gefertigte Garnreusen sind in ihrem Innern mit einer oder mehreren sog. Kehlen versehen: Durch diese Verjüngungen können Fische zwar in den Fangraum hinein, nicht jedoch aus diesem wieder heraus schwimmen. Mit großen, außerhalb der Hauptströmung exponierten Garnreusen können Fische bei mehrmaliger Leerung pro Tag und damit kurzer Verweildauer im Fanggerät durchaus schonend gefangen werden (Abb. 6.1).

Bei Reusenfängen, die zum Nachweis aufwandernder Fische durchgeführt werden, gilt es allerdings immer zu berücksichtigen, dass die gefangenen Tiere zuvor die jeweilige Fischaufstiegsanlage auf gesamter Länge und ggf. unter hohem Leistungseinsatz und damit Energieaufwand überwunden haben. Entsprechend können

Abb. 6.2 Nicht mehr lebensfähiger Fisch mit massiven Schuppenverlusten und Flossenschäden aus einer unterdimensionierten Reuse

die Kraftreserven dieser Fische verbraucht sein, so dass sie bei anschließenden Verhaltensbeobachtungen in ethohydraulischen Tests nur eine geringe Motivation und Leistungsbereitschaft zeigen.

Handelsübliche Reusen sind zur Beschaffung von Probanden gänzlich ungeeignet, da die Fische durch konstruktive Defizite der Fanggeräte verletzt oder/und durch falsche Exposition oder zu seltene Leerungen hochgradig gestresst sind. Nicht selten sterben die meisten mit solchen Fanggeräten entnommenen Fische binnen weniger Tage (Abb. 6.2) und von den überlebenden Exemplaren ist kaum zu erwarten, dass sie dasselbe Verhalten an den Tag legen, wie unbeeinträchtigte Artgenossen.

Im Gegensatz dazu hat sich die Elektrofischerei als vergleichsweise schonende und damit geeignete Methode erwiesen, um Probanden einheimischer Arten aus natürlichen Gewässern zu beschaffen. Im Rahmen der Elektrofischerei, bei der es sich um eine Standardmethode der Fischereibiologie zur Erfassung von Fischbeständen handelt, wird zwischen einer als Fangkescher ausgebildeten Anode und einer Kathode ein elektrisches Feld im Gewässer aufgebaut. Hierbei schwimmen die Fische positiv galvanotaktisch auf die Anode zu und werden in deren Nahbereich narkotisiert. Gefischt wird hierbei in tieferen Gewässern von einem Boot aus mit einem leistungsstarken Generator, während in bewatbaren Gewässern batteriebetriebene tragbare Elektrofanggeräten zum Einsatz kommen (Abb. 6.3). Die Ausübung der Elektrofischerei obliegt allerdings den jeweiligen Ländervorschriften entsprechend ausgebildeten, versicherten, legitimierten und mit TÜV-geprüften Geräten ausgestatteten Elektrofängern. Damit die Elektrofischerei durchgeführt werden darf ist eine Ausnahmegenehmigung der zuständigen Fischereibehörde notwendig, was in der Regel die Vorlage einer schriftlichen Einverständniserklärung der vor Ort betroffenen Fischereirechtsinhaber bzw. Fischereipächter voraus setzt. Diese müssen der Entnahme von Fischen explizit zustimmen, da sonst der Straftatbestand der Fischwilderei vorliegt.

Der wesentliche Vorteil der Elektrofischerei gegenüber anderen Fangmethoden besteht in der Möglichkeit, in geeigneten Gewässern binnen kurzer Zeit ein breit

Abb. 6.3 Elektrobefischungen mit batteriebetriebenen, tragbaren Fanggeräten sind in bewatbaren Fließgewässern bis etwa 1 m Tiefe möglich (*oben*). Die Elektrobefischung tieferer Gewässer erfolgt hingegen vom Boot aus mit leistungsstärkeren Generatorgeräten (*unten*)

gefächertes Artenspektrum von Fischen unterschiedlicher Größen zu fangen. Allerdings entziehen sich kapitale Exemplare und Vertreter aus der Gilde der Freiwasserbewohner oft der Nachstellung durch Flucht. Deshalb kann es je nach Fragestellung der Untersuchung und dem benötigtem Artenspektrum erforderlich werden, sowohl Wat-, als auch Bootsbefischungen durchzuführen.

Ein weiterer Vorteil der Elektrofischerei besteht zweifellos darin, dass bei fachgerechter Ausführung die Fische physisch nicht geschädigt werden (Halsband und Halsband 1975; Bankstahl 1991). Auch wird der durch den Fang entstehende Stress vergleichsweise rasch wieder abgebaut, so dass die potentiellen Probanden bereits nach wenigen Stunden keine Verhaltensauffälligkeiten mehr zeigen (Adam und Schwevers 1998).

Allerdings vermindern sich die Möglichkeiten zur Durchführung von Elektrofischerei mit sinkenden Wassertemperaturen: Unter 10 °C reagieren die wechselwarmen Tiere kaum noch auf das elektrische Feld und ziehen sich tendenziell in strömungsberuhigte tiefe Gewässerabschnitte zurück, in denen sie für den Elektrofischer nicht mehr erreichbar sind. Entsprechend sind die Möglichkeiten zur Beschaffung von Probanden durch Elektrofischerei im Wesentlichen auf das Sommerhalbjahr beschränkt. Auch bei hohen Abflüssen ist die Elektrofischerei kaum mehr effizient durchzuführen, weil aufgrund des vergrößerten Wasservolumens wesentlich weniger Fische in den Einflussbereich der Anode geraten und die narkotisierten Exemplare im trüben Wasser schlecht sichtbar und zu entnehmen sind.

Ungleich einfacher ist die Beschaffung durch Ankauf von Fischen aus Zuchtbetrieben, zumal hier über das Jahr ein umfangreiches Angebot unterschiedlicher Arten und Größen vorgehalten wird. Allerdings beschränkt sich das Angebotsspektrum aus Fischzuchten weitgehend auf Speise- und Besatzfische, die zumeist künstlich erbrütet und in Teichen oder Hälteranlagen ausschließlich nach fischereiwirtschaftlichen Gesichtspunkten unter strömungsfreien oder -armen Bedingungen herangezüchtet wurden. Vor diesem Hintergrund ist es fraglich, ob und in wie weit sich solche Probanden gegenüber Strömungen arttypisch normal verhalten und leistungsfähig zeigen (Kap. 6.1.4).

Für bestimmte Arten, wie Störartige und Entwicklungsstadien, wie Lachssmolts gibt es für die Beschaffung aus Fischzuchten derzeit keine Alternative, da solche Exemplare im Freiland entweder extrem selten sind, unter Schutz stehen oder keine Genehmigung für ihre Entnahme erteilt wird. In diesen Fällen ist darauf zu achten, dass solche Tiere möglichst in den Zuchten nicht gemästet, sondern für Wiederansiedlungsprojekte aufgezogen wurden.

Ungeachtet der Art und Weise woher die Probanden für ethohydraulische Untersuchungen bezogen werden, sind die Tiere stets in belüfteten Fischtransportbehältern und auf schnellstem Weg an das jeweilige wasserbauliche Versuchslabor zu bringen. Um die Transportzeit auf ein unumgängliches Maß zu begrenzen, sollten die Fische in räumlicher Nähe zum Ort der Untersuchung beschafft werden. Während des Transportes ist durch geeignete Belüftungssysteme und unter regelmäßiger Kontrolle dafür zu sorgen, dass das Transportwasser der Fische ausreichend Sauerstoff enthält.

6.1.2 Umgang mit Fischen

6.1.2.1 Angleichung der Wasserverhältnisse

Da Fische wechselwarm sind, entspricht ihre Körpertemperatur bei der Anlieferung am wasserbaulichen Labor derjenigen des Transportwassers. In der Regel weicht die Temperatur des Wassers in den bereitstehenden Hälterbecken im Labor von der Temperatur des Transportwassers ab. Um einen Temperaturschock zu vermeiden, müssen die angelieferten Fische an die Wassertemperatur in der Fischhälterung des Labors angepasst werden, indem sie im Transportwasser allmählich abgekühlt oder erwärmt werden. Hierbei ist zu berücksichtigen, dass die Stoffwechselvorgänge von Tieren temperaturabhängig sind, d. h. sich die Aktivität der Fische bei Abkühlung verringert, während sie sich bei einer Aufwärmung erhöht. Während eine rasche Abkühlung vergleichsweise gut toleriert wird, können Fische durch eine allzu rasche Erwärmung geschädigt werden. Dies führt zwar nicht zum sofortigen Tod, doch äußert sich eine temperaturbedingte Belastung des Immunsystems der Fische einige Tage nach der Anlieferung z. B. im Ausbruch einer Erkrankung oder einer schlagartigen Vermehrung von Parasiten.

Entsprechend kommt der Angleichung der Wassertemperatur eine wichtige, oft unterschätzte Bedeutung beim Umgang mit Fischen zu. Grundsätzlich verläuft diese Prozedur für den Fisch umso schonender, je langsamer die Temperaturangleichung erfolgt. Die Angleichung kann dabei direkt im Transportbehälter vorgenommen werden, indem aus dem Hälterbecken des Labors sukzessive Wasser zugegeben wird. Bei großen Temperaturunterschieden von über 5 °C hat es sich bewährt, die Fische einfach im ausreichend belüfteten Transportbehälter über Nacht in der Versuchshalle zu belassen. Am nächsten Morgen können die Fische dann in ihre Hälterbecken umgesetzt werden.

Aus der Fischereiwirtschaft liegen für die Temperaturadaptation von Besatzfischen Empfehlungen vor. So ist beim Besatz von Aalen in Gewässer bei einer Temperaturdifferenz von bis zu 5 °C eine Angleichung der Wassertemperatur binnen einer Stunde und bei höheren Differenzen eine Adaptationsdauer von 30 Minuten pro 2 °C vorzunehmen (Simon und Brämik 2006). Für die Probanden ethohydraulischer Untersuchungen sollte abweichend hiervon die Adaptation mit maximal 1 °C pro Stunde deutlich langsamer erfolgen.

Unabhängig von der Temperatur ist ein sukzessiver Wasseraustausch auch deshalb sinnvoll, um die chemische Zusammensetzung des Wassers aus dem Gewässer, aus dem die Fische stammen und mit dem in der Regel der Transportbehälter befüllt wurde, der Qualität des Wasserkörpers im wasserbaulichen Versuchslabor anzugleichen. Es hat sich als günstig erwiesen, jedes Hälterbecken mit dem gleichen Wasser zu beschicken, das auch den Versuchsstand speist, um den Probanden beim Einsetzen in die Laborrinne eine Umstellung auf einen Wasserkörper anderer chemisch/physikalischer Qualität zu ersparen.

Grundsätzlich sollte den Fischen nach der Adaptation an die Wassertemperatur in den Hälterbecken im Labor eine mindestens eintägige, ungestörte Ruhephase gewährt werden, bevor sie für ethohydraulische Tests in die Laborrinne eingesetzt werden.

6.1.2.2 Hältereinrichtungen

Um die Fische zwischen den Tests soweit wie möglich artgerecht und stressfrei halten zu können, werden im wasserbaulichen Labor geeignete Hälterbecken benötigt. Diese sind stets an einem beschatteten Ort, fern von Heizungskörpern, Abluftschächten, Pumpen o. ä. aufzustellen, um eine Erwärmung des Wassers zu verhindern. Darüber hinaus ist dafür zu sorgen, dass die Fische nicht durch Geräusche oder Erschütterungen beunruhigt werden und nur autorisierte Personen Zutritt erhalten.

Grundsätzlich gilt, dass das Volumen der Becken umso größer sein muss, je mehr Fische in ihm leben. Großdimensionierte Hältereinheiten bieten darüber hinaus den Vorteil, dass die für Fische lebenswichtigen Parameter wie Wassertemperatur und Sauerstoffgehalt länger stabil bleiben, als in kleineren Volumina, wodurch das Risiko der Schädigung der Fische verringert wird. Vor diesem Hintergrund wird für die Aufbewahrung von bis zu 80 großen Probanden ein Wasservolumen von 6 m^3

Abb. 6.4 Für die Hälterung von Gemischtartengruppen eignen sich Langstrombecken

bis 8 m³ benötigt. Besonders bewährt haben sich hierfür aus glasfaserverstärktem Kunststoff gefertigte Langstrombecken mit einer Länge von bis zu 5 m, einer Breite bis zu 1,2 m und einer Tiefe von bis zu 1 m (Abb. 6.4).

Alternativ können auch Rundstrombecken mit einem Durchmesser von 2,5 m und einer Tiefe von 0,8 m eingesetzt werden. Ungeachtet der Form müssen die Hälterbecken mit einem Wasserzulauf, einer Kotgrube und einem Über- oder Ablauf ausgestattet sein.

Eine gemeinsame Hälterung von besonders stark Schleim absondernden Aalen mit anderen Fischarten ist nur möglich, wenn einer Gemischtartengruppe vergleichsweise wenige Aale beigesellt werden. Allein lassen sich Aale in wesentlich größer Dichte halten. So sind für die Hälterung von etwa 30 Aalen Hälterbecken von 600 l Volumen ausreichend (Abb. 6.5).

In Hinblick auf die gemeinsame Haltung unterschiedlicher Arten erweisen sich auch Raubfische, wie Flussbarsch, Hecht, Zander und Wels als problematisch, da diese vor allem nachts anderen, und vor allem kleinen Exemplaren nachstellen, sie fressen oder durch Bisswunden z. T. erheblich verletzen. Deshalb sind Raubfische grundsätzlich separat von Friedfischen zu hältern.

Alle Hälterbecken müssen mit lichtdurchlässigen Deckeln oder feinmaschigen Netzen gegen ein Herausspringen der Fische gesichert werden. Bei Aalen ist zu berücksichtigen, dass diese Fische selbst kleinste, hoch über dem Wasserspiegel liegende Öffnungen zur Flucht nutzen. Entsprechend muss jeder noch so kleine Spalt ausbruchssicher verschlossen werden.

Können die Hälterbecken nicht im Durchfluss mit Wasser aus dem Reservoir des Versuchsstandes gespeist werden, ist jedes Becken mit Trinkwasser zu befüllen, zu belüften und zusätzlich mit einem Filter auszustatten. Für die Umwälzung und Reinigung des Wasserkörpers in einem Becken kann eine Filterpumpe mit einem Fördervolumen von mindestens 1.500 l/h eingesetzt werden. Solche Filterpumpen reichen bei einem Wasserkörper unter 1 m³ zudem aus, um eine ausreichende Belüftung des Wassers zu gewährleisten. Eine darüber hinaus gehende Sauerstoffversorgung der Fische erfolgt üblicherweise mit Druckluft, die über spezielle Diffu-

Abb. 6.5 In einem belüfteten und mit einer Filterpumpe ausgestatteten 600 l Becken lassen sich bis zu 30 Aale problemlos hältern

soren fein verteilt in das Wasser eingeperlt wird. Hierbei ist zu beachten, dass bei der Belüftung von Fischtransportbehältern mit reinem Sauerstoff aus Flaschen wesentlich feinporigere Ausströmer eingesetzt werden und entsprechend für Druckluft ungeeignet sind. Sofern im Labor keine Druckluftleitung vorhanden ist, kann ein sog. Seitenkanalverdichter eingesetzt werden. Der Sauerstoffgehalt des Wassers ist in einem jedem Hälterbecken täglich zu kontrollieren, um zu gewährleisten, dass eine Konzentration von 5 mg/l bestenfalls geringfügig unterschritten wird. In Abhängigkeit von der Wassertemperatur entspricht dies einer Mindestsättigung von etwa 70 %.

Hältereinrichtungen und die in ihnen eingesetzten Fische müssen mindestens einmal täglich kontrolliert werden; was auch an Wochenenden und Feiertagen gilt. Im Rahmen der Kontrolle werden die Probanden gefüttert. Während Wildfänge erfahrungsgemäß kein künstliches, getrocknetes Futter annehmen, gelingt die Fütterung vor allem kleinerer Arten und Jungfische mit gefrostetem Lebendfutter z. B. Zuckmückenlarven (Chironomiden) oder Schlammröhrenwürmern (Tubifex). Da keinesfalls angetautes Futter verwendet werden darf, das sich binnen kürzester Zeit zersetzt, wird für die Futterbevorratung eine Tiefkühleinrichtung benötigt.

6.1.2.3 Handhabung der Probanden

Um die Fische aus dem Transportbehälter in das Hälterbecken sowie von dort in die Laborrinne und wieder zurück zu setzen, werden Fangkescher aus knotenlosem Garn mit einer Maschenweite von maximal 10 mm benötigt. Die Kescher sollten mit einem geraden Bügel ausgestattet sein, damit die sehr mobilen Fische weniger leicht an den Seiten entwischen können (Abb. 6.6).

Unabhängig von der Geschicklichkeit des Fängers verursacht der Fang mit einem Kescher für den Fisch Stress und es besteht das Risiko, dass die Schleimschicht der Tiere verletzt wird. Um diese Beeinträchtigungen zu minimieren empfiehlt es sich,

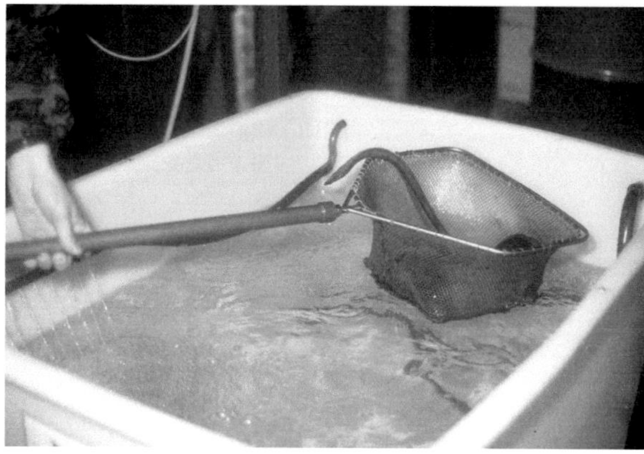

Abb. 6.6 Fangkescher mit geradem Bügel

die Fische so selten wie möglich zu Handhaben und sie über längere Distanzen in einer wassergefüllten, ausreichend groß dimensionierten Wanne zu transportieren. Natürlich muss auch die Transportwanne mit einem Deckel oder Netz gegen ein Herausspringen gesichert sein.

Verletzte Fische oder Exemplare mit auffälligem Verhalten, das eine Erkrankung oder einen Befall mit Parasiten vermuten lässt, sind unverzüglich von der Fischgruppe zu isolieren oder in die Freiheit zu entlassen, um die Ansteckungsgefahr für andere Fische zu verringern. Ist entgegen aller Sorgfalt eine Erkrankung oder Parasitose ausgebrochen, sind sämtliche Fische unverzüglich auszutauschen. Hierbei müssen alle Komponenten die mit den Fischen in Kontakt gekommen sind, d. h. der Transportbehälter, die Hältereinrichtung und sämtliche Kescher gründlich desinfiziert werden. Ist die Hältereinrichtung an den Wasserkreislauf der Versuchshalle angeschlossen, sollte zudem auch dort ein vollständiger Wasseraustausch erfolgen.

6.1.3 Gewährleistung der Wasserqualität

Während der Durchführung ethohydraulischer Tests sind fischrelevante Wasserparameter in den Hälterbecken und der Laborrinne regelmäßig zu kontrollieren. Dadurch wird sichergestellt, dass Verhalten und Motivation der Probanden nicht durch ungünstige äußere Bedingungen beeinträchtigt werden. Dabei ist zu berücksichtigen, dass sich die Wasserqualität in einem Wasserbaulabor verändern kann. So sorgen beispielsweise nicht nur hohe Lufttemperaturen während der Sommermonate für eine allmähliche Erwärmung des Wasserkörpers, sondern auch die Abwärme wassergekühlter Pumpen. Solche unerwünschten Temperaturerhöhungen lassen sich nur durch aufwändige Kühltechniken verhindern. Entsprechend sind im Sinne einer biologischen Kalibrierung des Versuchsstandes die Rate der Temperaturerhöhung und die Abkühlungszeiten für das Wasservolumen zu messen. Darauf aufbauend ist ein auf dieses Temperaturregime abgestimmter Testplan zu erarbeiten.

Des Weiteren können Verunreinigungen innerhalb des Wasserkreislaufes im Labor zu gesundheitlichen Schäden bei den Probanden führen. Rostrote Eisenocker-

Tab. 6.1 Grenzwerte der wichtigsten chemisch/physikalischen Wasserparameter

Parameter	zulässige Werte
Wassertemperatur	<20 °C
pH-Wert	6,5 – 8,0
Sauerstoffsättigung	>70 %
Sauerstoffgehalt	>5,0 mg/l

schlämme, Rost und Sinterablagerungen aus den Rohrleitungen und Wasserbehältern verursachen bei jungen Fischen Atemprobleme. Zement und Kalk im Wasser bewirkt einen Anstieg des pH-Wertes in den basischen Bereich, was Verhaltensänderungen auslösen kann. Auch beeinträchtigen Trübstoffe die direkten Beobachtungs-, sowie die filmischen und photographischen Dokumentationsmöglichkeiten im ethohydraulischen Versuchsstand.

Um Gefahren für das Wohlbefinden und die Gesundheit der Probanden mit der Folge unerwünschter Beeinträchtigung ihres Verhaltens abzuwenden, ist der Wasserkörper in den Hälterbecken, im Versuchsstand und ggf. im Wasserkreislauf des Labors unverzüglich auszutauschen, so bald die in Tab. 6.1 gelisteten Werte über- bzw. unterschritten werden oder der Wasserkörper andere stoffliche Einträge erfahren hat.

Auch Tracerfarbstoffe, die üblicherweise zur Veranschaulichung von Strömungsprozessen in den Wasserkörper eingebracht werden, sind nicht selten giftig. Beispielsweise wirkt das aufgrund seiner günstigen Durchmischungseigenschaften und leuchtenden Magenta-Farbe häufig verwendete Kaliumpermanganat ätzend und schädigt damit Haut und Kiemen der Fische. Werden Tracer z. B. für die Dokumentation von Strömungspfaden und Turbulenzen benötigt, sind entsprechende ungiftige Farbstoffe zu verwenden, wie Rote Beete-Saft oder die Lebensmittelfarbstoffe Amaranth (E 123, rot), Indigotin (E 132, blau) und Chinolingelb (E 104, gelb) (Abb. 6.7).

Für Fische zwar unschädlich, aber bei der Beobachtung und Dokumentation außerordentlich störend, ist der Lufteintrag infolge des in den Versuchsstand einströmenden Wassers. Durch die dadurch im Wasserkörper entstehenden Luftblasen kann eine Eintrübung des Wassers entstehen, womit die Einsehbarkeit eingeschränkt wird. Um diesen Effekt zu minimieren empfiehlt sich im Einlaufbereich die Installation einer Beruhigungswand, um das zulaufende Wasser gleich zu richten und die Entstehung von Turbulenzen zu unterbinden (Kap. 6.2.3).

6.1.4 Artenspektrum

Da ethohydraulische Tests zur Beantwortung einerseits allgemeiner gewässerökologischer sowie andererseits auch artspezifischer Fragestellungen durchgeführt werden, gilt es bereits im Präprozess eine sorgfältige Auswahl der benötigten Probanden zu treffen. Ungeachtet dessen werden in Labortest häufig fremde Arten wie Schwertträger (*Xiphophorus sp.*) oder Zwerghechlinge (*Aplocheilus sp.*) eingesetzt, die sich aufgrund ihrer Anspruchslosigkeit und geringen Größe vergleichsweise un-

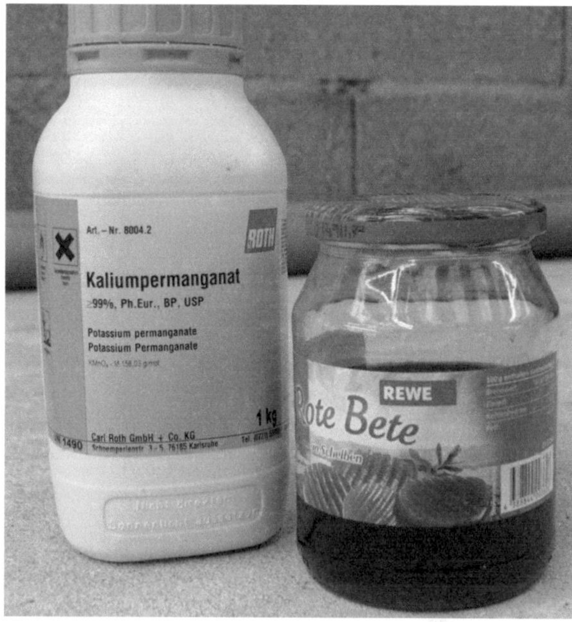

Abb. 6.7 Als Alternative zum giftigen Kaliumpermanganat (*links*) kann als Tracerfarbstoff Rote Beete-Saft (*rechts*) eingesetzt werden

kompliziert beschaffen und halten lassen. Für ethohydraulische Tests in hiesigen Gefilden ist die Beobachtung solcher Arten wenig zielführend, da das Verhalten stets artspezifische Besonderheiten aufweist und sich entsprechend von fremden Spezies keine für die hiesige wasserbauliche Praxis relevanten Erkenntnisse ableiten lassen. Vielmehr sind ethohydraulische Tests grundsätzlich mit solchen Arten durchzuführen, die in denjenigen Gewässern heimisch sind, in denen die Erkenntnisse zur Anwendung kommen sollen.

Allerdings wurde das natürlicherweise in heimischen stehenden und fließenden Gewässern zu erwartende Artenspektrum im Laufe der Zeit infolge Besatz und Zuwanderung durch gebietsfremde Arten angereichert. Nach bisher vorliegenden Erkenntnissen zeigen viele dieser eingebürgerten Arten ein vergleichbares Verhaltensrepertoire wie die einheimischen Arten. Deutlich wird dies beispielsweise am Goldfisch, bei dem es sich um eine Farbvarietät des aus Asien stammenden und in Deutschland weit verbreiteten Giebel handelt: Die auffällig bunte Art, die selbst bei schlechten Sichtbedingungen, Trübung oder in hochturbulenten Bereichen noch gut zu beobachten ist, hat sich als außerordentlich agil und leistungsstark erwiesen und verhält sich zudem in ähnlicher Weise wie einheimische Cypriniden (Abb. 6.8). Auch in Fischzuchten produzierte Regenbogenforellen und junge Lachse verhalten sich vergleichbar aus natürlichen Gewässern entnommenen Salmoniden.

Als Negativbeispiel sei hier allerdings auf den prächtig gefärbten Sonnenbarsch (*Lepomis gibbosus*) verwiesen, der sich in ethohydraulischen Tests als wenig kooperativ erwiesen hat, so dass auf seinen Einsatz verzichtet werden sollte (Abb. 6.9).

Wie bereits erwähnt können Individuen und Arten, die in einem strömungsfreien oder -armen Lebensraum aufwachsen sind, für ethohydraulische Tests

Abb. 6.8 Die bunt gefärbten Goldfische lassen sich in einer Laborrinne hervorragend beobachten

Abb. 6.9 Sonnenbarsch

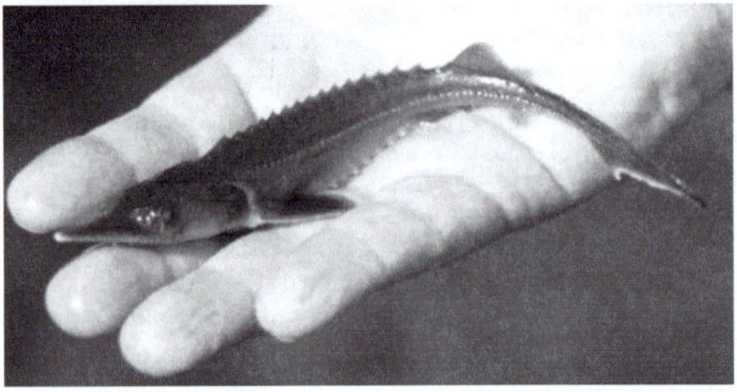

Abb. 6.10 Künstlich erbrütete und strömungsfrei aufgezogene Fische, wie dieser Bester, sind aufgrund ihrer oft schlechten Kondition nur eingeschränkt für ethohydraulische Tests geeignet

ungeeignet sein, da ihr Leistungsvermögen nicht an ein Leben in Strömung angepasst ist. Beispielsweise wurden junge Bester (*Huso huso x Acipenser ruthenus*) in eine Laborrinne eingesetzt, bei denen es sich um künstlich erzeugte Hybride aus der Familie der Störartigen (Acipenseridae) handelt und die bis zum Zeitpunkt der Untersuchung noch nie stärkerer Strömung ausgesetzt waren (Abb. 6.10, Adam et al. 2009): Der Test wurden bereits nach wenigen Minuten abgebrochen, weil die Probanden infolge der eingestellten mittleren Fließgeschwindigkeit von 0,5 m/s erschöpft und von der Strömung gegen die Fluchtsperre am Rinnenauslauf gepresst

Abb. 6.11 Erschöpfter juveniler Sibirischer Stör, der sich nicht mehr eigenständig vom Schutzgitter lösen kann

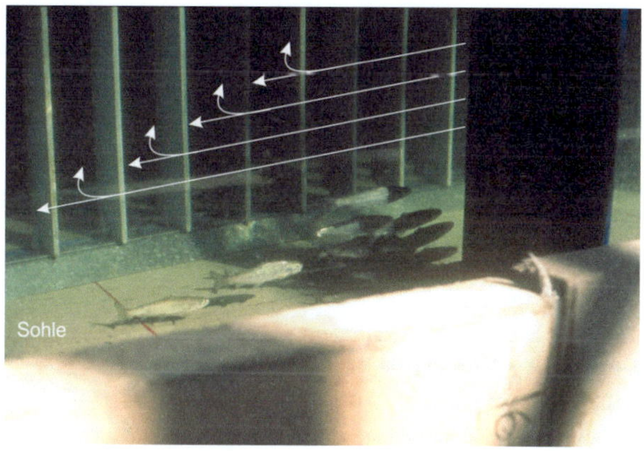

Abb. 6.12 Ethohydraulischer Test zur Funktion eines Louver mit Lachssmolts

wurden (Abb. 6.11). Dieses Phänomen ist auch amerikanischen Fischereibiologen des USGS Conte Anadromous Fish Research Center (Turners Falls/USA) bekannt, welche die Passierbarkeit von Denil-Fischpässen und die Auffindbarkeit von Fischaufzügen für verschiedene Störarten erforschten. So berichtet Haro (mündl. Mitt. 2009), dass dort Störartige zur Vorbereitung auf ethohydraulische Tests in langen Gerinnen auf Strömung trainiert werden, in denen die Fließgeschwindigkeit über mindestens zwei Wochen sehr langsam stetig erhöht wird.

6.1.4.1 Tests mit einer Art

Sofern eine artspezifische Fragestellung, z. B. zum Abwanderverhalten einer diadromen Art zu untersuchen ist, müssen Probanden der jeweiligen Zielart im entsprechenden Alter beschafft werden. Die Notwendigkeit mit einem bestimmten Entwicklungsstadium zu arbeiten hat zur Folge, dass die benötigten Probanden nur zu einer bestimmten Jahreszeit verfügbar sind und die ethohydraulischen Tests entsprechend in einem biologisch definierten Zeitfenster durchgeführt werden können. Beispielsweise treten 8 bis 12 Jahre alte und ab 50 cm lange Blankaale nur im Herbst auf, während ein bis zwei Jahre alte Lachssmolts von 12 cm bis 18 cm Länge nur im Frühjahr zwischen April und Juni verfügbar sind (Abb. 6.12).

Im Laborgerinne verhalten sich die Individuen einer Zielart – je nach artspezifischer Neigung – entweder solitär oder schließen sich zu mehr oder weniger geschlossen agierenden Gruppen zusammen. Beispielsweise verhalten sich Cypriniden sowie juvenile Salmoniden gesellig und auch Dreistachlige Stichlinge zeigen eine Tendenz, sich zumindest zu kleinen Schwärmen zusammen zu schließen, die gemeinsam im Gerinne umher streifen. Demgegenüber sind u. a. Meerneunaugen, Störartige, Aal, Flunder, Quappe sowie alle bisher beobachteten Raubfischarten wie Hecht, Wels, Flussbarsch und Zander strikt einzelgängerisch.

6.1.4.2 Tests mit mehreren Arten

Für ethohydraulische Untersuchungen allgemeinerer Fragestellung werden üblicher Weise mehrere Arten gleichzeitig beobachtet, um eine große Bandbreite möglicher Verhaltensweisen dokumentieren zu können. Bei der Zusammenstellung der Probanden ist darauf zu achten, dass diese möglichst viele Gilden repräsentieren, d. h. Arten mit unterschiedlichen Körper- und Leistungseigenschaften sowie Präferenzen hinsichtlich ihres Aufenthaltsortes in der Wassersäule und der Geschwindigkeit der Strömung (Tab. 6.2). Die Beobachtung von Arten unterschiedlicher Gildenzugehörigkeit ist deshalb relevant, weil beispielsweise Körpergestalt- und -form eines Fisches über Dimensionierungsanforderungen entscheiden, z. B. über die gerade noch

Tab. 6.2 Beispiele von Vertretern aus verschiedenen Gilden, die für ethohydraulische Tests mit gemischten Arten geeignet sind

Kriterium	Gilde	Vertreter
bevorzugte Aufenthaltszone	bodenorientiert (benthal)	Barbe, Flunder, Gründling, Karpfen, Nase, Rotfeder, Schmerle, Quappe
	freiwasserorientiert (pelagial)	Aland, Döbel, Goldfisch/Giebel, Hasel, Plötze, Rapfen, Zander
	oberflächenorientiert	Stint, Ukelei
	indifferent orientiert	Aal, Flussbarsch, Hecht, Zander
bevorzugter Strömungscharakter	strömungsliebend (rheophil)	Äsche, Bach-, Meer- und Regenbogenforelle, Hasel, Lachs, Meerneunauge, Nase, Rapfen, Zährte
	strömungsmeidend (stagnophil)	Bitterling, Kaulbarsch, Störartige, Wels
	strömungsindifferent	Aal, Brachsen, Flussneunauge, Giebel, Gründling, Güster, Hecht, Plötze, Ukelei
Körperform und -größe	hochrückig	Brachsen, Güster, Goldfisch/Giebel, Karpfen
	torpedoförmig	Forelle, Hecht, Zander
	schlangenartig	Neunauge, Aal
	abgeflacht	Flunder, Groppe, Wels
	kleinwüchsig	Bitterling, Moderlieschen, Schmerle, Steinbeißer, Schlammpeitzger, Stichling
	großwüchsig	Aal, Lachs, Stör, Rapfen, Wels, Zander
Leistungsfähigkeit	schwimmschwach	Bitterling, Groppe, Gründling, Jungfische, Schleie, Stint, Störartige, Ukelei
	schwimmstark	Äsche, Bachforelle, Döbel
	sprungstark	Lachs, Hecht

besiedel- oder durchschwimmbare minimale Wassertiefe in einem Ausleitungsgewässer oder über die erforderliche lichte Weite einer für Fische unpassierbaren mechanischen Barriere. Da sich eine Art oft aufgrund diverser charakteristischer Eigenschaften mehreren Gilden zuordnen lässt, ist es im Sinne einer Begrenzung der Anzahl von Probanden vorteilhaft mit Arten zu arbeiten, die möglichst viele unterschiedliche Gilden gleichzeitig repräsentieren.

Immer wenn Fische unterschiedlicher Arten zusammen in eine Laborrinne gesetzt werden, zeigen die Tiere eine mehr oder weniger große Neigung sich zusammen zu schließen. Vor allem Cypriniden bilden binnen kürzester Zeit anonyme Verbände aus verschiedenen Arten und Individuenstärke, deren Mitglieder sich nicht persönlich kennen und auch kein Zusammengehörigkeitsgefühl besitzen. Solche Gemischartenverbände sind entsprechend sehr variabel und zerfallen immer wieder in kleinere Einheiten, denen sich nach einer Weile neue Individuen anschließen. Bemerkenswerter Weise bestehen Gemischtartenschwärme zumeist aus Individuen ungefähr gleicher Größe (Kap. 5.4.11).

6.1.5 Größenspektrum

Sofern die Fragestellung der Untersuchung nicht explizit die Beobachtung eines bestimmten Entwicklungsstadiums einer Zielart oder Individuen einer bestimmten Größe erfordert, kommen für ethohydraulische Tests Individuen unterschiedlicher Länge zum Einsatz. Da kleine Fische empfindlicher als große Exemplare sind, müssen Klein- und Jungfische besonders schonend behandelt werden. Die Größe der kleinsten und schmalsten Fische ist auch in Hinblick auf die Sicherung des Versuchsstandes gegen ein Entweichen der Tiere relevant. Dies betrifft z. B. die Absperrung des Versuchsstandes am Ein- und Auslauf, damit die Probanden nicht in den Wasserkreislauf geraten. Zudem sind innerhalb des Versuchsstandes Spalten und Ritze bei Einbauten als auch an der Sohle derart zu sichern, das sich dort keine Fische verstecken können (Kap. 6.2.5).

Aber auch der Umgang mit kapitalen Probanden kann außerordentlich problematisch werden, da lebhafte und schwere Exemplare mit kraftvollen Schwanzschlägen einer Nachstellung im Hälterbecken und in der Laborrinne auszuweichen oder aber aus dem Kescher zu springen versuchen. Aus Erfahrung mit solchen Exemplaren heraus empfiehlt es sich deshalb für ethohydraulische Tests nur Fische mit einer maximalen Gesamtlänge von 70 cm bis 80 cm zu verwenden. Größere Exemplare sollten nur dann eingesetzt werden, wenn dies zur Beantwortung einer ethohydraulischen Fragestellung tatsächlich unabdingbar ist (Abb. 6.13).

6.1.6 Anzahl der Probanden

In physiologischen Experimenten ist es üblich, die Reaktionen von jeweils nur einem einzelnen Tier zu beobachten und die Befunde durch eine entsprechend hohe Anzahl von Wiederholungen des Versuches abzusichern. So wird beispielsweise

Abb. 6.13 Dieser leistungsstarke Karpfen von 73 cm Länge mit einem Gewicht von 6,5 kg Gewicht erwies sich als kaum mehr handhabbar

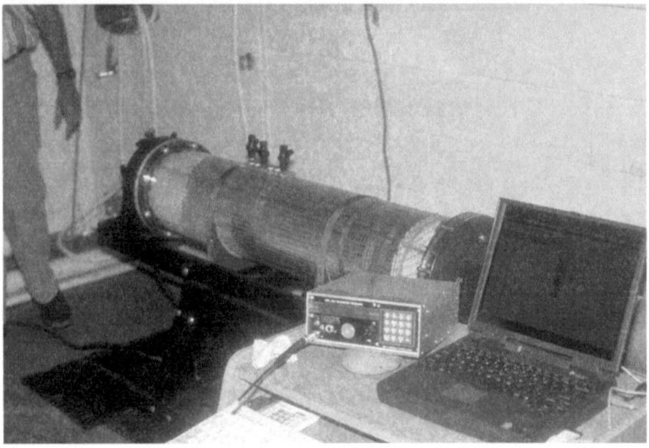

Abb. 6.14 Durchflossene Röhre mit einem Fisch zur Ermittlung seiner Schwimmleistung

das Leistungsvermögen untersucht, indem ein Fisch in einem Glaszylinder unterschiedlichen Fließgeschwindigkeiten ausgesetzt wird (Abb. 6.14).

Im Sinne der Gewährleistung einer situativen Ähnlichkeit ist es demgegenüber erforderlich, im Versuchsstand die gleichen Interaktionen der Probanden zuzulassen, wie sie auch im Freiland auftreten werden. Entsprechend wird ein ethohydraulischer Test grundsätzlich mit mehreren Individuen gleichzeitig durchgeführt, zumal es auf diese Weise wesentlich einfacher zu entscheiden ist, ob, wie und in welchem Maß ein bzw. mehrere Probanden auf die dargebotene Situation reagieren. Bei dieser methodischen Vorgehensweise ist die Analyse des individuellen Verhaltens eines einzelnen Fisches nicht möglich, da sich Probanden derselben Art und Größe in der Regel nicht voneinander unterscheiden lassen.

Die Anzahl der für die Beantwortung einer ethohydraulischen Fragestellung benötigten Fische ist von einer Vielzahl von Einflüssen und vom Testverlauf abhängig. Limitierend ist außer der Verfügbarkeit der Probanden vor allem die Beobachtungsmöglichkeit in einer großskaligen Laborrinne: Es dürfen stets nur so viele Probanden in die Laborrinne eingesetzt werden, wie noch sämtliche Verhaltensweisen dieser Fische beobachtbar und protokollierbar sind. Geraten für die zu untersuchende Fragestellung relevante Abschnitte der Laborrinne außerhalb des Gesichtskreises des Beobachters und ist keine uneingeschränkte Analyse des Verhaltens zu jeder Zeit mehr möglich, muss die Anzahl der Probanden reduziert oder das Konzept des Tests verändert werden.

Vor diesem Hintergrund hat sich eine Gruppenstärke von maximal 40 Probanden bei Einsatz mehrerer Beobachter und zusätzlicher Dokumentationsgeräte als praktikabel erwiesen. Allerdings ist zur Absicherung der Verhaltensbefunde eine zeitnahe Überprüfung mit anderen Probanden erforderlich. Hierfür wird eine zweite Probandengruppe gleicher oder zumindest ähnlicher Zusammensetzung benötigt, so dass sich die für eine Testserie zu beschaffende Anzahl von Fischen auf etwa 80 Exemplare erhöht. Beide Probandengruppen sind grundsätzlich getrennt voneinander zu hältern und über die Dauer der Tests in unveränderter Zusammensetzung zu belassen, da jedes Umsortieren der Gruppenmitglieder unnötig Stress verursacht. Die beiden Fischgruppen werden für die Tests abwechselnd in die Laborrinne eingesetzt, wodurch sich die Reproduzierbarkeit eines Testergebnisses einerseits überprüfen und andererseits Lerneffekte bei den jeweils nur kurz mit dem Versuchsstand konfrontierten Fischen minimieren lassen. Nichts desto trotz kann es im Rahmen ethohydraulischer Tests jederzeit erforderlich sein, neue und damit noch mehr Probanden zu beschaffen, um Lerneffekte auszuschließen oder unmotivierte Fische zu ersetzen (Kap. 5.4.13).

6.1.7 Zeitfenster für die Durchführung ethohydraulischer Tests

Während konventionelle wasserbauliche Modellversuche keinerlei zeitlichen Restriktionen unterliegen, ist die Durchführung und Aussagekraft von Lebendtierbeobachtungen maßgeblich von der Leistungsbereitschaft und Motivation der Fische bei der Mitwirkung an ethohydraulischen Tests, abhängig. Während sich die Aktivität der Probanden beispielsweise anhand der Frequenz ihres Umherschwimmens und der Art und Weise ihrer Reaktionen einschätzen lässt, ist die Motivation ein bisher nur schwer greif- und messbarer Parameter (Kap. 5.4.13). Erschwerend kommt hinzu, dass die biologische Aktivität von Fischen nicht konstant ist, sondern natürlichen täglichen und vor allem jahreszeitlichen Schwankungen unterliegt. Diese Schwankungen sind artspezifisch ausgeprägt, werden durch zahlreiche exogene Faktoren, u. a. Wassertemperatur und endogene physiologische Vorgänge wie die Geschlechtsreife beeinflusst.

Grundsätzlich darf die maximale Aktivität einer Fischart in Perioden erwartet werden, in denen diese über mehr oder weniger große Distanzen Wanderungen durchführt, um z. B. Nahrung zu suchen oder ihre Reproduktions- oder Überwinterungshabitate zu erreichen. Hingegen ist bei den meisten Fischarten die geringste Aktivität bei niedrigen Wassertemperaturen unter etwa 5 °C zu verzeichnen.

Trotz dieser biologischen Grundsätzlichkeiten müssen ethohydraulische Untersuchungen nicht auf die Hauptwanderzeit einer Fischart beschränkt werden. Die

Wahl des richtigen Zeitfensters für Fischbeobachtungen ist primär von der zu untersuchenden Fragestellung abhängig:

- Betrachtet die Untersuchung nur bestimmte Altersstadien einer Art, z. B. das Abwanderverhalten von Salmonidensmolts oder ist das Verhalten der Fische an bestimmte Jahreszeiten gekoppelt, wie das Überwinterungsverhalten kann die ethohydraulische Untersuchung im Sinne der Wahrung der situativen Ähnlichkeit nur mit den jeweils fraglichen Arten und Altersstadien sowie innerhalb des fraglichen Zeitfensters durchgeführt werden.
- Eher grundsätzliche Verhaltensweisen von Fischen, z. B. gegenüber Strömungen unterschiedlicher Geschwindigkeit und Charakter oder die Passierbarkeit von Durchlässen sind zeitlich vollkommen unabhängig und können deshalb im Labor zu jeder Jahreszeit durchgeführt werden. Lediglich die Aktivität kann zu verschiedenen Jahreszeiten unterschiedlich sein, wobei jedoch primär die Wassertemperatur eine wichtige Rolle spielt. So zeigen beispielsweise Cypriniden auch im Winter, wenn ihre natürliche Aktivität im Freiland auf ein Minimum reduziert ist, im Labor durchaus hohe Aktivitäten. Voraussetzung hierfür ist allerdings, dass die aus dem Freiland stammenden Probanden zuvor schonend an die im Labor herrschenden, wesentlich höheren Wassertemperaturen adaptiert wurden (Kap. 6.1.2.1).

6.2 Aufbau und Betrieb eines ethohydraulischen Versuchsstandes

6.2.1 Anforderungen an die Infrastruktur

Im ethohydraulischen Versuchsstand werden die für eine Fragestellung relevanten hydraulischen Situationen her- und eingestellt, um das Verhalten der Fische erkennen und analysieren zu können. Zu diesem Zweck muss die Laborrinne derart eingerichtet werden, dass das vollständige Strömungsverhalten vor, innerhalb und hinter strömungsbeeinflussenden Konturen hochaufgelöst und ohne Maßstabseffekte situativ ähnlich abgebildet wird. Dies erfordert großmaßstäbliche Voraussetzungen:

- **Versuchsumfeld:** Der Versuchsstand sollte möglichst gut gegenüber äußeren Einflüssen, wie Geräuschen und Erschütterungen, Temperaturschwankungen und Wind abgeschirmt sein. Darüber hinaus sollte die Möglichkeit der Abdunkelung gegeben sein, um ethohydraulische Untersuchungen ggf. bei reduzierter Helligkeit bzw. Dunkelheit durchführen zu können.
- **Schutz der Probanden:** Grundsätzlich gilt für alle Einbauten in ethohydraulischen Laborrinnen, dass von ihnen keine Verletzungsgefahr für die Probanden ausgehen darf. Bezüglich der Anfertigung und Installation solcher Einbauten ist darauf zu achten, dass keine scharfen Kanten, Grate oder spitze Teile im Untersuchungsbereich vorhanden sind. Zudem ist darauf zu achten, dass in der Labor-

rinne selbst oder an den Einbauten keine Spalten vorhanden sind, die Fischen Versteckmöglichkeiten bieten, so dass die Tiere nach Testende nicht mehr gefunden und entnommen werden können.

- **Einsehbarkeit:** Sowohl für die Beobachtung der Fische während eines Tests, als auch für die Anwendung bestimmter hydrometrischer Messverfahren ist die Einsehbarkeit in den Versuchsstand auch bei unruhiger Wasseroberfläche notwendig. Entsprechend sind die Seiten der Laborrinne zumindest abschnittsweise transparent auszuführen. Insbesondere wenn bei komplexen Testsituationen Teile nebeneinander liegen kann die Einsehbarkeit verhaltensrelevanter Bereiche nur dadurch gewährleistet werden, dass die Einbauten aus durchsichtigem Material gefertigt werden. Unter Umständen lässt sich ein nicht einsehbarer Bereich nur mit Hilfe einer Unterwasserkamera mit entsprechenden Objektiven überwachen.
- **Messmöglichkeit:** Um im ethohydraulischen Test Aussagen über die Strömungseigenschaften und -charakteristik machen zu können, müssen alle am Fließgeschehen beteiligten Parameter dokumentierbar und/oder erfassbar sein. Hierfür ist es notwendig, dass alle relevanten Punkte innerhalb des Testaufbaus für die Durchführung von händischen oder automatischen in-situ-Messungen erreicht werden können sind.
- **Zugänglichkeit:** Der Auf- und Abbau von Materialien und Einbauteilen für den jeweiligen Testaufbau erfordert nicht zuletzt unter den Aspekten der Arbeitssicherheit eine unbehinderte Zugänglichkeit zur und in die Laborrinne.
- **Umbaupotenzial:** Der Auf- und Abbau einer ethohydraulischen Testeinrichtung sollte möglichst zeitsparend erfolgen können. Hierfür hat es sich als sinnvoll erwiesen, eine möglichst großzügig dimensionierte Laborrinne mit entsprechend vorinstallierter Infrastruktur vorzuhalten. In diese Basiseinrichtung werden dann je nach Fragestellung modulare Einbauten installiert. Hierbei ist zu beachten, dass die angreifenden Strömungskräfte eine erhebliche Stärke haben, so dass die Einbauten sicher fixiert werden müssen. Zu Befestigungszwecken sind allerdings die aus Glas oder Plexiglas gefertigten einsehbaren Seiten der Laborrinne in der Regel ungeeignet. Vielmehr werden stabile Ankerpunkte an der Sohle oder aber Druckpunkte benötigt, mit denen Einbauten von der Oberseite der Rinne her verkeilt werden können. In jedem Fall ist für den Einbau schwerer Bauteile oder auch den Transport der Wanne mit den Probanden eine Kranvorrichtung äußerst nützlich. Zudem sollte eine Möglichkeit vorhanden sein, die Laborrinne abschnittweise öffnen zu können, um sie mit Transportgeräten und Baumaschinen befahren zu können. Auch ist außerhalb der Laborrinne ausreichend Platz vorzuhalten, um z. B. benötigte Bauelemente oder Messgeräte aufbewahren zu können.

Der Wasserzu- und der Ablauf der Laborrinne sollten so variabel sein, dass verschiedene Zulaufkonstellationen und hydraulische Randbedingungen eingestellt werden können. Insbesondere wird eine unabhängige Regelung und Dokumentation von Einstellungen und Zuständen, z. B. Wasserstände und Dotationen während dem Testbetrieb benötigt.

Abb. 6.15 Allseitig durch Betonwände eingefasste und damit nur von der Wasseroberfläche aus einsehbarer großskaliger Versuchsstand am USGS Conte Anadromous Fish Research Center in Turners Falls (USA)

Abb. 6.16 Vollständig verglaste große Laborrinne von 30 m Länge, 2 m Breite und 1,5 m Tiefe im wasserbaulichen Versuchslabor der Technischen Universität Darmstadt (*Hessen*)

6.2.2 Die Laborrinne als Basisausstattung

Zur Durchführung von großmaßstäblichen ethohydraulischen Untersuchungen mit Fischen werden leistungsfähige wasserbauliche Versuchseinrichtungen benötigt, die in Hinblick auf die unterschiedlichen zu testenden Parameter modular eingerichtet und flexibel betrieben werden können (Abb. 6.15 und 6.16).

Aufbauend auf den Erfahrungen der bis dahin in Deutschland und im Ausland für Fischbeobachtungen eingesetzten Laboreinrichtungen wurde im Jahr 2008 an der Universität Karlsruhe (heute Karlsruher Institut für Technologie) ein spezieller ethohydraulischer Versuchsstand gebaut. Im Unterschied zu herkömmlichen hydraulischen Laborrinnen ist dieses 30 m lange Gerinne abschnittsweise unterschiedlich breit und verfügt über modular zuschaltbare sowie separat beaufschlagbare Nebenkompartimente. Auf diese Weise können unter Wahrung der notwendigen Maßstäblichkeiten verschiedene Strömungspfade gleichzeitig hergestellt und An-

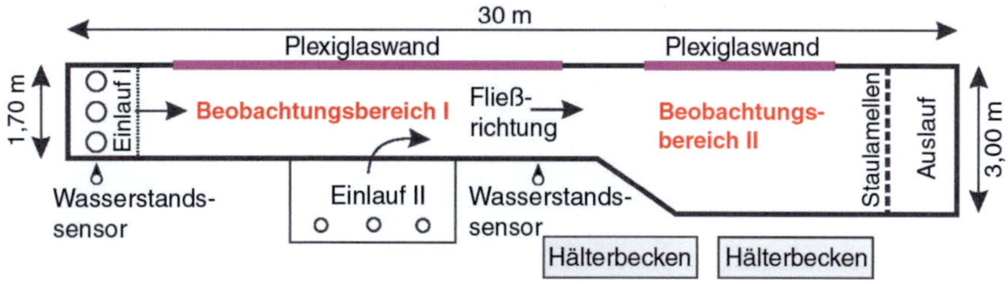

Abb. 6.17 Schematische Draufsicht (*oben*) und Übersicht über den ethohydraulischen Versuchsstand (*unten*) am Karlsruher Institut für Technologie (Baden-Württemberg)

lagenkonfigurationen parallel untersucht werden (Abb. 6.17). Für die Bewerkstelligung situativ ähnlicher Strömungsbedingungen können ein großer durchflossener Querschnitt und/oder eine hohe Fließgeschwindigkeit erforderlich sein. Entsprechend kann beispielsweise der ethohydraulische Versuchsstand der Universität Karlsruhe bei einer Wassertiefe von etwa 2 m mit einem Gesamtabflussvolumen von bis zu 650 l/s beaufschlagt werden. Zudem sind mit Hinblick auf verschiedene Fragestellungen bereits Möglichkeiten vorgesehen, Teilabflüsse in unterschiedlichen Abschnitten der Laborrinne sowohl einspeisen als auch ausleiten zu können.

Die Einstellung der Wasserstände und Fließgeschwindigkeiten in einer so großskaligen Laborrinne erfolgt in Abhängigkeit vom jeweiligen Durchfluss mit Hilfe

Abb. 6.18 Leicht geöffnete Staulamellen der Lamellenwand am Auslauf der Laborrinne

einer Stauvorrichtung am Auslauf der Rinne. Diese besteht aus einer Lamellenwand: Durch Änderung des Lamellenstellwinkels kann die Durchlässigkeit der Lamellenwand verändert werden, woraus in der Laborrinne unterschiedliche Wasserstände resultieren (Abb. 6.18). Der Wasserstand in einer Laborrinne kann zwar auch durch Schütztafeln oder Überfallwehre am Auslauf geregelt werden, doch beeinträchtigen solche herkömmlichen Abflusskontrollbauwerke das Strömungsgeschehen und damit die situative Ähnlichkeit der Strömungsvorgänge. So kommt es beispielsweise bei unterströmten Schütztafeln zu starken Beschleunigungen der Strömung in Richtung des durchflossenen Schützspaltes.

Um die in einem solchen Versuchsstand auftretenden hohen hydrostatischen und hydrodynamischen Belastungen abzufangen, ist ein stabiler Aufbau der Laborrinne unabdingbar. Statisch und auch ökonomisch geeignet sind gemauerte Seitenwände und eine Sohle aus Beton, welche auch die stabile Fixierung modularer Einbauten ermöglichen. Die Kippsicherheit der Seitenwände kann mit Ringankern und mit hinterfüllten Stützmauern bewerkstelligt werden. Zur Gewährleistung der Einsehbarkeit in die Laborrinne bietet sich eine abschnittsweise Einlassung von Plexiglasscheiben an, die in senkrechte Stahlträger gefasst (Abb. 6.19) und durch Druckstreben zusätzlich diagonal abgestützt werden (Abb. 6.20).

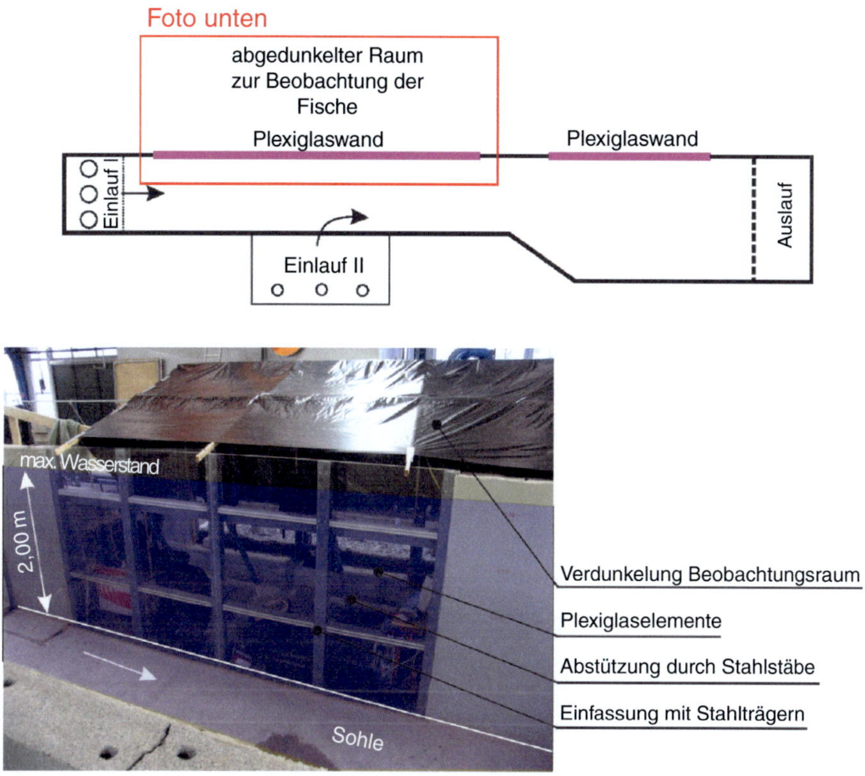

Abb. 6.19 Einsehbarer Bereich des Beobachtungsstandes der ethohydraulischen Laborrinne

Abb. 6.20 Um in der Laborrinne Wassertiefen bis zu 2 m realisieren zu können, ist eine statische Abstützung der Seitenwände erforderlich. Bei den transparenten Seitenwandabschnitten erfolgte diese mittels am Boden fixierter Diagonalstreben; die nicht-transparenten Wandabschnitte wurden mit erdgefüllten Stützmauern stabilisiert

Praxisbeispiel: Konfiguration eines ethohydraulischen Versuchsstandes
Um die Veränderbarkeit einer ethohydraulischen Laborrinne zu veranschaulichen wird nachfolgend die an der Universität Karlsruhe im Präprozess erarbeitete Konfiguration zur Untersuchung der Auffindbarkeit einer Fischaufstiegsanlage erläutert (Abb. 6.21). Ziel der ethohydraulischen Untersuchung war es, das Verhalten von Fischen bei der Annäherung an ein Wanderhindernis, z. B. ein Wehr bei unterschiedlichen Strömungsbedingungen zu beobachten, um die im Sinne der Wahrnehmbarkeit und Auffindbarkeit günstigste Position und Gestaltung des Einstiegs in eine Fischaufstiegsanlage festzulegen.

Beim Aufbau des Versuchsstandes wurden zwei separate Wasserzuleitungen benötigt: Der Hauptzufluss befand sich am Einlauf der Laborrinne und erzeugte den Abfluss über eine simulierte Wehranlage und damit die Hauptströmung im Gerinne. Ein an der rechten Rinnenseite seitlich einmündender Zufluss diente der Erzeugung der Leitströmung, die an unterschiedlichen Positionen aus dem Nebenkompartiment der Hauptströmung im Gerinne zufließt, um den Einstieg in eine Fischaufstiegsanlage zu simulieren.

Um die situative Ähnlichkeit zu dem real existierenden Wehrstandort in der Ruhr bei Duisburg-Ruhrort zu gewährleisten, wurde als erstes ein detailliertes Modell von der aus einem Doppelhakenschütz bestehenden Wehranlage mit allen strömungsbeeinflussenden Betriebseinrichtungen (Abb. 6.22), dem rechten Ufer mit dem alten sowie dem geplanten Einstieg in eine neue Fischaufstiegsanlage (Abb. 6.23) und auch die Geometrie der natürlichen Sohle maßstabsgerecht (Abb. 6.24) in die Laborrinne übertragen.

Allerdings wurde auf eine komplette Nachbildung der alten und neuen Fischaufstiegsanlagen verzichtet, da es lediglich die Auswirkung unterschiedlicher Positionen und Einstiegsgeometrien sowie Leitströmungsszenarien des Auslaufes einer Fischaufstiegsanlage auf das Verhalten von Fischen zu untersuchen galt. Durch verstellbare Leitbleche an den verschiedenen Positionen

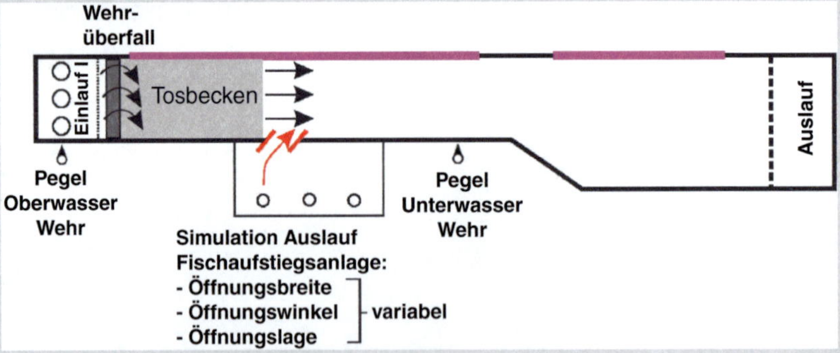

Abb. 6.21 Einrichtung eines ethohydraulischen Versuchsstandes zur Untersuchung der Auffindbarkeit des Einstiegs in eine Fischaufstiegsanlage

Abb. 6.22 Situativ ähnliche Erzeugung eines Wehrüberfalls mit einem nachgebildeten Doppelhakenschütz direkt am Einlauf der Laborrinne

Abb. 6.23 Untersuchungsbereich mit zwei modularen Einstiegsöffnungen in eine simulierte Fischaufstiegsanlage

Abb. 6.24 Untersuchungsbereich mit detailgetreu nachgebildeter Sohlengeometrie

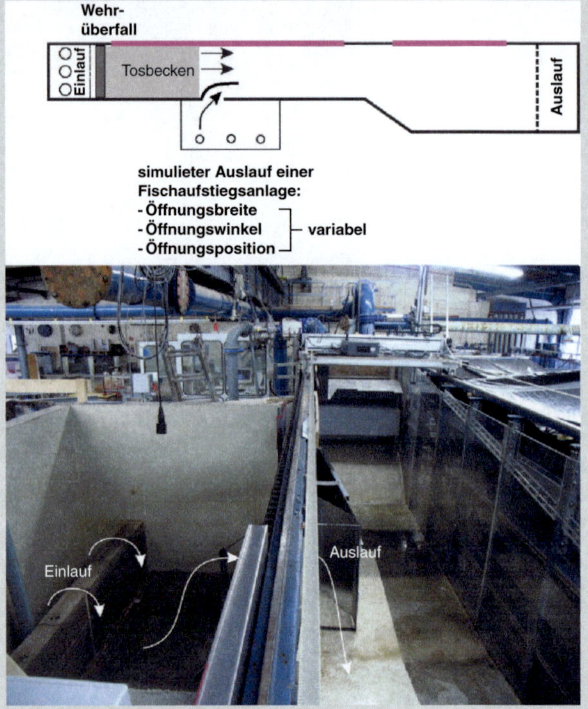

Abb. 6.25 Nebenkompartiment mit Auslauf in die Laborrinne

des Auslaufs der simulierten Fischaufstiegsanlage war auch im laufenden Testbetrieb eine verhältnismäßig unkomplizierte Veränderung der räumlichen Ausbildung von Strömungspfaden sowie durch die Einstellung der Pumpenleistungen die Variation von Fließgeschwindigkeiten und Verhältnismengen von Haupt- und Seitenströmungen zueinander möglich (Abb. 6.25).

Abb. 6.26 Blick aus dem abgedunkelten Beobachtungsstand auf eine Auslaufposition der simulierten Fischaufstiegsanlage in der Laborrinne

Vom abgedunkelten Beobachtungsstand aus war der gesamte Ausschnitt der Laborrinne vom Wehr bis einschließlich aller Auslaufpositionen der simulierten Fischaufstiegsanlage einsehbar (Abb. 6.26). Die Verhaltensbeobachtungen mit Fischen unterschiedlicher Arten und Größen erfolgten von der Seite aus, um Fluchtreaktionen infolge einer über die Wasseroberfläche aufragenden Silhouette eines Beobachters auszuschließen (Kap. 5.3.2.1). Zur Regulation des Wasserstandes und der Fließgeschwindigkeit der Hauptströmung wurden am Auslauf der Laborrinne installierte Staulamellen eingesetzt (Abb. 6.18).

6.2.3 Wasserkreislauf

Ein ethohydraulischer Versuchsstand muss über einen eigenen Wasserkreislauf verfügen, um Einträge in das Lebensmilieu der Fische im wasserbaulichen Laborbetrieb ausschließen und die benötigte gute Wasserqualität sicherstellen zu können. Hierfür wird ein ausreichend großes Wasserreservoir benötigt. Volumen und Aufbau des in der Regel als Tiefbehälter ausgeführten Reservoirs muss derart bemessen sein, dass die Pumpen, welche das Laborgerinne speisen, eine ausreichende Wasserüberdeckung haben, so dass ein Ansaugen von Luft verhindert wird.

Die Dotierung der Laborrinne sollte stets über mehrere regelbare Pumpen erfolgen, um im Falle eines technischen Defekts einer Pumpe die Versuchseinrichtung zumindest eingeschränkt weiter betreiben und vor allem ein vollständiges Trockenfallen der Laborrinne mit darin befindlichen Probanden verhindern zu können. Auch ist es bei Versuchseinstellungen mit geringen Abflüssen möglich, nicht alle Pumpen zu betreiben, und so Energie zu sparen. Schließlich sollte bei der Wahl der Pumpen für ethohydraulische Versuchsstände darauf geachtet werden, dass diese durch Luft gekühlt werden, damit sich das Wasservolumen vor allem während umfangreicher Testserien nicht so stark erwärmt, dass es ausgetauscht werden muss.

Abb. 6.27 Beruhigungswand zur Ausrichtung der Strömung

Im Bereich des Wassereinlaufes in die Laborrinne bilden sich starke Turbulenzen. Um den Eintrag der Turbulenzen in das Gerinne zu verhindern wird der Einbau einer Beruhigungswand aus Lamellen- oder Wabenelementen empfohlen (Abb. 6.27). Diese durchflossene Beruhigungswand trennt den Einlaufbereich vom eigentlichen Untersuchungsbereich ab und bewirkt, dass durch den Wasserzulauf eingetragene Luftblasen im Einlaufbereich ausperlen können und nicht zu einer Eintrübung des Wassers im Beobachtungsbereich führen.

6.2.4 Steuer- und Regeltechnik

Der große Maßstab ethohydraulischer Tests und die Gewährleistung konstanter Randbedingungen wie Wasserstand und Durchfluss machen eine computerbasierte Steuerung und Überwachung aller Einzelkomponenten des Versuchsstandes sinnvoll. Zu solchen Komponenten zählen motorbetriebene Schieberarmaturen, mit denen eine Regelung des Zuflusses bzw. mehrerer Teilzuflüsse in die Laborrinne möglich ist. Zusätzlich installierte Durchflussmessgeräte messen die eingestellten Abflusswerte. Eine zentrale Steuerung übernimmt den Abgleich der ein-

Abb. 6.28 Steuercomputer des ethohydraulischen Versuchsstandes

gestellten Ist- und Sollwerte und regelt z. B. im Falle betriebstemperaturbedingter Schwankungen die Pumpenleistungen über die Verstellung der Schieberarmaturen nach. Auf diese Weise wird auch bei lang dauernden Tests ein konstanter Durchfluss in der Laborrinne gewährleistet.

Darüber hinaus werden zusätzliche Messsonden benötigt, um die Wasserstände an neuralgischen Punkten in der Laborrinne zu erfassen. Diese Daten werden mittels Analog-Digital-Wandler ebenfalls dem zentralen Steuercomputer übergeben, um mit Sollwerten verglichen zu werden. Bei Regelbedarf werden die Zuflüsse verändert oder die Wasserstände werden über die Lamellenwand am Rinnenauslauf neu eingestellt (Abb. 6.18). Der Antrieb der Lamellen sollte computergestützt über Servomotoren und einem entsprechenden Getriebe erfolgen, um feinjustiert nachgeführt werden zu können. Das hierfür benötigte Programm wird über ein benutzerfreundliches Menü bedient. Dieses zeigt sowohl die eingestellten Armaturwerte, als auch die messtechnisch erfassten Parameter an und definiert dadurch den Betriebszustand des Versuchsstandes. Diese Darstellung des zeitlichen Verlaufes der Mess- und Regelwerte ist wichtig, um im Falle des Auftretens von Abweichungen von den vorgegebenen Testeinstellungen rechtzeitig nachsteuern zu können (Abb. 6.28).

6.2.5 Einbauten

Ziel der Ethohydraulik ist es unter anderem, die Auswirkungen wasserbaulicher Anlagen bzw. Anlagenteile oder ihren Betrieb auf das Strömungs- und somit letztlich das Verhalten der Fische untersuchen zu können. Hierzu wird eine Laborrinne mit modularen Einbauten bestückt, welche die untersuchungsrelevanten Anlagenelemente situativ ähnlich abbilden, um dadurch eine naturgleiche hydraulische Situation zu erzeugen. Solche Einbauten selbst können aus Stahl, Beton, Holz oder Kunststoff gefertigt werden, wobei die verschiedenen Materialien sowohl Vor- als auch Nachteile haben:

Abb. 6.29 Aufbau der Sohle einer einseitig mit normalen Mauersteinen verengten Laborrinne mit natürlichem Grobkies und einzelnen hohen Störsteinen, die abschnittsweise in unterschiedlicher Dichte angeordnet waren

- Einbauten aus Stahl besitzen zwar eine große Stabilität, jedoch kaum Flexibilität. Daher sind Stahlbauteile so anzufertigen, dass Veränderungen leicht und ohne eine Zerstörung des kompletten Bauteils durchführbar sind. Entsprechend ist Schraubenverbindungen Vorzug vor Schweißverbindungen zu geben.
- Formbauteile aus Beton sind nur mit einem entsprechenden Schalungsaufwand zu erstellen. Sie weisen ebenfalls eine hohe Stabilität auf, besitzen aber de facto kaum Flexibilität bei Umbauten. Je nach Kräftebeaufschlagung ist bei Verwendung von Betonbauteilen darauf zu achten, dass zur Abführung von Zugkräften Bewehrungseisen einbetoniert werden.
- Holzbauteile können relativ schnell gefertigt werden. Da das Material allerdings in direktem Kontakt mit Wasser steht, darf es weder quellen noch schwinden. Im wasserbaulichen Versuchswesen hat sich die Verwendung von Mehrschichtenholz bewährt, da diese Verbundhölzer auch bei lang anhaltender Benetzung eine hohe Formstabilität und Belastungsfähigkeit aufweisen. Schwierig und aufwendig ist bei Verwendung von Holz allerdings die Herstellung gebogener Oberflächen.
- Für die Herstellung kompliziert geformter Einbauteile bieten sich Kunststoffe an. Hier stehen eine Vielzahl von Verbindungsmöglichkeiten, wie z. B. Kleben und Schweißen zur Verfügung. Auch komplexe Oberflächenformen lassen sich mit Schablonen vergleichsweise einfach herstellen. Im ethohydraulischen Versuchswesen kommt neben glasfaserverstärktem Kunststoff (GFK) auch undurchsichtiges oder – für die Beobachtung von Fischen günstiger – transparentes PVC zum Einsatz.

In der Regel werden für die Fertigung modularer Einbauten mehrere Werkstoffe entsprechend der gewünschten Eigenschaften verwendet (Abb. 6.29 bis 6.31).

Abb. 6.30 Maßstabsgetreu nachgebildete Trennwand und Umlenkblock eines vertikalen Schlitzpasses aus Mehrschichtholz. Die Wandverkleidungen waren an einem im Innern stehenden Stahlgerüst befestigt, das auf der Betonsohle der Laborrinne angedübelt wurde

Elemente, die wahrscheinlich im Laufe der Tests verändert werden müssen, sollten so geplant werden, dass sie einen maximal flexiblen Aufbau besitzen, so dass sich der Aufwand bei späteren Veränderungen minimieren lässt (Abb. 6.30).

Damit im ethohydraulischen Versuchsstand die größtmögliche Übereinstimmung mit einer existierenden oder aber geplanten Realsituation erzeugt werden kann, müssen vor allem die modularen Einbauten so gefertigt sein, dass sich die geometrischen und kinematischen Parameter situativ ähnlich darstellen:

- Alle strömungsbeeinflussenden Konturen sind stets geometrisch exakt auszuformen. Als Grundlage hierfür dienen die Längen, Breiten, Höhen und Abstände resp. Positionen aus Aufmessungen oder Planunterlagen.
- Für eine georeferenzierte Positionierung der Einbauten sind Bezugspunkte festzulegen. Diese Bezugspunkte müssen ständig zugänglich sein, sollten daher außerhalb der Laborrinne liegen und dauerhaft vermarkt sein. Jedem Bezugspunkt wird eine georeferenzierte Lage und die zugehörige Höhe zugewiesen. Hierdurch können nun alle in die Laborrinne einzubauenden Komponenten lage- und höhenmäßig an den Bezugspunkten ausgerichtet werden, wodurch eine exakte Einhaltung der geometrischen Ähnlichkeit gewährleistet werden kann. In der Praxis haben sich drei Bezugspunkte zur Einmessung als ausreichend erwiesen.

6.2.5.1 Fluchtsperre

Sowohl der Ein-, als auch der Auslauf der Laborrinne muss durch Gitter oder Rechen gegen ein Entweichen von Probanden abgesperrt werden, damit sie nicht in den Wasserkreislauf oder in die Pumpen des Labors geraten. Die lichte Weite dieser Fluchtsperren muss so gering gewählt sein, dass auch die kleinsten eingesetzten Exemplare physisch nicht in der Lage sind, diese zu passieren. In der Regel werden mindestens einjährige Fische mit Körperlängen über 10 cm eingesetzt – Fluchtsperren sind entsprechend aus Gittern oder Netzen mit lichter Maschenweite von maximal 10 · 10 mm oder aus Rechen mit lichten Stababständen von maximal 5 mm anzufertigen, die zu den Seitenwänden und zur Sohle der Laborrinne dicht abzuschließen sind. Diese Fluchtsperren müssen stabil ausgeführt und fest fixiert werden, um auch Anströmgeschwindigkeiten über 1 m/s standzuhalten (Abb. 6.32).

Abb. 6.31 Einbau eines aus Mehrschicht-Holz und Plexiglas modellierten Einstiegstrichters

Abb. 6.32 Fluchtsperre mit zweilagigem Aufbau vor den Auslauflamellen der Laborrinne: Die erste Lage bildet ein feines Gitter, das von dem dahinter angeordneten zweiten Grobgitter gestützt wird. Beide Lagen sind in einem Metallrahmen aufgespannt und füllen damit exakt den Rinnenquerschnitt aus. Davor liegend ist ein Staubrett montiert, um ein unkontrolliertes Trockenfallen der Laborrinne zu verhindern (Kap. 6.2.5.3)

Abb. 6.33 Aufsicht auf die Probanden in einem netzbespannten Startkäfig

6.2.5.2 Startkäfig

Damit sich die in die Laborrinne gesetzten Probanden an die jeweils herrschenden Testbedingungen gewöhnen können und sich nicht bereits vor dem Beginn einer Verhaltensbeobachtung in der Laborrinne verteilen, kommt ein Startkäfig zum Einsatz. Auf der Oberseite des Käfigs ist eine große verschließbare Öffnung vorzusehen, durch die die Fische hineingesetzt werden können. Da zu klein dimensionierte Startkäfige den Fischen unnötig Stress verursachen, haben sich Konstruktionen bewährt, welche die gesamte Rinnenbreite einnehmen und bei einer Höhe von mindestens 0,5 m eine Länge von etwa 1 m aufweisen.

Die Grundkonstruktion eines Startkäfigs besteht aus einem Metallrahmen, der mit knotenlosem Netzmaterial mit einer Maschenweite kleiner als 10·10 mm umstrickt wird (Abb. 6.33).

Der Startkäfig muss mit einem Öffnungsmechanismus versehen sein, der auch bei maximalem Einstau der Laborrinne und bei hohen Fließgeschwindigkeiten, d. h. hohem Strömungsdruck, problemlos von außerhalb geöffnet werden kann, ohne dabei die Fische im Startkäfig einzuklemmen. Dies kann beispielsweise eine Frontklappe sein, die über einen Seilzug geöffnet wird (Abb. 6.34). Bewährt hat sich besonders eine Bodenklappe, die durch Anheben des gesamten Startkäfigs öffnet und auf diese Weise alle Probanden gleichzeitig in die Laborrinne entlässt. Der Innenraum ist so zu konstruieren, dass die Fische den Startkäfig aus jeder Position heraus verlassen können und nicht durch tote Winkel daran gehindert werden.

Da der Startkäfig hohen Fließgeschwindigkeiten ausgesetzt sein kann, muss er nicht nur stabil gebaut, sondern auch so schwer sein, dass er in der Laborrinne an jeder beliebigen Position positioniert werden kann, ohne dass es zu einer unkontrollierten Verdriftung kommt.

Eine Veränderbarkeit der Position des Startpunktes ist in Hinblick auf die jeweils zu untersuchende Fragestellung erforderlich. So muss bei ethohydraulischen Tests zu Fragen des Verhaltens gegen die Strömung anschwimmender Fische beispielsweise der Startkäfig in der Nähe des Auslaufs der Laborrinne gestellt werden, während für Untersuchungen, die den Fischabstieg betreffen, der Startpunkt nahe

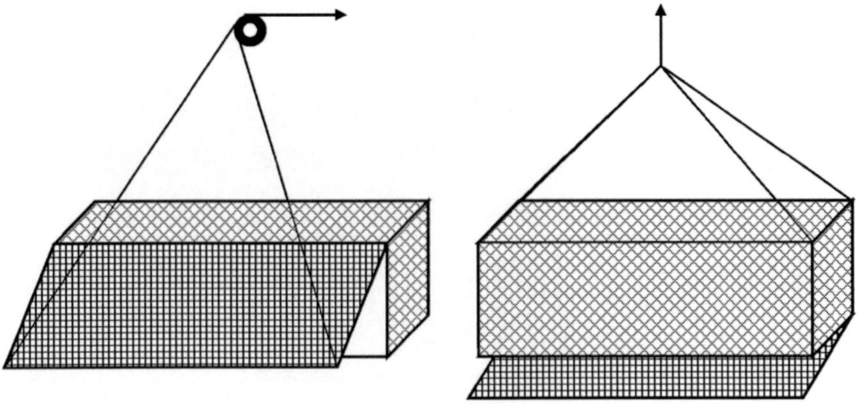

Abb. 6.34 Öffnungsmechanismen eines Startkäfigs mit Front- bzw. Bodenklappe

Abb. 6.35 Startabteil mit anhebbarem Tor

des Einlaufs liegt. Um den schweren Startkäfig nicht nur innerhalb der Laborrinne, sondern ggf. zum Transport der Probanden auch zwischen den Hälterbecken und der Laborrinne verfahren zu können, ist ein Hallenkran erforderlich. Für die letztere Aufgabe muss allerdings der Boden des Startkäfigs mit einer Wanne ausgestattet sein, die wassergefüllt die Fische während des Transportes aufnimmt.

Alternativ zu einem Startkäfig kann auch ein Startabteil eingesetzt werden. Hierbei handelt es sich um einen Abschnitt der Laborrinne mit für die Fische ausreichender Dimension, das durch ein anhebbares Starttor von der übrigen Rinne abgetrennt ist (Abb. 6.35). Beispielsweise durch Rollen, die in seitlichen Führungsschienen laufen, kann sicher gestellt werden, dass das Starttor beim Anheben auch bei hohen Fließgeschwindigkeiten in der Laborrinne nicht verkantet.

6.2.5.3 Staubrett

Solange sich Fische in der Laborrinne befinden, muss diese zuverlässig gegen ein unkontrolliertes Trockenfallen gesichert sein. Dies gilt auch für die Zeiten vor

Beginn und nach Ende eines ethohydraulischen Tests, wenn die Fische unter strömungsfreien Bedingungen in den Startkäfig eingesetzt bzw. aus der Rinne heraus gefangen werden. Da die Laborrinne am Auslauf zur Wasserstandsregulierung mit einer Lamellenwand ausgestattet sein sollte, lässt sich die erforderliche Mindestwassertiefe nur bei laufenden Pumpen, also bei Durchströmung der Rinne erzeugen. Um dies zu umgehen hat sich die Installation eines 0,3 m hohen Staubrettes am Auslauf als sinnvoll erwiesen, durch das eine Mindestwassertiefe unabhängig vom Pumpbetrieb sichergestellt wird (Abb. 6.32). Bei der Verwendung eines Staubrettes ist darauf zu achten, dass die zu testende hydraulische Situation durch dieses nicht beeinträchtigt wird.

6.2.6 Messtechnik

Für die Erfassung und Beschreibung einer ethohydraulischen Signatur sind alle geometrischen und hydraulischen Parameter relevant, die das Strömungsgeschehen und letztlich das Verhalten der Probanden beeinflussen. Vertiefende Ausführungen über einschlägige Messmethoden und -instrumente sind beispielsweise bei Martin und Pohl (2000) sowie Lehmann und Nestmann (2007) nachzuschlagen.

6.2.6.1 Erfassung geometrischer Parameter

Sofern der Versuchsstand mit seinen Einbauten in der Laborrinne nach vermassten Konstruktionsplänen erfolgt ist, erübrigen sich geometrische Vermessungen. Fehlen solche Planunterlagen allerdings, sind alle Flächen und Konturen in der Laborrinne exakt zu erfassen. Dies betrifft:

- Längen, Breiten, Tiefen und Konturen von die Strömung beeinflussenden Einbauten sowie die dadurch entstehenden fischpassierbaren Durchlässe,
- Struktur des Bodens sowie Sohlenlage und -gefälle,
- Wassertiefe bzw. Wasserspiegelverlauf.

Zur Vermessung von Punkten, Linienzügen, Konturen, Einbauten und sonstigen Einzelheiten des Versuchsstandes kommt die herkömmliche Aufmessung mit Messstäben zur Anwendung. Auch werden Wassertiefen mit Pegelmesslatten durch Vermessung der Distanz zwischen der freien Wasseroberfläche und der Sohle ermittelt. Als Messinstrumente zur Bestimmung von Positionen werden Nivelliergeräte, Tachymeter oder terrestrische Laserscanner eingesetzt. Hierbei können die beiden letztgenannten elektronischen Verfahren in Kombination mit Global-Position-Systemen (GPS) ermittelte Lageinformationen von Strukturen und Objekten direkt in digitale Gelände- und/oder Bauwerksmodelle umwandeln.

6.2.6.2 Erfassung kinematischer Parameter

Bei ethohydraulischen Untersuchungen stehen zumeist die Auswirkungen eines Strömungsgeschehens im Fokus. Solche lassen sich u. a. anhand von Wasserspiegellagen, Fließgeschwindigkeiten, Strömungspfaden, Rückströmungen sowie Totwasser- und Turbulenzzonen beschreiben, deren auf das Verhalten von Fischen einwirkende Parameter allerdings erfasst werden müssen.

Abb. 6.36 Computergesteuerter verfahrbarer Messrahmen mit Messausleger

Für die Messung von Wasserspiegellagen in einer Laborrinne werden fest installierte Wasserstandssonden oder Stechpegel eingesetzt. Wichtig bei der Platzierung solcher Sonden ist, dass aus den gewonnenen Messdaten später ein Wasserspiegellängsverlauf konstruiert werden kann, um in Korrelation mit lokal erfassten Fließgeschwindigkeiten einen sog. hydraulischen Längsschnitt abzuleiten.

Zur Erfassung komplexer Strömungsgeschehen werden mit Messgeräten lokale oder flächige Fließgeschwindigkeitsvektoren und deren Beträge erfasst, aus denen im Weiteren mittels mathematisch-statistischer Auswertung weitere Parameter, z. B. zur Quantifizierung von Turbulenzen bestimmt werden. In jedem Fall müssen Strömungsparameter in einem dichten Raster aufgenommen werden, weshalb die Messwerterfassung weitestgehend automatisiert erfolgen sollte. Hierzu bietet sich der Einsatz eines computergesteuerten, dreiachsig verschiebbaren Messrahmens mit einem Ausleger an (Abb. 6.36), an dem das jeweilige Messgerät in die gewünschten Positionen gebracht wird. Der Verfahrweg des Messrahmens sollte sich über den gesamten für die Untersuchung relevanten Bereich der Laborrinne erstrecken und der Messausleger möglichst jeden Punkt innerhalb des Wasserkörpers ansteuern können.

Zur Erfassung von Fließgeschwindigkeiten können grundsätzlich Verfahren eingesetzt werden, die eine ein-, zwei- oder dreidimensionale räumliche und zeitliche Auflösung der Strömung erlauben.

Allerdings ist die Betrachtung von Mittelwerten oder Schwankungsbreiten punktueller Fließgeschwindigkeitsmessungen angesichts der komplexen Interaktion zwischen dem hydraulischen Geschehen und dem Verhalten der Fische keinesfalls ausreichend. Eindimensionale Fließgeschwindigkeitsmessungen finden nur bei der Lokalisierung von Hauptströmungen oder der Bestimmung minimaler und maximaler lokaler Geschwindigkeiten in räumlich stark eingeengten Bereichen Anwendung. Hierfür hat sich der Messflügel als hydrometrisches Instrument etabliert, wobei für den Laborbetrieb entsprechend kleinskalige Messflügel zu verwenden sind.

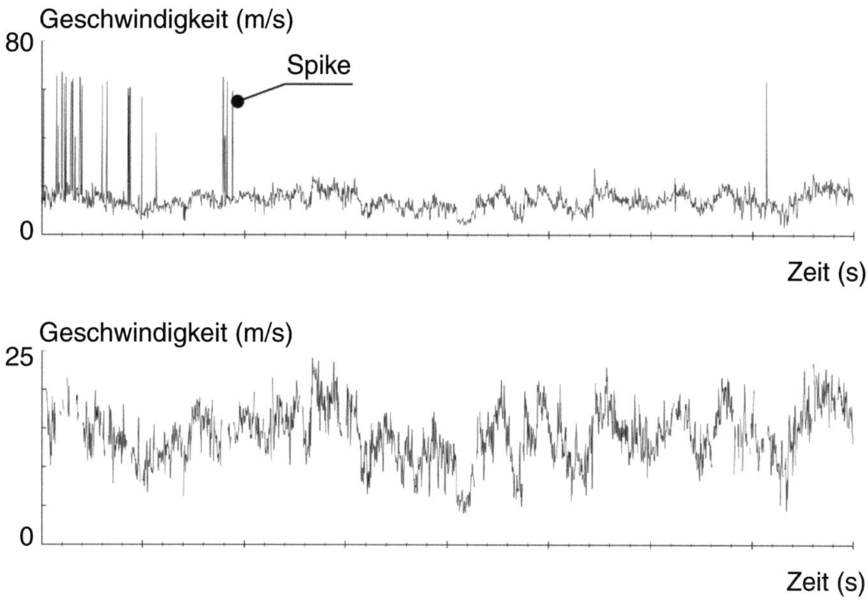

Abb. 6.37 Messreihe lokaler Fließgeschwindigkeiten über einen Zeitraum von ca. 60 Sekunden. Ungefilterte Rohwerte mit „spikes" (*oben*; nach: Goring und Nikora 2002), mit „phase-space thresholding despiking"-Methode bereinigte Messreihe (*unten*, verändert nach: König 2011)

Sofern bei ethohydraulischen Untersuchungen komplexe Strömungsvorgänge zu analysieren sind, werden zeitlich und räumlich hoch aufgelöste, mehrdimensionale Geschwindigkeitsmessungen, insbesondere zur Erfassung und Quantifizierung von Turbulenzen erforderlich. Im Laborbetrieb werden dazu Ultraschallmessungen nach dem Laufzeit- oder dem Dopplerverfahren durchgeführt. Ebenso kommen magnetisch-induktive Messsonden zum Einsatz. Eine zeitliche und räumliche höhere Auflösung bei absolut berührungsloser Messung gewährleisten Laser-Messverfahren, die jedoch einen entsprechend hohen Aufwand bei der Anwendung und große Datenmengen verursachen, welche mit diverser Filter- und Analysesoftware aufzubereiten sind (Ruck 1987). Für die Erfassung turbulenter Strömungen wird pro Messpunkt eine Messdauer von 180 bis 300 Sekunden empfohlen, um eine ausreichend große Datenreihe zu erhalten die belastbare statistische Analysen erlaubt (Chanson 2008). Darüber hinaus stellt diese Messzeitvorgabe sicher, dass auch Strömungsfluktuationen infolge großskaliger Wirbelsysteme vollständig erfasst werden und somit die aus den Messdaten abgeleiteten Varianzen aussagekräftig sind.

Zudem empfehlen verschiedene Autoren, grundsätzlich nicht die Rohdaten einer statistischen Auswertung zu unterziehen (Goring und Nikora 2002; Wahl 2003). Vielmehr müssen aus den Rohdaten zunächst mittels geeigneter Filtermethoden messsystembedingte Fehlwerte eliminiert werden. Solche als „spikes" bezeichnete Fehlwerte können z. B. Ausdruck einer strömungsinduzierten Schwingung der Messapparatur sein (Abb. 6.37).

6.2.6.3 Erfassung dynamischer Parameter

Bei den hydrodynamischen Parametern handelt es sich einerseits um die hydrostatische Druckkraft, welche in Abhängigkeit von der Wassertiefe und der Kraftangriffsfläche berechnet werden kann. Andererseits existieren in turbulenten Strömungen kurzzeitig wirkende Strömungsimpulse, die sich beim Flächenangriff als lokale Krafteinwirkungen messen lassen. Ob und in wie weit derartige Strömungsimpulse das Verhalten der Fische beeinflusst, ist unbekannt und die Erfassung hydrodynamischer Kräfteparameter wurde in bisherigen ethohydraulischen Untersuchungen noch nicht praktiziert. Allenfalls im Rahmen des Transferprozesses, bei dem es darum geht, ethohydraulische Erkenntnisse über fischverträgliche hydraulische Situationen in der Natur zu realisieren, spielt die Kenntnis hydrodynamischer Kräfte insbesondere bei der Bemessung wasserbaulicher Anlagen eine Rolle. Daher kann es erforderlich sein, auch Kräfteparameter im situativ ähnlichen ethohydraulischen Test zu erfassen und gemäß der Ähnlichkeitsmechanik auf Naturwerte umzurechnen, um für Detailplanungen in der Transferphase berücksichtigt zu werden.

Zur Messung von Druck, Kraft und Spannungen kommen im Labor mechanische Druckmessgeräte zum Einsatz, die eine Verformung infolge Druckeinwirkung anzeigen. Mit einer Druckmessdose wird beispielsweise die Auslenkung einer Membran elektrisch gemessen. Im Vergleich mit herkömmlichen Messgeräten wie dem Piezometer oder dem Druckmessrohr haben mechanische Druckmessgeräte den Vorteil, dass sie kurzzeitige Druckschwankungen exakt erfassen und aufzeichnen können. Solche Daten können u. a. für die Charakterisierung von Turbulenzen wichtig sein.

Literatur

Adam B, Kampke W, Engler O, Lindemann C (2009) Ethohydraulische Tests zur Rauhigkeitspräferenz kleiner Fischarten und Individuen. Im Rahmen des DBU-Projekt „Ethohydraulik – eine Grundlage für naturschutzverträglichen Wasserbau, 29 S (unveröff.)

Adam B, Schwevers U (1998) Untersuchungen zur Auswirkung der Elektrofischerei auf Fischbestände, Teil 1: Verhaltensbeobachtungen von Fischen unter Laborbedingungen. Im Auftrag der LÖBF/LAfAO Nordrhein-Westfalen, Fischereiliche Dezernate, 44 S (unveröff.)

Bankstahl M (1991) Merkblatt für die praktische Anwendung der Elektrofischerei in Binnengewässern. Kirchhundem-Albaum, Landesanstalt für Fischerei Nordrhein-Westfalen, S 17

Chanson H (2008) Acoustic Doppler Velocimetry (ADV) in the field and in laboratory: Practical Experiences, International Meeting on Measurements and Hydraulics of Sewers. In: Larrarte F, Chanson H (Hrsg) Hydraulic Model Report No. CH70/08, Div. of Civil Engineering, University of Queensland, Brisbane

Goring D, Nikora V (2002) Despiking Acoustic Doppler Velocimeter Data. J Hydraulic Eng 128(1)

Halsband E, Halsband I (1975) Einführung in die Elektrofischerei. Schriften der Bundesforschungsanstalt für Fischerei 7, 2. Auflage

König F (2011) Hydromorphologische und soziokulturelle Bewertung urbaner Fließgewässer. Dissertation an der Fakultät für Bauingenieur-, Geo- und Umweltwissenschaften des Karlsruher Instituts für Technologie

Lehmann B, Nestmann F (2007) Wasserbauliches Versuchswesen, Kursbegleitendes Skriptum. Universität Karlsruhe (TH), Institut für Wasser und Gewässerentwicklung

Martin H, Pohl R (2000) Technische Hydromechanik 4, Hydraulische und numerische Modelle. Verlag Bauwesen, Berlin

Ruck B (1987) Laser-Doppler-Anemometrie. AT-Fachverlag, Stuttgart

Simon J, Brämick U (2006) Empfehlungen zum Besatz von Seen und Fließgewässern mit Aalen. Merkblatt für Verwaltung und Praxis , Nr. 1. Potsdam-Sacrow, Institut für Binnenfischerei e.V., S 4

Wahl TL (2003) Despiking acoustic doppler velocimeter data; discussion. J Hydr En ASCE 129(6):484–487

7 Methodische Instrumente der Ethohydraulik

Der Ethohydraulik stehen diverse verhaltensbiologische Kriterien zur Verfügung, um die Reaktionen von Fischen in der ihnen in der Laborrinne angebotenen konstruktive/hydraulischen Situation zu beobachten, zu messen, nach wissenschaftlichen Kriterien zu analysieren und zu bewerten (Martin und Bateson 2007).

Im Präprozess gilt es festzulegen, über welche Beobachtungsdauer ein ethohydraulischer Test durchgeführt werden soll. Hierbei ist nicht nur das Leistungsvermögen sowie die Motivation und Lernfähigkeit der Fische zu berücksichtigen, sondern auch das Konzentrationsvermögen der Beobachter und schließlich die Dokumentationsmöglichkeiten, z. B. die mögliche Länge von Filmaufnahmen. Zudem ist zu entscheiden und durch entsprechende Beobachtungs- und Dokumentationsverfahren festzulegen, ob ein ethohydraulischer Test der Erarbeitung qualitativer oder quantitativer Aussagen dient. In Abb. 7.1 werden einige Verfahren vorgestellt, mit denen ethohydraulische Tests ergebnisorientiert durchgeführt und ausgewertet werden können:

- Ein klassischer Ansatz der Ethologie ist es, das Repertoire passiver und aktiver Reaktionen von Tieren in einer bestimmten Situation zu registrieren. Solche sog. Ethogramme bilden im vorliegenden Kontext die Grundlage für eine Entscheidung, welche Einzelreaktionen bezüglich der jeweiligen ethohydraulischen Fragestellung von primärem Interesse sein könnten. Dies können beispielsweise Flucht- oder Meidereaktionen oder ein erfolgloser resp. erfolgreicher Passageversuch durch eine Engstelle sein, um die Akzeptanz oder Ablehnung einer konstruktiven/hydraulischen Situation durch Fische zu beurteilen.
- Ethohydraulische Befunde können auch erarbeitet werden, indem die Häufigkeit und die zeitliche Abfolge gemessen wird, mit denen Fische in einer bestimmten Weise auf eine gebotene konstruktive/hydraulische Situation reagieren.
- Um ein zufälliges oder individuelles Verhalten von grundsätzlichen Verhaltensweisen zu unterscheiden, kann es sinnvoll sein, die Anzahl der Individuen welche eine spezifische Einzelreaktion innerhalb der Beobachtungsdauer zeigen, mit der Anzahl an Probanden zu vergleichen, welche dieses Verhalten nicht zeigen.
- Zeitmessungen, bis Fische eine bestimmte Verhaltensweise erkennen lassen oder eine ihnen im Versuchsstand gestellte Aufgabe lösen, können wichtige Hinweise

B. Adam, B. Lehmann, *Ethohydraulik*,
DOI 10.1007/978-3-642-17210-6_7, © Springer-Verlag Berlin Heidelberg 2011

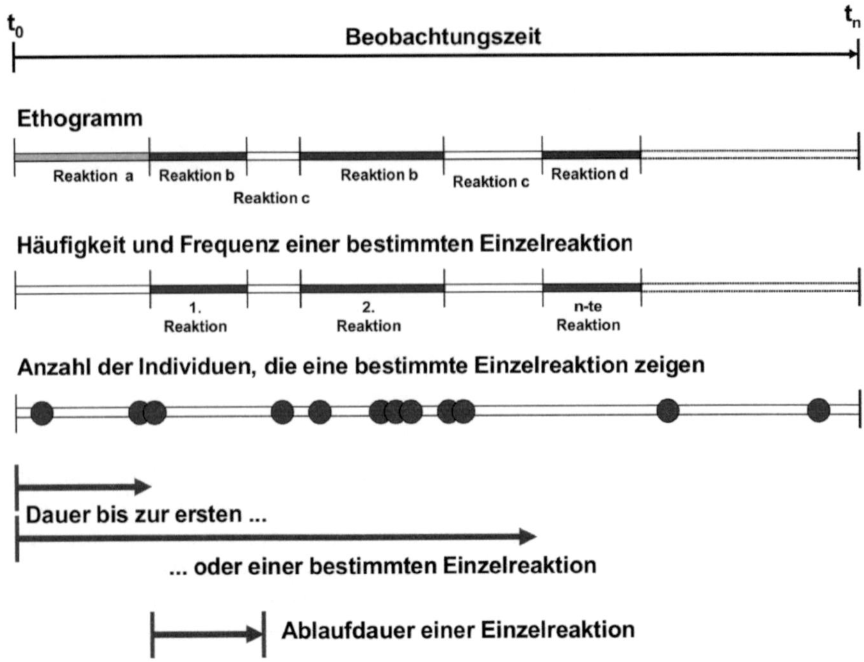

Abb. 7.1 Kriterien für die Durchführung und Auswertung von Verhaltensbeobachtungen

über die Akzeptanz oder Ablehnung einer in der Laborrinne dargebotenen Situation geben und erlauben zudem den Vergleich mit anderen Versuchskonstellationen.

7.1 Verhaltensbeobachtung

Grundsätzlich basiert die Ethohydraulik auf vergleichenden Verhaltensbeobachtungen. Hierbei gilt es aus dem Gesamtrepertoire möglicher Verhaltensweisen der Probanden jene zu identifizieren, die im Sinne einer Antwort auf die gebotene konstruktive/hydraulische Situation zu verstehen sind. Dies bedeutet für das methodische Vorgehen, dass ausgehend von einer im Präprozess festgelegten Ausgangskonstellation eines ethohydraulischen Versuchsaufbaus von Test zu Test jeweils der Wert möglichst von nur einem Parameter verändert wird, während die übrigen Randbedingungen und Parameter unverändert bleiben. Ist für den variierenden Parameter seine Bedeutung für die Fische oder ein Optimalzustand hinsichtlich einer gewünschte Reaktion der Tiere ermittelt, wird dieser Parameter in weiteren Tests konstant gehalten und ein anderer Parameter verändert, der für das Fischverhalten relevant sein könnte.

Dieses schrittweise Vorgehen und die Notwendigkeit, einen nicht oder nur wenig aussagekräftigen Test ggf. mit anderen Probanden zu wiederholen (Kap. 6.1.6) hat zur Folge, dass zur Klärung des Einflusses verschiedener Parameter zum Teil umfangreiche Testserien durchzuführen sind. Damit besteht ein Charakteristikum ethohydraulischer Untersuchungen darin, dass diese aus einer Vielzahl von Einzeltests bestehen, die in der Summe zeitaufwändig sind. Dem gegenüber steht, dass nur durch den sorgfältigen Vergleich der Reaktion von Fischen auf Veränderungen einzelner Parameter eine verlässliche Identifikation fischrelevanter Reize und deren Schwellenwerte gelingen kann, die für die wasserbauliche Praxis von Bedeutung sind. Hingegen sind Fehlinterpretationen unvermeidbar, wenn mehrere Parameter gleichzeitig verändert werden oder Einstellungen während eines laufenden Tests modifiziert werden. Ebenso verbietet es sich, Verhaltensreaktionen zu provozieren, z. B. durch ein Scheuchen oder Treiben der Fische oder die Probanden durch Futtergaben manipulieren oder dressieren zu wollen.

7.1.1 Dokumentation

Der Protokollierung und Dokumentation beobachteter Verhaltensweisen kommt in der Ethohydraulik eine zentrale Bedeutung zu, um u. a. fachfremden Personen ein besseres Verständnis für die Bedürfnisse der wenig bekannten Lebensform „Fisch“ zu vermitteln. Das Ziel ethohydraulischer Untersuchungen ist es darüber hinaus, den anekdotischen Charakter subjektiver Beschreibungen durch quantifizier- und parametrisierbare Befunde transparent und damit wissenschaftlich nachvollziehbar zu dokumentieren. Auf diese Weise wird es möglich, durch Experten geäußerte Behauptungen durch objektive Erkenntnisse und Tatsachen zu ersetzen.

Eine wesentliche Aufgabe der Dokumentation ethohydraulischer Tests ist es deshalb, einen transparenten Einblick in die Testabläufe zu geben und die daraus gewonnenen Erkenntnisse zu vermitteln. Hierfür sind insbesondere Filmaufnahmen unersetzlich.

Ungeachtet der Form, die für die Dokumentation der Geschehnisse in der Laborrinne gewählt wird, sind alle Protokolle, Fotos und Filmsequenzen dem jeweiligen Test eindeutig zuzuordnen und sorgfältig zu archivieren.

7.1.1.1 Schriftprotokoll

Die menschliche Fähigkeit zur großräumigen differenzierte Beobachtung komplexer Geschehnisse kann durch keine moderne Aufzeichnungstechnik ersetzt werden. Während konventionelle Kamerasysteme stets nur auf einen bestimmten Ausschnitt fokussiert sind, ist das Auge eines geschulten Beobachters in der Lage, mehrere Abläufe, die sich zudem an unterschiedlichen Stellen der Laborrinne ereignen, mit der erforderlichen Schärfe nahezu zeitgleich zu erfassen. Um flüchtige Beobachtungen und Eindrücke späteren Auswertungen zur Verfügung stellen zu können, bedarf es ihrer sorgfältigen Protokollierung. Im Rahmen ethohydraulischer Fragestellungen haben sich schematisierte Strichlisten für eine bloße Zählung z. B. der Häufigkeit, mit der die Probanden eine bestimmte Verhaltensweise zeigen, als wenig sinnvoll erwiesen. Und auch die Verwendung von Diktiergeräten hat gravierende Nachteile, da der in der Regel „ins Unreine“ gesprochene Text eine Nachbearbeitung für eine Übertragung in Schriftform erforderlich macht: Auf diese Weise gehen nicht selten

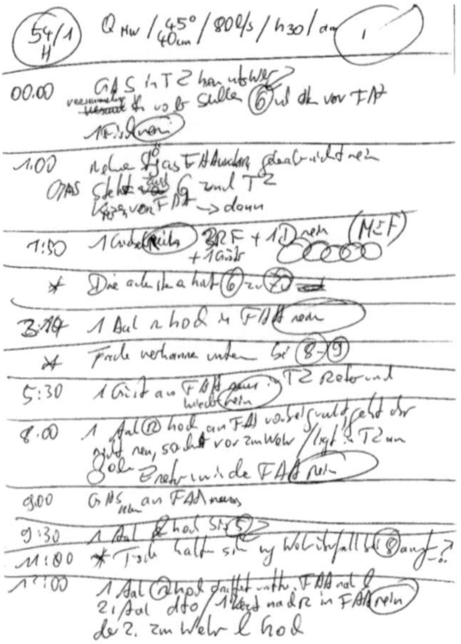

Test-54					
Fischgruppe:	H	Datum:	01. 11. 08	Tageszeit:	am
$Abfluss_{Ruhr}$:	Q_{MW}	$Wasserspiegel_{UW}$:	$h_{30/2}$	V_mKanal:	0,40 m/s
$Abfluss_{Rinne}$:	325 l/s	$Wasserspiegel_{Rinne}$:	0,6 m	FAA Winkel:	45 °
$Dotation_{FAA}$:	80 l/s	Schlitzbreite:	0,4 m	V_mFAA:	0,33 m/s
Sackgasse:	3,5 m				

Zeit	Bemerkung	Beobachtung
00:10	a	Gemischtartenschwarm schwimmt durch die Turbulenzzone vor das Wehr - retour und versammeln sich vor der Bodenschwelle an Pos. 6
00:20	a	1 D vom Wehr kommend schwimmt in Fischaufstiegsanlage hinein
01:00	a	Gemischtartenschwarm schwimmt in den Bereich zwischen Pos. 6 und Turbulenzzone, und verharren auf Höhe der Fischaufstiegsanlage
02:00	a	1 Gl, 3 RF, 1 D + 1 GÜ schwimmen in die Fischaufstiegsanlage hinein (Mitnahmeeffekt)
03:00	a	1 A schwimmt an der rechten Rinnenseite in die Fischaufstiegsanlage hinein
	*	Die meisten Fische verharren auf Pos. 8 bis 9
05:30	a	1 GÜ schwimmt aus der Fischaufstiegsanlage raus in die Turbulenzzone vor das Wehr, kehrt um und schwimmt wieder in die Fischaufstiegsanlage hinein
08:00	a	1 A schwimmt an der rechten Seite zur Fischaufstiegsanlage, guckt hinein, schwimmt aber weiter zum Wehr - verharrt in der Turbulenzzone am Boden, kehrt um und schwimmt in die Fischaufstiegsanlage hinein
09:00	a	Gemischtartenschwarm schwimmt aus der Fischaufstiegsanlage raus
09:30	a	1 A schwimmt an der linken Rinnenseite bis Pos. 5 - retour
11:00	*	Die Fische halten sich vor allem auf Pos. 7 bis 8 auf
12:00	a	1 A schwimmt an der rechten Rinnenseite zur Fischaufstiegsanlage, lässt sich von der Leitströmung nach links verdriften, quert nach rechts und schwimmt in die Fischaufstiegsanlage hinein
12:30	a	1 A schwimmt an der rechten Rinnenseite zur Fischaufstiegsanlage, lässt sich von der Leitströmung nach links verdriften und schwimmt zum Wehr
17:30	a	$Gemischtartenschwarm_{mittel+klein}$ verharrt zwischen Pos. 7 und 6
18:30	a	1 K, 1 G + 2 D schließen auf zum Gemischtartenschwarm
19:00	*	Aktivität ist gering
20:00	a	Gemischtartenschwarm schwimmt an der linken Rinnenseite bis auf Höhe Fischaufstiegsanlage und scheut vor der Leitströmung, 1 Gl quert die Rinnenseite und schwimmt in die Fischaufstiegsanlage hinein
21:00	a	4 G verharren auf Pos. 7 schwimmen aber nicht über die Bodenschwelle
24:00	*	Aktivität ist gering
25:00	a	1 A schwimmt an der linken Rinnenseite zum Wehr
27:00	a	Gemischtartenschwarm verharrt zwischen Pos. 7 und 6, schwimmt dann auf zum Wehr - retour
30:00		ENDE

Abb. 7.2 Beispiel für ein Ad libitum-Protokoll (*links*) und seiner Abschrift (*rechts*)

Urinformationen verloren oder werden durch verfrühte oder gar falsche Interpretation verfälscht.

Diesen Verfahren gegenüber haben sich konventionelle handschriftliche Ad libitum-Protokolle bewährt: Vom Beobachter bzw. von mehreren Beobachtern werden während des laufenden Tests alle beobachteten Geschehnisse in chronologischer Reihenfolge, quasi stenographisch mitgeschrieben (Abb. 7.2). Die zeitliche Verortung der Ereignisse erfolgt dabei mit Hilfe einer Stoppuhr. Diese Form der Protokollierung bietet die Möglichkeit die Reaktionsweisen der Fische in beliebigem Detaillierungsgrad zu dokumentieren. Zusätzlich können ergänzende Informationen, beispielsweise die jeweilige Art und Größe der Akteure vermerkt werden.

Ad libitum-Protokolle erlauben darüber hinaus die Aufzeichnung zunächst nebensächlich erscheinender Beobachtungen sowie die Fixierung von als solche gekennzeichneter Anmerkungen und Eindrücke des Protokollanten. In der Regel ist es in einem nachfolgenden Arbeitsschritt erforderlich, die Originalaufzeichnungen für die weitere Auswertung in Reinschrift zu übertragen. Dieses Vorgehen bietet auch die Möglichkeit, die Aufzeichnungen mehrerer Beobachter zeitlich abzugleichen, semantisch zu harmonisieren und damit Klarheit über die Geschehnisse zu erlangen.

Sorgfältig erstellte Ad libitum-Protokolle vermitteln einen umfassenden Überblick über die Geschehnisse im gesamten Aktionsbereich der Fische und erlauben noch lange nach der Durchführung eines ethohydraulischen Tests eine sehr präzise Rekapitulation der Geschehnisse und beobachteten Verhaltensweisen. Damit bieten

Ad libitum-Protokolle eine nachvollziehbare und verlässliche Grundlage für sämtliche nachfolgenden Auswertungsschritte.

Ungeachtet der Form der Protokollierung gilt es nicht nur die verhaltensbiologischen Beobachtungen zu dokumentieren, sondern unbedingt auch sämtliche Informationen über den Testaufbau in der Laborrinne und die jeweils eingestellten hydraulischen Parameter in das Protokoll eines Test aufzunehmen.

7.1.1.2 Graphische Darstellung

Ergänzend zu handschriftlichen Protokollen kann die Anfertigung graphischer Aufzeichnungen während der Verhaltensbeobachtung hilfreich sein. Solche Graphiken dienen einerseits dazu Reaktionsweisen, die sich in bestimmten Bereichen der Laborrinne immer wieder beobachten lassen, zu verorten. Andererseits können auf diese Weise beispielsweise großräumige Schwimmwege und Strömungspfade oder typische Verteilungen von Fischen skizziert werden. Solche qualitativen Informationen sind u. a. für die Aufnahme einer ethohydraulischen Signatur von großer Bedeutung.

Um Geschehnisse graphisch dokumentieren zu können, sollte die gesamte Laborrinne in horizontale und ggf. auch vertikale Koordinaten unterteilt werden, die eindeutig zu bezeichnen sind. Zudem müssen die Markierungen vom Beobachtungsstand aus erkannt werden können. Zu Dokumentationszwecken wird dann eine koordinatengetreue Skizze von der jeweiligen Testsituation angefertigt, in die während des laufenden Tests alle wichtigen, d. h. über das Verhalten der Fische Aufschluss gebende Bereiche, eingetragen werden (Abb. 7.3). Solche schematischen Graphiken erlauben eine präzise räumliche Zuordnung von Verhaltensweisen und erleichtern bei der späteren Auswertung den Abgleich der im Ad libitum-Protokoll dokumentierten Beobachtungen mit der geometrischen und hydraulischen Situation.

Eine weitere bewährte Methode für das Verhalten von Fischen besonders relevante Bereiche in den Fokus der Beobachtungen zu stellen besteht darin, solche Bereiche bzw. deren Konturen farblich auf der Sohle oder an den Seitenwänden der Laborrinne aufzuzeichnen (Abb. 7.4). Gleiches gilt auch für Messraster. Auf diese Weise lässt sich beispielsweise die Lage und Ausdehnung einer für Fische schwer passierbaren Strömungseinengung stromab eines Durchlasses darstellen, welche ansonsten nur mit Hilfe von Fließgeschwindigkeitsmessungen verortet werden kann.

7.1.1.3 Foto- und Filmdokumentation

Um das Verhalten von Probanden auf eine dargebotene konstruktive/hydraulische Situation in der Laborrinne für Dritte nachvollziehbar zu machen, ist die Anfertigung von Fotografien und Filmaufnahmen unerlässlich. Da es sich bei Verhaltensreaktionen stets um Bewegungsabläufe handelt, ist eine Abfolge von Einzelaufnahmen wesentlich aussagekräftiger als in Einzelbildern dokumentierte Momentaufnahmen. Deshalb haben sich Filmaufnahmen für ethohydraulische Dokumentationszwecke als optimal erwiesen, zumal auf diese Weise dem Betrachter ein realistischer räumlicher und zeitlicher Eindruck vom komplexen Verhalten der Fische vermittelt werden kann.

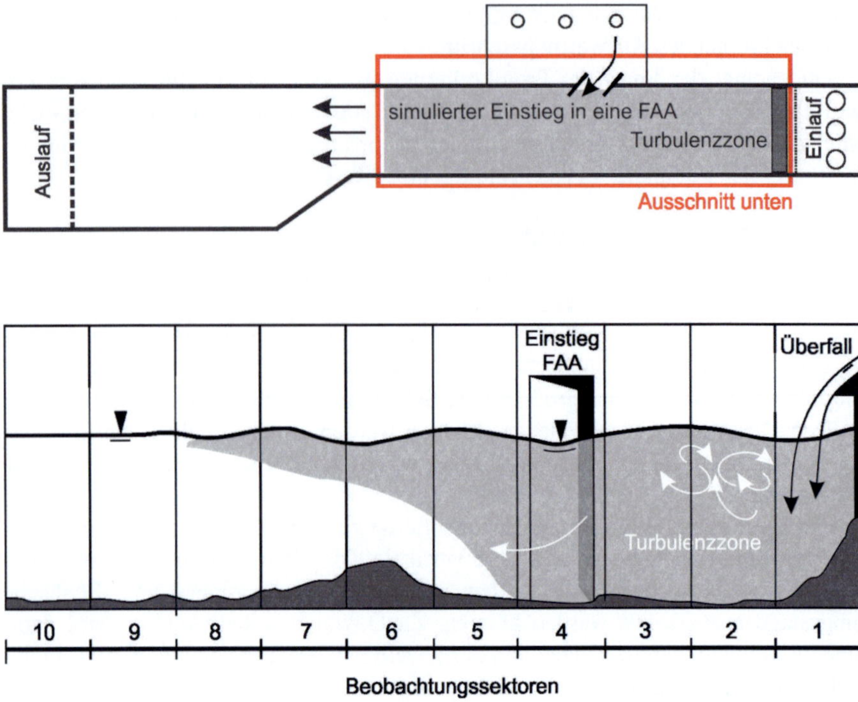

Abb. 7.3 Vorlage für graphische Aufzeichnungen zur Verortung relevanter Verhaltensweisen im Laborgerinne; hier in Hinblick auf die Auffindbarkeit des Einstiegs in eine simulierte Fischaufstiegsanlage (Auslauf FAA) im räumlichen Verhältnis zur Turbulenzzone im Unterwasser eines Wehrüberfalls

Dessen ungeachtet ist die fotografische Dokumentation nicht zuletzt in Hinblick auf die Erstellung von Berichten und Publikationen Pflichtbestandteil einer Untersuchung. Die Ethohydraulik stellt hierbei jedoch besondere Anforderungen an die technische Ausstattung, denen die meisten Fotokameras nicht oder nur unzureichend gerecht werden. In der Regel gilt es, die sich zum Teil mit beachtlicher Geschwindigkeit bewegen Probanden bei eingeschränkten Licht- und Sichtbedingungen genau in dem Moment scharf abzubilden, in dem sie ein charakteristisches Verhalten zeigen. Allerdings scheidet die Verwendung von Blitzgeräten zur Verbesserung der Lichtverhältnisse aus, weil nicht nur die Scheiben der Laborrinne, sondern auch Luftbläschen im Wasserkörper das Blitzlicht reflektieren. Darüber hinaus kann durch Blitze das Verhalten der Fische beeinflusst und z. B. eine Fluchtreaktion ausgelöst werden. Eine Fotokamera muss deswegen eine hohe Lichtempfindlichkeit im Bereich von etwa 1.000 bis 6.000 ASA aufweisen und dennoch Bilder guter Qualität schießen. Auch ist darauf zu achten, dass die Auslöseverzögerung der Fotokamera so kurz wie möglich ist. Bereits bei einer Auslöseverzögerung von 0,3 Sekunden ist eine Reaktion häufig bereits abgeschlossen oder der Fisch hat den Fokus bereits verlassen. Vor diesem Hintergrund werden für die fotografische Dokumentation

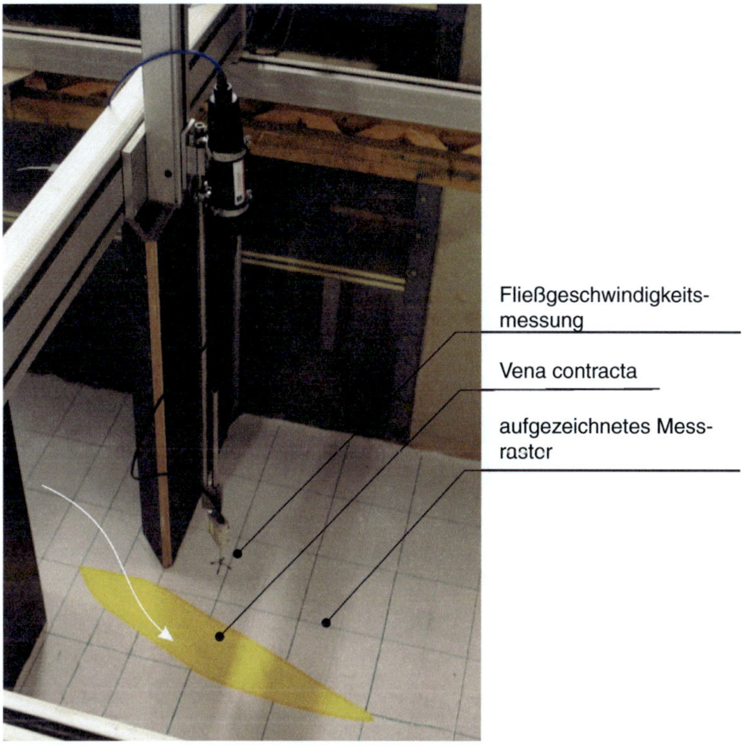

Abb. 7.4 Messraster auf der Sohle der Laborrinne sowie Markierung der Hochgeschwindigkeitszone im Bereich der Strömungseinengung stromab eines Durchlasses

ethohydraulischer Befunde hochwertige digitale Spiegelreflexkameras mit möglichst lichtstarken Objektiven benötigt.

Stative, mit denen durch Fixierung der Fotokamera eine bessere Bildqualität erzeugt werden kann, können nur eingesetzt werden, wenn die zu erwartenden Verhaltensweisen in genau dem begrenzten Bereich der Laborrinne auftreten, auf den die Kamera fokussiert ist. In der Regel ist es vorteilhafter aus der Hand zu fotografieren, da es leichter gelingt, aussagekräftige Aufnahmen von Geschehnissen zu machen, die in verschiedenen Abschnitten des Untersuchungsbereiches stattfinden.

Selbst wenn eine Fotokamera Serienaufnahmen in schneller Folge machen kann, gelingt es kaum schnelle und komplexe Bewegungsabläufe sowie großräumige Verhaltensweisen in ihrem räumlichen Zusammenhang und zeitlichen Ablauf adäquat zu dokumentieren. Deshalb werden im Rahmen ethohydraulischer Untersuchungen außer Fotos möglichst auch Filmaufnahmen gemacht, mit denen Fische selbst in Bereichen aufgenommen werden können, die vom Beobachter nicht direkt einsehbar sind. Vor allem aber sind Filmaufnahmen in idealer Weise geeignet, um die Befunde ethohydraulischer Untersuchungen im Rahmen von Vorträgen zu präsentieren und den Zuhörer quasi mit in das wasserbauliche Versuchslabor zu nehmen

Abb. 7.5 In einen Plexiglaszylinder vor Spritzwasser geschützte, senkrecht nach unten ausgerichtete Webcam zur Beobachtung der Passage von Fischen durch einen Schlitz

und am Geschehen zu beteiligen. Solche Präsentationen tragen erfahrungsgemäß mehr als alle bebilderten Veröffentlichungen zum Verständnis ethohydraulischer Erkenntnisse bei.

Zum Einsatz können moderne Webcams und Camcorder mit hoher Lichtempfindlichkeit oder konventionelle Videokameras kommen. Letztere sollten heute über eine digitale Schnittstelle verfügen, um die Bildinformationen mittels eines Analog-Digital-Wandlers extern auf einem Computer speichern und später mit einer geeigneten Software bearbeiten zu können. Mit Hilfe wasserdichter Gehäuse sind mit allen Filmkameras sogar Unterwasseraufnahmen möglich (Abb. 7.5). Nachteilig ist hierbei allerdings, dass eine in die Laborrinne resp. den Wasserkörper eingebrachte Kamera in der Regel die jeweilige hydraulische Situation beeinflusst. Zudem ist weder bei wasserdicht eingehausten Kameras, noch bei speziellen Unterwasserkameras eine Veränderung des Bildausschnittes während des laufenden Tests möglich (Abb. 7.6). Gleiches gilt für die Einstellung der Schärfe. Diesbezüglich ist eine Autofokus-Funktion wenig hilfreich, da sich durch Lichtbrechungen oder Wellen die Einstellung ständig nachjustiert.

Abb. 7.6 Filmaufnahme mit einer Unterwasserkamera aus der Fischperspektive

Abb. 7.7 Für Filmaufnahmen hell gestrichene Sohle der Laborrinne im Bereich seitlicher Öffnungen

Die limitierenden Faktoren für den Einsatz optischer Systeme zu Dokumentationszwecken sind in der Regel die Lichtverhältnisse in der Versuchshalle, die Trübung des Wassers sowie die Kontraste in der Laborrinne. Da einige Fischarten sehr empfindlich auf helles Licht und Schlagschatten reagieren, ist eine zusätzliche künstliche Beleuchtung der Laborrinne nicht empfehlenswert. Entsprechend ist das Tagespensum für die Durchführung ethohydraulischer Tests natürlicher Weise auf die Zeit zwischen Sonnenauf- und -untergang begrenzt. Für den Einsatz von Unterwasserkameras oder untergetauchten Aufnahmegeräten kann allerdings ein helles Tünchen der Rinnensohle hilfreich sein, um den Farbkontrast zu den ohnehin eher farblosen Fischen insbesondere bei diffusen Lichtverhältnissen zu erhöhen (Abb. 7.7).

Für physiologische Untersuchungen an Fischen in Dunkelheit wird verschiedentlich infrarotes Licht mit einer Wellenlänge von mehr als 850 nm eingesetzt (Meager et al. 2006). Obwohl nur wenig Erkenntnisse über die Wahrnehmungsfähigkeit einheimischer Fischarten von Infrarotlicht vorliegen, geht man zurzeit davon aus, dass die meisten Arten dieses nicht wahrnehmen und sich wie bei absoluter Dunkelheit verhalten (Russon et al. 2010). Werden Fische jedoch entgegen dieser Einschätzung durch infrarotes Licht gestört oder gestresst, lässt sich bei Anwendung einer solcher Beleuchtung für ethohydraulische Untersuchungen nicht mehr zweifelsfrei unterscheiden, ob das beobachtete Verhalten eine Reaktion auf die dargebotene konstruktive/hydraulische Situation oder aber auf die Lichtquelle darstellt. Unabhängig hiervon absorbiert Wasser infrarotes Licht bereits in einem Abstand von nur 0,2 m nahezu vollständig. Deshalb werden für einen Unterwassereinsatz besonders leistungsstarke Infrarotlampen erforderlich, die wasserdicht eingehaust sein müssen. Angesichts der bestehenden Bedenken und technischen Probleme ist derzeit noch von einem Einsatz infraroten Lichts zu Dokumentationszwecken im Dunkeln abzuraten.

Da Turbulenzen, Wellen und Spiegelungen Aufnahmen durch die Wasseroberfläche erschweren, werden sowohl Foto-, als auch Filmaufnahmen meistens von der Seite her in die Laborrinne angefertigt. Dies hat den Vorteil, dass der Bildausschnitt einer Kamera dem Schwimmweg der Fische einfach nachgeführt werden kann. Problematisch sind hierbei allerdings optische Brechungen an den Glasscheiben sowie im Wasser, da sie die sichtbare Position des Fisches im Wasserkörper und somit auch seine exakte Verortung verzerren (Abb. 7.8). Solche Artefakte lassen sich nur durch die senkrechte Anordnung einer Kamera vermeiden, welche die Position des Fisches aus einer Draufsicht dokumentiert. Da hierfür die Kamera allerdings in den Wasserkörper eingetaucht werden muss, zieht dies unter Umständen eine Veränderung der hydraulischen Situation der Testkonstellation nach sich.

7.1.2 Beobachtungsdauer

Die Entscheidung darüber, wie lange ethohydraulische Verhaltensbeobachtungen und damit ein Test dauern soll, richtet sich nach der jeweiligen Fragestellung sowie der Bereitschaft der Probanden, auf die dargebotene konstruktive/hydraulische Situation zu reagieren. In jedem Fall ist es für die Vergleichbarkeit von Tests wichtig, dass eine für die Fragestellung als sinnvoll erachtete und durch erste Tests bestätigte Beobachtungsdauer unter allen Umständen bei jedem nachfolgenden Test eingehalten wird. Allerdings ist ein Test unverzüglich abzubrechen, wenn die Gefahr besteht, dass Tiere zu Schaden kommen.

Für die meisten ethohydraulischen Fragestellungen hat sich eine Beobachtungsdauer von 30 Minuten als ausreichend erwiesen, um charakteristische Verhaltensweisen zu erkennen und quantifizierbare Befunde zu erhalten. Längere Beobachtungszeiten erbrachten bisher keine neuen Erkenntnisse, sondern ermüdeten die Probanden nur unnötig.

Nach jedem Test ist die Gruppe der Probanden gegen neue Fische auszutauschen, um Lerneffekte zu vermeiden. Zudem sind die Probanden auch nach einem Test mit einer hohen Fließgeschwindigkeit der Hauptströmung in der Laborrinne, d. h. über etwa 0,8 m/s auszutauschen oder wenn sie erschöpft scheinen. Sollte die gleiche Fischgruppe in einem nachfolgenden zweiten Test eingesetzt werden, ist

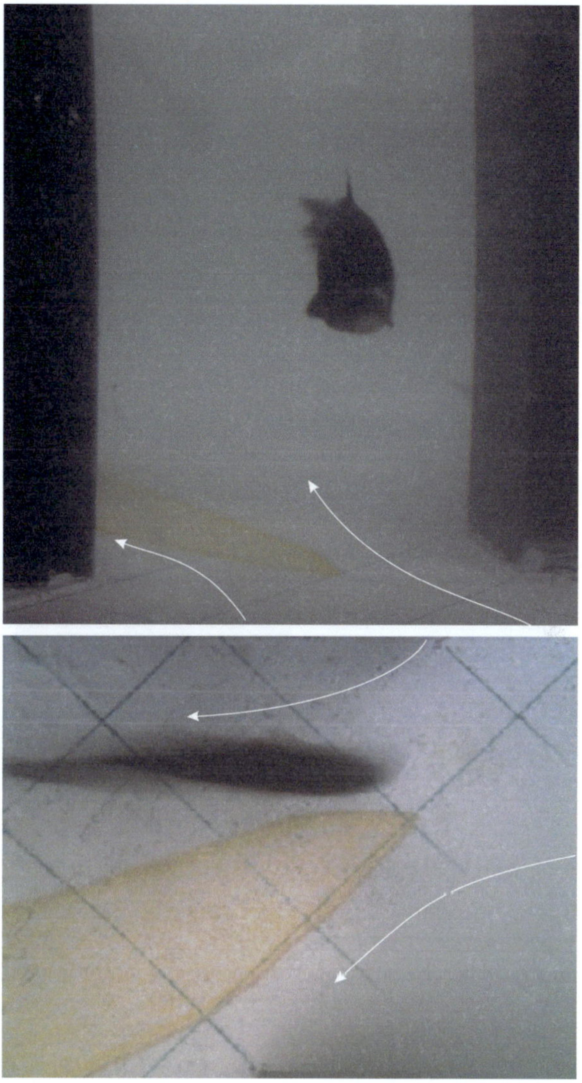

Abb. 7.8 Vergleich derselben Passage eines Fisches durch eine Vena contracta (gelb markierter Bereich) aus unterschiedlichen Perspektiven: In der Frontalansicht (*oben*) scheint die Bachforelle die Hochgeschwindigkeitszone direkt zu durchschwimmen, während die Draufsicht (*unten*) eindeutig ihre seitlich versetzte Passage dokumentiert

den Tieren eine Erholungsphase von mindestens 60 Minuten zu gönnen, in der sie die Rinne bei geringer Strömung frei durchstreifen dürfen.

7.1.3 Durchführung eines ethohydraulischen Tests

Die eigentliche Durchführung eines ethohydraulischen Tests erfolgt in mehreren Schritten:

1. Die Laborrinne wird mit den zur Herstellung der situativen Ähnlichkeit benötigten Einbauten bestückt. In Kalibrierungsläufen wird dann mittels der Daten aus

Abb. 7.9 Umsetzen von der Transportwanne in den Startkäfig in der eingestauten und gering beaufschlagten Laborrinne

dem Präprozess eine hydraulische Ausgangssituation eingestellt. Die Einstellungen betreffen z. B. Dotation, Wassertiefe resp. Einstaugrad, Fließgeschwindigkeit etc. und sind zu protokollieren.

2. Ausgehend von dem Ausgangszustand wird ein Versuchsplan erstellt, in dem für eine Serie ethohydraulischer Einzeltests die zu variierenden Parameter mit den jeweils zugehörigen Werten festgelegt sind. Dieser Versuchsplan gibt grob den Ablauf vor, muss jedoch so flexibel gehandhabt werden, dass im Falle besonderer Beobachtungen eine Anpassung der Tests erfolgen kann.
3. Nach dem Einstau der Laborrinne wird ohne bzw. nur bei geringfügiger Strömung der Startkäfig im Versuchsstand so positioniert, dass seine Oberseite mit der Öffnung zur Aufnahme der Fische die Wasseroberfläche überragt. Es folgt das zügige Umsetzen der Probanden aus den Hälterbecken in den Startkäfig (Abb. 7.9). Ist ein direktes Einsetzen der Fische vom Hälterbecken in den Startkäfig an der Startposition nicht möglich, wird der Startkäfig samt den eingesetzten Probanden vorsichtig auf die Startposition verfahren, wobei die Fische stets von Wasser umgeben und bedeckt sein müssen. Ist dies mit dem Startkäfig nicht möglich, werden die Fische in einer Transportwanne zum bereits an die richtige Position verbrachten Startkäfig gebracht und vor Ort umgesetzt.

4. Es schließt sich eine 30-minütige Anpassungszeit an, um die Probanden im Startkäfig an die Verhältnisse in der Laborrinne zu gewöhnen. Gleichzeitig wird die Strömung in der Laborrinne allmählich auf den vorher festgelegten Wert erhöht und es wird überprüft, ob der vorgesehene Wasserstand korrekt eingestellt ist.
5. Mit der Öffnung des Startkäfigs beginnt die Beobachtungszeit unter Anwendung geeigneter Protokollierungs- und Dokumentationsmethoden. Die Aufmerksamkeit der Beobachter hat sich während eines Tests primär auf solche Abschnitte in der Laborrinne zu richten, in denen die zur Klärung der Fragestellung relevanten Reaktionen der Fische erwartet werden. Dennoch ist stets zu berücksichtigen, dass auch in anderen Bereichen des Versuchsstandes relevante Reaktionen auftreten können, die im Rahmen des Präprozesses nicht einkalkuliert wurden. Darüber hinaus ist der Zustand der Fische zu überwachen: Individuen, deren Kräfte versagen und die mit der Strömung verdriftet werden, sind unverzüglich der Rinne zu entnehmen und im Falle, dass erkannt wird, dass von der jeweiligen Versuchseinstellung eine Gefährdung für die Fische ausgeht, ist der Test sofort abzubrechen.
6. Nach Ablauf der Beobachtungszeit wird der Wasserstand in der Laborrinne unter Drosselung der Pumpen bis auf eine Tiefe von etwa 0,3 m oder auf Höhe der Oberkante des Staubrettes reduziert.
7. Am Ende eines ethohydraulischen Tests folgt ein möglichst schonender Fang der Fische aus der Laborrinne, um sie in ihr Hälterbecken zurück zu setzen.

Die Zeit, die insgesamt für die Durchführung eines Tests erforderlich ist, überschreitet die reine Beobachtungsdauer erheblich, zumal auch das Einstellen der Versuchskonstellationen, das Umsetzen der Fische, die Eingewöhnungszeit sowie die Versorgung der Fische am Ende des Tests bei der Zeitplanung mit einzukalkulieren sind. In der Regel ist für die Durchführung eines ethohydraulischen Tests eine Gesamtzeit von etwa 2,5 Stunden zu veranschlagen.

7.2 Auswertungsmethoden

Die Basis für die Auswertung eines ethohydraulischen Tests mit seinen spezifischen Einbauten und hydraulischen Einstellungen bilden in der Regel das Ad libitum-Protokoll sowie Fotografien. Unter Umständen werden diese Aufzeichnungen durch Filmaufnahmen und Graphiken ergänzt. Alle Belegmaterialien sind nach der Durchführung einer Testserie so zu archivieren, dass sie noch lange Zeit danach einander zugeordnet werden können. Schließlich werden die Materialien in Hinblick auf die jeweilige Fragestellung aufbereitet, ausgewertet und analysiert.

7.2.1 Deskriptive Auswertung

In einem ersten, sehr sorgfältig zu bearbeitenden Schritt gilt es, aus dem Gesamtrepertoire aller beobachteten Verhaltensweisen der Probanden solche zu identifizieren, die im Sinne einer Antwort auf die jeweils gebotene konstruktive/hydraulische Situation zu verstehen sind. Dies ist der Fall, wenn:

- Die Probanden bei Anwesenheit eines bestimmten Reizes resp. eines Parameters bestimmter Wertigkeit eindeutig ein anderes Verhalten zeigen, als bei dessen Abwesenheit.
- Die Probanden auf Varianten bestimmter geometrischer oder hydraulischer Parameter in unterschiedlicher Weise reagieren.

Wurde eine Verhaltensänderung festgestellt, so ist ggf. durch Wiederholungstests abzusichern, dass es sich tatsächlich um eine reproduzierbare Reaktion handelt.

Praxisbeispiel: Nachweis der Reproduzierbarkeit einer Verhaltensweise durch deskriptive Auswertung von Einzelbeobachtungen Verschiedene Untersuchungen belegen, dass die Elektrofischerei bei fachgerechter Ausübung für Fische physiologisch unbedenklich ist (Kap. 6.1.1, Halsband und Halsband 1975; Ochel et al. 1998; Rümmler und Schreckenbach 2006). Die Frage nach möglichen Verhaltensstörungen infolge von Elektrofischerei wurde hingegen erst spät aufgeworfen und ethohydraulisch untersucht. Hierfür wurden Gemischtartenschwärme von Fischen unterschiedlicher Arten und Größen in einer mit Deckungsstrukturen bestückten Laborrinne der Elektrofischerei ausgesetzt (Abb. 7.10, Adam und Schwevers 1998). Es zeigte sich, dass sich die Fische nicht erst nach der Einwirkung eines elektrischen Feldes, sondern bereits beim Durchwaten der Rinne ohne Strom in Unterstände zurückziehen. Im Zuge der Durchführung von Elektrofischerei werden sie genau aus diesen Deckungsstrukturen durch ihr galvanotaktisches Verhalten wieder herausgefischt. Sobald die elektronarkotisierten Exemplare wieder erwachen, fliehen sie unverzüglich in jede nah gelegene Deckungsstruktur, in der sich auf diese Weise häufig mehrere Individuen unterschiedlicher Art und Größe einfinden, die hier gemeinsam über mehrere Stunden verharren

Abb. 7.10 Elektrobefischung in der Laborrinne

Abb. 7.11 Barbe, Bachforelle, Döbel und zwei Lachssmolts teilen sich nach der Elektrobefischung in der Laborrinne einen Unterstand

(Abb. 7.11). Selbst adulte Bachforellen, die sich normalerweise einzelgängerisch verhalten und Konkurrenten aus einem von ihnen zu besetzenden Unterstand vertreiben, zeigen keinerlei aggressives Verhalten. Erst nach etwa fünf Stunden verlassen zunächst Klein- und Jungfische, und einige Zeit später auch größere Exemplare den Unterstand, um entsprechend ihres normalen artspezifischen Verhaltens einzeln oder in Gemischtartenschwärmen in der Laborrinne umher zu streifen.

Um zu überprüfen, ob dieser in situ Befund auf Freilandbedingungen übertragbar ist, wurde in einem 500 m^2 großen Abschnitt der Äschenregion in der Lahn bei Michelbach (Hessen) eine Elektrobefischung mit anschießender Tauchbeobachtung durchgeführt (Adam und Schwevers 1999). Zunächst war nach der Elektrobefischung der zuvor fischbelebte Wasserkörper der Lahn nahezu vollständig fischleer, während in Auswaschungen und Spalten sowie unter Wurzelballen im Uferbereich zahlreiche Fische registriert wurden. Nach etwa 3 Stunden verließen die Fische diese Unterstände wieder. Viele davon hielten sich noch über viele Stunden in Gemischtartenschwärmen eng beieinander.

Ein Vergleich der Untersuchungsergebnisse aus Labor und Freiland zeigt, dass sich Fische unter natürlichen Bedingungen im Gewässer in vergleichbarer Weise gegenüber der Elektrofischerei verhalten, wie in einer Laborrinne: Sie verließen die künstlichen Schutzstrukturen im Labor lediglich später, um zu ihrem normalen Verhalten überzugehen.

Es liegt in der Natur der Biologie, dass Verhaltensbeobachtungen mit Tieren keinesfalls immer eine gewünschte einfache ja/nein-Antwort erbringen. Vielmehr bedarf es außer der Erkenntnis, welche Verhaltensweise in Hinblick auf die Fragestellung zielführend ist, auch eines präzisen Ausdrucksvermögens, um das Verhalten von Fischen nachvollziehbar beschreiben und von anderen Geschehnissen abgrenzen zu können. Insofern stellen sich an den Beobachter Anforderungen an sein sprachliches Vermögen, sowohl einfache Reaktionen, wie auch komplexe Verhaltensabläufe möglichst exakt zu beschreiben. Erschwert wird dies dadurch,

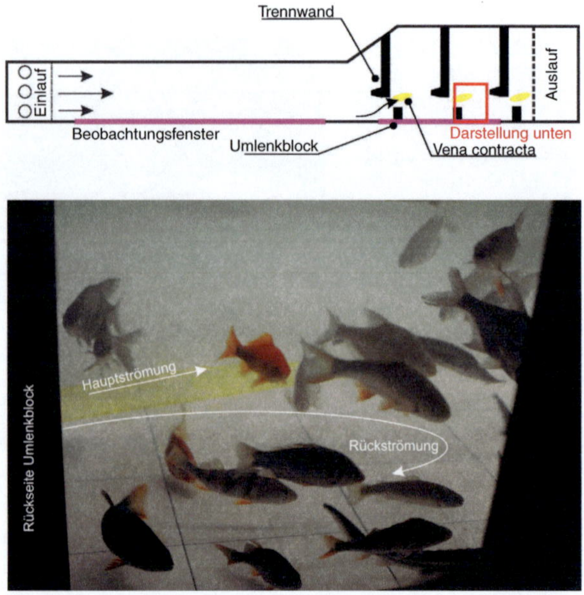

Abb. 7.12 Beispiel für die Beschreibung des Fischverhaltens in der Laborrinne: An der stromab gewandten Seite des Umlenkblocks bildet sich infolge der Ablösung der Hauptströmung eine Rückströmung aus, in der sich ein individuenreicher Gemischtartenschwarm eingestellt hat, wobei die Fische mit dem Kopf nach stromabwärts orientiert sind. In dieser Kehrströmung verweilten viele Individuen mit sparsamen Flossenbewegungen über einen Zeitraum von mehr als 20 Minuten

dass Fischbeobachtungen selten Gegenstand verbaler Ausführungen sind, so dass kein spezifisches Vokabular existiert. Diesem Mangel begegnen ungeübte Experimentatoren oft, indem sie sich Anthromorphismen bedienen, die Verhaltensweisen terrestrischer Tiere auf Fische übertragen oder gar Vergleiche mit der Schifffahrt ziehen. Solche sprachliche Unzulänglichkeiten haben in der Vergangenheit dazu beigetragen, Verhaltensbeobachtungen an Fischen eher einen Unterhaltungs-, als einen naturwissenschaftlichen Nutzwert zu zuerkennen. Vor diesem Hintergrund ist von den Experimentatoren zu verlangen, dass sie sich einer möglichst sachlichen und objektiven Sprache bedienen, um unter Einbeziehung der technischen Fakten das beobachtete Verhalten der Fische exakt und nachvollziehbar zu beschreiben (Abb. 7.12).

Darüber, ob eine Testserie eine abgesicherte ethohydraulisch relevante Verhaltensweise erkennen ließ oder lediglich zufällige Reaktionen beobachtet wurden, entscheiden folgende Kriterien:

- Die fragliche Reaktion oder Verhaltensweise wurde nicht nur vereinzelt, sondern bei mehreren Probanden unabhängig voneinander beobachtet.
- Bei ethohydraulischen Tests mit allgemeiner, nicht artspezifischer Fragestellung reagierten die Probanden verschiedener Arten und Größen bzw. Altersstadien in vergleichbarer Weise.
- Wiederholungstests mit der derselben Testkonstellation aber mit anderen Probanden und/oder zu einer anderen Zeit erbrachten die gleichen Resultate.

Eine ethohydraulisch relevante Verhaltensweise ist demnach dadurch gekennzeichnet, dass sie bei gleicher bzw. sehr ähnlicher konstruktiver/hydraulischer Einstellung der Parameter in gleicher Weise und vorhersagbar abläuft. In diesem Falle kann davon ausgegangen werden, dass sich Fische unter ähnlichen Bedingungen im natürlichen Gewässer in derselben Art und Weise verhalten werden. Dieser unbedingte Zusammenhang zwischen der Präsenz von Reizen bzw. Reizkonstellationen und dem Verhalten von Fischen erlaubt den Transfer ethohydraulischer Befunde aus dem Labor ins Freiland.

7.2.2 Quantitative Auswertung

Die Häufigkeit und Frequenz, mit der eine bestimmte Reaktion im ethohydraulischen Test beobachtet wird, ist zähl- und damit messbar. Insbesondere für Fragestellungen, bei denen den Fischen eine Wahl geboten wird, auf eine konstruktive oder hydraulische Situation im Sinne einer ja/nein- bzw. positiv/negativ-Antwort zu reagieren, bietet sich eine quantitative Auswertung der Verhaltensbeobachtungen an.

Beispiel: Passierbarkeit der Vena contracta eines Schlitzdurchlasses bei verschiedenen Maximalgeschwindigkeiten für leistungsschwache Fische Es galt zu untersuchen, ob und an welcher Stelle leistungsschwache Fische gegen die Fließgeschwindigkeiten die Vena contracta unterhalb eines Schlitzdurchlasses passieren können (Abb. 7.13). Bei einer Schlitzbreite von 0,3 m wurde hierzu in einer Laborrinne die Passierbarkeit der Hochgeschwindigkeitszone bei Maximalgeschwindigkeiten von 1,3 m/s, 1,5 m/s und 1,7 m/s getestet. Als Probanden wurden u. a. juvenile Alande, Flussbarsche, Giebel, Goldfische, Brachsen, Rapfen, Zährten, Sterlets und Bester mit Längen unter 20 cm eingesetzt. Die meisten Passagen wurden erwartungsgemäß bei der geringsten Maximalgeschwindigkeit, d. h. bei 1,3 m/s und seitlich an der Hochgeschwindigkeitszone vorbei beobachtet. Mit steigender Fließgeschwindigkeit nahm zwar die Anzahl der Passagen ab, doch erfolgten diese nun öfter direkt durch die Hochgeschwindigkeitszone.

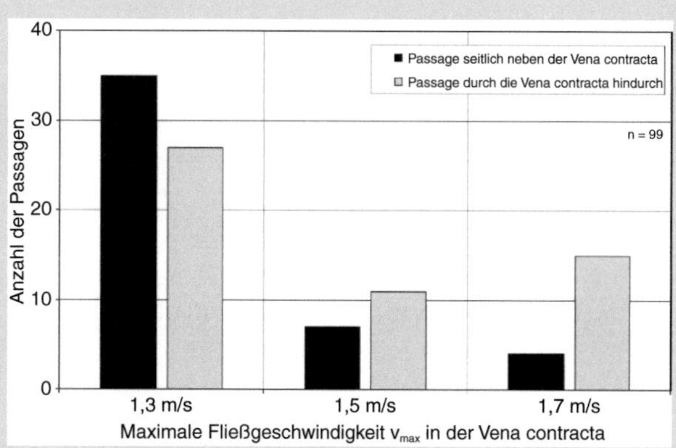

Abb. 7.13 Vergleich der Anzahl von Passagen durch die Vena contracta eines Schlitzdurchlasses bzw. seitlich daran vorbei bei verschiedenen Fließgeschwindigkeiten

Die Zählung der Passagen lässt den Rückschluss zu, dass Fische einen Schlitzdurchlass bevorzugt bei geringen Maximalgeschwindigkeiten passieren. Da die Vena contracta jedoch bei höheren Maximalgeschwindigkeiten häufiger auch mittig durchschwommen wurde, stellt der Hochgeschwindigkeitsbereich zumindest bei den gebotenen Maximalgeschwindigkeiten für leistungsschwache Fische offenbar kein Passagehindernis dar.

Ein direkter Vergleich quantitativer Befunde ethohydraulischer Tests ist immer dann möglich, wenn die Einzeltests unmittelbar aufeinander folgen und mit Fischgruppen vergleichbarer Zusammensetzung wiederholt werden. Eine besonders anschauliche Möglichkeit, zählbare Verhaltensweisen in ihrem zeitlichen Kontext darzustellen und auszuwerten, bieten sog. Kumulationsgraphen: Darin wird die Anzahl klar definierbarer und gegen andere Verhaltensweisen abgrenzbarer Reaktionen kumulativ gegen die Zeit dargestellt.

Praxisbeispiel: Auffindbarkeit des Einstiegs einer Fischaufstiegsanlage in Abhängigkeit vom Austrittswinkel im Unterwasser Anfang der 1990er Jahre wurden am Zentrum für Agrarlandschafts- und Landnutzungsforschung in Müncheberg (Brandenburg) ethohydraulische Tests zur Wirksamkeit der Leitströmung einer Fischaufstiegsanlage in Abhängigkeit von ihrem Austrittswinkel durchgeführt (Institut für angewandte Ökologie 1993–1996). Dieselbe Fragestellung wurde 2008 an der Universität Karlsruhe abermals untersucht (Kampke et al. 2009). Zu diesem Zweck wurde die aus einer simulierten Fischaufstiegsanlage (FAA) mit einer Fließgeschwindigkeit von etwa 0,5 m/s austretende Leitströmung jeweils im Winkel von 0°, d. h. parallel zur Hauptströmung in der Laborrinne sowie 45° und 90° in das Unterwasser eines Wehrüberfalls eingeleitet. Die jeweils über 30 Minuten beobachteten Auffindereignisse der Einstiegsöffnung bei den verschiedenen Mündungswinkeln wurden kumulativ dargestellt (Tab. 7.1).

Die Befunde beider ethohydraulischen Untersuchungen zeigen übereinstimmend, dass ein paralleler Austritt der Leitströmung aus einer Fischaufstiegsanlage von mehr Fischen binnen kürzerer Zeit aufgefunden wird, als alle anderen Einstiegsvarianten. Eine orthogonale Anordnung des Einstiegs wurde in beiden Untersuchungen mit Abstand am schlechtesten von den Fischen aufgefunden. Die Befunde der ersten Untersuchung haben sich somit nahezu 20 Jahre später in einem anderen wasserbaulichen Versuchslabor mit anderen Probanden als reproduzierbar und damit belastbar erwiesen: Zu einer parallel bzw. in möglichst spitzem Winkel zur Strömung im Unterwasser eines Aufwanderhindernisses eintretenden Leitströmung einer Fischaufstiegsanlage gibt es demnach keine Alternative.

Die unterschiedliche Anzahl erfolgreicher Auffindeereignisse in den beiden Untersuchungen verdeutlicht hingegen, dass quantitative Daten aus

Tab. 7.1 Gegenüberstellung der Ergebnisse ethohydraulischer Tests aus den Jahren 1994 (nach: Adam et al. 1994) und 2008 (nach: Kampke et al. 2009)

Laborrinne am ZALF:	**Laborrinne des IWG:**
Länge: 18,0 m	Länge: 17,0 m
Breite: 1,5 m	Breite: 1,75 m
Einstautiefe: 0,3 m	Einstautiefe: 1,0 m
$Abfluss_{Wehr}$: 300 l/s	$Abfluss_{Wehr}$: 440 l/s
$Abfluss_{FAA}$: 50 l/s	$Abfluss_{FAA}$: 80 l/s
v_{mFAA}: 0,5 m/s	v_{mFAA}: 0,4 m/s
Winkel: 0°, 45°, 90°	Winkel: 0°, 45°, 90°

Testkonstellation

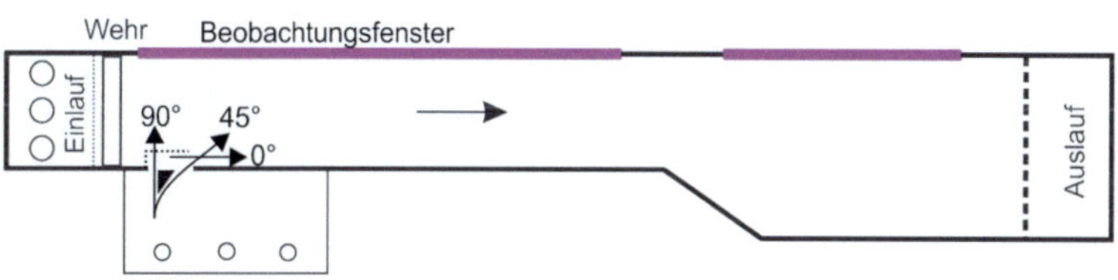

Kumulierte Darstellung von Auffindeereignissen

nach: Adam et al. 1994	nach: Kampke et al. 2009
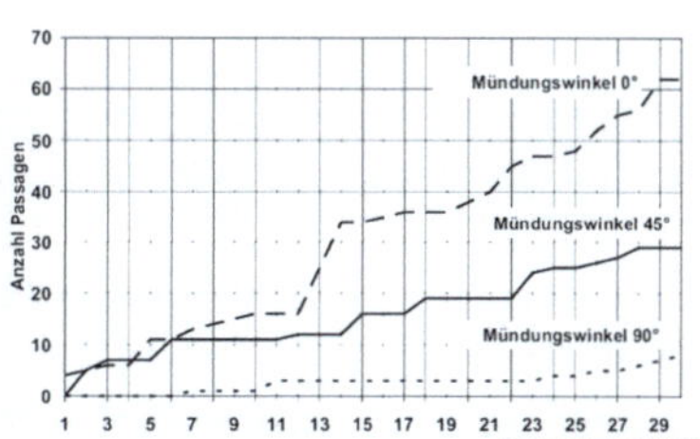	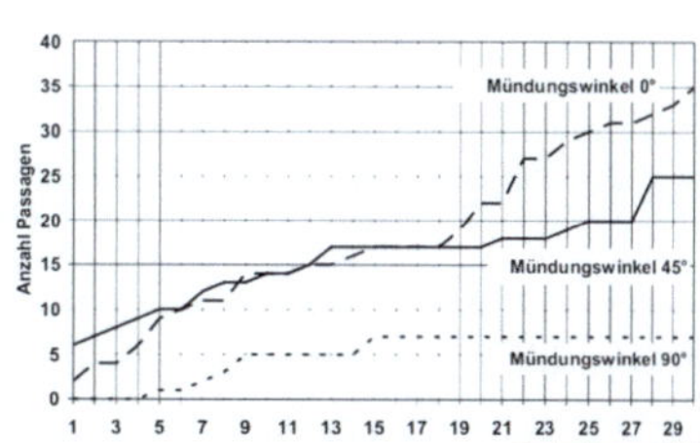

unterschiedlichen ethohydraulichen Testserien nicht direkt miteinander verglichen werden können, da die Tests zu verschiedenen Zeitpunkten, mit unterschiedlichen Fischen und unter anderen Rahmenbedingungen durchgeführt wurden.

7.2.3 Fehlerquellen

Es kommt vor, dass bei einer mehrfach getesteten Parameterkonstellation stark divergierende Testergebnisse erzielt werden, die keinen eindeutigen Trend erkennen lassen oder, dass sich die Probanden während den Tests passiv verhalten. Bei der Suche nach Gründen ist zunächst zu überprüfen, ob im Präprozess eine nicht zielführende Versuchsanordnung oder/und falsche hydraulische Einstellungen festgelegt wurden, von denen keine für die Fische relevanten Reize ausgehen, oder aber, dass die relevanten Reize von anderen Einflüssen überlagert werden. Sind methodische Fehler auszuschließen, ist der auszutestende Parameter oder sein Wert für die Probanden möglicherweise nicht wahrnehmbar oder ist er zu stark. Um diese Möglichkeiten zu verifizieren, wird der Test mit der gleichen Parameterkonstellation wiederholt. Erbringt auch dieses Vorgehen keine Klarheit, werden die selben Tests nochmals, aber mit anderen Probanden durchgeführt, welche eine niedrigere Reizschwelle oder ein höheres Leistungsvermögen besitzen. Schließlich bleibt als letzte Möglichkeit das Ausbleiben eindeutiger Reaktionen zu begründen und die Motivation der Probanden zu hinterfragen.

Praxisbeispiel: Verfahren zur Abschätzung einer motivationsbedingten Passivität von Probanden Um festzustellen, ob Probanden nicht ausreichend motiviert sind, um auf eine ihnen gebotene konstruktive/hydraulische Testkonstellation zu reagieren, wird die Strömung in der Laborrinne im laufenden Test für einige Minuten abgestellt: Verlassen Probanden in dieser Zeit die Position nicht, auf die sie sich zurückgezogen haben, belegt dies eine geringe Bereitschaft der Fische umher zu schwimmen. Solchen Tieren ist entweder eine mehrtägige Ruhepause zu gewähren oder sie sind gegen neue Probanden auszutauschen. Beginnen die Fische allerdings nach dem Abstellen der Strömung prompt das Gerinne zu durchstreifen, wirken im Test offenbar äußere Reize auf die Probanden ein, denen sie sich durch ein passives oder ein Meideverhalten aus bestimmten Arealen zu entziehen trachten. In diesem Fall ist die Testreihe fortzusetzen und durch Variation der Einstellungen eine Identifikation desjenigen Reizes anzustreben, dessen ethohydraulische Signatur es im Sinne einer Reizschwelle zu bestimmen gilt. Um das gewonnene Ergebnis abzusichern, sollte die fragliche Testeinstellung in jedem Fall mit einer anderen Probandengruppe wiederholt werden.

Das verlässlichste, aber aufwändigste Vorgehen zur Feststellung einer motivationsbedingten Passivität von Fischen besteht darin, denselben Test zu einer anderen Zeit entweder mit denselben und/oder mit anderen Probanden zu wiederholen. Stimmen die Ergebnisse der Wiederholungstests tendenziell überein, kann ein motivationsbedingter Einfluss ausgeschlossen und die registrierte Passivität als Antwort auf die im Test gebotene Situation gewertet werden.

Verdichten sich allerdings die Hinweise auf eine mangelnde Motivation der Probanden, ohne dass sich hierfür Ursachen verantwortlich machen lassen, sind die Fische auszutauschen.

Grundsätzlich besteht die Möglichkeit, die Ergebnisse von Tests ohne eindeutigen Trend auf der Grundlage einer Best-off-Auswahl zu bewerten, bei der nur diejenigen Tests in die Bewertung eingehen, bei denen die maximale Anzahl von Reaktionen auf die jeweilige Testkonstellation erreicht wurde. Allerdings unterliegen auf einer solchen Basis vorgenommene Bewertungen einer erheblichen Unsicherheit, die durch Wiederholungsversuche zu einem späteren Zeitpunkt sowie mit anderen Probanden und ggf. modifiziertem Versuchsaufbau mit anderen Einstellungen überprüft werden sollten. Keinesfalls ist es ausreichend, solche unsicheren Befunde auf der Grundlage von Expertenwissen zu bewerten.

7.3 Erfassung, Darstellung und Beurteilung der ethohydraulischen Signatur

Als Ergebnis eines ethohydraulischen Tests bzw. einer Testserie gilt es ein in Hinblick auf die Fragestellung zielführendes und bei gleicher Parameterkonstellation reproduzierbares Verhalten bei den beobachteten Probanden festzustellen. Ziel der einzelnen ethohydraulischen Tests ist es darüber hinaus, zu erkennen, ob das Verhalten der Probanden durch externe physikalische Faktoren, wie Licht-, Schall- oder mechanische Effekte provoziert oder durch eine Strömungssituation oder -eigenschaft ausgelöst und beeinflusst wurde. Schließlich ist mit der Erfassung der ethohydraulischen Signatur den bzw. die Parameter zu ermitteln, welche ursächlich für die beobachtete Verhaltensweise verantwortlich sind und deren Werte im Sinne von Reizschwellen zu erfassen.

Die Erfassung und Darstellung der ethohydraulischen Signatur erfolgt in drei aufeinander aufbauenden Schritten (Abb. 7.14):

1. **Schritt:** In diesem Schritt erfolgt die Kopplung zwischen dem Fischverhalten und den verhaltensauslösenden Gegebenheiten, z. B. Strukturen und Strömungen. Zudem ist eine räumliche Abgrenzung solcher Bereiche notwendig, in denen das für die Untersuchung relevante Verhalten der Probanden auftritt.
2. **Schritt:** Es werden in dem eingegrenzten Bereich durch Rastermessungen möglichst viele Parameter, z. B. Geometrien, Strömungs- und Turbulenzphänomene einschließlich der Schwankungsbreite dieser Werte erfasst. Diese Daten stellen die ethohydraulische Signatur dar.
3. **Schritt:** Sofern verfügbar, werden die Werte der verhaltensauslösenden und damit fischrelevanten Faktoren mit bekannten Reizschwellen oder Grenzwerten, z. B. zum Leistungsvermögen der Tiere verglichen, um die Bedeutung der Parameter sichtbar zu machen und u. a. in Hinblick auf ihre Fischverträglichkeit zu beurteilen.

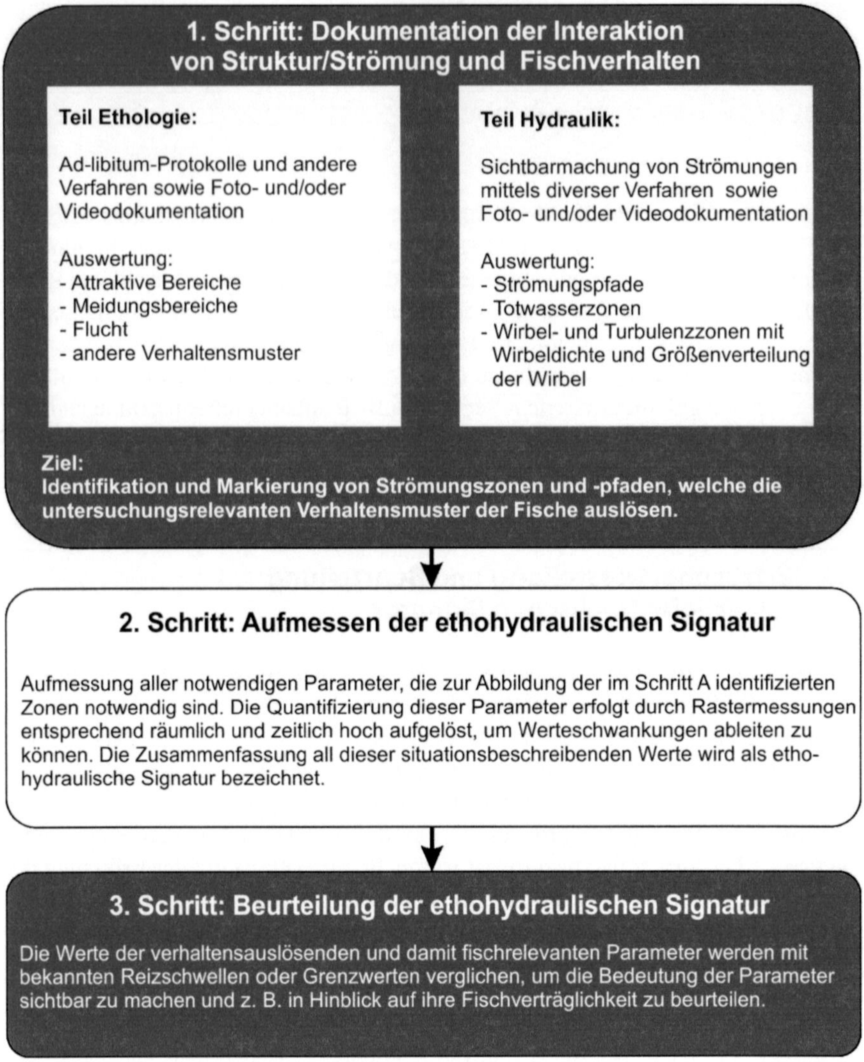

Abb. 7.14 Arbeitsweg zur Erfassung, Abbildung und Interpretation der ethohydraulischen Signatur

7.3.1 Schritt 1: Dokumentation der Interaktion von Struktur/Strömung und Fischverhalten

Im Rahmen der Verhaltensbeobachtungen können Verhaltensweisen bei den Fischen beobachtet werden (Kap. 5.4) die Aufschluss darüber geben, ob und wie stark sie von einer konstruktiven/hydraulischen Situation beeindruckt und beeinflusst werden, z. B.:

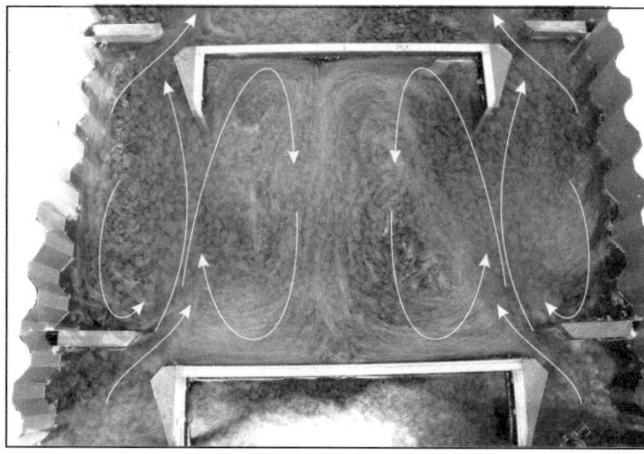

Abb. 7.15 Langzeitbelichtung eines an der Wasseroberfläche schwimmenden Tracers zur Darstellung der Oberflächenströmung im Modell eines Doppelschlitzpasses

- Die Geometrien und Dimension z. B. einer Wassertiefe, Engstelle oder der lichten Weite einer mechanischen Barriere entscheiden in Relation zur Körpergestalt und den Körpermaßen eines Fisches darüber, ob eine Passage grundsätzlich physisch möglich ist. Ethohydraulische Erkenntnisse besagen darüber hinaus, ob der Fisch einen solchen Bereich grundsätzlich durchschwimmen oder meiden wird.
- Vor oder in Engstellen auftretende Anström- und Maximalfließgeschwindigkeiten entscheiden in Abhängigkeit vom Leistungsvermögen der Fische über Passagen oder Fluchtverhalten.
- Da die mittlere Fließgeschwindigkeit einer Strömung das für die Orientierung der Fische erforderliche positiv rheotaktische Verhalten steuert, hat sie Einfluss auf die Attraktivität einer Gewässerstrecke als Wanderkorridor oder die Auffindbarkeit des Einstiegs im Sinne einer wahrnehmbaren Leitströmung in eine Fischaufstiegsanlage.
- Ob Wirbel oder Turbulenzen Fische stressen oder ihnen sogar gefährlich werden, lässt sich am Abstand erkennen, den die Tiere zu solchen Strömungsphänomenen einhalten.

Ausgehend von den Verhaltensbeobachtungen im ethohydraulischen Test ist zunächst zu klären, welche Parameter der aus dem Gemisch geometrischer, hydraulischer und physiologischer Aspekte eine bestimmte Reaktion auslösen. Scheiden strömungsunabhängige Einflüsse und Randbedingungen, wie Licht, Schall und mechanische Einwirkungen aus, so ist davon auszugehen, dass die hydraulische Situation eine für das Fischverhalten ausschlaggebende Wirkung hat.

Da nun aber der menschliche Beobachter das Strömungsgeschehen in der Regel nicht sehen kann, empfiehlt es sich vor der Durchführung aufwändiger Rastermessungen dem Fließgeschehen in der Laborrinne zunächst flüssige oder feste Tracerstoffe zuzusetzen. Auf diese Weise lassen sich die für das Fischverhalten relevanten Bereiche in der Laborrinne verorten (Abb. 7.15). Um Oberflächenströmungen sichtbar zu machen werden dabei vorzugsweise feste schwimmende Tracer wie Sägemehl oder Papierschnipsel auf die Wasseroberfläche gestreut. So dann wird ihre Ausbreitung aus der Vogelperspektive mit langzeitbelichteten Foto-

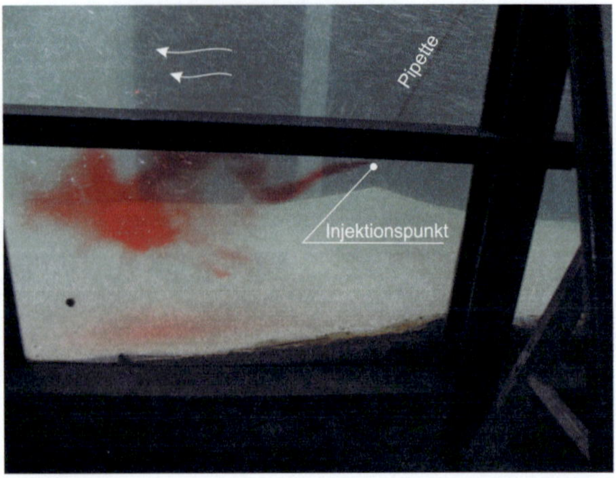

Abb. 7.16 Injektion der Lebensmittelfarbe Amaranth als Tracer

Abb. 7.17 Fadenharfe

grafien oder auf Videofilm dokumentiert. Um die Qualität solcher Aufnahmen zu erhöhen kann eine vollständige oder zumindest partielle Abdunklungen der Laborrinne sinnvoll sein.

Zur Sichtbarmachung der Strömungsverhältnisse im Wasserkörper werden hingegen flüssige Farbstoffe (Kap. 6.1.3) oder aber ungelöste Farbstoffkörnchen zugegeben. Flüssige Tracer werden mit Hilfe langer Pipetten in das Wasser injiziert, um einzelne Stromfäden sichtbar zu machen (Abb. 7.16).

Bei ethohydraulischen Versuchen mit großen Abflüssen und turbulenter Strömung wird ein flüssiger Tracer auf kurzem Fließweg rasch verdünnt, so dass er Strömungen nur begrenzt erkennbar macht. In solchen Fällen hat sich der Einsatz einer Fadenharfe bewährt. Diese besteht aus mehreren Quer- und Längsstäben, an denen etwa 20 cm lange bunte Wollfäden geknüpft werden (Abb. 7.17). Da sich die

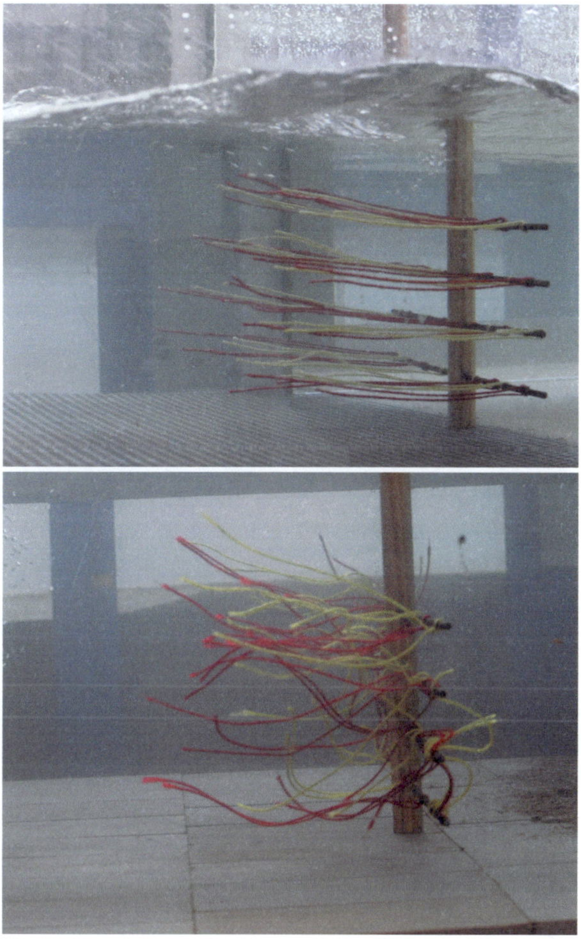

Abb. 7.18 Entsprechend der Strömungslinien ausgelenkte Fäden einer einfachen Fadenharfe bei gleichgerichteter (*oben*) und wirbelbehafteter Strömung (*unten*)

Wollfäden aufgrund ihres geringen Gewichtes stromlinienparallel und unabhängig voneinander ausrichten, werden selbst kleinste Teilströmungen unterschiedlicher Richtung und Stärke sichtbar (Abb. 7.18).

Auf der Grundlage der Markierung von Strömungsphänomenen in der Laborrinne lassen sich in der Regel unterschiedliche Strömungsbereiche und -zonen identifizieren und abgrenzen, z. B. (Abb. 7.19):

- Strömungspfade, die die Hauptfließwege des Wassers im betrachteten Abschnitt kennzeichnen und entlang denen der Abfluss stattfindet. Ein Strömungspfad kann sich sowohl entlang des Fließweges, als auch über die Zeit sowie in Abhängigkeit von Wassertiefe und Abfluss verändern. Strömungspfade spielen eine wichtige Rolle für die Orientierung von Fischen.
- Turbulenzzonen entstehen dort, wo sich Strömungen mit unterschiedlichen Geschwindigkeiten berühren oder an Hindernissen ablösen. Die Wasserbewegung

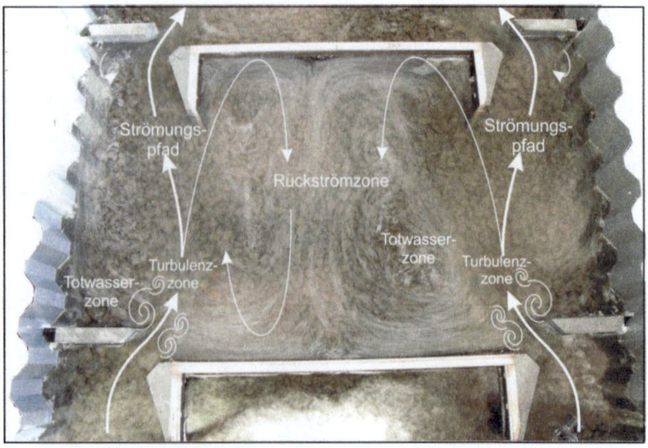

Abb. 7.19 Kennzeichnung von Zonen mit unterschiedlichen Strömungsphänomenen am Modell eines Doppelschlitzpasses. Als Grundlage hierfür diente die Visualisierung der Oberflächenströmung aus Abb. 7.15

ist in Turbulenzzonen unstet und chaotisch. Je nach Entstehungsprozess können Turbulenzzonen, wie die Ablösewirbel an einer Bauwerkskante durch periodisch auftretende Wirbel charakterisiert sein. Die bisher durchgeführten ethohydraulischen Beobachtungen geben keine einheitlichen Hinweise darauf, dass Fische Turbulenzzonen und Wirbeln grundsätzlich ausweichen. Vielmehr wurde beobachtet, dass Fische selbst hochturbulente Tosbecken zügig durchschwimmen, während sie Wirbelschleppen hinter Steinkonturen konsequent ausweichen. Ausschlaggebend für dieses bislang gänzlich unverstandene Verhalten könnte die Turbulenzintensität sowie Größe und Dichte der in Turbulenzzonen enthaltenen Wirbelstrukturen sein.

- Rückströmungszonen bilden sich oftmals im Strömungsschatten hinter Abflusshindernissen. Sie unterscheiden sich von Turbulenzzonen dadurch, dass in ihnen eine klare Fließrichtung entgegen des Hauptfließweges herrscht. Je nach Größe und Fließgeschwindigkeit der Rückströmungszone entfalten diese eine desorientierende Wirkung auf Fische, wenn sie den Strömungspfad verlassen, um sich in der Rückströmungszone entgegen der Hauptfließrichtung auszurichten.
- In Totwasserzonen findet keine oder nur eine kaum messbare Fließbewegung statt, so dass solche Zonen nicht abflusswirksam sind. In Strömungspfaden liegende Totwasserzonen können je nach Ausdehnung zur Folge haben, dass Fische jegliche Orientierung verlieren. Nach bisherigen Erkenntnissen werden Totwasserzonen von Fischen auch nicht als Ruhezonen genutzt.

7.3.2 Schritt 2: Aufmessen der ethohydraulischen Signatur

Es gilt in diesem Arbeitsschritt die maßgeblichen Geometrien und verhaltensrelevanten hydraulischen Parameter durch geeignete Messverfahren zu erfassen bzw.

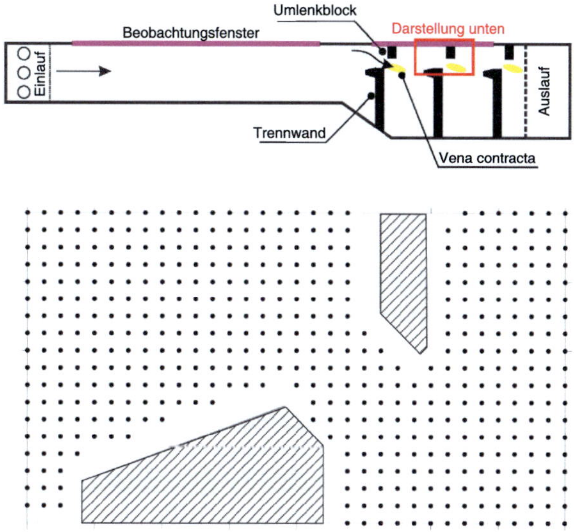

Abb. 7.20 Messraster im Bereich einer Schlitzkontur zur Erfassung einer ethohydraulischen Signatur in einer Messebene. Der Abstand der Messpunkte zu den Konturen der Einbauten ist der Größe des Messkopfes geschuldet

aus gemessenen Strömungsparametern abzuleiten (Kap. 6.2.6). Die Aufbereitung der Messwerte erfolgt computergestützt, um Mittelwerte, Standardabweichungen und Varianzen aus der Grundmenge der Daten abzuleiten. Darüber hinaus dienen die Messwerte zur Berechnung weiterer Parameter, z. B. zur Quantifizierung von Turbulenzen (Kap. 5.2.5.1) oder zur Ableitung von Schubspannungen oder anderen Strömungskräften.

Die Messungen erfolgen in der Regel mit Rasteraufnahmen (Abb. 7.20): Je dichter die Messpunkte in dem Raster liegen, umso detailliertere Darstellungen lassen sich aus den Daten anfertigen. Bereiche, in denen im ethohydraulischen Test die Strömung stark beschleunigt, stark verzögert oder verwirbelt und/oder ein spezifisches Fischverhalten festgestellt wurde, sollten mit besonders hoher Messpunktdichte erfasst werden.

7.3.3 Schritt 3: Möglichkeiten zur Beurteilung der ethohydraulischen Signatur

7.3.3.1 Berücksichtigung der Morphologie

Geometrische Gegebenheiten, wie die Wassertiefe, lichte Weiten von Engstellen und die Dimensionen von Räumen, innerhalb derer Schwimmmanöver auszuführen sind, spielen für Fische eine wichtige Rolle. So entscheiden beispielsweise lichte Weiten maßgeblich darüber, ob Durchlässe durchschwommen werden und ob Fischschutzanlagen das Eindringen von Fischen in bestimmte Bereiche wasserbaulicher Anlagen wirksam verhindern können. Nicht zuletzt wird auch die

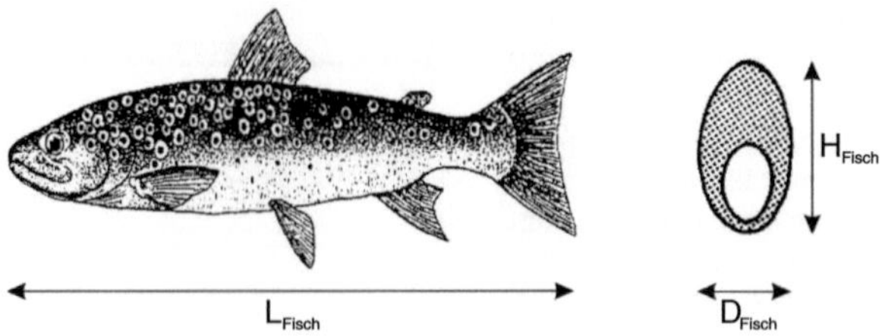

Abb. 7.21 Für ethohydraulische Geometrien relevante biometrische Maße

Besiedelbarkeit einer Gewässerstrecke von der vorherrschenden Wassertiefe bestimmt.

Die ethohydraulische Bedeutung von Längen und Raummaßen ist dabei stets von der Morphologie sowie den Körpermaßen eines Fische bzw. einer Art abhängig: Während Arten mit schlangenartigem oder abgeflachtem Körperbau, z. B. Neunaugen, Aal und Flunder sowie Kleinfischarten und Juvenile keine besonderen Raumansprüche stellen, haben großwüchsige Arten, beispielsweise der bis 1,2 m lange Atlantische Lachs oder der im Adultstadium durchschnittlich etwa 3 m lange Atlantische Stör einen bedeutend voluminöseren Platzbedarf. Vor diesem Hintergrund kommt geometrischen Parametern im Rahmen der Aufmessung ethohydraulischer Signaturen dieselbe Bedeutung zu, wie hydraulischen Parametern. Folgende biometrischen Maße können in der Ethohydraulik von Bedeutung sein (Schwevers 2004, Abb. 7.21):

L_{Fisch} Körperlänge von Schnauzenspitze bis Schwanzflossenende [m]
D_{Fisch} maximale Dicke des Fischkörpers [m]
H_{Fisch} maximale Höhe des Fischkörpers [m]

Da ein einheitliches Tabellenwerk mit den biometrischen Maßen einheimischer Fische nicht existiert und einschlägige Nachschlagewerke über Fische (u. a. Gebhardt und Ness 1990; Gerstmeier und Romig 1998) außer artspezifischen Länge keine zugehörigen Körperdicken und -höhen angeben, erlaubt die Kenntnis der dimensionslosen relativen Proportionen eine Umrechnung:

$$K_{hoch} = H_{Fisch}/L_{Fisch}$$

$$K_{dick} = D_{Fisch}/L_{Fisch}$$

In Tab. 7.2 sind von einigen einheimischen Arten ihre für ethohydraulische Fragestellungen relevanten Totallängen und Körperproportionen zusammen gestellt.

7.3.3.2 Berücksichtigung von Reizschwellen

Ethohydraulische Aussagen werden dadurch erzielt, dass in der Laborrinne beobachtete Reaktionen der Probanden auf nunmehr durch die Aufmessung der ethohydraulischen Signatur identifizierte und gemessene Parameter mit den physiologischen Reizschwellen verglichen werden (Kap. 5.3.2). Auf diese Weise lässt sich beispiels-

Tab. 7.2 Ethohydraulisch relevante Körpermaße und Proportionen ausgewählter Arten (Schwevers 2004)

Art	$L_{Fisch\,[m]}$	K_{hoch}	K_{dick}
Stör	3,0	0,17	0,12
Wels	1,6	0,22	0,14
Lachs	1,0	0,17	0,10
Seeforelle	1,0	0,17	0,10
Hucher	1,0	0,17	0,10
Hecht	1,0	0,17	0,07
Zander	1,0	0,16	0,10
Aal	0,9	0,05	0,05
Rapfen	0,9	0,23	0,09
Sterlet	0,9	0,17	0,12
Meerforelle	0,8	0,17	0,10
Karpfen	0.8	0,30	0,16
Barbe	0,8	0,16	0,11
Maifisch	0,8	0,20	0,01
Aland	0,7	0,25	0,11
Brachsen	0,7	0,30	0,10
Perlfisch	0,7	0,20	0,12
Quappe	0,7	0,18	0,14
Döbel	0,6	0,20	0,11
Nase	0,6	0,25	0,11
Schleie	0.6	0,20	0,13
Äsche	0,5	0,17	0,10
Bachforelle	0,5	0,17	0,10
Finte	0,5	0,20	0,10
Flussneunauge	0,5	?	0,05
Flussbarsch	0,4	0,28	0,12
Karausche	0,4	0,30	0,16
Hasel	0,4	0,20	0,10
Plötze	0,4	0,25	0,11

weise erklären, warum schwerhörige Arten auf eine dargebotene Geräuschkulisse weniger empfindlich reagieren als andere Arten (Kap. 10.2.3). So lange allerdings nur wenige grundlegende Erkenntnisse über die physiologischen Reizschellen einheimischer Arten gegenüber unterschiedlichen Reizen, z. B. Infrarotlicht vorliegen, sind praxisorientierte ethohydraulische Untersuchungen unverzichtbar. So wurden Aussagen zur Wirksamkeit optischer Verhaltensbarrieren gegenüber Fischen (DWA 2005) durch Verhaltensbeobachtungen mit Lichtquellen unterschiedlicher Art, Helligkeit und Wellenlänge erarbeitet (Martin et al. 1991; Hadderingh et al. 1999).

7.3.3.3 Berücksichtigung des Leistungsvermögens

Für die Interpretation komplexerer Verhaltensweisen, insbesondere in Strömungen, werden aus den Daten der ethohydraulischen Signatur spezielle ethohydraulische

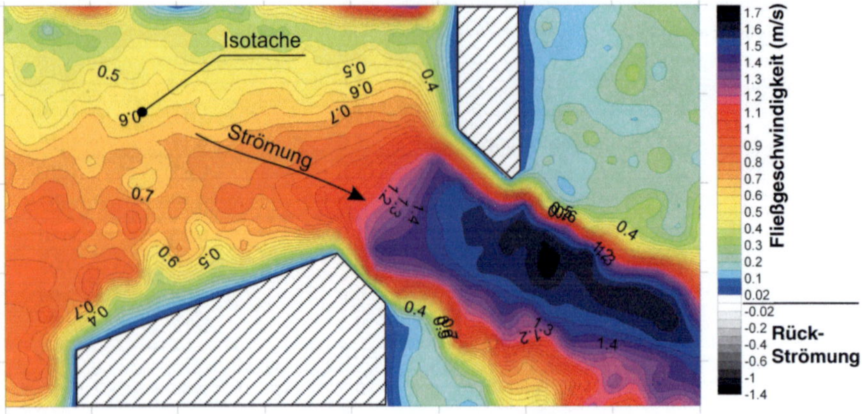

Abb. 7.22 Ableitung eines Isotachendiagramms aus Geschwindigkeitsdaten, welche im Messraster von Abb. 7.20 aufgenommen wurden

Graphiken angefertigt. Die Grundlage für diese Darstellungen bilden im wasserbaulichen Modellwesen gebräuchliche Isotachen- und/oder Vektordiagramme, die auch überlagert werden können. Voraussetzung für die Anfertigung solcher Diagramme sind räumlich und zeitlich hoch aufgelöste Geschwindigkeitsmessungen. In jedem Fall gilt es den hydraulischen Werten derjenigen Isotachen und Vektoren Bedeutungen zuzumessen, welche das Verhalten von Fischen auf die jeweiligen Messwerte beschreiben. Nachfolgend wird der schrittweise Aufbau eines ethohydraulischen Diagramms erläutert.

Isotachendiagramm Im wasserbaulichen Versuchswesen werden Strömungsfelder geringster Ausdehnung durch eine relativ feine Unterteilung von Isotachen dargestellt. Die Farbe der Fläche zwischen zwei benachbarten Isotachen markiert eine bestimmte Fließgeschwindigkeit in eine Richtungskomponente (Abb. 7.22).

Vektordiagramm Zur Darstellung heterogener Strömungen innerhalb eines Querschnittes oder einer Betrachtungsebene bieten sich Vektordiagramme an. Das Vektordiagramm wandelt punktuell ermittelte Geschwindigkeitswerte der x-, y- und z-Richtung in lokale Vektoren um, die als Pfeile dargestellt werden. Die Lage der Pfeilspitze gibt die Orientierung des Vektors, die Länge seinen Betrag und die Ausrichtung des Pfeilschaftes seine Richtung an. Damit lassen sich an einem Vektordiagramm Rückströmungs- und Totwasserzonen erkennen (Abb. 7.23).

Ethohydraulisches Diagramm Von der ethohydraulischen Signatur in einem für das Fischverhalten relevanten Bereich wird die in einem Isotachen- und Vektordiagramm darstellbare hydraulische Information nun mit allgemeinen Verhal-

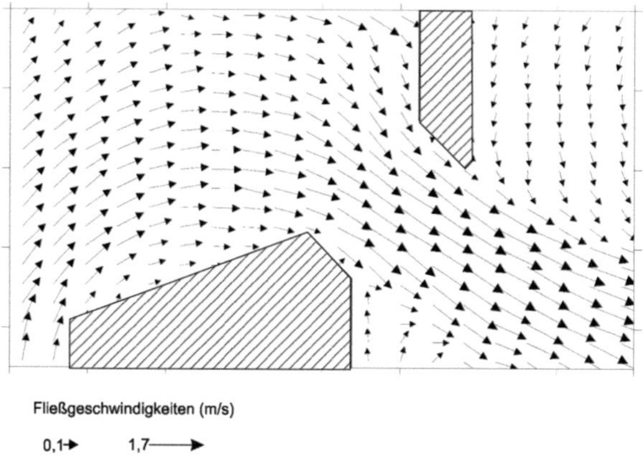

Abb. 7.23 Ableitung eines Vektordiagramms aus dem Messraster von Abb. 7.20

tenserkenntnissen oder mit solchen von speziellen Zielarten verschnitten. Diese hybride biologisch/technische Darstellungsform wird als ethohydraulisches Diagramm bezeichnet. In einem ethohydraulischen Diagramm kann beispielsweise die Verteilung der Fließgeschwindigkeiten in einer Schnittebene mit den artspezifischen Schwellenwerten für das positiv rheotaktische Verhalten gekoppelt werden, um Aufschluss darüber zu erhalten, welche Arten sich innerhalb des betrachteten Bereichs orientiert oder desorientiert verhalten werden und entsprechend stromaufwärts wandern.

An dieser Stelle ist zu betonen, dass für jede Untersuchung die Notwendigkeit besteht, die Festlegung der fischökologischen Bedeutung hydraulischer Messwerte für ein ethohydraulisches Diagramm sorgfältig auf die jeweilige Fragestellung abzustimmen. Während beispielsweise der Wert für die Leitströmung einer Fischaufstiegsanlage mit einer mittleren Fließgeschwindigkeit von 0,5 m/s durchaus günstig für die Auffindbarkeit für aufwanderwillige Fische ist, kann der gleiche Fließgeschwindigkeitswert vor einer mechanischen Barriere für abwandernde Fische tödlich sein. Vollkommen untauglich sind Wertinterpretationen ethohydraulischer Diagramme auf der Grundlage von Expertenwissen. Vielmehr ist jedes ethohydraulische Diagramm nur so belastbar und seriös, wie die Wertinterpretationen auf einer wissenschaftlich fundierten und damit nachprüfbaren Definition vorgenommen werden.

Als besonders informativ in Hinblick auf die Darstellung und Aussagekraft ethohydraulischer Zusammenhänge hat sich die Farbgebung von Isotachen in Abhängigkeit vom Leistungsvermögen der Fische erwiesen (Kap. 5.4.3). Hierbei steht jede Farbe für den Wertebereich mittlerer Fließgeschwindigkeiten, innerhalb dessen Fische oder Zielarten in einem bestimmten Modus zu schwimmen vermögen. Nachfolgend wird beispielhaft erläutert, wie die interpretative Festlegung einer Werte- und Farbskala für ein ethohydraulisches Diagramm erfolgen kann (Abb. 7.24):

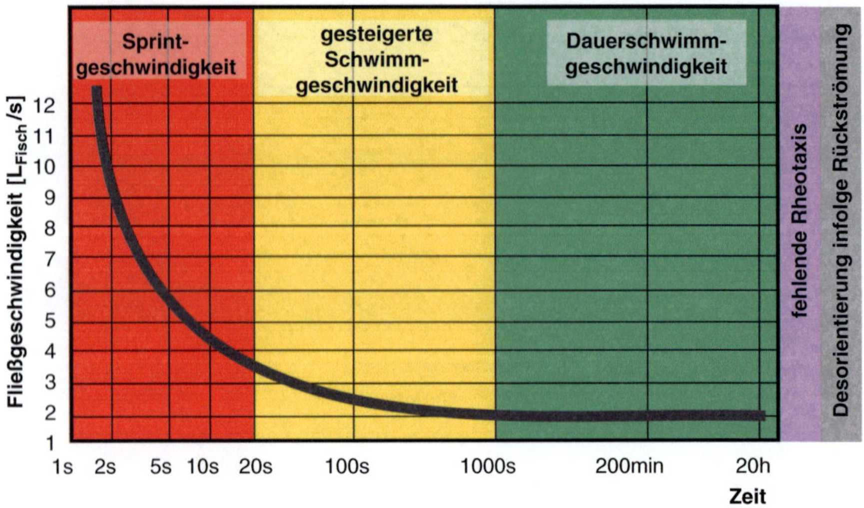

Abb. 7.24 Mögliche farbliche Skalierung der Wertebereiche für ein ethohydraulisches Diagramm. Die Einteilung der farblich differenzierten Bereiche lehnt sich an Pavlov (1989) an (Kap. 5.4.3)

- Der pessimale Fließgeschwindigkeitsbereich beginnt für eine Zielart ab dem Schwellenwert, wenn der Fisch nicht mehr unter Höchstleistung im Sprint über wenige Sekunden gegen die Strömung schwimmen kann. Dieser Schwellenwert ist mit 4 bis 5 Körperlängen pro Sekunde (4 bis 5 L_{Fisch}/s) anzusetzen.
- Im optimalen Fließgeschwindigkeitsbereich kann der Fisch quasi unbegrenzt lange Zeit ermüdungsfrei mit Dauergeschwindigkeit schwimmen. Der Optimalbereich beginnt ab dem Schwellenwert für das positiv rheotaktische Verhalten der jeweiligen Art (Tab. 5.2) und erstreckt sich bis zur Fließgeschwindigkeit, wenn der Fisch in den Modus der gesteigerten Schwimmgeschwindigkeit übergehen muss; also ab etwa 2 Körperlängen pro Sekunde (2 L_{Fisch}/s).
- Zwischen Pessimal- und Optimalwert kann je nach Fragestellung und Zielart mindestens ein Zwischenbereich definiert werden. In diesem intermittierenden Bereich ist zwar eine problemlose Orientierung möglich, doch sind Fische geringer Größe mit steigender Fließgeschwindigkeit zunehmend nicht mehr fähig, stromaufwärts zu schwimmen. In Konsequenz bedeutet das, dass leistungsschwächere Exemplare bereits verdriftet werden, wenn leistungsstärkere noch stromaufwärts ziehen können. Die Dauerschwimmgeschwindigkeit beträgt mit 2 L_{Fisch}/s etwa die Hälfte der maximalen Schwimmgeschwindigkeit und damit des Pessimalwertes.
- Fließgeschwindigkeiten, die geringer sind als der artspezifische Wert für die positive Rheotaxis erlauben Fischen keinerlei Orientierung mehr und sind als ungünstig zu bewerten.

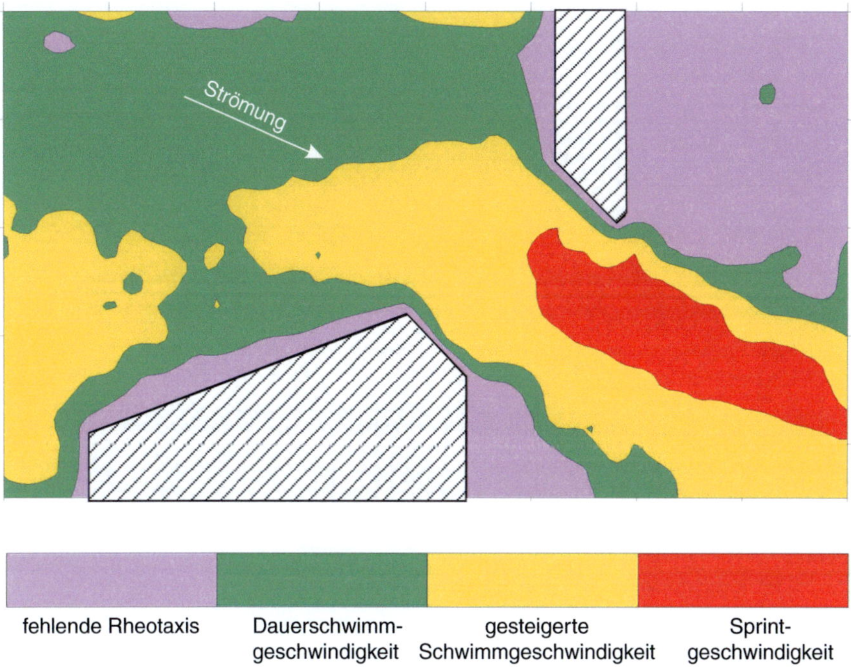

Abb. 7.25 Gemäß der ethohydraulischen Werteinterpretation koloriertes Isotachendiagramm

- Noch negativer wirken sich Rückströmungen mit einer Fließgeschwindigkeit über der rheoaktiven Geschwindigkeit der jeweiligen Zielart aus, da sich die Fische dort der Hauptfließrichtung entgegen orientieren.

Schließlich werden die Isotachen gemäß der ethohydraulischen Werteinterpretation farbig markiert (Abb. 7.25), um die Bereiche hervor zu heben, in denen sich die Fische gerichtet oder ungerichtet verhalten, mit normaler Geschwindigkeit schwimmen oder aber hohe Leistung einsetzen müssen, um sich einer Verdriftung zu widersetzen oder gegen die Strömung anschwimmen zu können.

Ethohydraulische Diagramme bilden nur zeitlich gemittelte Zustände einer Strömung ab. Erst eine weiterführende statistische Auswertung der messtechnisch ermittelten Zeitreihen erlaubt z. B. über die Standardabweichung und die Varianz die Ableitung von Strömungsfluktuationen und Pulsationseffekten (Kap. 5.5.2.2). Ob und in wie weit solche Strömungsphänomene Einfluss auf das Fischverhalten nehmen, ist bislang jedoch noch nicht untersucht.

Eine auch in Hinblick auf den jetzigen Stand der Ethohydraulik hilfreiche Erweiterung erfährt der Informationsgehalt eines Isotachendiagrammes durch die Kombination mit einem Vektordiagramm. Auf diese Weise werden neben der Verteilung der Fließgeschwindigkeiten in Hauptfließrichtung auch dreidimensionale Walzen-, Rückström- und Totwasserzonen sichtbar.

Beispiel: Interpretation der Werte für ein ethohydraulisches Diagramm zur Beurteilung der Passierbarkeit eines Schlitzdurchlasses für leistungsschwache Zielarten Es galt konkret die Strömungsverteilung in einem Schlitzdurchlass in Hinblick auf die Passierbarkeit für leistungsschwache Zielarten bei einer maximalen Fließgeschwindigkeit von 1,7 m/s darzustellen.

Der Werteinterpretation für das Diagramm lag die Erkenntnis zu Grunde (Tab. 7.3), dass für leistungsschwache Zielarten wie Kaulbarsch und Ukelei eine maximale Fließgeschwindigkeit von 1,7 m/s grenzwertig ist; nur Exemplare mit Körperlängen über 14 cm vermögen solche Strömungen zu überwinden. Die maximale Dauerschwimmgeschwindigkeit erreichen die Zielarten mit 2 L_{Fisch}/s ab einer Fließgeschwindigkeit von 0,3 m/s. Zwischen der Dauer- und der Sprintgeschwindigkeit bewegen sich die Fische mit gesteigerter Schwimmgeschwindigkeit fort und da sie zur Überwindung der Engstelle mit ihren Höchstgeschwindigkeiten weniger als 10 Sekunden benötigen, ist ein Fließgeschwindigkeitsbereich von 0,3 m/s bis 1,7 m/s noch tolerabel. Unterhalb von 0,15 m/s zeigen die Arten kein positiv rheotaktisches Verhalten mehr (Tab. 5.1).

Die Kolorierung der Isotachen und Vektoren im ethohydraulischen Diagramm gemäß der definierten Werte- und Farbskala (Abb. 7.26) zeigt auf, dass zwar das Zentrum der Hochgeschwindigkeitszone der Vena contracta für Exemplare unter 14 cm Länge der betrachteten Zielarten Kaulbarsch und Ukelei unpassierbar ist. Doch ist diese Zone beidseitig von breiten Korridoren geringerer Fließgeschwindigkeiten mit Bedingungen eingefasst, die auch von den leistungsschwächeren Exemplaren durchschwommen werden können. Während Walzen- und Rückströmungen anhand der Vektorpfeile nicht auszumachen sind, bilden sich stromab der Schlitzkonturen Totwasserzonen aus, in denen die Fische keine Orientierungsmöglichkeiten vorfinden.

Tab. 7.3 Festlegung der Wertebereiche und der Farbskala für das ethohydraulische Diagramm zur Beurteilung der Passierbarkeit eines Schlitzdurchlasses für leistungsschwache Zielarten

Fließgeschwindigkeit und Farbsignatur	Ethohydraulische Bedeutung
≥ 1,7 m/s	Die Fließgeschwindigkeit ist größer als das Sprintvermögen der Zielarten mit Körperlängen über 14 cm (12 L_{Fisch}/s)
0,3 m/s bis 1,7 m/s	Die Fließgeschwindigkeit kann von leistungsschwachen Exemplaren in gesteigerter Fließgeschwindigkeit überwunden werden.
0,15 m/s bis 0,3 m/s	Leistungsschwache Exemplare können gegen diese Fließgeschwindigkeit mit Dauergeschwindigkeit unbegrenzt lange anschwimmen.
< 0,15 m/s	Die rheoaktive Geschwindigkeit ist unterschritten.

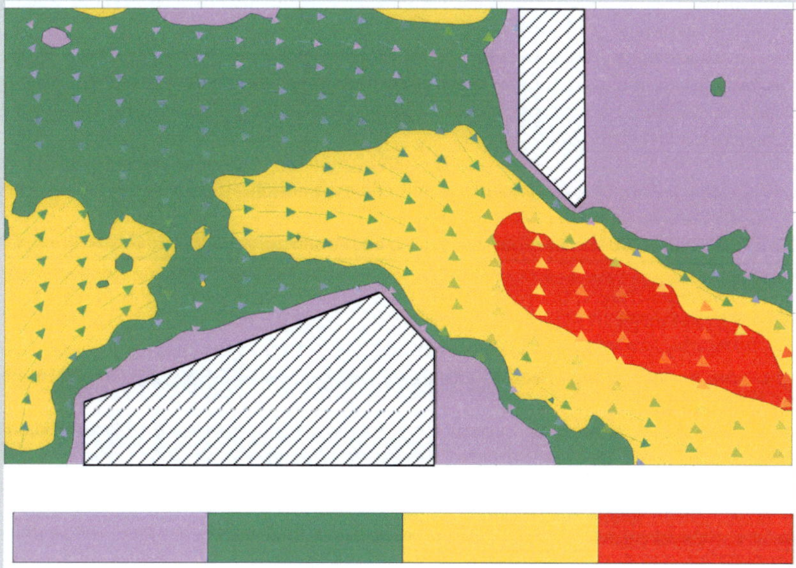

Abb. 7.26 Ethohydraulisches Diagramm mit Isotachen und Vektoren gemäß Werteinterpretation in Tab. 7.3

Literatur

Adam B, Schwevers U (1998) Untersuchungen zur Auswirkung der Elektrofischerei auf Fischbestände, Teil 1: Verhaltensbeobachtungen von Fischen unter Laborbedingungen. Kirtorf-Wahlen (Institut für angewandte Ökologie), im Auftrag der LÖBF/LAfAO, Fischereiliche Dezernate, S 44

Adam B, Schwevers U (1999) Untersuchungen zur Auswirkung der Elektrofischerei auf Fischbestände, Teil 2: Verhaltensbeobachtungen von Fischen unter Freilandbedingungen. Kirtorf-Wahlen (Institut für angewandte Ökologie), im Auftrag der LÖBF/LAfAO, Fischereiliche Dezernate, S 44

DWA (Deutsche Vereinigung für Wasserwirtschaft, Abwasser und Abfall e.V.) (2005) DWA-Themen: Fischschutz- und Fischabstiegsanlagen – Bemessung, Gestaltung, Funktionskontrolle. Hennef, 2. Aufl., S 256

Gebhardt H, Ness A (1990) Fische – die heimischen Süßwasserfische sowie Arten der Nord- und Ostsee. München (BLV), S 127

Gerstmeier R, Romig T (1998) Die Süßwasserfische Europas. Franckh-Kosmos Verlags GmbH & Co., Stuttgart, S 367

Halsband E, Halsband I (1975) Einführung in die Elektrofischerei. In: Hamburg, Schriften Bundesforschungsanstalt für Fischerei 7, 2. Aufl.

Hadderingh RH, Van Aerssen GHFM, De Beijer RFLJ, Van Der Velde B (1999) Reaction of silver eels to artificial light sources and water currents: an experimental deflection study. Regulated Rivers, Res and Manage 15:365–371

Institut Für Angewandte Ökologie (1993–1996) Projektberichte: Biologische und ingenieurwissenschaftliche Grundlagen für die Gestaltung nachhaltig wirksamer Fischaufstiegsanlagen, Teilprojekt Rhithral. Forschungsprojekt im Auftrag des Bundesministeriums für Forschung und Technologie, (unveröffentlicht), Berlin

Kampke W, Engler O, Adam B, Lehmann B (2009) Anbindung einer Fischaufstiegsanlage beim Wehr Duisburg-Ruhrort, wasserbauliche und ethohydraulische Untersuchungen. Im Auftrag des Staatlichen Umweltamtes Duisburg (unveröff.)

Martin P, Bateson P (2007) Measuring behaviour, an introductory guide. University Press, Cambridge, S 176

Martin P, Downing J, Taft N, Sullivan C (1991) A demonstration of strobe lights to repel fish. In: Denver C, Darling DD (Hrsg) Waterpower '90: Proc. internat. Conf. on Hydropower, 103–112

Meager JJ, Domenici P, Shingles A, Utne-Palm AC (2006) Escape responses in juvenile Atlantic cod *Gadus morhua* L.: the effects of turbidity an predator speed. The J Experimental Biology 209:4174–4184

Ochel C, Bankstahl M, Körting W, Lehmann J (1998) Untersuchungen zu möglichen Schädigungen der Fische durch die Elektrofischerei. Fischer & Teichwirt 49:308–310

Pavlov DS (1989) Structures assisting the migrations of non-salmonid fish: USSR. In: FAO Fisheries Technical Paper 308:1–97

Rümmler F, Schreckenbach K (2006) Hinweise zur fischschonenden Durchführung des Elektrofischfangs. Fischer & Teichwirt 57:25–28

Russon IJ, Kemp PS, Calles O (2010) Response of downstream migrating adult European eels *(Anguilla anguilla)* to bar racks under experimental conditions. Ecology of Freshwater Fish 19:197–205

Schwevers U (2004) Anordnung, lichte Weite und Anströmung von Fischschutz- und Fischabstiegsanlagen. Wallgau, Tagungsband Symposium „Lebensraum Fluß – Hochwasserschutz, Wasserkraft, Ökologie" 16.17.06.2004

8 Transferprozess

Die Ergebnisse ethohydraulischer Tests einschließlich ihrer Auswertung und Interpretation bereichern nicht nur die Grundlagenforschung, sondern dienen vor allem der wasserbaulichen Praxis, um diese gewässer- und naturschutzverträglicher auszuführen. Damit ethohydraulische Erkenntnisse allerdings im Rahmen von Planungen und bei der Umsetzung wasserbaulicher Maßnahmen berücksichtigt werden können, müssen sie auf die Anwenderebene transferiert werden. Zu diesem Zweck haben sich folgende Verfahren als hilfreich erwiesen:

- Transfer ethohydraulischer Befunde für die Konstruktion einer speziellen wasserbaulichen Anlage unter Beachtung der dortigen Randbedingungen.
- Transfer ethohydraulischer Befunde in parameterbasierte Grenzwerte, die allgemeingültig bei unterschiedlichsten wasserbaulichen Maßnahmen zu berücksichtigen sind.
- Transfer ethohydraulischer Befunde in qualitative Regeln, welche situationsbezogen vom Planer wasserbaulicher Maßnahmen einzuhalten sind.

8.1 Konstruktion einer wasserbaulichen Anlage

Einen unmittelbaren Praxisbezug hat die Ethohydraulik dann, wenn ihre Ergebnisse direkt in die Konstruktion von Anlagen oder einzelnen Bauelementen einfließen. Das Ziel bei diesem Vorgehen besteht darin, die Funktionsfähigkeit oder die Fischverträglichkeit wasserbaulicher Konstruktionen bereits im Vorfeld zu optimieren und damit sicher zu stellen, dass die dann realisierte Anlage tatsächlich den an sie gestellten Anforderungen gerecht wird.

Ein anschauliches Beispiel hierfür wird ausführlich im nachfolgenden Kap. 9 mit einer ethohydraulischen Untersuchung zur Optimierung der Monitoringstation einer Fischaufstiegsanlage gegeben: Die Befunde konnten unmittelbar in die Planung einfließen, da die ethohydraulichen Tests in der Laborrinne im Maßstab 1:1 durchgeführt worden waren.

B. Adam, B. Lehmann, *Ethohydraulik*,
DOI 10.1007/978-3-642-17210-6_8, © Springer-Verlag Berlin Heidelberg 2011

Ist der ethohydraulische Versuchsstand allerdings in einem verkleinerten Maßstab realisiert und/oder kann nur ein relativ kleinräumiger Ausschnitt der Realsituation nachgebildet werden, so muss im Transferprozess gewährleistet werden, dass die ethohydraulischen Befunde auch in der Natursituation ihre Gültigkeit haben werden. Hierzu gilt es, die ethohydraulische Signatur vom Modell unter Berücksichtigung der Modellgesetze auf den Realmaßstab zu übertragen. Da in der Regel das Strömungsverhalten in der Natur durch komplexere Randbedingungen als im Modell beeinflusst wird, gilt es im Transferprozess durch geeignete Maßnahmen, Bauwerke oder deren Betriebsweise dafür zu sorgen, dass sich im betrachteten Untersuchungsbereich genau die selbe ethohydraulische Signatur einstellt, wie dies im Modell der Fall war. Hierfür stehen dem Ingenieur entsprechende Planungswerkzeuge zur Verfügung. Ggf. können auf dieser Ebene ergänzende physikalische oder numerische Modelluntersuchungen erforderlich sein.

Als Ergebnis aus dem Transferprozess für ein wasserbauliches Projekt kann unter Umständen auch die Erkenntnis gewonnen werden, dass zur Gewährleistung der gleichen ethohydraulische Signatur in der Natur gänzlich andere strömungsbeeinflussende Maßnahmen oder Bauwerke konstruiert werden müssten, als die, die im ethohydraulischen Versuchsstand eingesetzt worden waren. Hieran wird ersichtlich, dass in einem Transferprozess nicht immer nur eine simple maßstabsmäßige Übertragung geometrischer oder hydraulischer Werte auf die Realsituation gefordert wird.

8.2 Definition von Grenzwerten

Eine wichtige Planungsgrundlage bilden Grenzwerte, die in ethohydraulischen Untersuchungen ohne Bezug zu einer konkreten Baumaßnahme ermittelt werden. Hierbei leiten sich geometrische Grenzwerte von der Größe und der Morphologie der Fische ab, hydraulische Grenzwerte von deren Leistungsvermögen. Werden solche Grenzwerte in der wasserbaulichen Praxis nicht eingehalten, wird die ökologische Funktion bzw. Verträglichkeit der Maßnahme verfehlt. Da sich die Einhaltung eines Grenzwertes durch Nachmessen an der realisierten Anlage vergleichsweise einfach überprüfen lässt, spielen solche Werte nicht nur bei der Planung und beim Bau, sondern vor allem im Rahmen der Qualitätskontrolle eine wichtige Rolle.

Als Beispiel für einen fischrelevanten Grenzwert sei die maximal zulässige Anströmgeschwindigkeit von 0,5 m/s vor dem Einlaufquerschnitt einer mechanischen Barriere angeführt, die darüber entscheidet, ob abwandernde Aale von der Strömung gegen die Barriere gedrückt und geschädigt werden oder sich aus einer solchen Zwangslage durch Flucht entziehen können (Kap. 10.2).

8.3 Festlegung allgemeingültiger Regeln

Ethohydraulische Erkenntnisse können auch textlich als Regeln gefasst werden. Diese finden Eingang in Anleitungen oder Vorschriften für die Errichtung und den Betrieb wasserbaulicher Anlagen. Regeln sind nicht mit konkreten Zahlenwerten belegt, haben aber dennoch eine ähnliche normative Bedeutung wie Grenzwerte. Auch die Verletzung einer solchen Regel hat eine Funktionsbeeinträchtigung von Maßnahmen und Anlagen zur Folge. So entscheidet beispielsweise die Regel, dass der Einstieg in eine Fischaufstiegsanlage stets unmittelbar am Fuß eines Wanderhindernisses liegen muss, maßgeblich über die Auffindbarkeit und damit über die Funktionsfähigkeit eines solchen Bauwerks (Kap. 10.1.1).

Insgesamt stellt der Transferprozess die Verbindung vom ethohydraulischen Laborbefund zur wasserbaulichen Praxis her. Wurde die Untersuchung gemäß der in Kap. 7 beschriebenen Prinzipien unter Beachtung der situativen Ähnlichkeit durchgeführt und die ethohydraulische Signatur sorgfältig auf die Freilandsituation übertragen, stellt der Transferprozess die gewässerökologische Verträglichkeit einer wasserbaulichen Anlage oder Maßnahme sicher. Hierbei ist es unerheblich, ob im Rahmen des Transferprozesses konstruktive Anforderungen definiert, Grenzwerte festgelegt oder Regeln erarbeitet wurden.

9 Beispiel einer ethohydraulischen Untersuchung

9.1 Veranlassung und Aufgabe

Beim Wehr Geesthacht an der Elbe wurde im Jahr 2010 eine neue Fischaufstiegsanlage in Form eines Doppelschlitzpasses errichtet. Dieser Standort hat eine herausragende Bedeutung für die Durchgängigkeit des gesamten Elbe-System, da es sich bei dem 140 km oberhalb der Mündung gelegene Wehr um das einzige Wanderhindernis im mehr als 700 km langen deutschen Verlauf des Flusses handelt. Der neue Doppelschlitzpass ist aufgrund seiner Dimensionierung und zahlreicher konstruktiver Besonderheiten europaweit einzigartig. Eine weitere Besonderheit ist, dass im Rahmen eines umfangreichen, permanenten Monitorings über mehrere Jahre sämtliche aufwandernden Fische erfasst werden sollen (Abb. 9.1, Adam et al. 2010).

Erfahrungsgemäß werden Monitoringuntersuchungen an Fischaufstiegsanlagen in Deutschland oft mit unzulänglichen Methoden durchgeführt, so dass einerseits nur ein Teil der aufwandernden Fische erfasst bzw. der Aufstieg durch die Methode selbst beeinträchtigt wird und die gefangenen Fische andererseits erhebliche Schädigungen und Verletzungen davon tragen (Schwevers und Adam 2006). Insofern galt es, das Monitoring am Doppelschlitzpass so zu konzipieren, dass es folgenden Anforderungen gerecht wird:

- Es sollen sämtliche aufwandernden Fische ungeachtet ihrer Größe und Leistungsfähigkeit zuverlässig erfasst werden. Hierbei sind die Ansprüche von Arten unterschiedlichster Morphologie zu erfüllen, z. B. Plattfische, aalartige oder besonders hochrückige Fische. Auch dem Fischverhalten ist Rechnung zu tragen, indem pelagische, boden- und oberflächenorientierte Fische gleichermaßen berücksichtigt werden.
- Der Fang soll möglichst stressfrei erfolgen, Schädigungen und Verletzungen jeglicher Art müssen vermieden werden.

Zu diesem Zweck wurde eine Monitoringstation am oberwasserseitigen Ende der Fischaufstiegsanlage konzipiert, in deren Planung vorliegende fischereitechnische Erfahrungen sowie bislang erarbeitete ethohydraulische Kenntnisse ein-

B. Adam, B. Lehmann, *Ethohydraulik*,
DOI 10.1007/978-3-642-17210-6_9, © Springer-Verlag Berlin Heidelberg 2011

Abb. 9.1 Seit dem Jahr 2010 gewährt ein neuer Doppelschlitzpass am Wehr Geesthacht die Durchgängigkeit der Elbe (Graphik: Vattenfall)

flossen. Der grundsätzliche Aufbau der Monitoringstation stellt sich wie folgt dar (Abb. 9.2):

- Oberstrom der obersten Trennwand sind zwei Horizontalrechen angeordnet, die V-förmig im Winkel von je 30° von den beiden Außenwänden der Fischaufstiegsanlage auf eine mittig angeordnete Fangkammer zulaufen. Diese Rechen sollen alle aufgestiegenen Fische der Fangkammer zuführen. Damit es selbst kleinen und langgestreckten Fischen wie Jungaalen und Flussneunaugen nicht gelingt, die Rechen zu passieren und sich so einem Nachweis zu entziehen, wurde eine lichte Stabweite von 8 mm gewählt.
- Zwischen den Rechen und der Fangkammer vermittelt der sogenannte Einstiegtrichter, dessen Seiten eine Fortsetzung der Rechen darstellen. Der Einstiegtrichter führt Fische auch vom Gewässergrund sowie von der Wasseroberfläche auf die eigentliche Fangkammer zu.
- Im Innern der Fangkammer werden die Fische von einer mit Lochblech umhausten Kastenreuse von 3·4 m Grundfläche und 1,2 m Höhe aufgenommen. Die Reuse wird turnusmäßig mit einem Hebezeug geborgen und in ein Hälterbecken entleert, um den Fang zu kontrollieren.
- Um Turbulenzen und hierdurch bedingte Schädigungen gefangener Fische zu verhindern, wird die Fangkammer nicht vom Abfluss der Fischaufstiegsanlage durchströmt. Um dennoch eine wirksame Leitströmung zu erzeugen, welche das Einschwimmen in die Fangkammer unterstützt, stehen Pumpen mit einer Förderleistung von ca. 500 l/s zur Verfügung.

Da deutschlandweit keine Erfahrungen mit vergleichbaren Kontrollstationen vorlagen, bestanden bei der Gestaltung verschiedener Details erhebliche Unsicherheiten. Aus diesem Grunde wurde eine ethohydraulische Untersuchung durchgeführt, um die Funktion der einzelnen Komponenten vorab zu überprüfen (Adam et al. 2010). Hierbei stand die Frage im Vordergrund, ob über die Fischaufstiegsanlage aufgewanderte Fische tatsächlich zuverlässig und ohne Zeitverlust entlang der Rechenanlage und weiter durch den Einstiegtrichter in die Fangkammer geleitet werden. Im Falle von Funktionsmängeln galt es die Ursachen zu ermitteln und Lösungsmöglichkeiten zu entwickeln, um ggf. die Planung zu verifizieren.

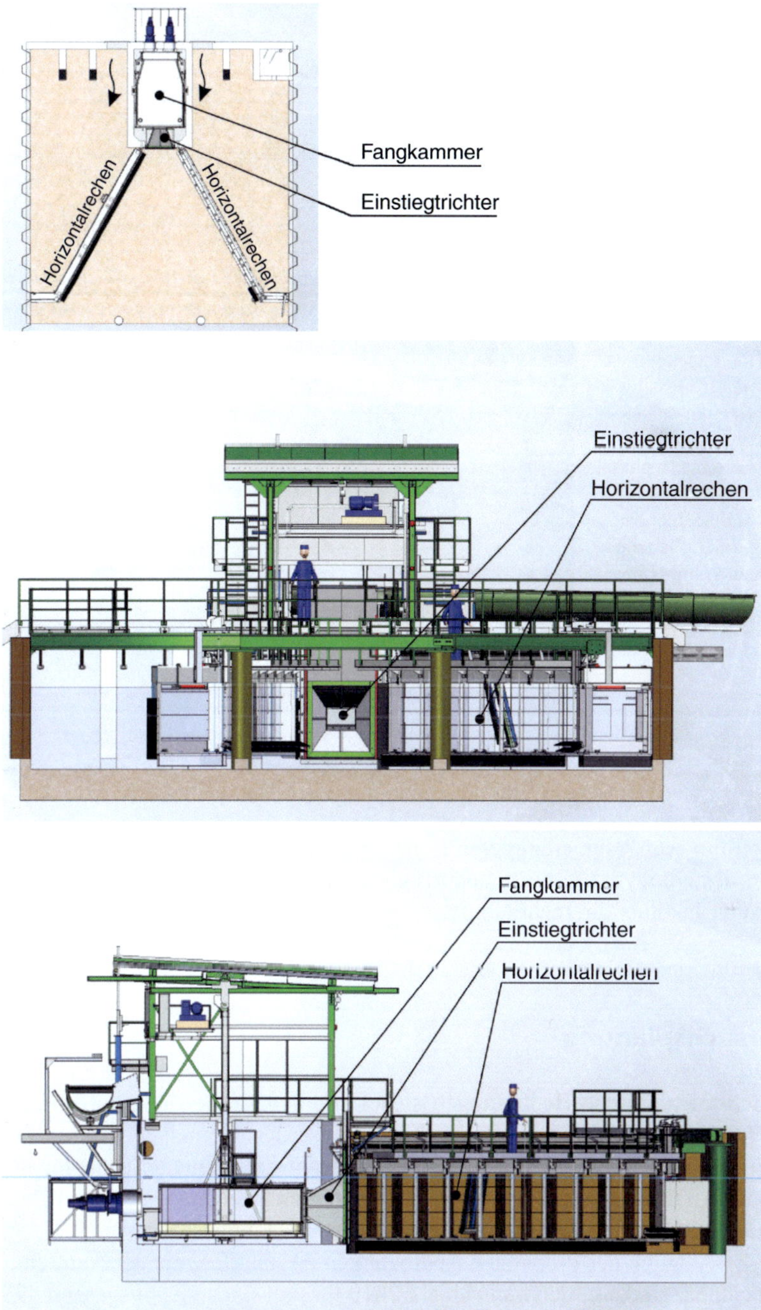

Abb. 9.2 Ansicht des Einstiegs in die Fangkammer der neuen Fischaufstiegsanlage in Geesthacht; oben: Draufsicht auf den Einstiegtrichter; mittig: Ansicht des Einstiegtrichter von Unterwasser; unten: Längsschnitt durch die Fangkammer mit Einstiegtrichter (Graphik: Gesellschaft für Planung, Maschinen- und Mühlenbau Erhard Muhr mbH: Planung KED-Ingenieure GmbH im Auftrag von Vattenfall)

Abb. 9.3 Vorlage für die Einbauten in den ethohydraulischen Versuchsstand: an einem Gesamtmodell der Fischaufstiegsanlage im Maßstab 1:13 wurden die hydraulischen Bedingungen vor den beiden Horizontalrechen, abstrom des Einstiegtrichters sowie am letzten Schlitz der obersten Trennwand gemessen (*oben*); Informationen über die Detailgestaltung des Einstiegs in die Fangkammer sowie die Befestigungssituation der Horizontalrechen wurden Planunterlagen entnommen (*unten*, Graphik: Gesellschaft für Planung, Maschinen- und Mühlenbau Erhard Muhr mbH: Planung KED-Ingenieure GmbH im Auftrag von Vattenfall)

Durchgeführt wurde die ethohydraulische Studie zur Optimierung der Fangeinrichtung in der ethohydraulischen Laborrinne am wasserbaulichen Versuchslabor des Karlsruher Instituts für Technologie.

9.2 Versuchsplanung

Um möglichst realistische Bedingungen sicherzustellen, sollte die ethohydraulische Untersuchung im Maßstab 1:1 durchgeführt werden. Grundlage für die Dimensionen und die Geometrie der Einbauten bildeten die Planunterlagen für die Kontrollstation. Die hydraulischen Bedingungen wurden an einem wasserbaulichen Gesamtmodell der Fischaufstiegsanlage im Maßstab 1:13 gemessen (Abb. 9.3).

Um auch bezüglich der Probanden Bedingungen zu schaffen, die der Natursituation vergleichbar sind, wurden im Frühjahr 2010 für drei Testserien insgesamt 493 Fische von 6 cm bis 80 cm Totallänge (Abb. 9.4) der Elbe bei Geesthacht entnommen und zur Durchführung der ethohydraulischen Tests nach Karlsruhe transportiert. Hierbei handelte es sich um Exemplare von 22 verschiedenen Arten, die sämtliche am Standort relevanten ökologischen Gilden repräsentieren: Aal, Aland, Bar-

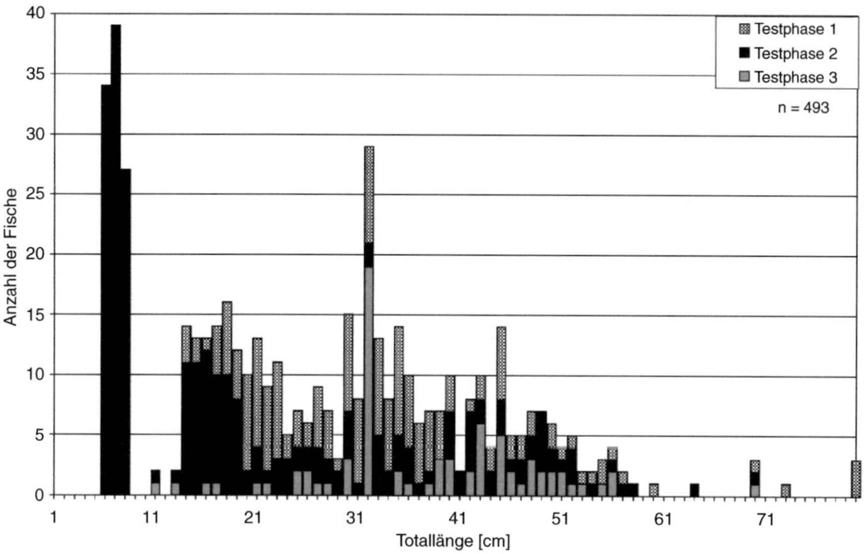

Abb. 9.4 Größenverteilung der Probanden

Abb. 9.5 Benennung der Komponenten des dreidimensionalen Einstiegtrichters

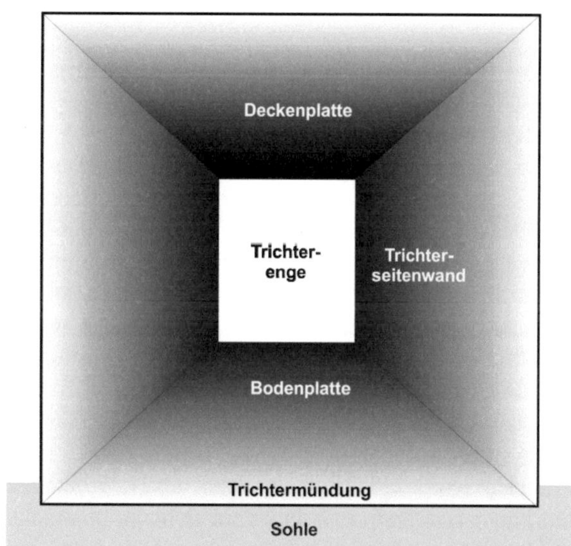

be, Brachsen, Döbel, Flussbarsch, Flunder, Flussneunauge, Güster, Hecht, Karpfen, Meerneunauge, Plötze, Quappe, Rapfen, Rotfeder, dreistacheliger Stichling, Stint, Ukelei, Wels, Zander, Zope (Fischportraits siehe Anhang).

Über die Funktion der Kontrollstation entscheiden die Orientierung und das Verhalten aufwandernder Fische auf dem Weg zwischen dem obersten Schlitz der Fischaufstiegsanlage durch den Einstiegtrichter (Abb. 9.5) bis in die Fangkammer.

Entsprechend galt es, im ethohydraulischen Versuchsstand folgende Bereiche situativ ähnlich abzubilden und dort das Verhalten der Fische zu beobachten (Abb. 9.3):

- Entlang des Horizontalrechens, der vom Abfluss der Fischaufstiegsanlage durchströmt wird.
- Vor der Stirnwand der Fangkammer, wo sich stromab der Anschlagspunkte der Horizontalrechen Totwasserzonen ausbilden.
- Unmittelbar im Bereich des Einstiegtrichters sowie in seinem Inneren bis in die Fangkammer hinein.

In Anbetracht der begrenzten Dimensionen der Laborrinne war es nicht möglich, die gesamte Kontrollstation im Maßstab 1:1 abzubilden. Zudem reichte die Pumpenleistung im Labor nicht aus, um gleichzeitig sowohl an den Horizontalrechen als auch im Einstiegtrichter die naturgetreuen Fließgeschwindigkeiten zu erzeugen. Deshalb wurde entschieden, die Tests in fachinhaltlich aufeinander aufbauende, konstruktiv jedoch voneinander unabhängige Serien durchzuführen. Hierbei weist jede Testserie den typischen dreistufigen Aufbau ethohydraulischer Untersuchungen auf, der sich durch einen Präprozess, die ethohydraulischen Einzeltests sowie den Transferprozess beschreiben lässt. Dieses Vorgehen wird nachfolgend in chronologischer Reihenfolge dargestellt.

9.2.1 Testserie 1 mit einem zweidimensionalen Einstiegtrichter

9.2.1.1 Präprozess

In der ersten Testserie stand die Leitwirkung der Horizontalrechen als auch der Übergangsbereich zwischen dem Ende des Horizontalrechens im Anschluss an das Gebäude der Fangkammer und dem Einstieg in den Trichter im Fokus. Da in diesem Übergangsbereich konstruktiv bedingt die Ausbildung von Totwasserzonen erwartet wurde, galt es zu prüfen, wie sich die Fische dort verhalten werden.

Um die situative Ähnlichkeit sicherzustellen war es somit notwendig, für diese Testserie den Horizontalrechen und den Einstiegtrichter sowie den Übergangsbereich zwischen beiden Elementen einschließlich der dortigen Totwasserzone im Maßstab 1:1 nachzubilden. Hierzu wurde der Einstiegtrichter mit der gesamten Breite seiner Mündung von 1,75 m simuliert.

Zudem wurde ein Originalelement des Horizontalrechens mit einer lichten Weite von 8 mm verwandt, das senkrecht stehend, im Winkel von 30° auf den Einstiegtrichter zuführend eingebaut wurde. Auch die Stirnwand zwischen Rechen und Einstiegtrichter wurde exakt nach den Planunterlagen im Versuchsstand gestaltet. Um der begrenzten Dimension der Laborrinne sowie der Leistung der Pumpen gerecht zu werden, wurde jedoch in folgenden Punkten vom Vollmaßstab abgewichen:

- Die oberste Trennwand der Fischaufstiegsanlage wurde mit einer Schlitzbreite von 0,3 m in Anpassung an die Dotation der Laborrinne versehen, während der Durchlass im Freiland 1,2 m breit ist.

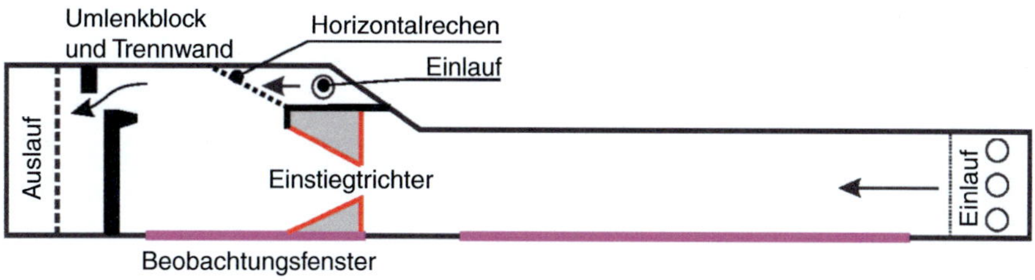

Abb. 9.6 Draufsicht auf den ethohydraulischen Aufbau in Testserie 1

- Es wurde nur einer der beiden Horizontalrechen mit einer begrenzten Länge von 3 m eingebaut. An diesem Bauteil konnte die Durchströmung sowie die auftretenden Fließgeschwindigkeiten entsprechend der Natursituation bewerkstelligt werden, so dass die Kriterien für die situative Ähnlichkeit gemäß Kap. 5.2.3 eingehalten waren.
- Um die erforderlichen Fließgeschwindigkeiten sowohl bei der Durchströmung des Rechens als auch im Einschwimmtrichter zu erreichen, musste die Wassertiefe im Modellgerinne auf 0,5 m begrenzt werden, während sie in der ausgeführten Anlage 1,75 m betragen sollte. Bezüglich der Leitwirkung des Rechens wurde dies als unbedenklich eingestuft.
- Allerdings hatte die reduzierte Wassertiefe die Konsequenz, dass auf eine dreidimensionale Ausbildung des Einstiegtrichters verzichtet werden musste: Es wurden die geometrischen Kriterien der situativen Ähnlichkeit verletzt, um bei den Strömungseigenschaften die kinematische Ähnlichkeit gewährleisten zu können. Aus diesem Vorgehen resultierte die Notwendigkeit zur Durchführung einer zweiten Testserie, bei der speziell die Wirkung der Dreidimensionalität des Einstiegtrichters im Fokus stand (Kap. 9.3).

Der zweidimensional ausgebildete Einstiegtrichter war dazu konstruiert, um den Einfluss der Dimensionen der Trichterenge sowie einer Durchströmung der Trichterseitenwände in Hinblick auf die Akzeptanz der Fische, d. h. ihre Passage bis in die Fangkammer zu untersuchen. Zu diesem Zweck wurde eine Trichterseitenwand im ethohydraulischen Versuch derart gestaltet, dass dort ggf. unterschiedlich strömungsdurchlässige Materialien eingebaut werden konnten. Gleichzeitig war diese Trichterwand gelenkig gelagert, so dass die Breite der Trichterenge zwischen 0,3 m und 0,7 m variiert werden konnte (Abb. 9.6 und 9.7). Um die Probanden innerhalb des Einstiegtrichters beobachten zu können, wurde die direkt am Beobachtungsfenster gelegene Trichterwand aus Plexiglas gefertigt.

9.2.1.2 Befunde der ethohydraulischen Tests aus Serie 1

Übergang vom Schlitz zum Horizontalrechen: Da der Startkäfig stromab unterhalb der Trennwand exponiert war, mussten sämtliche Probanden zunächst den dortigen Schlitz passieren, um in den Bereich vor dem Horizontalrechen zu gelangen. Nach der Passage des Schlitzes schwammen die Probanden im typischen Fall weiter gegen die Hauptströmung an, die parallel zur Gerinnewand auf den Schlitz zufloss.

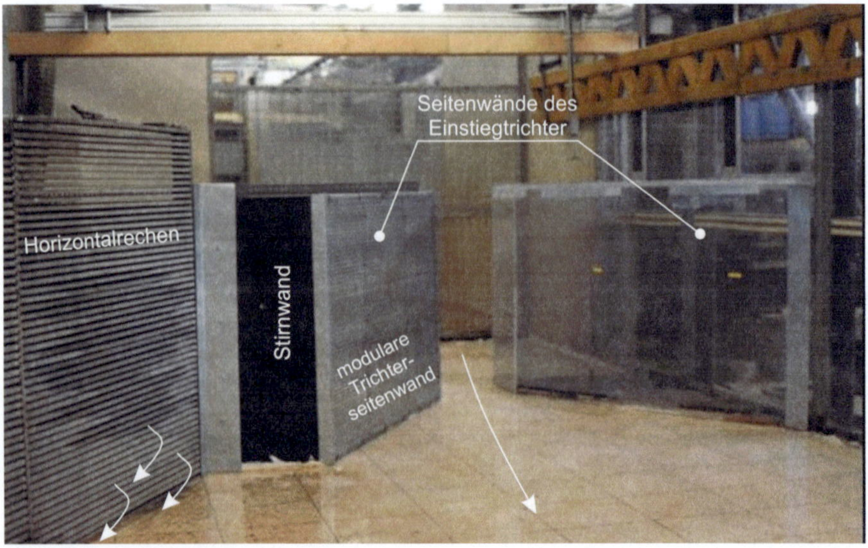

Abb. 9.7 Einbauten in der Laborrinne für Testserie 1 bestehend aus einem 8 mm-Horizontalrechen, einer 0,5 m breiten Stirnwand sowie den vertikalen Seitenwänden des Einstiegtrichters; Ansicht entgegen die Fließrichtung

Nur in Ausnahmefällen verließen Fische diesen Strömungspfad, um in die Mitte der Laborrinne zu schwimmen und sich dort in der Totwasserzone ohne rheotaktische Ausrichtung aufzuhalten.

Leitwirkung des Horizontalrechens: Die in der Hauptströmung aufgeschwommenen Probanden gelangten vor den Horizontalrechen. Diesem folgten sie gegen die sich entlang der Rechenfläche ausbreitenden Hauptströmung unbeirrt bis zum Einstiegtrichter. Dass Fische orthogonal zur Hauptströmung den Rechen anschwammen oder den Pfad der Hauptströmung verließen, um in die Gerinnemitte abzubiegen, konnte nur vereinzelt beobachtet werden.

Passierbarkeit des Rechens: Während sämtlicher Tests wurde der 8 mm-Horizontalrechen von keinem einzigen der Probanden passiert. Dies betraf sowohl Stichlinge von deutlich weniger als 6 cm Gesamtlänge, als auch Flussneunaugen im für den Standort Geesthacht typischen Größenspektrum zwischen ca. 30 cm bis 45 cm Gesamtlänge.

Verhalten im Bereich der Stirnwand: Der Rechenfläche folgend gelangten aufwandernde Fische dann in den Bereich der Totwasserzone bei der Stirnwand der Fangkammer. Diese Zone wurde von einem Teil der Probanden, die der Hauptströmung entlang der Rechenflächen folgten, bogenförmig umschwommen (Abb. 9.8). Das beobachtete Verhalten in Kombination mit dem an der Wasseroberfläche sichtbaren Strömungsbild zeigte auf, dass die aus dem Einstiegtrichter austretende Strömung von der Durchströmung des Horizontalrechens mitgerissen wird: Begünstigt durch die neben der Stirnwand stärkste Beaufschlagung des Rechens bildet sich von

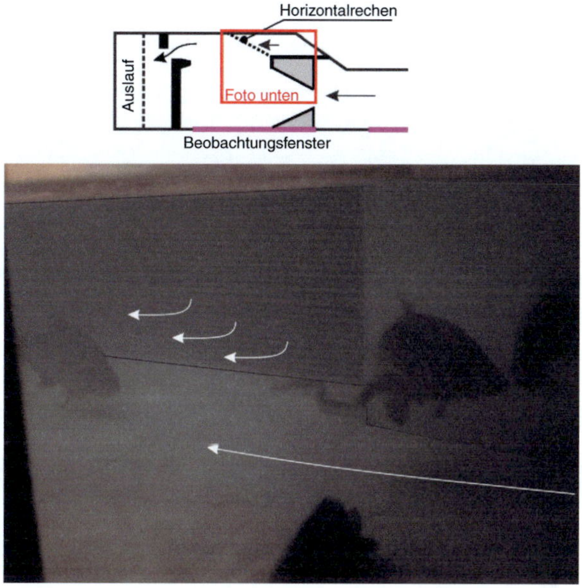

Abb. 9.8 Brachsen folgen dem Horizontalrechen und der Seitenwand des Einstiegtrichters, während ein Flussneunauge die Totwasserzone umschwimmt

der Trichtermündung entlang der Rechenfläche nach abstrom ein für die Fische gut wahrnehmbarer, durchgehender Strömungspfad aus, der sie auch um die Totwasserzone herum leitet (Abb. 9.9). Nur wenige Probanden, bei denen es sich zumeist um Flussneuaugen handelte, verharrten einige Sekunden vor der Stirnwand, bevor sie ihren Weg in Richtung des Einschwimmtrichters fortsetzten. Kapitale und leistungsstarke Exemplare passierten die Totwasserzone ohne Zögern und ohne erkennbare Kurs- und Abstandskorrekturen.

Passage des Einstiegtrichters: Die Seitenwände des in der Testserie 1 zweidimensionalen Einstiegtrichters waren in einem Winkel von ca. 30° zur Hauptfließrichtung orientiert. Das beobachtete zügige Einschwimmen in den Trichter und dessen rasches Durchschwimmen führten zu der Erkenntnis, dass die Trichterseitenwände eine für Fische gut wahrnehmbaren Leitströmung bewirken. Daraufhin wurden gezielt die Dotation, die Beschaffenheit einer Trichterseitenwand sowie die Breite der stromaufwärtigen Trichterenge modifiziert, um die Bedeutung dieser Faktoren für das Fischverhalten differenzieren zu können.

- **Dotation:** Die Einstellung verschiedener Dotationen ergab, dass Fische aller Arten bei einem Trichterdurchfluss von 0,14 m^3/s den Einstiegtrichter ohne Zögern annahmen und vollständig passierten. Wurde dieser Durchfluss reduziert, verlor die aus dem Trichter austretende Strömung ihren Charakter als Leitströmung, die Rheoaktion der Fische ließ nach und entsprechend verringerte sich die Anzahl von Probanden, die in den Einstiegtrichter hinein schwammen (Abb. 9.10). Bei einer Erhöhung der Dotation über 0,14 m^3/s zeigten die Fische zwar ein deutliches rheoaktives Verhalten, doch kleine Fische, wie Dreistachelige Stichlinge erreichten ihre Leistungsgrenze und waren kaum noch in der Lage, die Trichterenge zu passieren. Insofern wurde eine Beaufschlagung des zweidimensionalen Trichters mit 0,14 m^3/s als optimal bewertet.

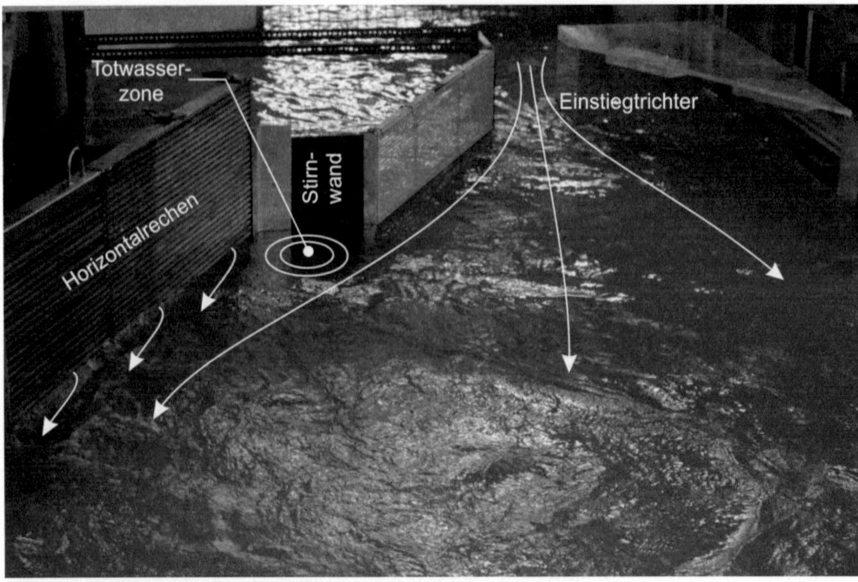

Abb. 9.9 Die aus dem Einstiegtrichter austretende Strömung umfließt die Totwasserzone, um sich mit der Durchströmung des Rechens zu vereinen

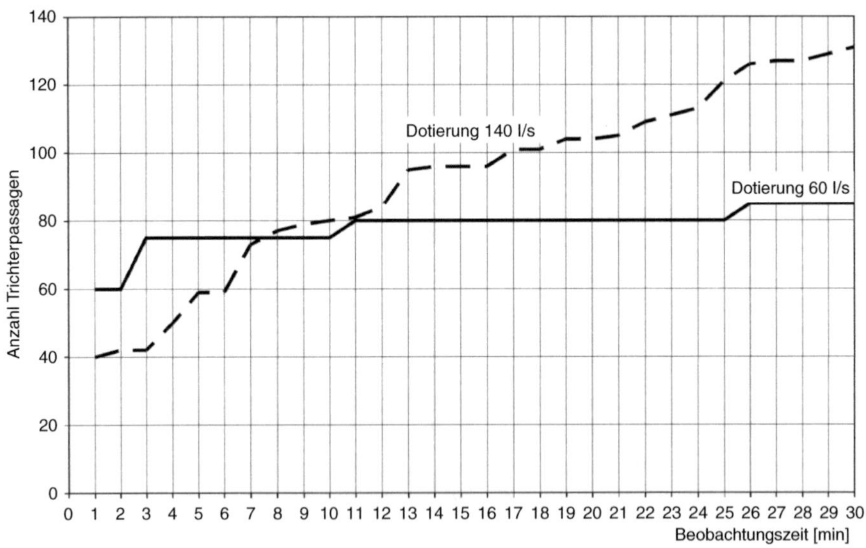

Abb. 9.10 Vergleichende kumulierende Darstellung der Anzahl von Passagen durch den zweidimensionalen Einstiegtrichter bei einer Dotierung von 60 l/s und 140 l/s; in beiden Fällen mit geschlossenen Trichterseitenwänden

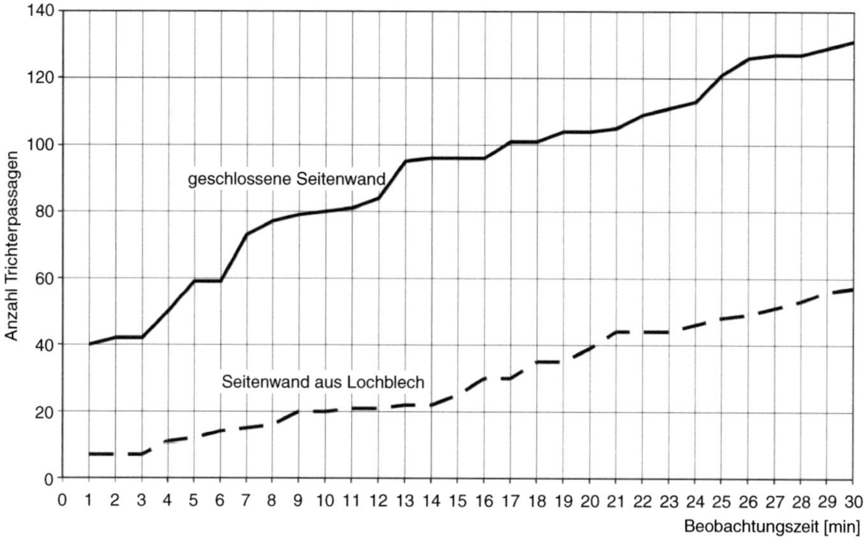

Abb. 9.11 Vergleichende kumulierende Darstellung der Anzahl von Passagen von Fischen durch den zweidimensionalen Einstiegtrichter mit geschlossenen Seitenwänden und mit diffus durchströmten Seitenwänden aus Lochblech; Dotierung 140 l/s

- **Beschaffenheit der Trichterseitenwände:** Bei einer nicht durchströmten Seitenwand des Einstiegtrichters strömt der gesamte Abfluss durch die zentrale Trichterenge, woraus eine ungleichmäßige Strömungsverteilung im Trichterraum resultiert. Deshalb wurde bei einem Durchfluss von 0,14 m^3/s untersucht, ob durch den Einbau einer durchströmten Trichterseitenwand aus Lochblech eine Vergleichmäßigung der Strömungsverteilung bewirkt und damit die Auffindbarkeit des Einstiegtrichters begünstigt werden kann. Dabei zeigte sich, dass ein Einstiegtrichter mit perforierten Wänden für Fische weitaus weniger attraktiv ist: Viele Probanden unterbrachen im Einstiegsbereich ihre Aufwanderung und verharrten orientierungslos abstrom des Einstiegtrichters, ohne diesen zu passieren. Dem gegenüber entfalten geschlossene Trichterseitenwände trotz der ungleichen Strömungsverteilung eine weitaus bessere Leitwirkung, da in der gleichen Zeit mehr als doppelt so viele Individuen den Einstiegtrichter zügig passierten (Abb. 9.11).
- **Geometrie der Trichterenge:** Um zu untersuchen, ob die Dimensionen der Engstelle am strömungszugewandten Ende des Einstiegtrichters eine art- bzw. größenselektive Wirkung entfalten, wurde dessen Breite zwischen 0,3 m und 0,7 m variiert, während die Wassertiefe konstant 0,5 m betrug. Es zeigte sich, dass bei einer Breite von 0,7 m wesentlich mehr Probanden die Engstelle zur Fangkammer passierten als bei 0,5 m oder gar 0,3 m Breite (Abb. 9.12). Besonders deutlich war dies im Falle des Hechtes: Sowohl bei 0,3 m, als auch bei 0,5 m Breite verweigerten sämtliche Exemplare dieser Art eine Passage. Dieses Verhalten ist deshalb so bemerkenswert, weil es nicht nur bei den 0,8 m

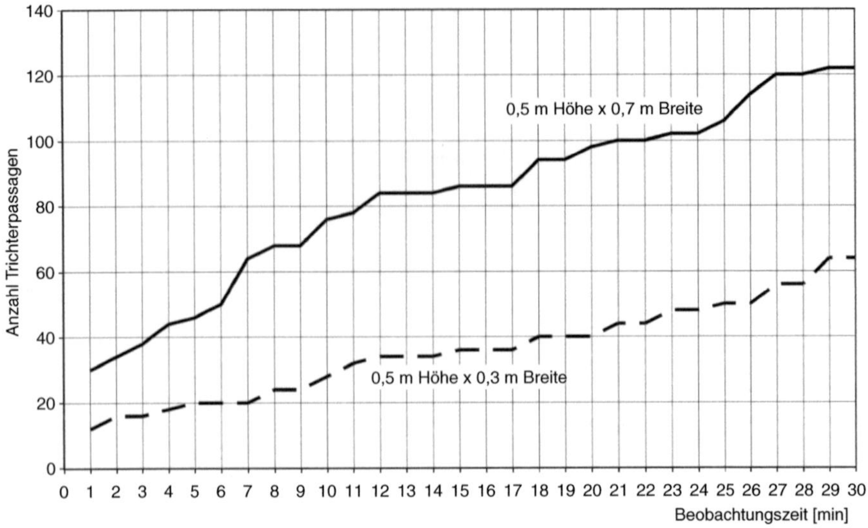

Abb. 9.12 Vergleichende kumulierende Darstellung der Anzahl von Passagen des zweidimensionalen Einstiegtrichters bei einer Wassertiefe von 0,5 m und Breiten von 0,3 m und 0,7 m; Dotierung 500 l/s

großen, sondern auch bei den um 0,3 m Totallänge wesentlich kleineren und damit schlankeren Hechten zu beobachten war, für die das Durchschwimmen der Trichterenge physisch problemlos möglich gewesen wäre. Erst nachdem die Engstelle auf 0,7 m aufgeweitet war, wurde sie von Hechten aller Größen durchschwommen (Abb. 9.13).

9.2.1.3 Ethohydraulische Signatur von Testserie 1

Nach Abschluss der ethohydraulischen Tests wurden Rastermessungen der Strömungsgeschwindigkeiten und -richtungen in solchen Querschnitten durchgeführt, die für das Fischverhalten von Bedeutung waren. Ergänzend wurden punktuelle Geschwindigkeitsmessungen, z. B. in der Trichterenge vorgenommen (Abb. 9.14). Die ermittelten ethohydraulischen Signaturen wurden als ethohydraulische Diagramme dargestellt. Hierfür wurden Geschwindigkeitsklassen definiert, denen einerseits der Grenzwert für ein positiv rheotaktisches Verhalten mit der Möglichkeit sich zu orientieren und andererseits die Leistungsfähigkeit schwimmschwacher Arten zu Grunde gelegt wurde (Tab. 9.1).

Beispielhaft ist in Abb. 9.15 die ethohydraulische Signatur des Einstiegtrichters bei einer Beaufschlagung von 0,14 m^3/s und unterschiedlichen Seitenwänden dargestellt. Bei der wasserundurchlässigen Seitenwand tritt aus der Einstiegsöffnung ein kompakter Kernstrahl mit einer Fließgeschwindigkeit von ca. 0,45 m/s aus, der stromabwärts der Trichtermündung noch erhalten bleibt. Die rheoaktive Geschwindigkeit ist bei diesem Wert überschritten, so dass aufwandernde Fische den Kernstrahl als Leitströmung wahrnehmen, ihm bis in den Trichter hinein und durch

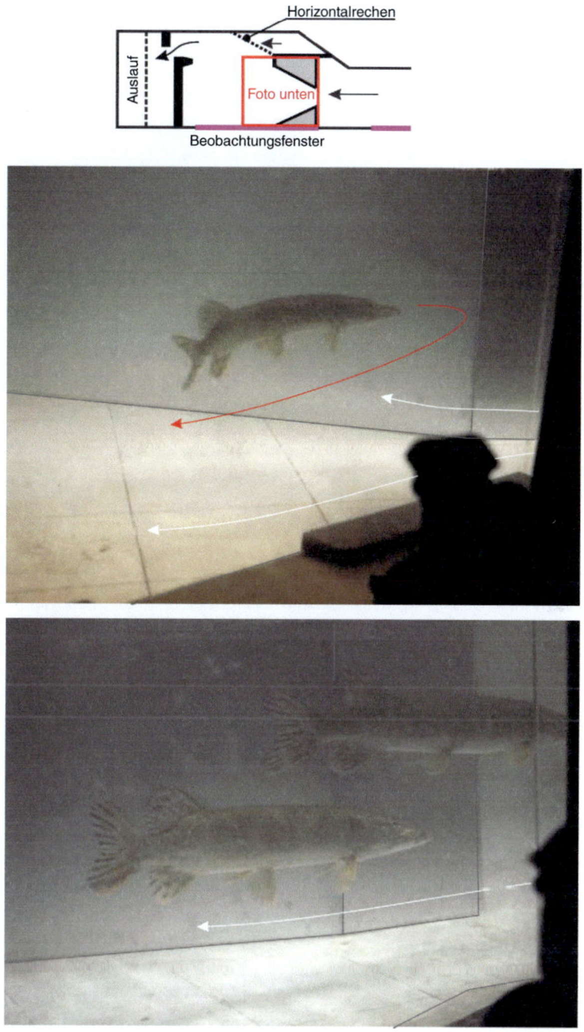

Abb. 9.13 Ein 0,3 m langer Hecht folgt zwar dem Einstiegtrichter, scheut jedoch vor der 0,3 m breiten Trichterenge zurück (*oben*); hingegen wird die auf 0,7 m erweiterte Engstelle auch von über 0,6 m langen Exemplaren zügig passiert (*unten*)

diesen hindurch folgen können. Bei durchströmter Trichterseitenwand hingegen ist die Fließgeschwindigkeit des Kernstrahls deutlich reduziert: Sie überschreitet nur im Zentrum geringfügig einen Wert von 0,3 m/s und an der Trichtermündung wird dieser Wert im gesamten Querschnitt bereits unterschritten. Hierdurch verliert die Strömung ihre leitende Wirkung. Dies erklärt die geringere Anzahl von Probanden, die bei einer Seitenwand aus Lochblech in den Einstiegtrichter hinein geschwommen sind und ihn auf ganzer Länge passiert haben.

Eine vergleichbare ethohydraulische Signatur ergibt sich bei einer Reduzierung der Beaufschlagung: Auch hierbei nimmt die Fließgeschwindigkeit und damit die Reichweite des Kernstrahls ab, so dass den Fischen keine attraktive Leitströmung zur Orientierung mehr zur Verfügung steht.

Abb. 9.14 Messraster und -ebenen zur Ermittlung lokaler Fließgeschwindigkeiten als Grundlage für die Ableitung ethohydraulischer Signaturen am Beispiel von Testserie 1 mit dem zweidimensionalen Einstiegtrichter

Tab. 9.1 Skalierung der ethohydraulischen Diagramme für die vorliegende Fragestellung auf Grundlage des Orientierungs- und Leistungsvermögens schwimmschwacher Arten

Fließgeschwindigkeit und Farbsignatur	Ethohydraulische Bedeutung
≤ - 0,3 m/s bis 0 m/s	Die Fische orientieren sich an der Richtung der Rückströmung und schwimmen deshalb stromabwärts oder sie befinden sich in einer Totwasserzone und sind daher orientierungslos.
0 m/s bis 0,3 m/s	Der Grenzwert für ein gerichtetes positiv rheotaktisches Verhalten ist unterschritten; eine Orientierung ist nicht möglich.
0,3 m/s bis 0,5 m/s	Orientierung und ein stromaufwärts gerichtetes Schwimmen ist selbst leistungsschwachen Arten möglich.
0,5 m/s bis 0,8 m/s	Das Anschwimmen gegen die Strömung ist leistungsschwachen Arten nur bedingt möglich.
> 0,8 m/s	Das Anschwimmen gegen die Strömung ist leistungsschwachen Arten in der Regel unmöglich.

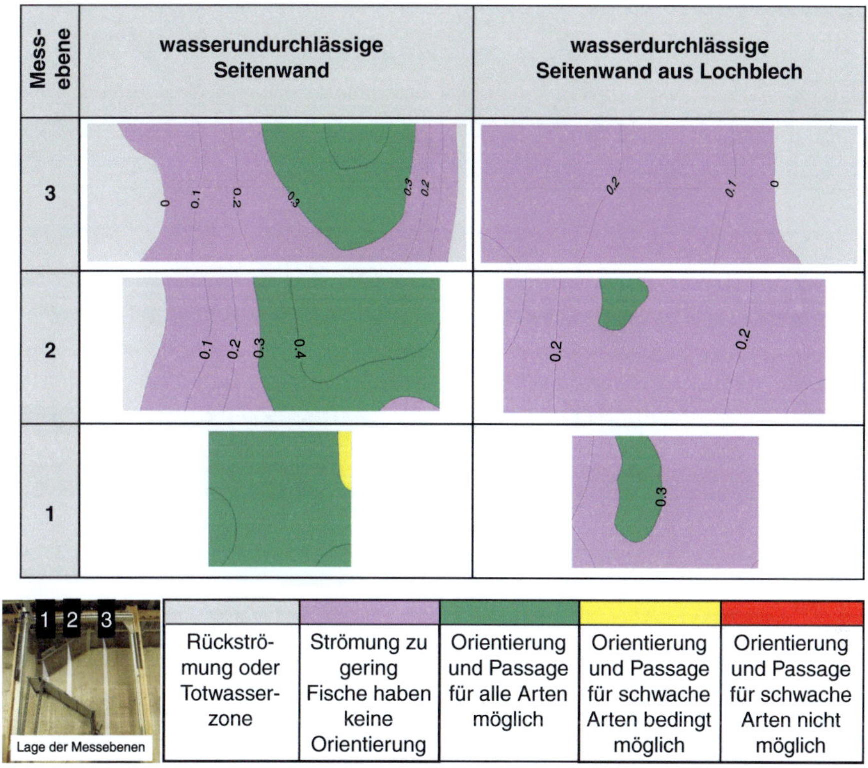

Abb. 9.15 Vergleich der ethohydraulischen Signaturen des zweidimensionalen Einstiegtrichters mit einer dichten und einer perforierten Trichterseitenwand aus Lochblech bei einer Beaufschlagung von 140 l/s; Messebene 3: stromab der Trichtermündung; Messebene 2: mittig im Trichter; Messebene 1: Trichterenge

9.2.1.4 Transferprozess

Für diejenigen Aspekte, die in Testserie 1 unter Einhaltung der situativen Ähnlichkeit untersucht wurden, konnten auf der Basis der Befunde und der ethohydraulischen Signatur folgende technische Vorgaben für die definitive Planung des Einstiegsbereiches der Kontrollstation formuliert werden:

- Die Horizontalrechen mit einer lichten Weite von 8 mm verhindern zuverlässig eine Passage von Flussneunaugen, der kleinsten der Zielarten des Monitorings am Standort Geesthacht. Entsprechend sind Rechen dieser lichten Weite ±1 mm in die Kontrollstation einzubauen.
- Aufwandernde Fische folgen zuverlässig dem im Winkel von 30° zur Hauptströmung stehenden, durchströmten Horizontalrechen. Entsprechend spricht nichts dagegen diese geplante Einbausituation zu realisieren.
- Die Totwasserzone an der Stirnseite der Fangkammer entfaltet bei den Fischen keine erkennbare desorientierende Wirkung. Entsprechend ist es nicht erforderlich, die an der Stirnwand zwischen den Anschlagspunkten der Horizontalrechen vorsorglich eingebauten, zusätzlichen Zustromlöcher (Abb. 9.16) zu beaufschla-

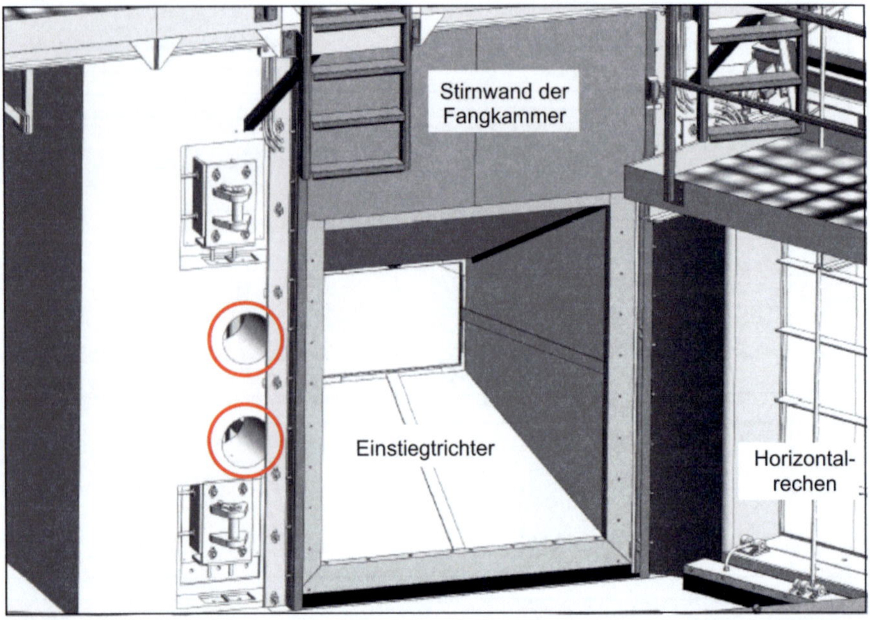

Abb. 9.16 Für den Bedarfsfall vorgesehene Zuströmlöcher in den Stirnwänden der Fangkammer zwischen den Anschlagpunkten der Horizontalrechen haben sich in Testserie 1 als überflüssig erwiesen

gen, um die Ausbildung von Totwasserzonen zu verhindern. Stattdessen kann der Einstiegtrichter mit dem gesamten zur Verfügung stehenden Abfluss der Fangkammer beaufschlagt werden.

9.2.2 Testserie 2 mit einem dreidimensionalen Einstiegtrichter

9.2.2.1 Präprozess

Da alle Fragen bezüglich der Leitwirkung der Horizontalrechen sowie der Annäherung an den Einstiegtrichter der Kontrollstation in Testserie 1 geklärt werden konnten, lag der Fokus bei Testserie 2 auf der Wirksamkeit des Einstiegtrichters selbst. In Testserie 1 war es aufgrund der begrenzten Pumpenleistung des Versuchsstandes, die maßgeblich zur Beaufschlagung der Horizontalrechen benötigt wurde, nicht möglich gewesen, den Einstiegtrichter situativ ähnlich, d. h. dreidimensional und im Maßstab 1:1 nachzubilden. Entsprechend sind die Befunde zur Auffindbarkeit und Passierbarkeit zwar nicht auf die Freilandsituation übertragbar, doch bilden sie die Grundlage für die im Präprozess von Testserie 2 erforderliche Festlegung der Materialien, Fertigungs- und Konstruktionsweisen sowie der Größe der Engstelle des dreidimensional im Maßstab 1:1 zu bauenden Einstiegtrichters.

Für die Testserie 2 wurde ein Einstiegtrichter mit einer 1,6 m breiten und 1,75 m hohen Mündung mit geschlossenen Trichterseitenwänden gefertigt. Die Boden- und

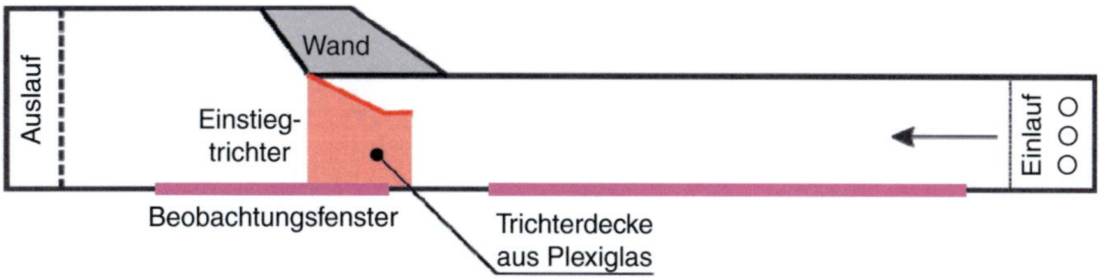

Abb. 9.17 Draufsicht auf den ethohydraulischen Aufbau in Testserie 2

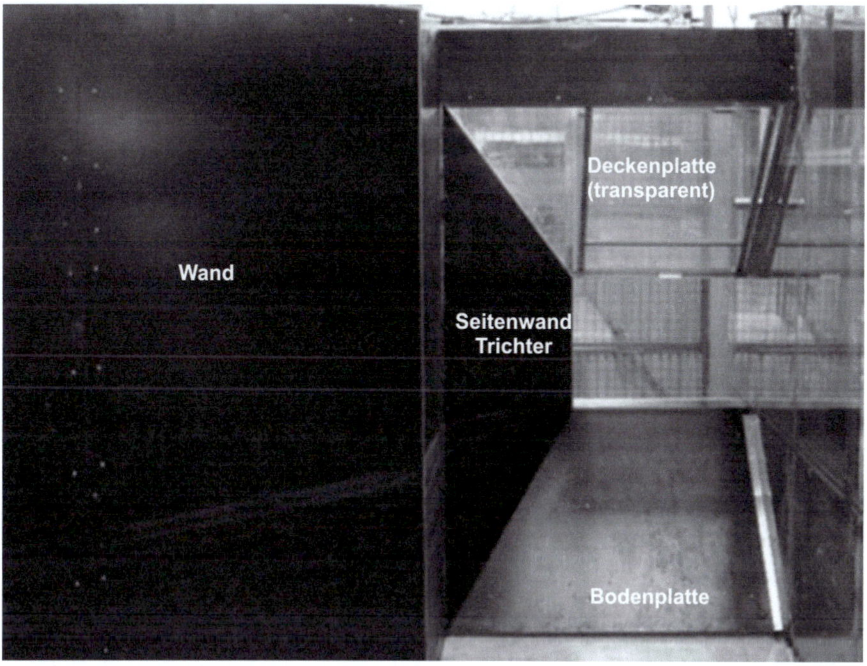

Abb. 9.18 Einbauten für Testserie 2 bestehend aus dem linksseitig angeschnittenen dreidimensionalen Einstiegtrichter mit Boden und Decke sowie einer Seitenwand, die jeweils im Winkel von 30° auf die zentrierte Trichterenge von 0,7 m Breite und 0,5 m Höhe zulaufen

Deckenplatte des Einstiegtrichters sowie die rechte Seitenwand führten jeweils in einem Winkel von ca. 30° auf die 0,7 m breite und 0,5 m hohe Trichterenge zu. Nur die linke Seitenwand des Einstiegtrichters war nicht im Winkel von 30° ausgeführt, sondern wurde von der Sichtscheibe des Beobachtungsstandes gebildet. (Abb. 9.17 und 9.18). Um die Beobachtungsmöglichkeiten zu verbessern und einen Lichteinfall ins Trichterinnere zu bewerkstelligen war die Deckenplatte aus Plexiglas gefertigt. Für die letzten Tests der Serie 2 wurde diese Deckenplatte mit 7 Löchern von jeweils 10 cm Durchmesser versehen, um eine Einströmung zu erzielen. Gemäß dem für eine gute Leitwirkung erforderlichen Kernstrahl von etwa 0,45 m/s wurde in Hinblick auf die künftigen Realdimensionen der Einstiegtrichter im Versuchs-

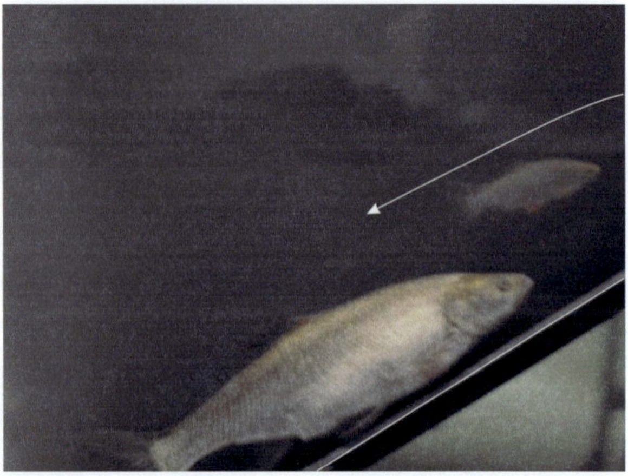

Abb. 9.19 Rapfen (im Vordergrund) und Plötze (im Hintergrund) schwimmen sohlennah in den Einstiegtrichter und folgen der Bodenplatte zügig, um den Einstiegtrichter zu passieren

tand mit bis zu 0,5 m^3/s dotiert. Hieraus resultierte im Bereich der Trichterenge eine Fließgeschwindigkeit von ca. 1,4 m/s.

9.2.2.2 Befunde der ethohydraulischen Tests von Serie 2

Grundsätzlich fanden Probanden zahlreicher Arten, darunter auch Hechte aller Größen, Dreistachelige Stichlinge, Flundern und Kaulbarsche den Einstiegtrichter und passierten diesen. Allerdings war entgegen der guten Leitwirkung der Seitenwände des zweidimensionalen Einstiegtrichters aus Serie 1 zu beobachten, dass im dreidimensionalen Trichter nur sohlennah schwimmende Fische der Bodenplatte bis zur Engstelle folgten und diese zügig durchschwammen (Abb. 9.19): Alle pelagial und oberflächennah den Einstiegtrichter anschwimmende Exemplare unterbrachen ihren Aufstieg und zeigten im Einstiegtrichter oftmals sogar heftige Scheu- und Meidereaktionen, in deren Folge sie letztlich fluchtartig nach stromabwärts umkehrten (Abb. 9.20). Zudem hatten kleine und leistungsschwache Exemplare erhebliche Schwierigkeiten, sich gegen die Fließgeschwindigkeit in der Trichterenge zu behaupten. Diese Fische wurden häufig stromabwärts verdriftet, bevor es ihnen gelungen war, den Trichter auf gesamter Länge zu durchschwimmen.

9.2.2.3 Ethohydraulische Signatur aus Testserie 2

Die Aufmessung der ethohydraulischen Signatur dieser Situation lieferte schlüssige Erklärungen für die beobachteten Verhaltensweisen (Abb. 9.21): Eine Teilströmung legte sich an die Bodenplatte an und floss gerichtet ins Unterwasser ab. Fische, die sich dem Einstiegtrichter innerhalb dieses Strömungspfades annäherten setzten ihre Schwimmbewegung zügig fort, wobei sie der ansteigenden Bodenplatte im gesamten Trichter folgten und die Engstelle passierten, um letztlich in die Fangkammer zu gelangen. Im oberen Bereich des Trichters hingegen bildete sich eine Rückströmung aus. Auch hier verhielten sich die Fische konsequent positiv rheotaktisch, d. h. sie richteten sich in dieser Strömung stromabwärts orientiert aus. Auf diese Weise kamen sie nicht bis in den Bereich der Trichterenge. Gelangte ein Fisch in die Kontaktzone der gegenläufigen oberflächen- und sohlennahen Strömungsschichten, löste dies heftige Scheu- und Fluchtreaktionen aus.

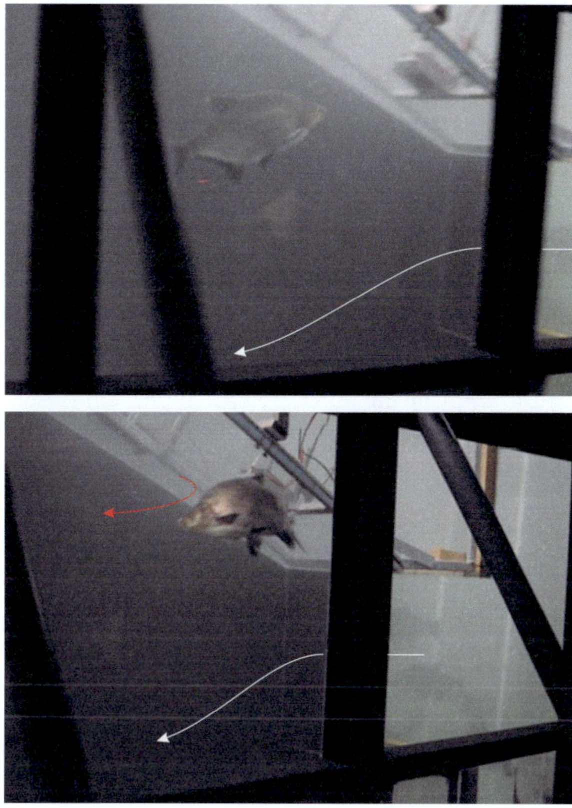

Abb. 9.20 Ein Brachsen schwimmt in die obere Hälfte des Einstiegtrichters ein (*oben*), scheut dann jedoch kurz vor der Trichterenge abrupt zurück (*unten*)

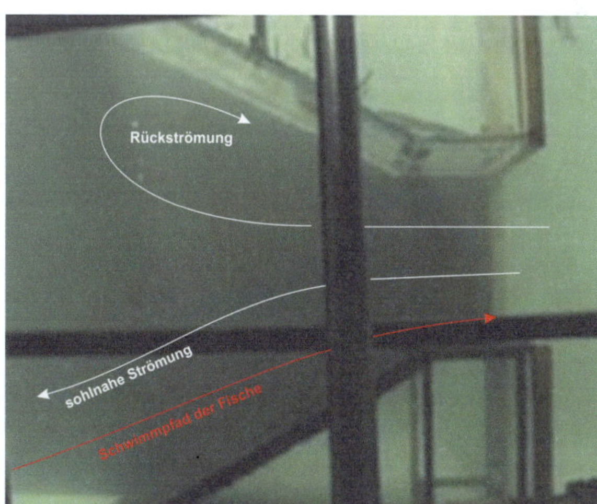

Abb. 9.21 Schwimmpfad im dreidimensionalen Einstiegtrichter

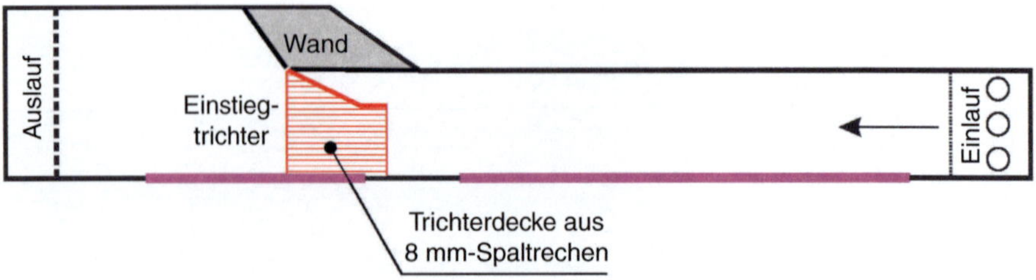

Abb. 9.22 Draufsicht auf den ethohydraulischen Aufbau in Testserie 3

Um die im Einstiegtrichter entstehende Rückströmungszone aufzulösen, wurde die Deckenplatte mit durchströmbaren Löchern versehen. Diese Maßnahme erzielte allerdings nicht den gewünschten Effekt: Die Rückströmung wurde zwar abgeschwächt, löste jedoch weiterhin Meidereaktionen bei den Probanden aus.

9.2.2.4 Transferprozess

Aufgrund der unbefriedigenden Ergebnisse von Testserie 2 in Hinblick auf oberflächenorientierte und pelagischen Exemplare erwies sich der Einschwimmtrichter als untauglich: In der geplanten Form konnte er nicht für den Einsatz im Freiland empfohlen werden.

Um eine zügige Passage von Fischen durch den Einstiegtrichter hindurch in die Fangkammer zu gewährleisten, galt es statt dessen, eine konstruktive Lösung zu finden, um der Ausbildung einer desorientierenden Rückströmung entgegen zu wirken. Die gefundene Lösung war wiederum in weiteren ethohydraulischen Tests auf ihre Wirksamkeit hin zu untersuchen.

9.2.3 Testserie 3 mit einem dreidimensionalen Einstiegtrichter mit einer Decke aus Spaltrechen

9.2.3.1 Präprozess

Da sich in Testserie 2 die Löcher in der Deckenplatte des Einstiegtrichters als unwirksam erwiesen hatten, während in Testserie 1 der horizontale Spaltrechen von 8 mm lichter Weite sowohl eine sehr gute Durchströmungseigenschaft, als auch Leitwirkung für Fische bewiesen hatte, wurde der Einstiegtrichter im Präprozess von Testserie 3 wie folgt modifiziert: Anstelle der Deckenplatte wurde auf den Trichterkorpus ein 8 mm-Spaltrechen aufgelegt (Abb. 9.22 und 9.23). Ansonsten blieb die Trichterkonstruktion unverändert.

9.2.3.2 Befunde der ethohydraulischen Tests von Serie 3

Während die Wirksamkeit des Einstiegtrichters gegenüber bodenorientierten Fischen unverändert gut war, stellte die modifizierte Konstruktion der Decke des Trichters aus einem durchströmten 8 mm-Spaltrechen als außerordentlich wirksam

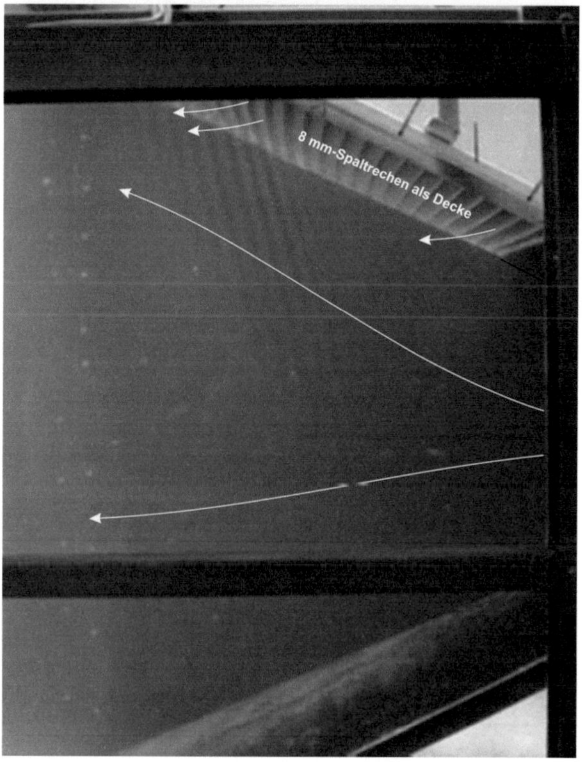

Abb. 9.23 Deckenplatte des Einstiegtrichters aus einem 8 mm-Spaltrechen, dessen Stäbe in Strömungsrichtung angeordnet sind; Draufsicht auf die Tragkonstruktion des Spaltrechens in Fließrichtung (*oben*), diffuser Lichteinfall ins Innere des Trichters (*unten*)

dar: Nun schwammen auch die oberflächenorientierten und pelagischen Fische aller Arten und Größen zügig und unabhängig von der Richtung, aus der sie sich näherten, in den Trichter hinein und passierten ihn auf gesamter Länge bis in die Fangkammer (Abb. 9.24). Scheu- und Meidereaktionen, wie sie in Testserie 2 für eine Trichterkonstruktion mit undurchlässiger Deckenplatte typisch waren, wurden bei keinem Exemplar mehr beobachtet. Insgesamt erhöhte sich die Anzahl der Fischpassagen im selben Zeitraum auf ein Mehrfaches (Abb. 9.25).

Abb. 9.24 Ein Gemischtartenschwarm passiert zügig den mit einer Spaltrechendecke ausgestatteten Einstiegtrichter bis in die Fangkammer

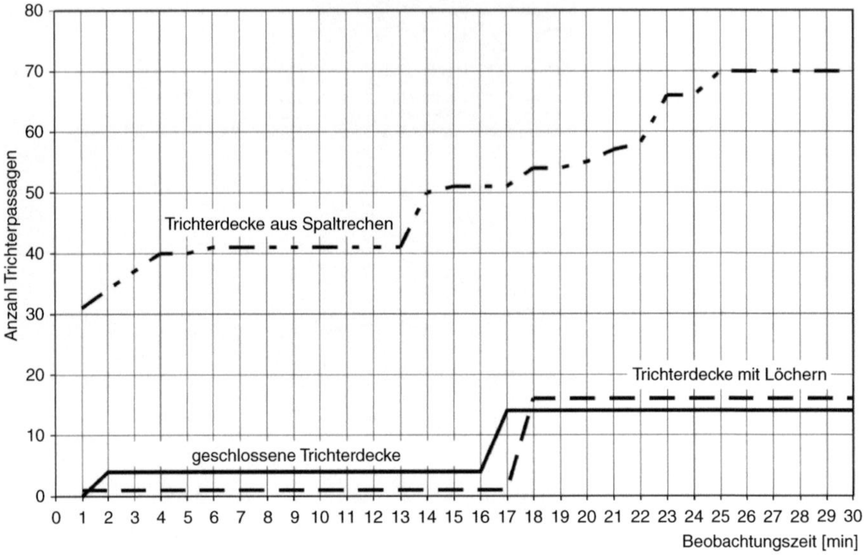

Abb. 9.25 Vergleichende kumulierte Darstellung der Anzahl von Passagen des Einstiegtrichters mit verschiedenen Deckenplatten; Trichterenge 0,7 m breit und 0,5 m hoch, Dotierung 0,5 m³/s

9.2.3.3 Ethohydraulische Signatur aus Testserie 3

Die Messungen der ethohydraulischen Signatur zeigten, dass durch den Einbau des vertikalen 8 mm-Spaltrechens und der damit einhergehenden Vergrößerung der durchflossenen Querschnittsfläche mehrere positive Effekte gleichzeitig erzielt werden konnten:

- Es bildeten sich im Innern des Einstiegtrichters keine Rückströmungen und nur noch kleinräumige Totwasserzonen aus (Abb. 9.26), die keinen Einfluss auf das positiv rheotaktische Verhalten der Fische hatten.

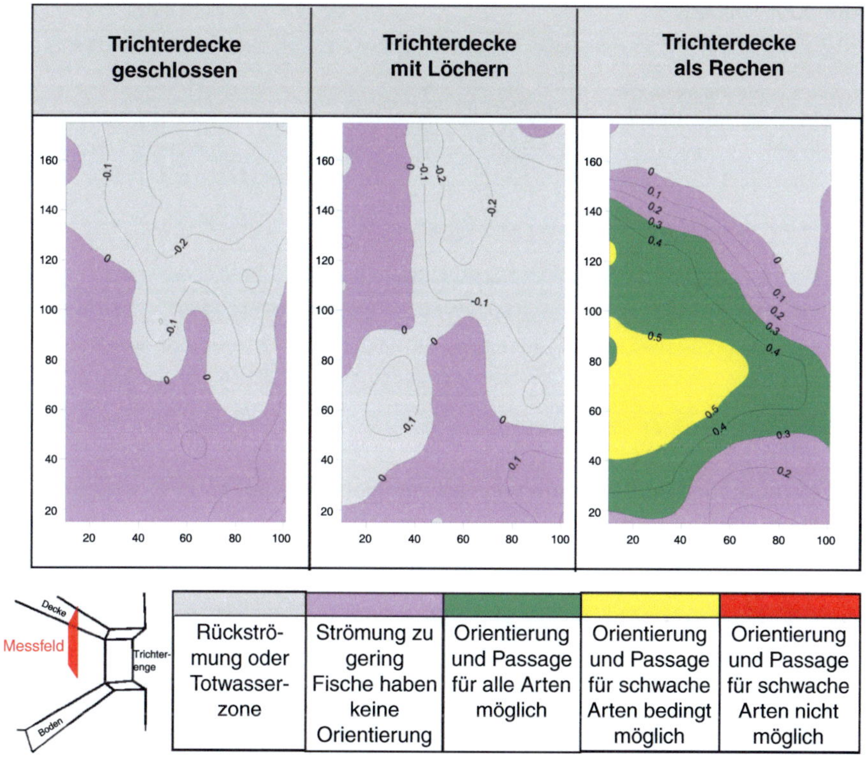

Abb. 9.26 Vergleich der Geschwindigkeitsprofile der getesteten Trichterkonstruktionen. Das abgebildete Messfeld ist mitten im Trichter positioniert und deckt dabei nur einen Bereich unterhalb der Trichterdecke ab, d. h. die gerichtete bodennahe Strömung ist nicht mit abgebildet

- Die Wasserspiegellagen stromauf des Einstiegtrichters sowie stromab davon im Unterwasser waren weitestgehend ausgeglichen. Hierdurch wurde der Charakter der Leitströmung vergleichmäßigt. Da die Tests im Maßstab 1:1 und damit kinematisch hinsichtlich der Strömung sowie den Strömungswiderständen komplett ähnlich waren, wird dieser Effekt in gleichem Maße auch im Freiland auftreten.
- Die Beaufschlagung und damit die Fließgeschwindigkeit in der Trichterenge wurde infolge der durchströmten Rechendecke so weit verringert, dass die Passierbarkeit auch für leistungsschwache Fische gewährleistet war, ohne dass die Attraktivität der Leitströmung an der Trichtermündung für große Exemplare verringert wurde.

9.2.3.4 Transferprozess

Die Planung des Einstiegtrichters in die Fangkammer wurde gemäß der Resultate der Testserie 3 modifiziert, indem seine Deckenplatte durch einen in Fließrichtung ausgerichteten Spaltrechen ersetzt wurde. Weitere Änderungen der Planung waren

Abb. 9.27 Einsatz des ethohydraulisch geprüften und optimierten Einstiegtrichters in die Fangkammer der Fischaufstiegsanlage in Geesthacht

nicht erforderlich und auch die vorgesehene Dotation von 0,5 m^3/s wurde beibehalten.

Gemäß den ethohydraulischen Resultaten wurde die Fanganlage für die neue Fischaufstiegsanlage in Geesthacht an der Elbe gebaut und im November 2010 in Betrieb genommen (Abb. 9.27). Die seither mit der Fanganlage nachgewiesenen aufgestiegenen Fische sind weit zahlreicher als erwartet (Schwevers et al. 2011). Darüber hinaus ergeben sich aus den bisher vorliegenden Befunden keinerlei Hinweise auf irgendwelche Mängel bezüglich der Auffindbarkeit und Passierbarkeit des Einstiegtrichters.

9.3 Erkenntnisgewinn für die Ethohydraulik

Das dargestellte Beispiel des Ablaufes einer ethohydraulischen Studie zur Optimierung der Monitoringeinrichtung für die neue Fischaufstiegsanlage in Geesthacht an der Elbe verdeutlicht, dass dem Präprozess in weitaus stärkerem Maße Aufmerksamkeit geschenkt werden muss, als bei konventionellen wasserbaulichen Modelluntersuchungen. Da die Realisierung sowohl eines Modells im Maßstab 1:1 sowie seine Beaufschlagung mit realistischen Abflüssen jedoch aufgrund infrastruktureller Restriktionen im Wasserbaulabor nicht gelang, waren drei Testserien mit jeweils spezifischen Einbauten notwendig, um die gestellte Aufgabe zu lösen (Abb. 9.28).

Das Beispiel zeigt darüber hinaus, dass das Verhalten der Fische gegenüber zwei- und dreidimensionalen Strukturen vollkommen unterschiedlich sein kann. Entsprechend musste, um sicher zu stellen, dass die endgültige Konstruktionsweise funktionsfähig ist, letztlich die Akzeptanz der Fische gegenüber dem ganzheitlichen Einstiegtrichter im Realmaßstab im ethohydraulischen Test überprüft werden. Allerdings zeigten sich die bereits am zweidimensionalen ethohydraulischen Ver-

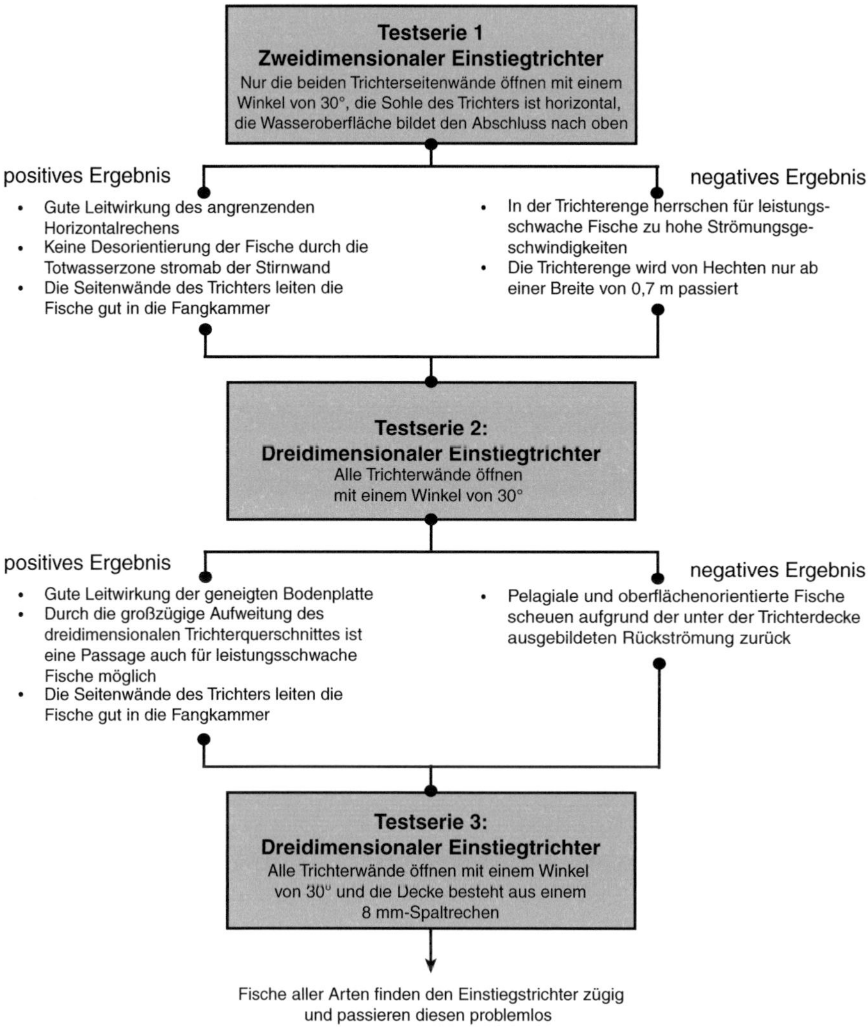

Abb. 9.28 Ethohydraulischer Untersuchungsweg bis zur Konstruktion einer funktionsfähigen Fangkammer für das fischökologische Monitoring des Doppelschlitzpass in Geesthacht an der Elbe

suchsaufbau gewonnenen Erkenntnisse über die Leitwirkung von 30° zur Hauptströmung gestellte Spaltrechen als so belastbar, dass durch schlichte Übertragung des selben Konstruktionsprinzips auf die Decken des Einstiegtrichters die funktionsbeeinträchtigende Rückströmung im Innern des Trichters aufgehoben und die Auffindbarkeit sowie Passierbarkeit des Einstiegtrichters für Fische maßgeblich verbessert wurde.

Literatur

Adam B, Lindemann C, Läkemäker K, König F, Lehmann B (2010) Ethohydraulische Tests zur Optimierung der Fangwirkung einer Fangkammer. Im Auftrag der Vattenfall Europe Generation AG, S 45

Schwevers U, Adam B (2006) DWA-Themen: Funktionskontrolle von Fischaufstiegsanlagen – Auswertung durchgeführter Untersuchungen und Diskussionsbeiträge für Durchführung und Bewertung. Hennef (DWA – Deutsche Vereinigung für Wasserwirtschaft, Abwasser und Abfall e.V.), S 123

Schwevers U, Hufgard H, Faller M (2011) Jahrbuch Fischaufstieg Geesthacht 2010. In: Schriftenreihe Vattenfall (Hrsg), Cottbus, (in Vorbereitung)

Erkenntnisse aus ethohydraulischen Projekten 10

Seit Mitte der 1990er Jahre wurden im Rahmen der angewandten Grundlagenforschung sowie für die Planung wasserbaulicher Projekte ethohydraulische Studien angefertigt, deren Befunde bisher nicht oder nur auszugsweise publiziert sind. Während Kap. 5.4 bereits neue Erkenntnisse über grundsätzliche Verhaltensweisen einheimischer Fische enthält, befassen sich die nachfolgenden Ausführungen mit solchen Befunden, die speziell in Hinblick auf die Gestaltung und hydraulische Bemessung von Anlagen erarbeitet wurden, die entweder fischökologischen Zwecken dienen sollen oder die es in Hinblick auf die Anforderungen von Fischen zu optimieren galt. Hierbei werden aus den zum Teil sehr umfangreichen Untersuchungsberichten nur solche Beschreibungen des grundsätzlichen Aufbaus des ethohydraulischen Versuchstandes mit seinen geometrischen Dimensionen und hydraulischen Einstellungen wiedergegeben, die zum Verständnis der Fragestellung und des methodischen Vorgehens notwendig sind. Anschließend werden die erarbeiteten Kernaussagen dargestellt.

10.1 Fischaufstiegsanlagen

Die ersten deutschsprachigen Publikationen über den Bau von Fischaufstiegsanlagen erschienen bereits um die Wende zum 20. Jahrhundert (Keller 1885; Gerhardt 1904, Bitterli 1909). Dennoch sind bis heute aufgrund fehlender Forschungsaktivitäten und methodisch unzulänglicher Überprüfungen ausgeführter Fischaufstiegsanlagen noch viele Fragen z. B. hinsichtlich ihrer Auffindbarkeit, Passierbarkeit und Effizienz unbeantwortet. Auch wenn sich allmählich die Erkenntnis durchsetzt, dass funktionsfähige Anlagen nur auf der Basis eines detaillierten Wissens um die Anforderungen der Fische errichtet werden können, schreitet der Erkenntnisgewinn nur sehr allmählich voran.

Internationale Erfahrungen helfen hierbei nur bedingt weiter, denn in anderen Ländern gelten häufig grundsätzlich andere Anforderungen an Fischaufstiegsanlagen als in Deutschland. So wird in Frankreich bis heute die maximal zulässige

DOI 10.1007/978-3-642-17210-6_10,

Fließgeschwindigkeit nach dem Leistungsvermögen von bestimmten als flusssystemspezifisch definierten Zielarten festgelegt. Weil dies in der Regel besonders leistungsfähige Arten wie Lachs und Maifisch sind, wirken französische Fischaufstiegsanlagen meist art- und größenselektiv. Hingegen ist es in Deutschland allgemeiner Konsens, dass Fischaufstiegsanlagen für alle Arten gleichermaßen funktionsfähig sein müssen. Deshalb wurde im deutschen Regelwerk Mitte der 1990er Jahre zunächst eine maximal zulässige Fließgeschwindigkeit von 2 m/s für lokale Engstellen in Aufstiegsanlagen empfohlen (DVWK 1996). Mit der wachsenden Erkenntnis, dass solche Hochgeschwindigkeitszonen für leistungsschwache Bewohner insbesondere gefällearmer Gewässer unüberwindbare Barrieren sind, wurde der Grenzwert für die Fließgeschwindigkeit jüngst in Abhängigkeit von der Fließgewässerzonierung gestaffelt und damit der natürlichen Strömungssituation angepasst (DWA 2010).

Zur Bemessung der maximalen Fließgeschwindigkeit an Durchlässen und Engstellen wird die Formel nach Toricelli verwandt:

$$v_{\max} = \sqrt{2 \cdot g \cdot \Delta h}$$

v_{max} maximale Fließgeschwindigkeit [m/s]
g Erdbeschleunigung [m/s²]
Δh Höhendifferenz des Wasserspiegels vor und hinter der Engstelle [m]

Der Toricelli-Ansatz beschreibt jedoch im eigentlichen Sinne nur den Ausfluss aus einem Behälter mit ruhendem Wasser mittels Bilanzierung des hydraulischen Potenzials: Die Lageenergie des Wassers im Behälter E_{pot} wird an der Ausflussstelle verlustfrei in Bewegungsenergie E_{kin} umgewandelt:

$$E_{pot} = m \cdot g \cdot \Delta h \rightarrow E_{kin} = \frac{1}{2} \cdot m \cdot v_{\max}^2$$

E_{pot} Lageenergie des ruhenden Wassers [W]
E_{kin} Bewegungsenergie des ausfließenden Wassers [W]
m Wassermasse [kg]
v_{max} maximale Fließgeschwindigkeit [m/s]
g Erdbeschleunigung [m/s²]
Δh Höhendifferenz des Wasserspiegels vor und hinter der Engstelle [m]

Den Fließcharakter an den hydraulisch neuralgischen Punkten in Fischaufstiegsanlagen beschreibt der Toricelli-Ansatz allerdings nur unvollständig, da z. B. Ablösungseffekte an den Konturen eines Durchlasses unberücksichtigt bleiben. Auch die Fließenergie, die aus der stets vorhandenen Anströmgeschwindigkeit resultiert, geht nicht in die Formel ein. Schließlich ist zu berücksichtigen, dass die maximalen Fließgeschwindigkeiten nie im Durchlassquerschnitt selbst, sondern etwas stromab davon im Bereich der Vena contracta auftreten (Krüger et al. 2010).

Sind selbst solche hydraulischen Grundlagen noch nicht abschließend geklärt, so verwundert es nicht, wenn die Reaktionen von Fischen auf die hydraulischen Bedingungen in Fischaufstiegsanlagen bislang kaum untersucht wurden und ent-

Abb. 10.1 Vergleich der Lage des Einstiegs in zwei Fischaufstiegsanlagen: stromab von Wasserkraftwerk und Wehr (*oben*), direkt am Fuß eines Wanderhindernisses (*unten*, Quelle: Ingenieurbüro Floecksmühle)

sprechend verstanden sind. Nachfolgend sind ethohydraulische Untersuchungen der vergangenen Jahre aufgeführt, in denen zumindest einige Teilaspekte bezüglich der Auffindbarkeit und Passierbarkeit bearbeitet werden konnten.

10.1.1 Abstand des Einstiegs vom Wanderhindernis

Bei der Aufwanderung orientieren sich Fische an der Strömung und schwimmen streng positiv rheotaktisch so lange gegen die Hauptströmung an (Kap. 5.4.2), bis sie ihr Ziel erreichen, oder von einem Wanderhindernis gestoppt werden. Bereits 1885 forderte Keller: „*…, dass die Ausmündung nach dem Unterwasser dicht neben dem Wehrfuße liegen muss*" und stellte fest: „*Die unbefangene Prüfung der misslungenen Anlagen wird jedoch gewöhnlich zu dem Ergebnis führen, dass ihre Ausmündung in das Unterwasser nicht an der richtigen Stelle liegt.*" Während Fischaufstiegsanlagen u. a. in den USA und in Frankreich grundsätzlich nach dem von Keller genannten Prinzip errichtet werden, wird die korrekte Lage des Einstiegs im deutschsprachigen Raum bis heute kontrovers diskutiert. Deshalb wird allzu oft selbst bei Neuanlagen der Einstieg nicht unmittelbar am Fuß eines Wanderhindernisses positioniert, sondern er mündet in einem mehr oder weniger großen Abstand

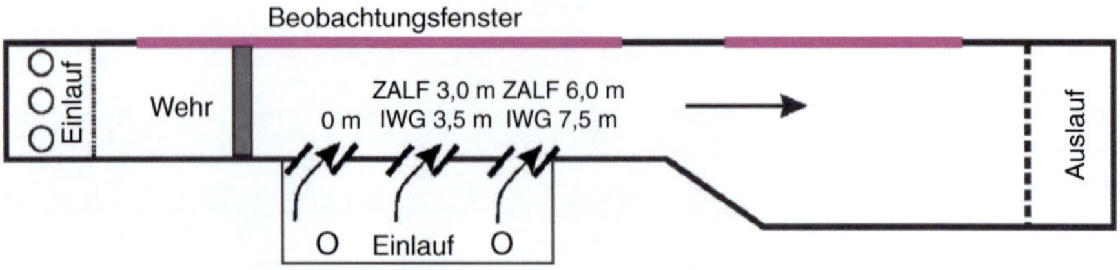

Abb. 10.2 Versuchstand für ethohydraulische Tests zur Auffindbarkeit einer Fischaufstiegsanlage in Abhängigkeit vom Abstand der Einstiegsöffnung zum Wanderhindernis

Abb. 10.3 Laborrinne am IWG mit drei im Seitenschluss realisierten Einstiegsvarianten, von denen pro ethohydraulischem Test jeweils nur eine geöffnet war ($v_{mittel,Öffnung}$=0,5 m/s)

ins Unterwasser ein (Abb. 10.1). Dies ist bautechnisch weniger aufwändig und damit wesentlich kostengünstiger. Als Rechtfertigung wird angeführt, dass aufwandernde Fische hochturbulente Zonen, z. B. von Tosbecken oder im Bereich eines Turbinenauslaufes meiden würden resp. dort physisch gar nicht einschwimmen könnten, so dass folglich Fischaufstiegsanlagen außerhalb solcher Zonen und somit räumlich flussabwärts angebunden sein müssten.

Aufgrund der Wichtigkeit dieser Frage wurden erste ethohydraulische Untersuchungen hierzu bereits Mitte der 1990er Jahre am Zentrum für Agrarlandschafts- und Landnutzungsforschung (ZALF) in Müncheberg durchgeführt (Adam und Schwevers 1998). Die damals erarbeiteten und publizierten Befunde wurden jedoch kaum beachtet, so dass es im Jahr 2004 notwendig erschien, die Untersuchungen zur korrekten Anordnung des Einstiegs in eine Fischaufstiegsanlage am Institut für Wasser und Gewässerentwicklung (IWG) des Karlsruher Institut für Technologie fortzuführen (Kampke et al. 2009). Bei beiden Untersuchungen wurde ein für aufwandernde Fische unüberwindliches, überströmtes Hindernis in die Laborrinne eingebaut. Ferner wurde jeweils die Einstiegsöffnung einer Fischaufstiegsanlage simuliert. Aus dieser Öffnung trat eine Leitströmung mit einer mittleren Fließgeschwindigkeit von 0,5 m/s aus. Ihre Lage relativ zum Hindernis wurde in den einzelnen Tests wie folgt gewählt (Abb. 10.2 und 10.3):

- 0 m, d. h. unmittelbar am Wehrfuß gelegen
- 3,0 m (ZALF) bzw. 3,5 m (IWG) im Unterwasser

Abb. 10.4 Von einem Goldfisch angeführter Gemischtartenschwarm, der an der 3,5 m stromab des Wanderhindernisses gelegenen Einstiegsöffnung vorbei schwimmt

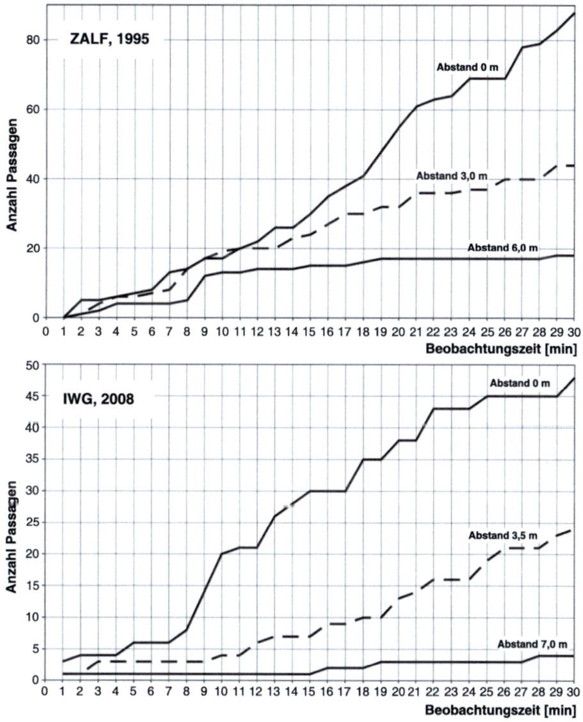

Abb. 10.5 Vergleich der Ergebnisse ethohydraulischer Tests am ZALF (*oben*, 1995) und IWG (*unten*, 2008) zur Auffindbarkeit des Einstiegs einer Fischaufstiegsanlage in Abhängigkeit vom Abstand zum Wanderhindernis

- 6,0 m (ZALF) bzw. 7,5 m (IWG) im Unterwasser

In jeweils 30-minütigen Tests wurden die Probanden verschiedener Arten und Größen jeweils mit einer Einstiegsöffnung in unterschiedlichem Abstand vom Wehr konfrontiert (Abb. 10.4). Im Rahmen der Beobachtungsphase wurden Ad libitum-Protokolle erstellt, in denen als Grundlage für die Darstellung der Auffindbarkeit in Form von Kumulationsdiagrammen u. a. auch die Anzahl der Einschwimmereignisse dokumentiert wurde (Abb. 10.5).

Sowohl die Fischbeobachtungen am ZALF als auch die 13 Jahre später durchgeführten ethohydraulischen Tests mit vergleichbarem Versuchsaufbau am IWG ergaben übereinstimmend und reproduzierbar, dass ein direkt am Fuß eines Wanderhindernisses, d. h. in 0 m Abstand gelegener Einstieg am schnellsten und von weitaus mehr Individuen aufgefunden wird, als jede weiter stromab davon verlagerte Einstiegssituation (Abb. 10.3). Es zeigte sich darüber hinaus, dass die Auffindbarkeit der Fischaufstiegsanlage mit jedem zusätzlichen Meter Abstand zum Wanderhindernis massiv abnimmt. Hierbei ist darauf hinzuweisen, dass die in den Laborrinnen realisierten Distanzen zwischen Wanderhindernis und Einstieg in der Realität meist weit übertroffen werden (Abb. 10.1).

Die Verhaltensbefunde lassen sich mit der im Vergleich zum Gewässerquerschnitt räumlich nur sehr begrenzten attraktierenden Wirkung einer Fischaufstiegsanlage erklären, wie Geschwindigkeitsmessungen der ethohydraulischen Signatur veranschaulichen (Abb. 10.6). Danach verliert eine Leitströmung schon auf kurzer Distanz erheblich an Kompaktheit und Geschwindigkeit. Ein für Fische gut wahrnehmbarer Kernstrahl bleibt nur wenige Meter erhalten, bevor sich die Strömungsbedingungen im Volumen des Unterwassers so vereinheitlichen, dass aufwanderwilligen Fischen kein adäquater Reiz mehr geboten wird, an dem sie sich orientieren können.

Angesichts dieser hydraulischen Bedingungen haben Fischaufstiegsanlagen vor allem in breiten Flussquerschnitten den Charakter von Nadelöhren. Verstärkt wird dieser Effekt, wenn die Beaufschlagung der Aufstiegsanlage nur einen geringen Anteil vom Gesamtabfluss des Gewässers ausmacht. Vor diesem Hintergrund besteht für einen gegen die Hauptströmung im Gewässer aufwandernden Fisch stets das Risiko, am Einstieg einer stromabwärts einmündenden Fischaufstiegsanlage vorbei zu schwimmen und so bis zum Fuß der Wanderbarriere zu gelangen (Abb. 10.4). Hier wird er stets positiv rheotaktisch ausgerichtet entlang des Hindernisses nach einer Aufstiegsmöglichkeit suchen. Hingegen reicht die Intelligenz des Fisches nicht aus, im Falle einer erfolglosen Suche die Aussichtslosigkeit seines Tuns zu erkennen, sein grundsätzlich stromaufwärts orientiertes Verhalten dahin gehend zu ändern, dass er mit der Strömung gezielt stromabwärts zurückkehrt und dort eine alternative Aufwandermöglichkeit sucht.

Aufgrund dieser Verhaltensmuster der Fische, die in den o. a. ethohydraulischen Tests mit reproduzierbaren Ergebnissen nachgewiesen wurden, besteht die zwingende Notwendigkeit, den Einstieg in eine Fischaufstiegsanlage exakt dort zu positionieren, wo Fische aufgrund ihres Orientierungs- und Schwimmverhaltens auf das Wanderhindernis treffen. Um die Auffindbarkeit einer Fischaufstiegsanlage also sicher zu stellen, muss jeglicher Abstand zwischen dem Wanderhindernis und der Fischaufstiegsanlage vermieden werden. Die Befunde der ethohydraulischen Tests lassen keinen Zweifel daran, dass derartige Sackgassen ein wesentlicher Grund für die Funktionsuntüchtigkeit vieler ausgeführter Fischaufstiegsanlagen sind.

10.1.2 Stärke der Leitströmung

Neben der Lage des Einstiegs beeinflusst auch die Fließgeschwindigkeit der austretenden Strömung die Auffindbarkeit einer Fischaufstiegsanlage. Auch dieser As-

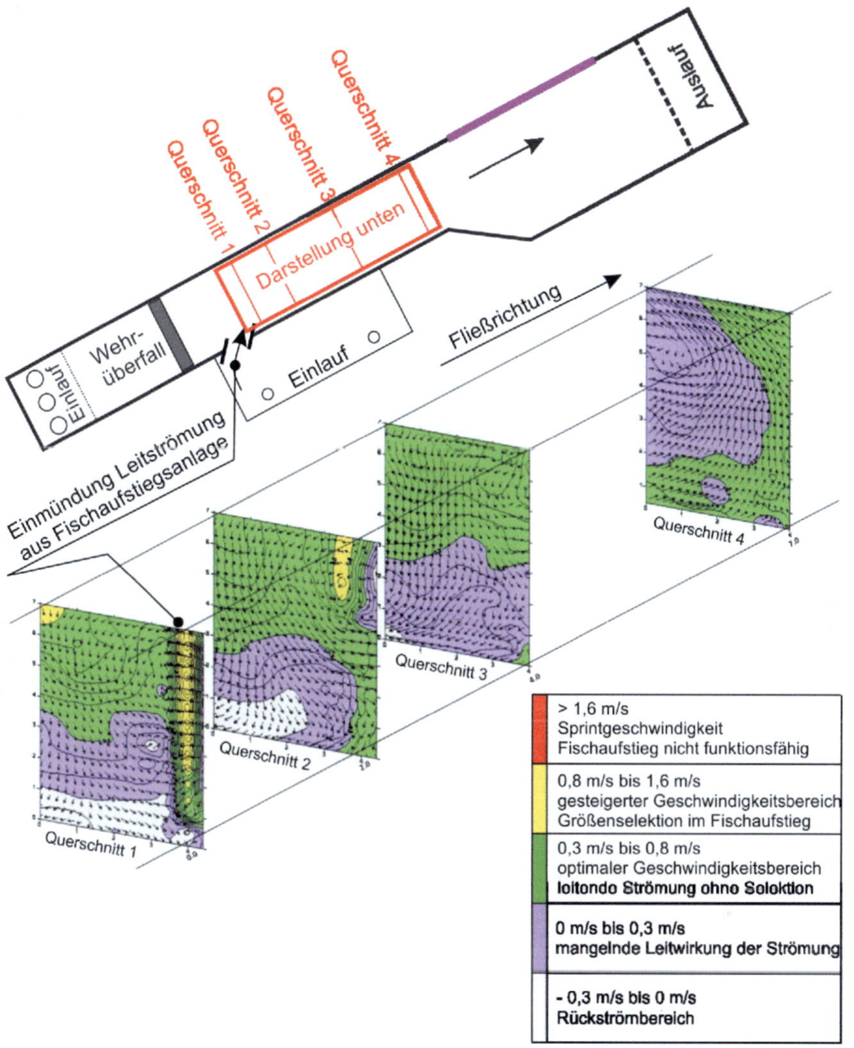

Abb. 10.6 Ethohydraulisches Diagramm: Selbst bei einer unmittelbar am Fuß des Wanderhindernis einmündenden Fischaufstiegsanlage, bleibt der Reiz der Leitströmung nur über wenige Meter erhalten

pekt wurde in ethohydraulischen Tests gleichermaßen am Zentrum für Agrarlandschafts- und Landnutzungsforschung (ZALF) in Müncheberg, wie auch am Institut für Wasser und Gewässerentwicklung (IWG) des Karlsruher Instituts für Technologie untersucht (Adam und Schwevers 1998; Kampke et al. 2009). Dazu wurde in den gleichen Versuchsständen, die bereits zur Klärung der Auffindbarkeit des Einstiegs benutzt wurden (Kap. 10.1.1), die Einstiegsöffnung der simulierten Fischaufstiegsanlage mit unterschiedlichen Abflüssen beaufschlagt. Es wurden zahlreiche Einzeltests gefahren, bei denen die aus der simulierten Fischaufstiegsanlage ins

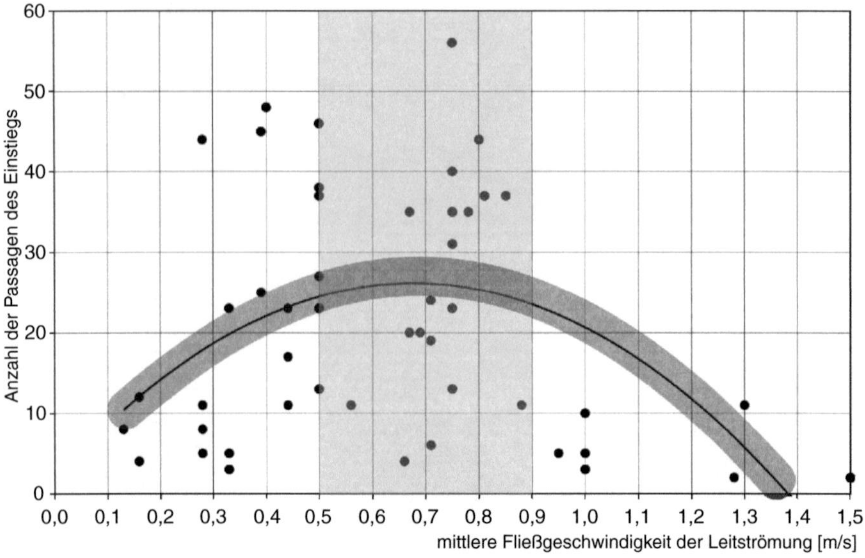

Abb. 10.7 Ergebnisse aller ethohydraulischen Tests zur Attraktivität einer Leitströmung in Abhängigkeit von ihrer mittleren Fließgeschwindigkeit (n=50)

Unterwasser eintretende Leitströmung mittlere Fließgeschwindigkeiten von minimal 0,15 m/s bis maximal 1,5 m/s aufwies. Zudem wurde auch die Intensität der Hauptströmung in der Laborrinne variiert.

Die Auswertungen aller bisher zu diesem Aspekt durchgeführten ethohydraulischen Tests streuen zwar stark, lassen jedoch einen Trend erkennen, nach dem eine aus der Fischaufstiegsanlage austretende Strömung mit einer mittleren Fließgeschwindigkeit von etwa 0,75 m/s für Fische besonders attraktiv zu sein scheint (Abb. 10.7). War die Fließgeschwindigkeit davon abweichend größer oder bedeutend geringer nahm die Anzahl von Einschwimmereignissen in die simulierte Fischaufstiegsanlage ab.

Diese Befunde ordnen sich in Hinblick auf die Minimalgeschwindigkeit relativ gut in die Erkenntnisse über das positiv rheotaktische Verhalten von Fischen ein, nach denen Salmoniden erst ab einer mittleren Fließgeschwindigkeit von 0,3 m/s, adulte Cypriniden ab 0,2 m/s und Jungfische sowie strömungsmeidende Arten ab 0,15 m/s mit einem gerichteten Schwimmverhalten auf eine Strömung reagieren (Kap. 5.4.2, Tab. 5.2). Bei weiterer Erhöhung der Fließgeschwindigkeit etwa auf das Doppelte bis Dreifache der rheoaktiven Geschwindigkeit intensiviert sich das positiv rheotaktische Verhalten der Fische und damit die Wirksamkeit einer Leitströmung. Auch die Tests zur Optimierung einer Fanganlage in Kap. 9 ergaben, dass eine Strömung dann für Neunaugen und Fische besonders attraktiv ist, wenn sie eine Fließgeschwindigkeit von etwa 0,45 m/s aufweist.

Demgegenüber kann die vergleichsweise geringe Anzahl von Einschwimmereignissen bei höheren Fließgeschwindigkeiten nicht damit erklärt werden, dass die

Fische diese Strömung nicht wahrgenommen hätten, da sich die Wahrnehmbarkeit eines Reizes mit seiner Stärke erhöht. Auch ist auszuschließen, dass die Fische physisch nicht in der Lage gewesen wären, gegen Fließgeschwindigkeiten bis 1,5 m/s anzuschwimmen, denn zumindest in Sprintgeschwindigkeit wäre dies fast allen Probanden möglich gewesen: Die Mehrzahl der Fische mit Totallängen über 20 cm hätte sogar lediglich die gesteigerte Schwimmgeschwindigkeit zur Passage aufwenden müssen (Kap. 5.4.3). Als Ursache für die vergleichsweise geringe Anzahl von Einschwimmereignissen bei hohen Fließgeschwindigkeiten der Leitströmung scheiden physische Gründe demnach aus. Eher ist dies Ausdruck einer mangelnden Motivation der Probanden, im Versuchsstand gegen höhere Fließgeschwindigkeiten anzuschwimmen.

Angesichts dieser Unsicherheiten lassen sich zu Fließgeschwindigkeit und Strömungscharakter einer für alle Fischarten gleichermaßen attraktiven Leitströmung noch keine endgültigen Aussagen formulieren. Immerhin berechtigt die Trendanalyse zur Annahme, dass eine Leitströmung mit einer mittleren Fließgeschwindigkeit von ca. 0,5 bis 0,9 m/s eine gute Wirkung entfaltet. Ob hingegen eine weitere Erhöhung der Fließgeschwindigkeit bis hin zur Sprintgeschwindigkeit der Fische die Attraktivität einer Leitströmung und damit die Auffindbarkeit einer Fischaufstiegsanlage unterstützt, ist vor diesem Hintergrund zweifelhaft. Um so mehr erscheint auch fraglich, ob eine Verbesserung der Auffindbarkeit durch Wasserstrahlen bewirkt werden kann, die mit hoher, die Sprintleistung der Fische überschreitender Geschwindigkeit mittels „Lockstromdüsen“ im Bereich des Einstiegs ins Unterwasser abgegeben werden. Stattdessen ist es offensichtlich wirkungsvoller, den Abfluss der Leitströmung und damit auch die Dimensionen der Einstiegsöffnung zu erhöhen (Kap. 10.1.4.1).

10.1.3 Winkel des Einstiegs

Ein weiteres Kriterium, das die Auffindbarkeit einer Fischaufstiegsanlage beeinflusst, ist der Winkel, mit dem die aus ihr austretende Leitströmung in das Unterwasser einmündet (Abb. 10.8).

Sowohl in dem Versuchsstand des ZALF, als auch am IWG wurde die Wirkung von drei unterschiedlichen Austrittswinkeln einer simulierten Fischaufstiegsanlage auf die Auffindbarkeit für Fische getestet (Abb. 10.9, Adam und Schwevers 1998; Kampke et al. 2009):

- 0°, d. h. die Aufstiegsanlage mündete parallel zum Hauptabfluss
- 45°
- 90°, d. h. orthogonal zur Hauptströmung.

Die Verhaltensbeobachtungen mit Gemischtartenschwärmen wurden über 30 Minuten durchgeführt (Abb. 10.10 und 10.11) und die beobachteten Einschwimmereignisse mit Hilfe von Kumulationsgraphen ausgewertet (Abb. 10.12).

Es zeigte sich in allen ethohydraulischen Tests übereinstimmend, dass der Austrittswinkel der Leitströmung einen entscheidenden Einfluss auf die Auffindbarkeit einer Fischaufstiegsanlage hat. Hierbei wird eine Fischaufstiegsanlage mit paral-

Abb. 10.8 Austrittswinkel zweier Fischaufstiegsanlagen: Parallel zur Hauptströmung einmündende Leitströmung der Fischaufstiegsanlage (*oben*); im Winkel von 90° zur Hauptströmung angeordneter Auslauf einer Fischaufstiegsanlage, deren Leitströmung von der aus einer Wasserkraftanlage austretenden Hauptströmung gegen das Ufer gelenkt wird (*unten*)

lel zur Hauptströmung in das Unterwasser einmündender Leitströmung eindeutig in der kürzesten Zeit und von den meisten Probanden aufgefunden (Abb. 10.10). Demgegenüber wird eine orthogonal angeordnete Einstiegsöffnung mit Abstand am schlechtesten von den Fischen angenommen (Abb. 10.11). Eine Einmündung im Winkel von 45° zeigte eine intermittierende Wirksamkeit. Diese Befunde waren unabhängig davon, ob das Wanderhindernis über- oder unterströmt wurde (Abb. 10.12).

Die Befunde lassen sich mit dem Schwimmverhalten von Fischen erklären, die grundsätzlich positiv rheotaktisch ausgerichtet gegen eine Strömung anschwimmen (Kap. 5.4.2). Im Falle eines parallel zur Hauptströmung angeordneten Auslaufs einer Fischaufstiegsanlage benötigen die ebenfalls strömungsparallel ausgerichteten Fische nur minimale Korrekturen ihrer Orientierungsachse und Schwimmrichtung, um die Einstiegsöffnung aufzufinden. Hingegen müssen die auf dem Strömungspfad der Leitströmung schwimmenden Exemplare im Falle eines 45° und vor allem eines 90°-Austrittswinkel mehr oder weniger raumgreifende Schwimmmanöver ausführen. Ob und in welchem Maße dies z. B. hochrückigen Arten einen erhöhten Kraftaufwand und mehr Positions- und Lagekorrekturen abverlangt, da ihre Körperflanke der Hauptströmung eine größere Angriffsfläche bietet und die Fische mehr Kraft aufwenden müssen, um nicht verdriftet zu werden, kann nur

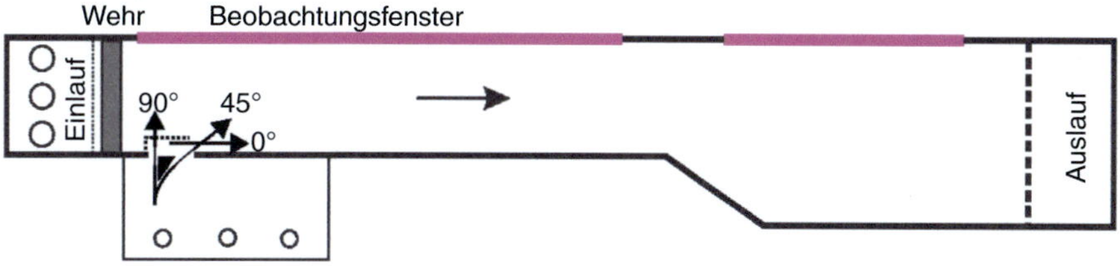

Abb. 10.9 Versuchsstand für ethohydraulische Tests zur Auffindbarkeit einer Fischaufstiegsanlage in Abhängigkeit vom Einmündungswinkel ihres Auslaufes, resp. der Einstiegsöffnung für Fische

Abb. 10.10 Gemischtartenschwarm schwimmt zügig in den strömungsparallel angeordneten Einstieg (Winkel 0°) der simulierten Fischaufstiegsanlage hinein

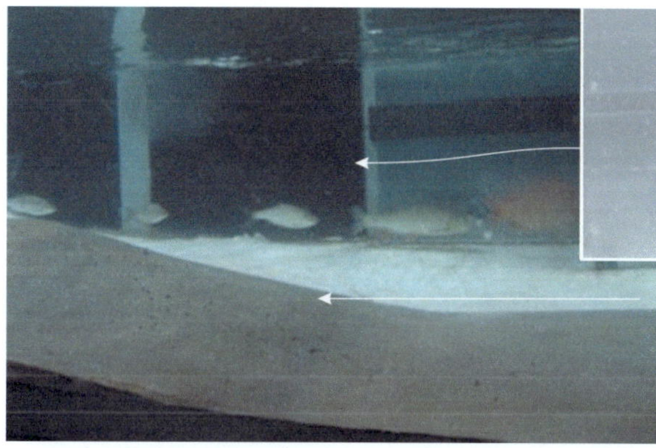

Abb. 10.11 Gemischtartenschwarm schwimmt am 45°-Einstieg vorbei

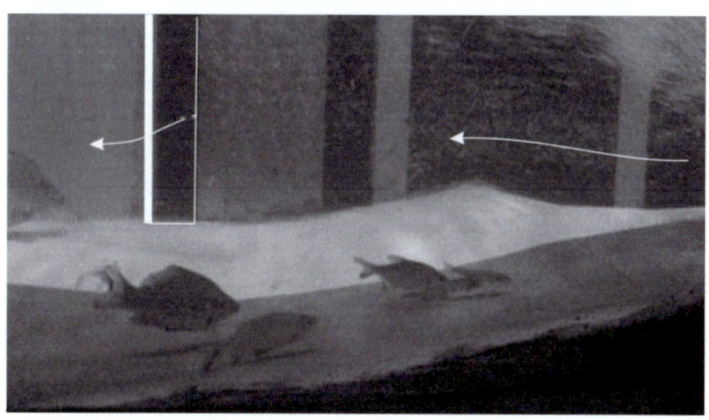

spekuliert werden. Faktisch vermeiden es Fische jedoch grundsätzlich enge Kurven zu schwimmen.

Um die bestmögliche Auffindbarkeit des Einstiegs in eine Fischaufstiegsanlage zu realisieren, gibt es somit zu einem parallel zur Hauptströmung angeordneten Auslauf keine Alternative. An bestehenden Wehren erscheint allenfalls ein spitzer Winkel von maximal 30° zur Hauptströmung vertretbar, wenn dies aus bautechnischen Gründen unvermeidbar ist. Jede weitere Vergrößerung des Eintrittswinkels hat demgegenüber eine massive Beeinträchtigung der Auffindbarkeit zur Folge.

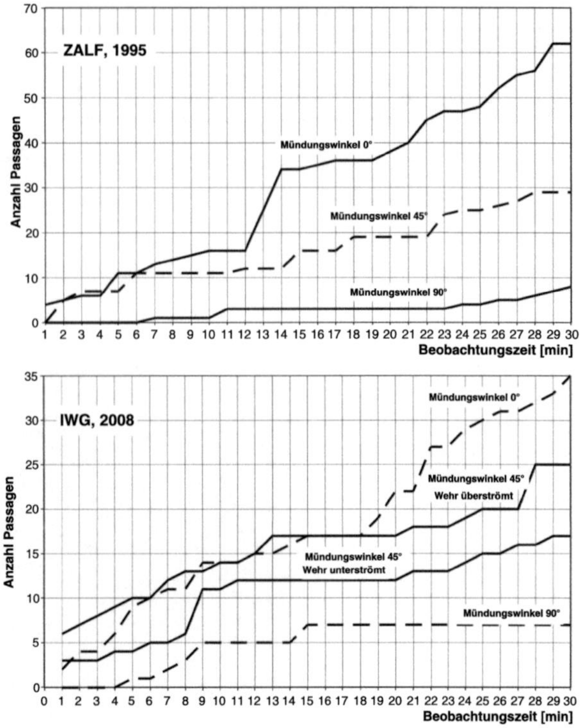

Abb. 10.12 Vergleich von Kumulationsgraphen mit Befunden am ZALF (*oben*, 1995) und IWG (*unten*, 2008) zur Auffindbarkeit einer Fischaufstiegsanlage in Abhängigkeit vom Austrittswinkel der Leitströmung

10.1.4 Passierbarkeit von Engstellen

Die Dimensionen und die hydraulische Auslegung anlagenspezifischer Engstellen und Durchlässe entscheidet über die Passierbarkeit einer Fischaufstiegsanlage. Deshalb muss die Bemessung einerseits von den Körpermaßen der am Standort jeweils größten zu erwartenden Art, und andererseits von dem Schwimmvermögen leistungsschwacher Arten und Individuen abgeleitet werden, damit Fische aller Arten und Größen die Anlage auf gesamter Länge überwinden können. Verschiedene Publikationen und Regelwerke (Dumont et al. 2005; DWA 2010 u. a.) enthalten entsprechende Vorgaben, die allerdings weniger auf ethohydraulischen Erkenntnissen basieren, als vielmehr auf Defizitanalysen ausgeführter Fischaufstiegsanlagen oder gar auf rein hydraulischen Überlegungen. Wenngleich eine systematische Erforschung des artspezifischen Verhaltens von Fischen in Räumen unterschiedlicher Geometrie und Dimension, wie auch gegenüber Strömungen unterschiedlicher Beschaffenheit und Turbulenz bislang fehlt, lassen sich aus den bisher sporadisch durchgeführten ethohydraulischen Untersuchungen doch einige grundlegende Erkenntnisse hierzu ableiten.

10.1.4.1 Breite von Engstellen

Um eine ausreichende Fließtiefe zu erzeugen, die auch großen und hochrückigen Fischen eine Passage ermöglicht, werden Fischaufstiegsanlagen häufig mit Trenn-

Abb. 10.13 Riegelstrukturen mit Durchlässen unterschiedlicher Kontur: Schlitzstruktur in einem Umgehungsgerinne (*links*); konventioneller Beckenpass mit Schlupflöchern und Kronausschnitten (*rechts*)

wänden oder Querriegeln ausgestattet, die einen Aufstau erzeugen und das Gerinne beckenartig unterteilen (Abb. 10.13). Kronausschnitte, Schlupflöcher oder Schlitze in solchen Querstrukturen dienen dazu, aufwanderwilligen Fischen passierbare Durchlässe zu eröffnen, wobei sich hier aufgrund der Verkleinerung des durchflossenen Querschnittes die Fließgeschwindigkeit erhöht.

Wenngleich bisher keine speziellen Untersuchungen durchgeführt wurden, um die Passierbarkeit von Durchlässen in Abhängigkeit von ihrer lichten Breite zu ermitteln, lassen sich aus ethohydraulischen Tests mit Schlitzen von 0,2 m, 0,3 m und 0,4 m lichter Weite einige praxisrelevante ethohydraulische Erkenntnisse für diverse Fischarten ableiten (Kampke et al. 2009; Adam et al. 2009b, Abb. 10.14).

Es zeigte sich, dass unter Wahrung gleicher Fließgeschwindigkeiten in den Engstellen eine 0,2 m, wie auch eine 0,3 m breite Öffnung wesentlich seltener von Fischen aller Arten und Größen passiert wurde, als eine 0,4 m breite Engstelle (Abb. 10.15). Dieser Befund ergab sich auch für Probanden, die wesentlich schlanker waren, als die lichte Weite der Öffnung. Die geringe Bereitschaft von Fischen, enge Durchlässe zu passieren, kann somit keine physische Ursache haben.

Sucht man nach einer hydraulischen Erklärung für die Verweigerung einer Passage, ist zunächst zu berücksichtigen, dass sich an den Konturen eines Durchlasses Einschnüreffekte ausbilden und Wirbelschleppen ablösen, die Fische offenbar irritieren oder sogar verschrecken. Demnach erweist sich der an einer Engstelle oder einem Durchlass real für Fische zur Verfügung stehende Wanderkorridor als wesentlich schmaler, als das lichte Maß des Durchlasses.

Vor diesem Hintergrund sollten die aktuellen Regelwerke dahin gehend ergänzt werden, dass wenn immer die Abflussverhältnisse es zulassen, Engstellen und Durchlässe in Fischaufstiegsanlagen unabhängig von der zu berücksichtigenden Fischfauna eine Mindestbreite von 0,4 m aufzuweisen haben. Für eine erfolgreiche Passage von Hechten sind sogar nach ethohydraulischen Erkenntnissen noch größere lichte Weiten (Kap. 9) und auch für großwüchsige Arten bzw. kapitale Exemplare sind Durchlassbreiten von mehr als 0,4 m erforderlich.

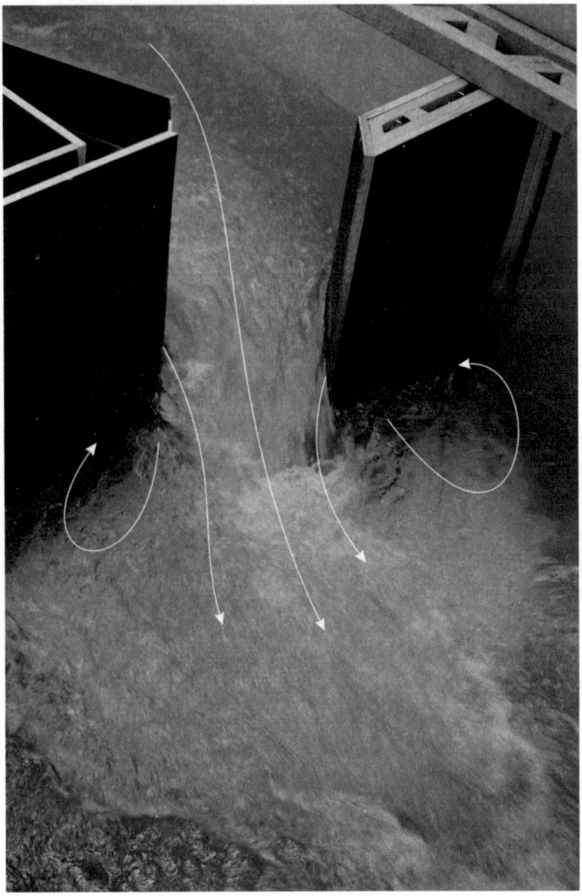

Abb. 10.14 Schlitzkontur einer Engstelle mit 0,4 m lichter Breite

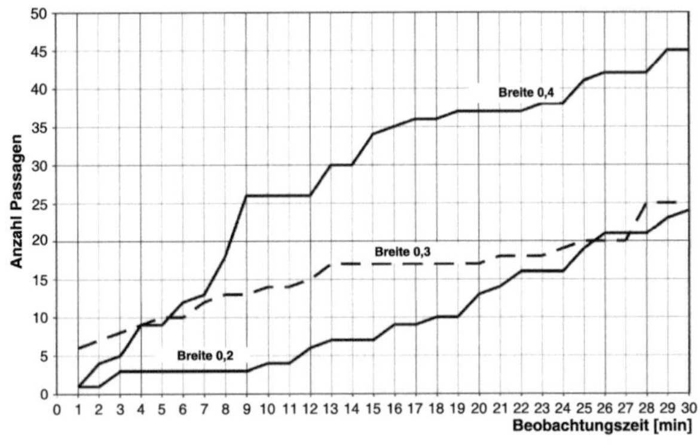

Abb. 10.15 Breitere Engstellen werden tendenziell eher von Fischen passiert als 0,2 m und 0,3 m breite Schlitzdurchlässe

10.1.4.2 Fließgeschwindigkeiten in Engstellen

Im Rahmen der Planung eines Doppelschlitzpasses am Wehr Geesthacht in der Elbe wurde die maximale Fließgeschwindigkeit gemäß DWA (2010) auf 1,5 m/s festgelegt, um auch den schwimmschwachen Arten der tidebeeinflussten Kaulbarsch-

Abb. 10.16 Wasserbauliches Gesamtmodell im Maßstab 1:13 vom geplanten Doppelschlitzpass für das Wehr in Geesthacht

Flunder-Region eine Passage zu ermöglichen. Von der Genehmigungsbehörde wurde die Passierbarkeit einer Fischaufstiegsanlage mit solchen Fließgeschwindigkeiten jedoch mit Verweis auf Befunde von Turodache et al. (2008) selbst für leistungsfähige Arten wie Bachforellen bezweifelt. Dies war der Anlass für eine ethohydraulische Untersuchung über die Passierbarkeit von Schlitzpässen in Abhängigkeit von den dort herrschenden Fließgeschwindigkeiten.

Zur Sicherstellung einer maximal möglichen situativen Ähnlichkeit wurden im Präprozess Befunde genutzt, die an einem wasserbaulichen Gesamtmodell der seinerzeit in Planung befindlichen Fischaufstiegsanlage im Maßstab 1:13 gemessen (Abb. 10.16, Läkemäker et al. 2009) sowie mit Hilfe aufwändiger numerischer Strömungssimulationen ermittelt worden waren (Musall et al. 2008). Hierbei wurde einmal mehr belegt, dass die maximalen Fließgeschwindigkeiten nicht im Querschnitt einer Engstelle selbst, sondern stromab davon in der Vena contracta auftreten (Abb. 10.17).

Die Fischaufstiegsanlage für das Wehr in Geesthacht ist mit Beckenabmessungen von jeweils 9 m Länge · 16 m Breite sowie einer lichten Weite zweier Schlitzdurchlässe von jeweils 1,2 m so groß, dass die Realisierung eines Modellmaßstabes von 1:1 im ethohydraulischen Versuchsstand nicht möglich war. Statt dessen wurde in Anpassung an die begrenzten räumlichen Verhältnisse im Versuchsstand ein einschlitziges Ausschnittsmodell mit vier Becken-Schlitz-Abfolgen im Maßstab 1 : 2,4 aufgebaut, bei dem die lichte Weite eines Durchlasses 0,5 m betrug (Abb. 10.18).

Bei der Einrichtung und dem Betrieb des ethohydraulischen Versuchsstandes wurde großer Wert darauf gelegt, dass die Ausbildung des Strömungspfades einschließlich der Vena contracta exakt der real zu erwartenden hydraulischen Situation in der geplanten Fischaufstiegsanlage entsprach (Adam et al. 2009b). Zur Einstellung der situativen Ähnlichkeit wurde das Ausschnittsmodell derart gesteuert,

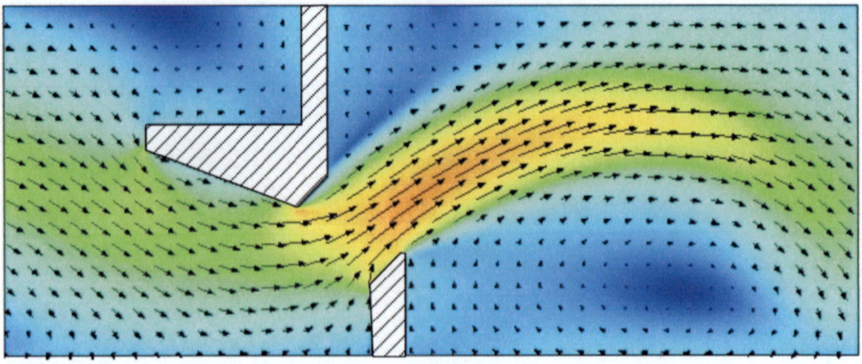

Abb. 10.17 Lage der Vena contracta stromabwärts eines Schlitzdurchlasses (nach: Läkemäker et al. 2009). Die gelben Farben und langen Vektoren signalisieren große Fließgeschwindigkeiten

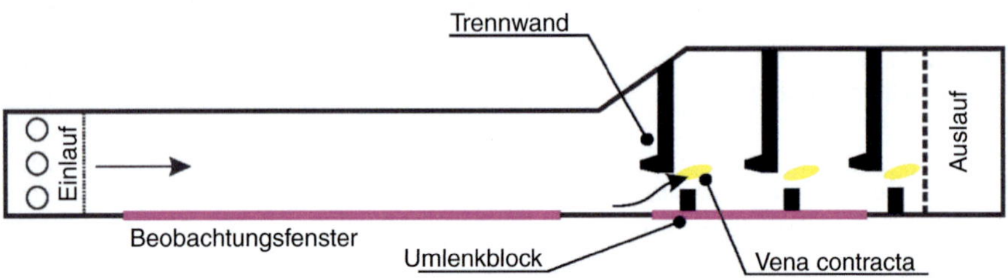

Abb. 10.18 Versuchsstand für ethohydraulische Tests zur Passierbarkeit einer Vena contracta

dass sich in der Vena contracta eine maximale Fließgeschwindigkeit von 1,5 m/s einstellte. Zu Vergleichszwecken wurden zudem Testserien mit Fließgeschwindigkeiten von 1,3 m/s und 1,7 m/s gefahren. Wie Mehrpunktmessungen belegen, lagen unter diesen Bedingungen die im Schlitzquerschnitt auftretenden Maximalgeschwindigkeiten um jeweils etwa 0,2 m/s niedriger (Abb. 10.19).

Die Verhaltensbeobachtungen wurden bei Wassertiefen von 0,6 m bis 0,9 m mit 13 verschiedenen Fischarten durchgeführt. Darunter befanden sich leistungsstarke Probanden mit Längen zum Teil über 40 cm, z. B. Bach- und Regenbogenforellen, Alande und Rapfen. Daneben wurden hochrückige Arten wie Brachsen, Giebel und Goldfische eingesetzt. Die Gilde der Leistungsschwachen war u. a. durch juvenile Sterlets und Bester sowie adulte Kaulbarsche repräsentiert.

Im Rahmen der ethohydraulischen Tests zeigten nur die Sterlets keinerlei Aktivität und konnten deshalb nicht in die Auswertung einbezogen werden. Alle anderen Fischarten zeigten sich motiviert und waren in der Lage, die Hochgeschwindigkeitszone der Vena contracta direkt oder seitlich davon zu passieren, um dann ohne zu Zögern den Schlitz zu durchschwimmen (Abb. 10.20).

Die Überwindung der Vena contracta bereitete keinem der Fische erkennbare Probleme, wenngleich die leistungsschwachen juvenilen Bester bei einer höheren Schwanzschlagfrequenz sichtlich mehr Energie für die Passage aufwenden muss-

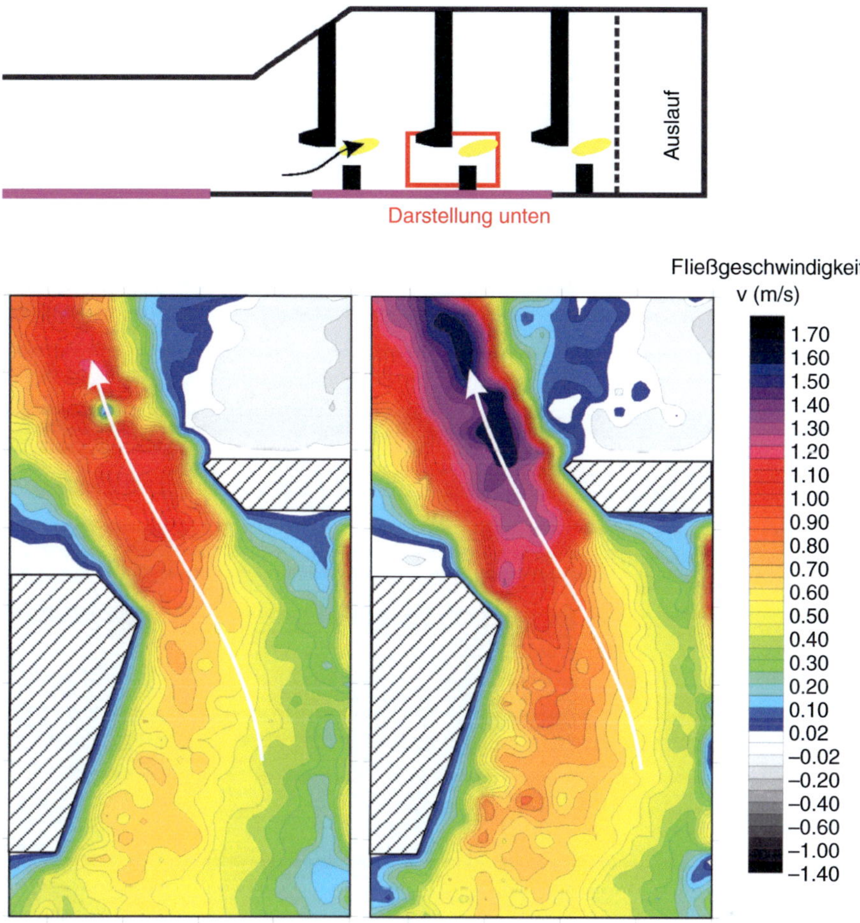

Abb. 10.19 10 cm über der Sohle der Laborrinne mit einem Akustik-Doppler-Velocimeter gemessene Strömungsisotachen in ethohydraulischen Tests zur Passierbarkeit einer Vena contracta: (*links*) $v_{max,Schlitz} = 1{,}1$ m/s; Vena contracta $v_{max} \approx 1{,}3$ m/s; (*rechts*) $v_{max,Schlitz} = 1{,}5$ m/s, Vena contracta $v_{max} \approx 1{,}7$ m/s

ten, als die übrigen Probanden (Abb. 10.21). Allerdings erhöhte sich mit zunehmender Fließgeschwindigkeit der Anteil der Fische, die der Maximalgeschwindigkeit auswichen und die Vena contracta umschwammen, anstatt sie auf dem direkten Weg zum Schlitz zu passieren. Diese Beobachtung lässt den Rückschluss zu, dass die Passierbarkeit von Schlitzpässen für leistungsschwache Fische maßgeblich von der Fließgeschwindigkeit im Durchlass selbst abhängig ist, als von Maximalgeschwindigkeiten in der Vena contracta.

Bezogen auf den Doppelschlitzpass Geesthacht ergaben die ethohydraulischen Tests, dass die geplanten Durchlässe allen am Standort zu erwartenden Arten eine uneingeschränkte Passierbarkeit gewährleisten. Die tatsächliche Schwimmleistung

Abb. 10.20 Eine Bachforelle passiert die Hochgeschwindigkeitszone der Vena contracta mittig

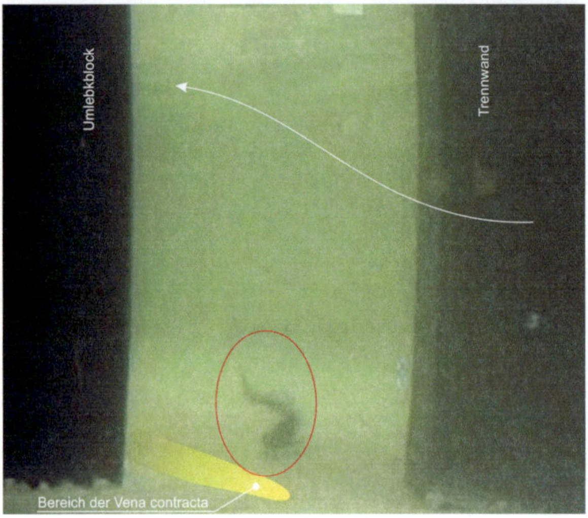

Abb. 10.21 Ein junger Bester passiert die Hochgeschwindigkeitszone seitlich versetzt

von Fischen ist demnach höher, als die von Turodache et al. (2008) publizierten Werte. Damit konnte auf der Grundlage der ethohydraulischer Tests praktisch belegt werden, dass die auf Literaturangaben basierenden Zweifel an der Planung der neuen Fischaufstiegsanlage unbegründet waren.

Die im Labor gewonnenen Befunde wurden im übrigen nach Fertigstellung des Doppelschlitzpasses am Elbe-Wehr in Geesthacht anhand von Aufstiegszählungen bestätigt: In den ersten 12 Monaten nach der Inbetriebnahme am 01. August 2010 wurde die Fischaufstiegsanlage von mehr als 290.000 Fische passiert, darunter die leistungsschwachen Ukelei mit über 21.500 Individuen, zahlreiche Kleinfischarten, wie dem Gründling, über 2.000 juvenile und adulte Zander und mehr als 1.800 Kaulbarschen (Abb. 10.22, Schwevers et al. 2011).

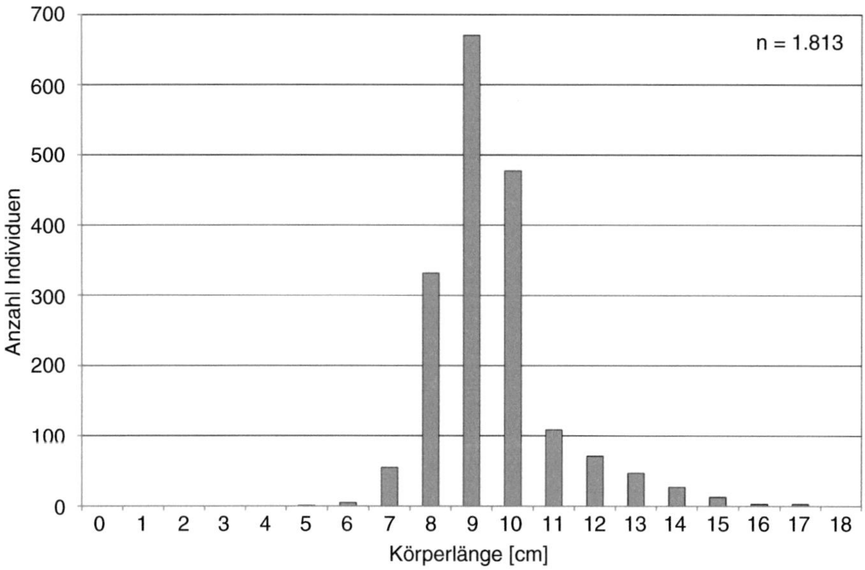

Abb. 10.22 Längenhäufigkeit der im ersten Jahr nach der Inbetriebnahme des neuen Doppelschlitzpasses am Wehr in der Elbe bei Geesthacht (Schleswig-Holstein) aufgewanderten Kaulbarsche (nach: Schwevers und Faller 2011)

10.1.5 Anforderungen an die Sohlenrauheit

In Hinblick auf die geringe Leistungsfähigkeit kleiner Fischarten, juveniler Individuen und makrozoobenthaler Wirbelloser wird stets die Forderung erhoben, dass Fischaufstiegsanlagen mit einer rauen Sohle aus einer mindestens 0,2 m dicken Schicht gewässertypischer Grobsubstrate auszustatten sind (DVWK 1996; MUNLV 2004). Hierbei wird davon ausgegangen, dass sich Organismen auf der strömungsabgewandten Lee-Seite von Steinen einstellen um auszuruhen oder zu verweilen. Die Lee-Seite wird deshalb auch oft als „Strömungsschatten" oder „strömungsberuhigte Zone" bezeichnet. Präzise Angaben darüber, welche Rauheit den Bedürfnissen der Fische gerecht wird und in welcher Belegungsdichte Rauheitselemente vorhanden sein sollten um „strömungsberuhigte Räume" ausreichender Dimension zu erzeugen, existieren bisher allerdings nicht (Abb. 10.23 und 10.24). Auch ist unklar, in wie weit die anthropomorphisierende Vorstellung vom Ruhebedürfnis der Fische überhaupt der Realität entspricht.

Für die Verhaltensbeobachtungen mit insgesamt 11 Spezies, darunter die Kleinfischarten Bitterling, Gründling und Ukelei sowie juvenile Exemplare von maximal 25 cm Totallänge u. a. der Arten Schleie, Hecht, Barsch und Sibirischer Stör wurde eine 1 m breite Laborrinne mit drei, jeweils 5 m langen Abschnitten unterschiedlicher Rauhigkeit bestückt (Abb. 10.25, Adam et al. 2009a). Hierzu wurde grobschottriges Füllmaterial einer Körnung von 20 mm bis 60 mm zwischen größeren Stützsteinen unterschiedlicher Höhe eingebracht. Die Charakteristik der drei

Abb. 10.23 Sohle einer Fischaufstiegsanlage ohne nennenswerte Rauheit

Abb. 10.24 Hoch aufragende Bruchsteine bilden eine sehr raue Sohle

Abb. 10.25 Ethohydraulischer Versuchsstand zur Untersuchung der Rauheitspräferenz schwimmschwacher Fische

Tab. 10.1 Charakteristik der realisierten Sohlenrauheiten

Rauheitstyp	Höhe Stützsteine [cm]		Abstand der Steine [cm]		Steine-dichte
	min.	max.	min.	max.	pro m^2
Typ A 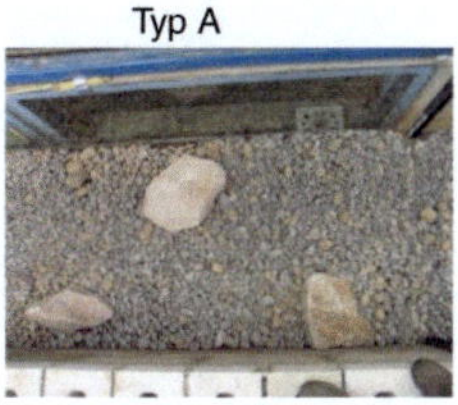	10	15	40	100	5
Typ B 	20	30	20	50	7
Typ C 	10	40	10	25	9

Belegungstypen ist Tab. 10.1 zu entnehmen. Die Tests wurden bei mittleren Fließgeschwindigkeiten im Gerinnequerschnitt ohne Sediment von 0,2 m/s, 0,4 m/s und 0,6 m/s durchgeführt. Neben punktuellen Flügelmessungen (Abb. 10.26) wurden zur Erfassung der ethohydraulischen Signaturen in den drei Abschnitten mit unterschiedlicher Substratbelegung dreidimensionale Strömungsmessungen mit einem Akustik-Doppler-Velocimeter durchgeführt. Das hierfür erforderliche Messraster wurde auf der Grundlage eines digitalen Geländemodells von den Belegungsabschnitten erstellt, das zuvor mit einem terrestrischen Laserscanner aufgemessen worden war.

In einer ersten ethohydraulischen Testserie wurden die Substrate zunächst in Fließrichtung in der Abfolge der Belegungstypen C → B → A in das Modellgerinne eingebracht. Hierbei verteilten sich die Probanden bei einer mittleren Fließgeschwindigkeit von 0,2 m/s zunächst unabhängig von der Sedimentstruktur gleichmäßig über alle Abschnitte der Laborrinne (Abb. 10.27). Demgegenüber veränderte sich das Verhalten der Fische bei höheren Fließgeschwindigkeiten in charakteristischer Weise: Bereits bei einer mittleren Fließgeschwindigkeit von 0,4 m/s zogen

Abb. 10.26 Punktmessungen über der Sohle mit einem Messflügel

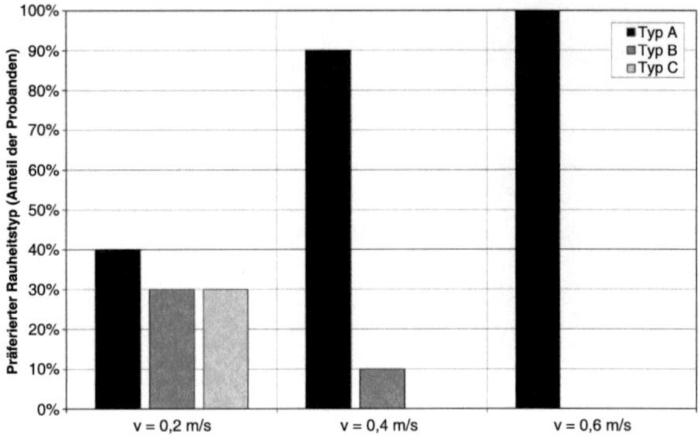

Abb. 10.27 Präferierte Rauheit (Belegungstyp A bis C) in Abhängigkeit von der rechnerisch mittleren Fließgeschwindigkeit in der Laborrinne v = Q/A (Q = Durchfluss [m^3/s], A = durchflossene Querschnittsfläche [m^2])

sich nahezu alle Exemplare im Verlauf der 30-minütigen Tests aus den Rinnenabschnitten der Belegungstypen B und C zurück und versammelten sich in dem Rinnenabschnitt mit den niedrigsten Stützsteinen in geringster Dichte pro Quadratmeter (Belegungstyp A), um dort auf einer zumeist sohlennahen Position zu verharren (Abb. 10.28 und 10.29).

Um diese Beobachtungen zu verifizieren, wurde die Abfolge der Belegungstypen in einer zweiten Testserie in C → A → C geändert, ohne allerdings ein anderes Ergebnis zu erbringen: Bei einer mittleren Fließgeschwindigkeit von 0,4 m/s zogen sich wiederum alle Fische in denjenigen Abschnitt der Rinne zurück, der gemäß Belegungstyp A mit Stützsteinen einer maximalen Höhe von 15 cm bestückt worden war; diesmal also in den mittleren Rinnenabschnitt.

Die Beobachtung, dass leistungsschwache Fische die Lee-Seite von Rauheitselementen mit höheren Fließgeschwindigkeiten zunehmend und konsequent meiden, lässt vermuten, dass sich stromab der Rauheitselemente Strömungsbedingungen

Abb. 10.28 Während der Rinnenabschnitt mit wenigen, flachen Stützsteinen für schwimmschwache Fische am attraktivsten war (Belegungstyp A)…

Abb. 10.29 … wurden Abschnitte mit einer großen Anzahl hoher Stützsteinen von den Fischen strickt gemieden (Belegungstyp C)

einstellen, die den Fischen den Aufenthalt verleiden oder ihr Verharren erschweren. Tatsächlich war oft zu beobachten, dass kleine Arten und juvenile Fische beim Versuch, Steine auf der Lee-Seite zu queren, verdriftet wurden oder Mühe hatten, ihren Kurs beizubehalten. Selbst die Annäherung an die Lee-Seite eines hohen Stützsteines verlangte den Probanden ein höheres Maß an Kraft und Geschicklichkeit beim Manövrieren ab, als bei der Annäherung an einen flacheren Stein. Auf der Lee-Seite hoher Rauheitselemente fanden die Fische somit weder einen Strömungsschatten, noch eine Ruhezone vor.

Die Strömungsbedingungen wurden mit Hilfe einer Fadenharfe visualisiert (Abb. 10.30 und 10.31). Hierbei zeigte sich, dass im Belegungstyp A eine vergleichsweise gerichtete, turbulenzarme Strömung herrscht, während Belegungstyp B, und vor allem Typ C durch starke Wirbel und Rückströmungen charakterisiert sind.

Genauere Einblicke in die Unterschiede der ethohydraulischen Signatur im Bereich der Belegungstypen A und C gaben dreidimensionalen Messungen der Fließ-

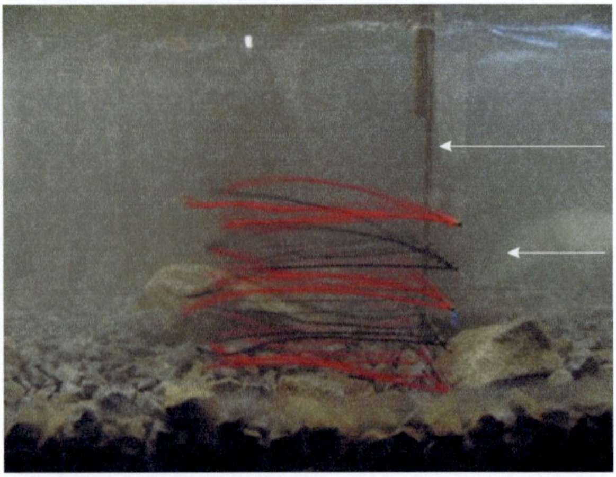

Abb. 10.30 Bei einer Rauheit gemäß Belegungstyp A herrschen relativ zum Rauheitstyp C gleichgerichtete Strömungsverhältnisse

Abb. 10.31 Im Rauheitstyp C bildet sich aufgrund der Wirbelschleppen, die durch Strömungsablösungen an den großen Stützsteinen entstehen, eine hochturbulente ungleichförmige Strömung mit extremen Geschwindigkeitsschwankungen aus

geschwindigkeit, die in Abb. 10.32 in ethohydraulischen Diagrammen dargestellt sind, deren Skalierung auf dem Leistungsvermögen schwimmschwacher Fische basiert.

Bereits bei einer mittleren Fließgeschwindigkeit in der Laborrinne von 0,4 m/s, bei der die Konzentration von Fischen im Kompartiment geringster Rauheit einsetzt, unterscheiden sich die Strömungsbedingungen in den beiden Belegungstypen A und C deutlich. Bei Typ A ist der größte Teil des Querschnitts durch Fließgeschwindigkeiten zwischen 0,2 m/s und 0,6 m/s gekennzeichnet und bietet Klein- und Jungfischen damit optimale Bedingungen. Nur kleinräumig treten Zonen höherer oder niedrigerer Fließgeschwindigkeiten auf, z. B. nahe der Wasseroberfläche bzw. an der Sohle.

Demgegenüber ist das Strömungsgeschehen bei einer Belegung mit hohen Störsteinen (Belegungstyp C) in der Laborrinne wesentlich inhomogener. Die Querschnittsflächen mit optimaler Fließgeschwindigkeit sind hier deutlich reduziert;

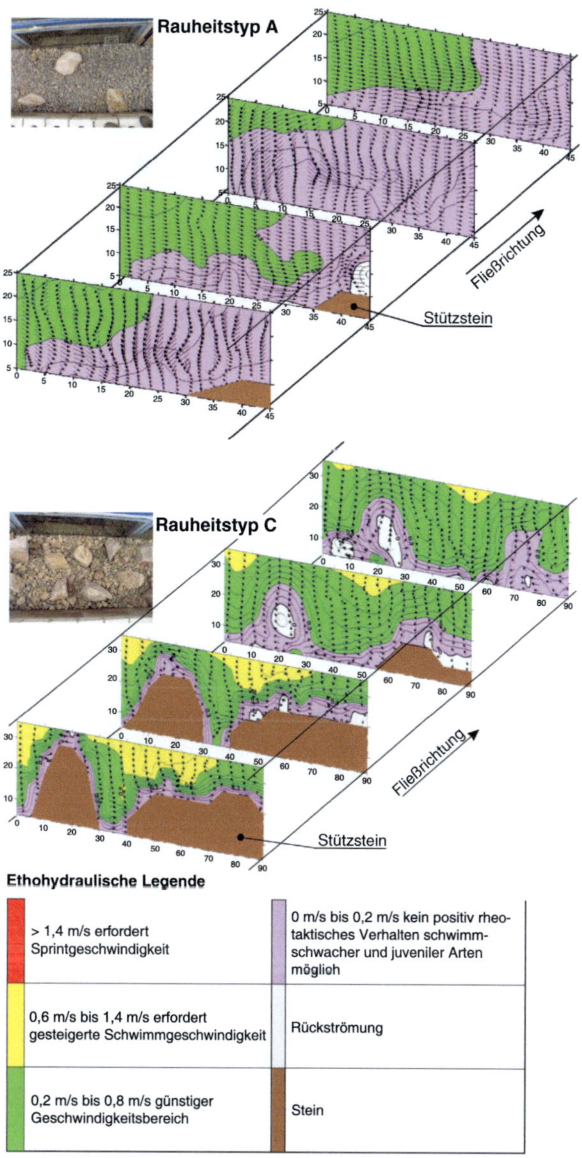

Abb. 10.32 Ethohydraulisches Diagramm für die Belegungstypen A und C bei $v_m = 0{,}4$ m/s

anstelle dessen weiten sich insbesondere oberflächennah Zonen erhöhter Fließgeschwindigkeit aus. Gleichzeitig sind die hohen Rauheitselemente von Wirbeln und Rückströmungen umgeben, in denen sich der Fisch nicht mehr rheotaktisch orientieren kann. Zudem wird das Strömungsgeschehen auf der Lee-Seite der hohen Steine bei Belegungstyp C in erheblichem Maß von turbulenten Wirbelschleppen geprägt, wie im ethohydraulischen Diagramm an den Vektoren unterschiedlicher Richtung und Länge zu erkennen ist. Solchen Wirbelschleppen weichen Fische offenbar ge-

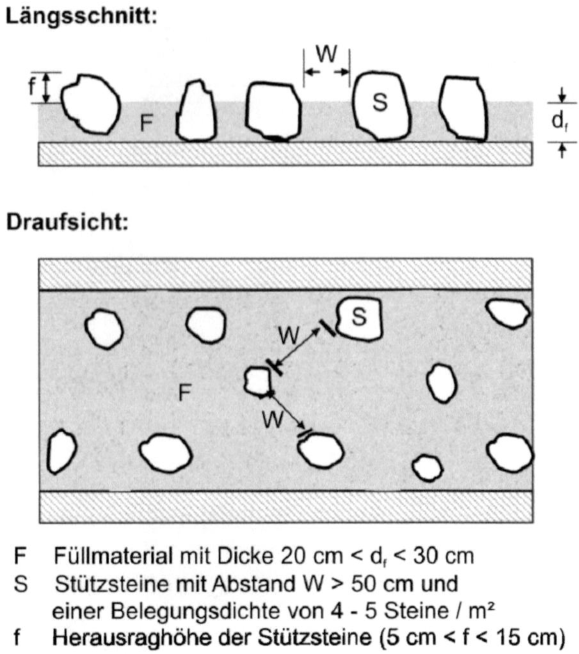

Abb. 10.33 Anhand ethohydraulischer Erkenntnissen abgeleitete Empfehlung für den Sohlenaufbau mit Stützsteinen in Fischaufstiegsanlagen

zielt aus. Im ethohydraulischen Test zogen sich die Probanden konsequent in den Belegungstyp A zurück, wo gleichmäßigere und turbulenzärmere Strömungsbedingungen herrschten. Eine möglichst große Homogenität der Strömungsbedingungen und sowie damit einher gehend deutlich geringere kleinskalige Turbulenzen sind offensichtlich wichtige Kriterien für die Attraktivität einer Sohle insbesondere für leistungsschwache Fische.

Diese ethohydraulischen Beobachtungen bestätigen sinnesphysiologische Experimente von Liao et al. (2003) in einer kleinskaligen Laborrinne, bei denen Fließgeschwindigkeiten von etwa 0,25 m/s bis 0,45 m/s zur Bestimmung der Aufenthaltsorte junger Forellen im Bereich umströmter Halbzylinder von 2,5 cm bis 5 cm Durchmesser erzeugt wurden: Es zeigte sich, dass sich die Fische nur in Ausnahmefällen auf der Lee-Seite der Zylinder und auch nur selten in der Bugwelle stromaufwärts vor dem Element aufhielten. Hingegen schwammen die meisten Fische die längste Zeit stromab des Zylinders und seitlich von diesem Element versetzt. Die Experimentatoren schlossen aus ihren Beobachtungen, dass Fische sich die Wirbelstraßen hinter umströmten Körpern energetisch zu Nutze machen.

Um also eine Sohlenstruktur herzustellen, die den Bedürfnissen der Fische gerecht wird, ist entgegen der bisher üblichen Praxis von einer Verwendung hoch aufragender Rauheitselemente Abstand zu nehmen. Anstelle dessen sollten vielmehr maximal 5 Steine pro Quadratmeter in einem Abstand von mindestens 0,5 m zu einander angeordnet werden, die das übrige Sohlenniveau um nicht mehr als 20 cm überragen (Abb. 10.33). Dies entspricht in etwa der Körperhöhe eines einjährigen hochrückigen Fisches, z. B. einem Brachsen. Aufgrund der wasserbaulichen Relevanz dieser ethohydraulischen Erkenntnisse, haben diese bereits Eingang in das neue Regelwerk zum Bau von Fischaufstiegsanlagen und fischpassierbaren Bauwerken gefunden (DWA 2010).

10.2 Schutzanlagen für abwandernde Fische

Seit langem ist bekannt, dass mit der Strömung abwandernde Fische durch Rechenanlagen vor Wasserkraftwerken und Ausleitungen sowie durch Turbinen und Pumpen in beträchtlichem Umfang geschädigt werden. Entsprechend regelte bereits das Preußische Fischereigesetz (1916): *„Den Eigentümern von Turbinen kann die Herstellung und Unterhaltung von Vorrichtungen, die das Eindringen der Fische in die Turbinen verhindern, auf ihre Kosten auferlegt werden."* und *„Wer in einem offenen Gewässer Wehre, Schleusen, Dämme oder andere Anlagen herstellt, muss, wenn dadurch der Wechsel der Fische verhindert wird, auf seine Kosten Fischwege anlegen und unterhalten."* Vergleichbare Regelungen finden sich bis heute in den Fischereigesetzen der Bundesländer. Dennoch wurden seither nur an einzelnen der bundesweit etwa 7.300 betriebenen Wasserkraftanlagen (Anderer et al. 2010) und der ungezählten Wasserentnahmebauwerken Fischschutz- und Fischabstiegsanlagen installiert, von denen wiederum die meisten nicht oder nur sehr eingeschränkt funktionsfähig sind (DWA 2005).

Aufgrund der hohen Dichte von Wasserkraftwerken und Ausleitungsbauwerken in deutschen Flüssen summieren sich die Fischschäden im Verlauf der Wanderwege und erreichen so rasch ein populationsgefährdendes Ausmaß. Hierdurch wird nicht nur der Sinn aufwändiger Wiederansiedlungsbemühungen für anadrome Arten, wie Lachs, Maifisch und Stör in Frage gestellt (VDSF 2003; Beeck et al. 2008; Gessner et al. 2010 u. a.). Auch der von der Europäischen Union geforderte Schutz der Aalbestände sowie das Erreichen eines guten ökologischen Zustandes bzw. Potentials der Fischfauna gemäß Wasserrahmenrichtlinie werden hierdurch konterkariert (Europäisches Parlament und Rat der Europäischen Union 2000; Rat der Europäischen Union 2007).

Die Ursachen für die bestenfalls schleppende Entwicklung wirksamer Anlagen zum Schutz abwandernder Fische sind einmal mehr in den Kenntnislücken über deren Verhalten zu suchen. Diesbezüglich sind nur sehr spärliche Informationen verfügbar und wenn, dann zumeist aus ausländischen Studien über andere Spezies, die ein von den einheimischen Fischen abweichendes Verhalten erwarten lassen. Zudem befassen sich diese Studien zumeist gar nicht oder nur ansatzweise mit grundsätzlichen Fragen, z. B. wie sich abwandernde Fische einem für sie gefährlichen Bauwerk nähern und welches Verhaltensrepertoire den Tieren zur Verfügung steht, um sich unter den gegebenen hydraulischen Bedingungen einer Schädigung zu entziehen. Vor diesem Hintergrund wurden Ende der 1990er Jahre erste ethohydraulische Tests am Institut für Wasserbau und Wasserwirtschaft der Technischen Universität Darmstadt durchgeführt, um Erkenntnisse über das Abwanderverhalten einheimischer Arten zu gewinnen (Adam et al. 1999). Weitere Studien mit mechanischen Barrieren,

Abb. 10.34 Laborrinne im Wasserbaulabor der Technischen Universität Darmstadt

deren Ergebnisse nachfolgend ebenfalls dargestellt sind, folgten am Institut für Wasser und Gewässerentwicklung des Karlsruher Instituts für Technologie.

10.2.1 Schutzwirkung von 20 mm-Rechen

Die meisten deutschen Landesfischereigesetze bzw. -verordnungen fordern die Installation von mechanischen Barrieren, wie Rechen mit einer maximalen lichten Weite von 20 mm, um das Eindringen von Fischen in sie gefährdende Anlagenbereiche, wie Triebwerke, Pumpen und Wasserentnahmebauwerke zu verhindern. Bis in jüngster Zeit stand allerdings jeglicher Nachweis aus, ob, in welchem Umfang und welchen Arten diese ohnehin nur selten umgesetzte Forderung tatsächlich nutzt. Vor diesem Hintergrund wurde Ende der 1990er-Jahre eine 30 m lange, 2 m breite und 1,2 m tiefe Laborrinne im Wasserbaulabor der Technischen Universität Darmstadt mit einem 20 mm-Rechen aus Flachstahl ausgestattet (Abb. 10.34).

Dieser konventionelle Rechen wurde in separat durchgeführten Testserien einerseits senkrecht stehend (Abb. 10.35) sowie andererseits in einem Winkel von 25° flach zur Sohle geneigt eingebaut (Abb. 10.36) und jeweils mit verschiedenen Fließgeschwindigkeiten angeströmt. Beide Einbauvarianten wurden dann in ethohydraulischen Tests auf ihre Schutzwirkung gegenüber Aalen mit Körperlängen über 50 cm, Lachssmolts von ca. 12 cm bis 18 cm Länge, Bachforellen, Döbeln und Plötzen untersucht (Schwevers et al. 1998; Adam et al. 1999; Adam et al. 2001).

Die ethohydraulischen Tests erbrachten die Erkenntnis, dass Lachssmolts und potamodrome Fische kleiner als 20 cm sowie Aale mit Körperlängen unter 70 cm in der Lage sind, einen 20 mm-Rechen zu passieren. Sie tun dies weitgehend unabhängig von der Einbausituation und der Anströmung des Rechens (Abb. 10.35 und 10.36). Potamodrome Fische und Lachssmolts zögern zwar zunächst die Barrieren zu passieren, sofern jedoch kein anderer auffindbarer Abwanderweg offen steht und ihnen eine Passage physisch möglich ist, passieren sie den Rechen letztendlich doch. Bei Aalen ist zu beobachten, wie sie die Rechenfläche mit dem Kopf- oder Schwanzende nach geeigneten Zwischenräumen absuchen. Besonders intensiv ist

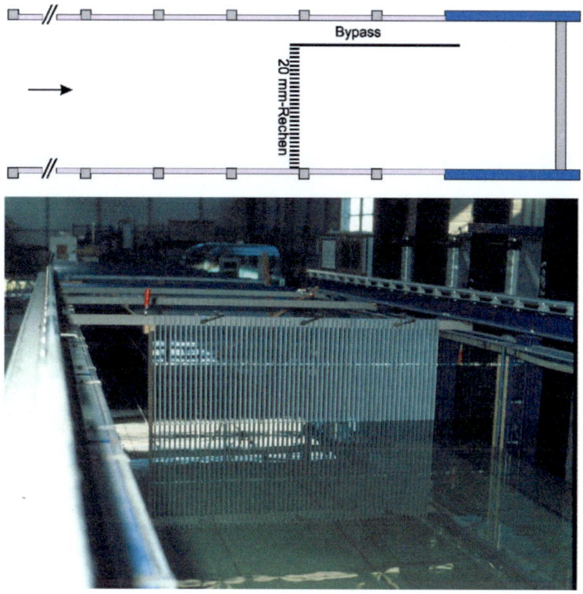

Abb. 10.35 Versuchsstand für ethohydraulische Tests mit senkrecht stehendem 20 mm-Rechen; Skizze (*oben* Draufsicht); Ausführung mit Bypass an der linken Seite der Laborrinne (*unten*)

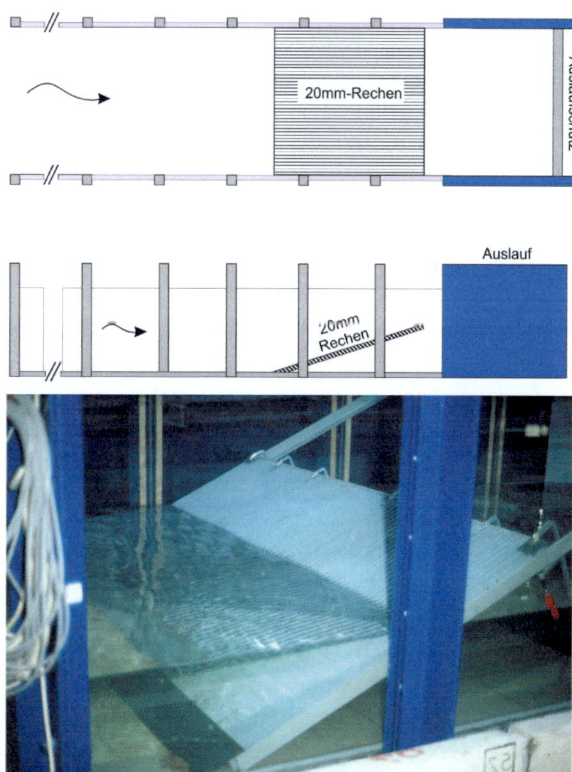

Abb. 10.36 Versuchsstand für ethohydraulische Tests mit einem in Fließrichtung 25° zur Sohle flach geneigten 20 mm-Rechen; Skizze (*oben* Draufsicht und Längsschnitt), Ausführung (*unten*)

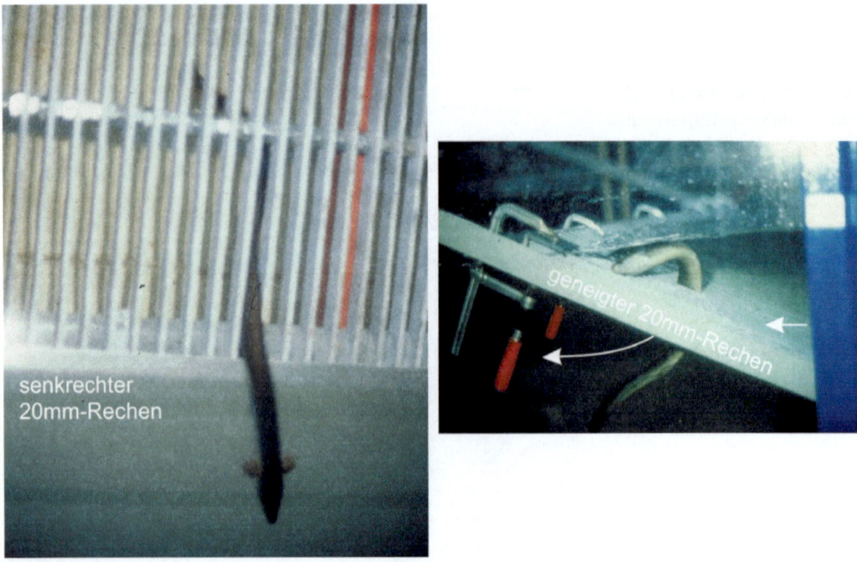

Abb. 10.37 Passage von Aalen durch einen senkrecht stehenden und einen flach geneigten 20 mm-Rechen

dieses sondierende Verhalten an flach zur Sohle geneigten Rechen (Abb. 10.37). Auf diese Weise sind Aale in der Lage, selbst solche Rechen zu passieren, deren lichte Weite deutlich geringer ist als ihr Körperdurchmesser.

Vergleicht man diese Befunde mit dem Größenspektrum abwandernder Fische, ergibt sich folgendes Bild:

- Männliche Aale wandern mit einer Länge von ca. 30 cm bis 50 cm ab, weibliche Exemplare mit einer Länge von ca. 50 cm bis 90 cm. Etwa zwei Drittel der Abwanderer (darunter sämtliche männlichen), sind kleiner als 70 cm, werden durch einen 20 mm-Rechen somit nicht wirksam geschützt (Abb. 10.38).
- Die Körperdicke von Salmonidensmolts entspricht etwa einem Zehntel ihrer Länge (DWA 2005). Entsprechend werden Smolts erst dann zuverlässig von einem 20 mm-Rechen geschützt, wenn sie länger als 20 cm sind. Gemäß Befunden aus der Weser erreichen Lachssmolts allerdings diese Größe kaum und nur ca. 10 % der Meerforellensmolts sind länger (Schwevers et al. 2010, Abb. 10.39). Entsprechend ist die Schutzwirkung eines 20 mm-Rechens gegenüber Salmonidensmolts gering.
- Auch die Abwanderung potamodromer Arten konzentriert sich auf die frühen Entwicklungsstadien (Pavlov et al. 2002). So entfielen bei Untersuchungen von Schmalz (2002) in der Saale 99 % der Abwanderung auf Fische von weniger als 20 cm Länge (Abb. 10.40). Geht man auch bei potamodromen Arten von einem Längen-Dickenverhältnis von ca. 10:1 aus bedeutet dies, dass nur etwa 1 % der Abwanderer sicher durch einen 20 mm-Rechen geschützt werden.

Diese Ergebnisse offenbaren, dass die gesetzliche Forderung nach 20 mm-Rechen vor Einläufen von Wasserentnahmen oder anderen fischgefährdender Anlagen

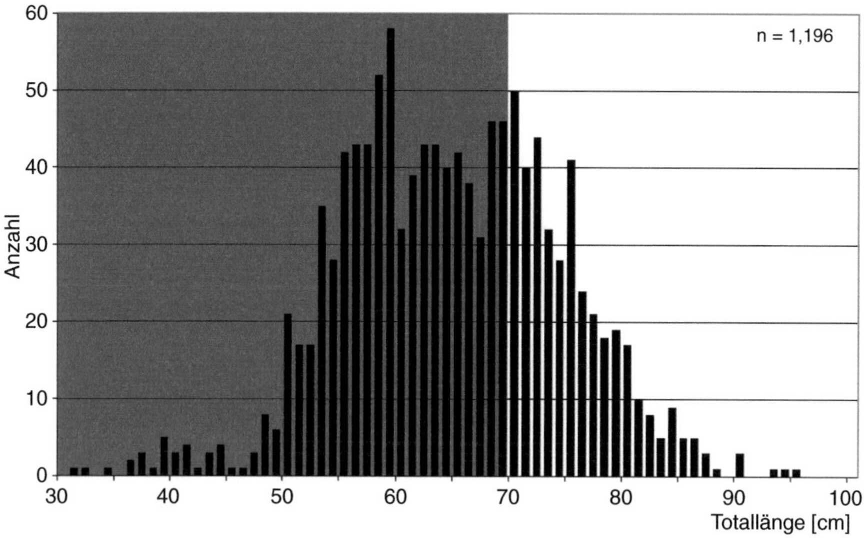

Abb. 10.38 Längenverteilung abwandernder Aale in der Maas: etwa 70 % der Individuen (rot hinterlegt) sind kleiner als 70 cm und werden folglich durch 20 mm-Rechen nicht geschützt (nach: BRUIJS et al. 2003)

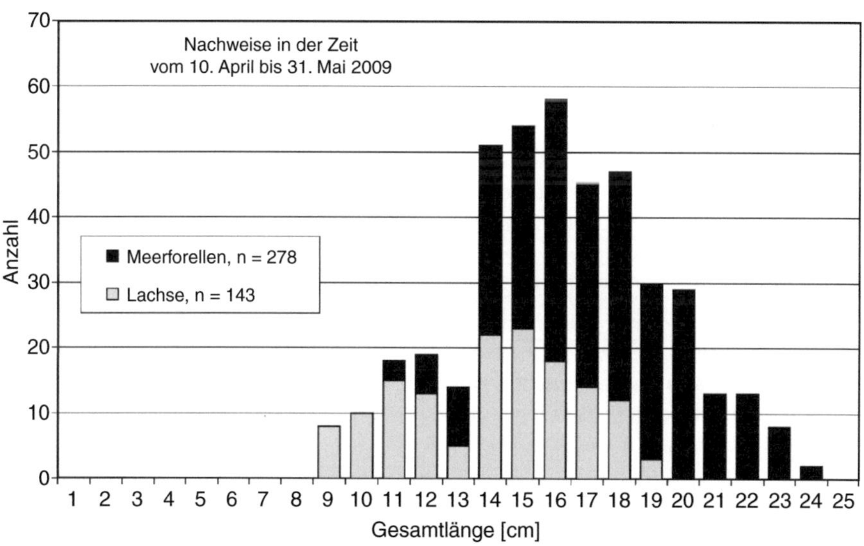

Abb. 10.39 Längenverteilung abwandernder Salmonidensmolts in der Weser bei Drakenburg: Nur wenige Meerforellensmolts sind länger als 20 cm und damit nicht in der Lage, einen 20 mm-Rechen zu passieren (nach: Schwevers et al. 2010)

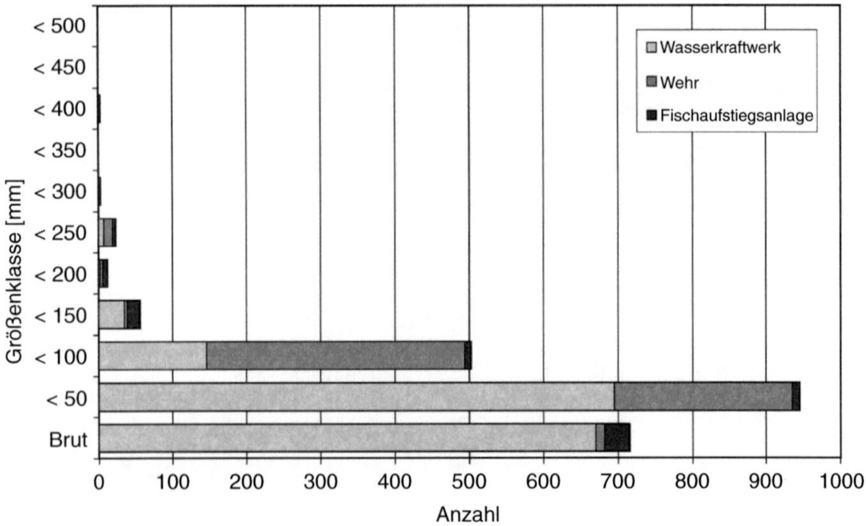

Abb. 10.40 Längenverteilung der 2001 in der Saale am Wehr Jägersdorf über verschiedene Korridore abgewanderten Fische potamodromer Arten: etwa 99 % der registrierten Individuen waren kleiner als 20 cm (nach: Schmalz 2002)

nur einen geringen Anteil von Fischen zu schützen vermag. Gänzlich wirkungslos ist dies für fast alle anadromen Arten, z. B. Fluss- und Meerneunauge, Maifisch, Schnäpel und Stint zumal deren Abwanderstadien kleiner oder schlanker als Salmonidensmolts sind. Dass auch die meisten abwandernden Aale durch 20 mm-Rechen ungeschützt bleiben, wurde mittlerweile durch Freilanduntersuchungen am französischen Gave de Pau bestätigt (Subra et al. 2007).

Trotz der durch Freilandbefunde abgesicherten und mittlerweile international bestätigten Erkenntnisse über die mangelhafte Schutzwirkung von 20 mm-Rechen haben bisher nur wenige Bundesländer ihre Praxis zur Genehmigung von Wasserkraftanlagen und Entnahmebauwerken angepasst. Die Hessische Fischereiverordnung vom 17. Dezember 2008 fordert allerdings generell für Wasserentnahmen und Triebwerke generell Rechen von maximal 15 mm lichter Weite oder gleichwertige Schutzmechanismen (HFO 2008). In Nordrhein-Westfalen wurden die Anforderungen an die lichte Weite von Rechen zwar nicht grundsätzlich verschärft, doch gilt seit Januar 2009 zumindest für Gewässer, in denen der Aal als Zielart ausgewiesen wurde, ein Mindestabstand von 15 mm. In Gewässern mit der Zielart Lachs wurde die maximal zulässige lichte Weite auf 10 mm festgelegt, bei gleichzeitiger Begrenzung der Anströmgeschwindigkeit auf 0,5 m/s (MUNLV 2009).

10.2.2 Verletzungsrisiken an mechanischen Barrieren

Fische werden zwar zuverlässig vor einem Eindringen in für sie gefährliche Anlagenteile bewahrt, wenn diese mit mechanischen Barrieren ausgestattet sind, deren

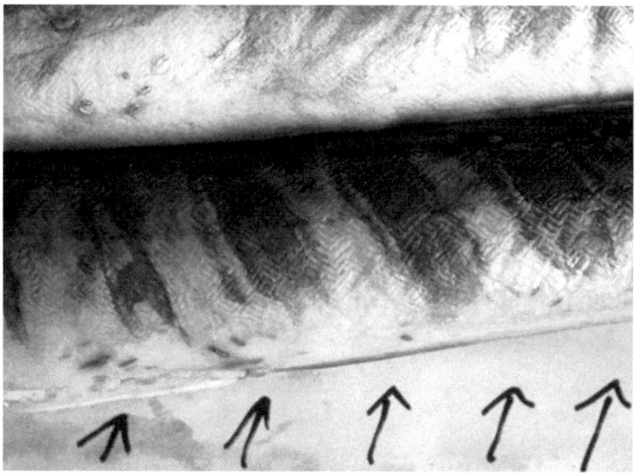

Abb. 10.41 Hämatome am Körper getöteter Aale sind die sichtbaren Auswirkungen des Anpressdrucks vor mit zu hoher Anströmgeschwindigkeit beaufschlagten unpassierbaren Rechen (Foto: K. Ebel)

Abb. 10.42 Vom Rechenreiniger eines 20 mm-Rechens erfasste Aale

lichte Weite die Köperdimensionen der Fische unterschreitet (Kap. 10.2.1). Gerade solche unpassierbaren Abschirmungen können aber auch zur tödlichen Falle werden, wenn sie mit zu hoher Fließgeschwindigkeit angeströmt werden: Fische, deren Kraft und Leistungsfähigkeit nicht ausreichen, um sich gegen die Anströmgeschwindigkeit zu behaupten werden hilflos gegen die Rechenfläche gepresst ohne dass sie sich dem Druck der Anströmung und dem Sog des durch die Rechenstäbe strömenden Wassers entziehen und fliehen können. Dies führt dazu, dass abwandernde Fische im Freiland an zu stark angeströmten mechanischen Barrieren vielfach infolge Erschöpfung, äußeren und inneren Verletzungen (Abb. 10.41) sowie nicht zuletzt durch die Einwirkung des Rechenreinigers zu Tode kommen (Abb. 10.42).

Vor diesem Hintergrund wurden ethohydraulische Tests zum Verhalten von Aalen, Lachssmolts sowie anderen Fischen unterschiedlicher Arten und Größen an verschiedenen Rechentypen und -anordnungen durchgeführt (Schwevers et al. 1998; Adam et al. 2001; Kampke et al. 2008). Hierbei kamen sowohl konventionelle 20 mm-Rechen als auch unpassierbare Spaltrechen verschiedener Konstruktion

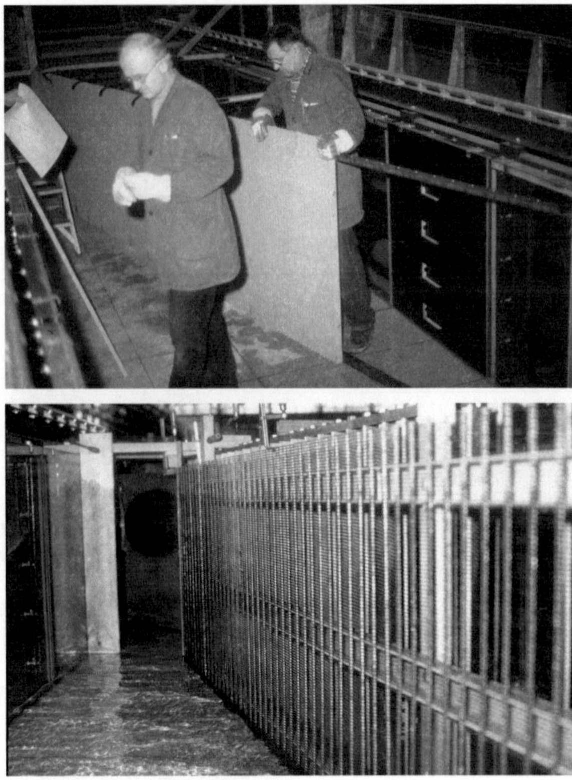

Abb. 10.43 Konventioneller 20 mm-Rechen (*oben*) und 5,3 mm-Spaltrechen (*unten*) jeweils etwa 20° zur Fließrichtung auf einen im spitzen Winkel angeordneten Bypass zuführend

zum Einsatz (Abb. 10.43), die in unterschiedlichen Winkeln zur Fließrichtung angeordnet und mit Anströmgeschwindigkeiten von 0,3 m/s bis über 1 m/s beaufschlagt wurden.

Unter der Anströmgeschwindigkeit v_A wird bei diesen Untersuchungen stets der Mittelwert aus mehreren ermittelten Fließgeschwindigkeitswerten v_i in einem senkrecht durchflossenen Fließquerschnitt direkt vor der Barriere verstanden (Abb. 10.44):

$$v_A = \frac{\sum_{i=1}^{n} v_i}{n}$$

v_A Anströmgeschwindigkeit [m/s]
v_i punktuelle Geschwindigkeitsmessung im Messquerschnitt [m/s]
n Anzahl aller punktuellen Geschwindigkeitsmessungen [-]

Da die Ermittlung der Anströmgeschwindigkeit in der Natur bei existierenden Anlagen aufgrund der Unzugänglichkeit des Messquerschnittes oftmals nicht möglich ist, kann die Anströmgeschwindigkeit vereinfachend aus dem Verhältnis von Durchfluss Q [m^3/s] zur Fließquerschnittsfläche A [m^2] berechnet werden:

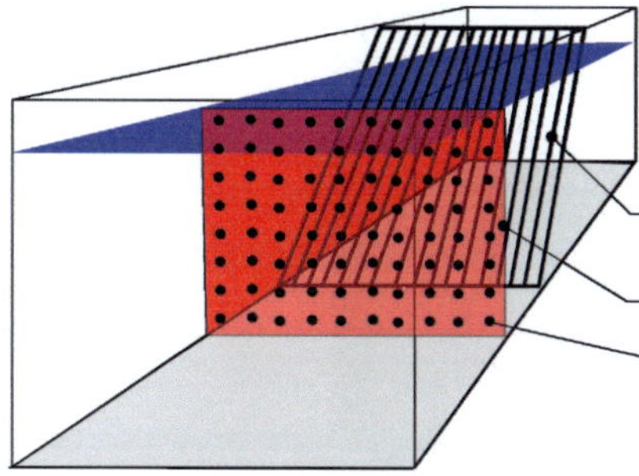

Abb. 10.44 Anströmgeschwindigkeit vor einem Rechen

$$v_A \approx \frac{Q}{A}$$

v_A Anströmgeschwindigkeit [m/s]
Q Durchfluss [m^3/s]
A senkrecht durchflossene Querschnittsfläche vor der Barriere [m^2]

Bei dieser vereinfachten Ermittlung der Anströmgeschwindigkeit ist jedoch unbedingt zu beachten, dass Ablösungen oder Strömungseinschnürungen in der Realität stets eine ungleichförmige Anströmung der mechanischen Barriere bewirken. Gemäß Turnpenny et al. (1998) ist davon auszugehen, dass die tatsächliche, fischrelevante Maximalgeschwindigkeit an einem Rechen ca. 30 % höher ist als der gemäß der o. a. Formel errechnete Mittelwert.

Als wichtiges Ergebnis ethohydraulischer Untersuchungen an einem senkrechtgestellten 20 mm-Rechen wurde bei Aalen erstmals eine charakteristische, in drei Phasen ablaufende Umkehrreaktion beschrieben (Adam et al. 1999, Abb. 10.45):

- Phase 1: Abwandernden Aale treiben zumeist passiv Kopf-voran in der Hauptströmung. Sie sind wenig aktiv und unaufmerksam und führen nur verhaltene Korrekturen ihrer Schwimmlage durch. Nur selten nehmen Aale eine Veränderung der Strömung bereits vor dem Rechen wahr und versuchen zu stoppen. In der Regel aber kollidieren sie mit der Abwanderbarriere und werden von der Anströmung gegen die Rechenfläche gepresst.
- Phase 2: In dieser Zwangslage versucht der Aal das vordere Drittel seines Körpers der Anströmung entgegen auszurichten. Dabei sondiert der Fisch mit dem Schwanz nach einem Widerlager. Ist die lichte Weite der Rechenstäbe groß genug, zwängt er sich durch den Spalt, um sich der Stress- und Gefahrensituation vor der Rechenfläche zu entziehen.
- Phase 3: Gelingt es dem Aal sich gegen die Anströmung auszurichten, katapultiert er sich von der Barriere ab und flieht in Sprintgeschwindigkeit gegen die Anströmung ins Oberwasser.

Dass diese Umkehrreaktion auch im Freiland auftritt und nicht auf undurchlässige Barrieren beschränkt ist, wurde zwischenzeitlich durch Freilanduntersuchungen an der niederländischen Maas bestätigt (Jansen et al. 2007). Hier wurden abwanderbereite Blankaale mit Transpondern individuell gekennzeichnet, um ihre Passage

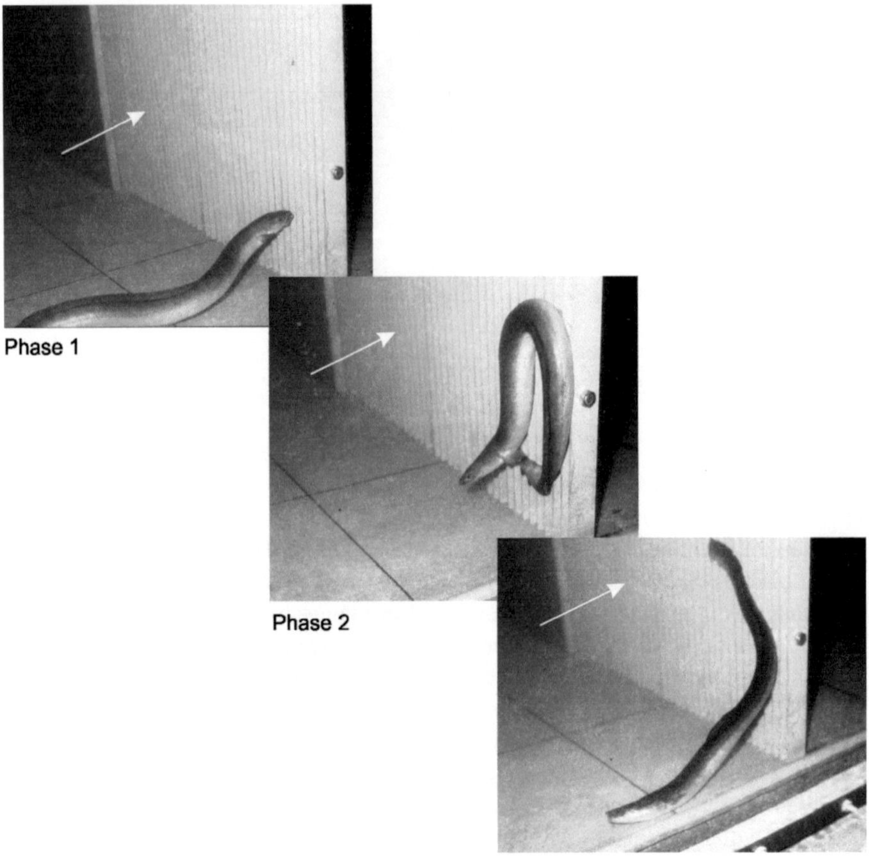

Phase 1

Phase 2

Phase 3

Abb. 10.45 Die 3 Phasen der Umkehrreaktion von Aalen; Phase 1: passive Annäherung und Rechenkontakt (*oben*); Phase 2: Umkehrreaktion und Vorbereitung der Flucht nach oberstrom (*Mitte*); Phase 3: Flucht (*unten*)

an verschiedenen im Gewässerverlauf stationär installierten Antennenanlagen automatisch orts- und zeitgenau registrieren zu können. Eine dieser Antennen befand sich vor dem 400 mm-Rechen des Einlaufs in das Wasserkraftwerk Linne und eine weitere Antenne war im Unterwasser des Kraftwerks installiert. Etwa 25 % der oberwasserseitig registrierten Aale passierten das Kraftwerk zunächst nicht, führten also offensichtlich eine Umkehrreaktion aus und entflohen stromaufwärts. Da der Rechen mit einer lichten Weite von 400 mm jedoch problemlos zu durchschwimmen war, nahmen alle Aale früher oder später doch den für sie gefährlichen Weg durch die Turbine.

An unpassierbaren mechanischen Barrieren steht Aalen dieser Ausweg nicht zur Verfügung. Wird der Anpressdruck auf die Aale hier infolge einer zu hohen Anströmgeschwindigkeit zu groß, sind die Fische nicht mehr in der Lage, eine Um-

Abb. 10.46 Von der Anströmung an den 20 mm-Rechen gepresster Aal, dem die Flucht nicht gelingt

kehrreaktion auszuführen und zu entfliehen, sondern sie werden an den Rechen gepresst (Abb. 10.46). Traten solche Situationen im ethohydraulischen Test ein, wurde die Beaufschlagung der Laborrinne sofort abgestellt. Im Freiland aber ziehen sich Aale in dieser auswegslosen Lage Verletzungen zu, die nicht nur Stress verursachen, sondern auch innerhalb kurzer Zeit zum Tode führen können (Abb. 10.41).

Durch Testserien mit unterschiedlichen Anströmgeschwindigkeiten wurden folgende hydraulische Grenzwerte und Regeln erarbeitet, die von entscheidender Bedeutung für die Entwicklung und den Betrieb wirksamer Schutzanlagen für Aale sind:

- Umkehrreaktionen die im Kontakt mit mechanischen Barrieren ablaufen, sind bei kalten Wassertemperaturen bestenfalls bei Anströmgeschwindigkeiten bis maximal 0,5 m/s erfolgreich. Entsprechend muss die Anströmung auf diesen Wert begrenzt werden, um eine Schädigung von Aalen zu vermeiden. Denselben Grenzwert empfehlen auch Russon et al. (2010) auf der Basis vergleichbarer ethohydraulischer Untersuchungen.
- Lokale Überschreitungen dieser maximalen Anströmgeschwindigkeit sind unzulässig, da Aale in der Hauptströmung abwandern und deshalb bevorzugt in genau diesen Bereichen auf den Rechen treffen. Verklaust der Rechen hier durch angepresste Aalkörper, verringert sich der durchflossene Querschnitt und die Anströmgeschwindigkeiten in den noch freien Bereichen erhöht sich, bis auch dort der o. a. Grenzwert überschritten wird.
- Eine weitere Konsequenz aus dem artspezifischen Verhalten abwandernder Aale ist, dass sie allenfalls bei extrem niedrigen Anströmgeschwindigkeiten von weniger als 0,3 m/s in der Lage sind, im unmittelbaren Bereich von Rechen und anderen mechanischen Barrieren seitlich orientierte Suchbewegungen auszuführen.

In Anbetracht dieser Befunde wird klar, dass die Entwicklung wirklich funktionsfähiger Schutzeinrichtungen für die Zielart Aal keine triviale Aufgabe darstellt, zumal insbesondere vor Wasserkraftwerken häufig Anströmgeschwindigkeiten von mehr als 1 m/s herrschenden. Ebenso wenig verwundert es, dass speziell für den Aal installierte Schutz- und Abstiegsanlagen in aller Regel versagen, weil bei deren

Abb. 10.47 Bei einer Anströmgeschwindigkeit <0,8 m/s seitwärts entlang eines Spaltrechen schwimmende Bachforellen und Cypriniden

Konzeption das spezifische Abwanderverhalten dieser Art außer Acht gelassen wurde bzw. noch nicht bekannt war.

Außer mit Aalen wurden ethohydraulische Tests zur Wirkung der Anströmgeschwindigkeit auch mit einigen anderen Arten unterschiedlicher Größe durchgeführt. Eine wesentliche Erkenntnis hierbei war zunächst, dass keine der untersuchten Arten ein ähnliches Abwanderverhalten zeigt wie der Aal: Andere Arten bleiben auch bei der Abwanderung in der Regel positiv rheotaktisch ausgerichtet, ihre Schwimmgeschwindigkeit unterschreitet hierbei jedoch die Anströmgeschwindigkeit, so dass sie stromabwärts verdriftet werden. Zudem sind sie wesentlich aufmerksamer als Aale und nehmen Abwanderbarrieren bereits wahr, bevor sie mit ihnen kollidieren. Um eine Kollision zu vermeiden, beschleunigen sie, bis ihre Schwimmgeschwindigkeit der Anströmgeschwindigkeit entspricht. Ist die Anströmgeschwindigkeit nicht zu hoch, halten sie einen mehr oder weniger geringen Abstand zu der Barriere und touchieren diese allenfalls gelegentlich mit der Schwanzflosse, beschleunigen dann aber sofort und gewinnen auf diese Weise wieder Abstand. Insgesamt ist das Verhalten gegenüber mechanischen Barrieren bei allen untersuchten Arten mit Ausnahme des Aals von einer großen Souveränität geprägt und schließt auch ein seitwärts orientiertes Pendeln in der Strömung ein (Abb. 10.47). Auf diese Weise gelangen solchen Exemplare früher oder später auch in den Bereich seitlich angeordneter Bypässe.

Bei Temperaturen bis 20 °C sind adulte Bachforellen, Döbel und Plötzen noch bis zu Anströmgeschwindigkeiten von 0,8 m/s in der Lage, über Längere Zeit Abstand von einer mechanischen Barriere zu halten. Erst bei weiterer Erhöhung der Anströmgeschwindigkeit traten kritische Situationen auf, in denen die Fische mit ihrer Flanke gegen den Rechen gedrückt wurden und sich aus dieser Zwangslage nur mit heftigen Schwanzschlägen befreien konnten. Andere Arten und Entwicklungsstadien, beispielsweise juvenile Störartige, haben eine wesentlich geringere Leistungsfähigkeit und werden deshalb bereits bei deutlich niedrigeren Anströmgeschwindigkeiten hilflos gegen unpassierbare mechanische Barrieren gepresst (Abb. 10.48).

Angesichts dieser artspezifischen Verhaltensweisen und Leistungsunterschiede gilt es, mechanische Barrieren jeweils zielgerichtet den standortspezifischen Ge-

Abb. 10.48 Juveniler Sibirischer Stör, der sich bereits bei einer Anströmgeschwindigkeit von 0,5 m/s nicht mehr von einem 10 mm-Schutzgitter lösen kann

gebenheiten und zumindest den Anforderungen bestimmter Zielarten anzupassen. Hierbei müssen lichte Weite und Anströmgeschwindigkeit sinnvoll aufeinander abgestimmt sein. So macht es keinen Sinn, die lichte Weite zum Schutz von Aalen oder Lachssmolts auf 15 mm bzw. 10 mm zu reduzieren ohne gleichzeitig auch die Anströmgeschwindigkeit zu begrenzten. Allerdings ist Nordrhein-Westfalen bislang das einzige Bundesland, in dem tatsächlich verbindliche Maximalwerte für die Anströmgeschwindigkeit festgelegt wurden (MUNLV 2009).

10.2.3 Schutzwirkung eines Chan-Bar Rechens

Der Chan-Bar wurde im Bemühen um einen adäquaten Schutz abwandernder Fische entwickelt. Er soll im freien Querschnitt vor einem Wasserentnahmebauwerk oder Wasserkraftwerk schräg zur Strömung eingebaut werden, um Fische in einen Bypass hinein zu leiten, der sie sicher ins Unterwasser leitet. Einen konventionellen Einlaufrechen kann der Chan-Bar somit nicht ersetzen, er soll einen solchen vielmehr in Hinblick auf den Fischschutz ergänzen. Der Chan-Bar unterscheidet sich in folgenden Merkmalen von herkömmlichen Rechen:

- Er ist modular aus Rechenfeldern aufgebaut. Diese sind am Gewässergrund an einer drehbaren Achse befestigt. An der Wasseroberfläche ist der Chan-Bar mit Schwimmkörpern ausgestattet, die die Rechenfelder durch ihren Auftrieb in nahezu senkrechter oder leicht ausgelenkter Position halten. Im Falle einer Verlegung neigt sich das jeweilige Rechensegment in Fließrichtung, taucht ab und reinigt sich selbsttätig, indem das Geschwemmsel von der Strömung weiter transportiert wird. So entlastet, schwenkt der Chan-Bar nach der Reinigungsprozedur wieder in seine Ausgangslage zurück (Abb. 10.49).
- Der Chan-Bar besteht aus Rundstäben, die mit einer lichten Weite von 10 mm durch eine Hülse mit der Achse am Gewässergrund drehbar verbunden werden. Hierdurch werden die Anforderungen an für Lachssmolts und Blankaale unpassierbare mechanische Barrieren erfüllt.

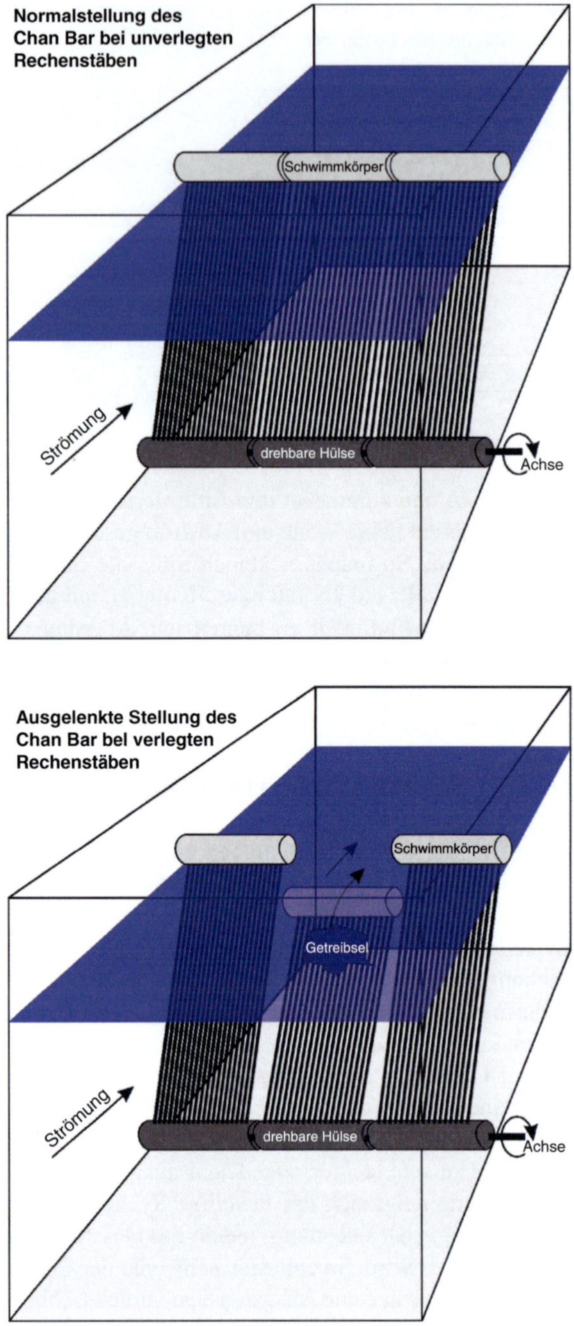

Abb. 10.49 Funktionsprinzip des Chan-Bar

Abb. 10.50 Versuchsstand für ethohydraulische Test zur Wirksamkeit eines Chan-Bar-Rechens mit Bypass, schematische Draufsicht (*oben*), Einbausituation (*unten*)

- Am oberen Ende sind die Rundstäbe nicht fixiert, sondern schwingen frei in der Strömung, schlagen gegeneinander und erzeugen so ein lautes Klingeln, das Fische zusätzlich im Sinne einer Verhaltensbarriere von einer Annäherung an den Rechen abhalten soll.

Während die hydraulischen Eigenschaften dieses Rechens durch wasserbauliche Versuche hinlänglich untersucht worden sind (Seidel und Bernhart 2004), galt es in ethohydraulischen Tests das Verhalten von Fischen verschiedener Arten und Größen zu untersuchen, um Erkenntnisse über die Schutz- und Leitwirkung des Chan-Bar zu erhalten (Kampke et al. 2008). Hierzu wurde ein aus drei Originalfeldern bestehender Chan-Bar im Winkel von 40° zur Anströmung in das Laborgerinne des Instituts für Wasser und Gewässerentwicklung des Karlsruher Instituts für Technologie (Abb. 10.50). Im spitzen Winkel führte der Chan-Bar auf einen 0,2 m breiten

Abb. 10.51 Draufsicht auf den Spalt zwischen zwei Kanthölzern in dem die Rundstäbe des Chan-Bar schwingen konnten

Bypass zu. Die senkrechte Stellung der Rechenfelder wurde durch zwei direkt über der Wasseroberfläche parallel angeordnete Kanthölzer realisiert, zwischen denen die Stäbe frei schwingen konnten. Die Tests wurden bei mittleren Anströmgeschwindigkeiten von 0,4 m/s bis 1 m/s durchgeführt. In Hinblick auf die angestrebte situative Ähnlichkeit mit dem beabsichtigten Einsatz unter Naturbedingungen wurden die Rechenfelder bei einigen Tests gegeneinander ausgelenkt. Für andere Tests wurden die frei schwingenden Rechenstäbe belegt, um die Geräuschentwicklung zu unterbinden (Abb. 10.51). Als Probanden kamen Aale, Bachforellen sowie rhithrale und potamale Cypriniden mit Körperlängen von 13 cm bis über 70 cm zum Einsatz.

Zunächst wurde im Rahmen der ethohydraulischen Tests festgestellt, dass die erhoffte Leitwirkung des im Winkel von 40° zur Strömung angeordneten Chan-Bar auf den Bypass hin nicht eintrat. Die Barrierewirkung des Chan-Bar hingegen war erwartungsgemäß vergleichbar der von anderen Feinrechen: Aufgrund der geringen lichten Weite der Rechenstäbe wurden selbst Kleinfische wie Schneider und Gründlinge wirksam an einer Passage gehindert und Aalen war es so lange möglich Umkehrreaktionen auf der Rechenfläche auszuführen, wie die Anströmgeschwindigkeit 0,5 m/s nicht überschritt (Kap. 10.2.2).

Völlig anders stellte sich die Situation hingegen dar, sobald eines der Rechenfelder zur Simulation der Reaktion auf eine Belegung mit Treibgut ausgelenkt wurde. Hierbei traten Spalten zwischen den Rechenfeldern auf, deren Größe vom Gerinneboden zur Wasseroberfläche hin zunahm. Diese Spalten in der Rechenfläche wurden von sich annähernden Fischen bereitwillig genutzt, um den Rechen stromabwärts zu passieren. Unterstützt wurde dieser Effekt dadurch, dass die Fließgeschwindigkeit in diesen nicht durch Rechenstäbe verstellten Spalten höher war als vor den durchströmten Rechenfeldern selbst. So passierten selbst Aale den Chan-Bar der Strömung folgend, ohne auch nur in Kontakt zu den Rechenflächen zu kommen. Solche Passagen waren umso wahrscheinlicher, je weiter sich die Fische an der Wasseroberfläche schwimmend dem Chan-Bar näherten.

Abb. 10.52 Vergleich des Aufenthaltsbereiches von Cypriniden vor dem Chan-Bar bei fixierten Stäben (*oben*) und bei frei schwingenden, klingenden Stäben (*unten*)

Eine bemerkenswerte Wirkung erzielte der Chan-Bar allerdings aufgrund der laut klingelnden Geräusche, die seine Rechenstäbe erzeugen, wenn sie in der Strömung gegeneinander schlagen: Fische aus der Artengruppe der Cypriniden hielten immer dann einen größeren Abstand zum Chan-Bar (Abb. 10.52), wenn die Rechenstäbe in der Strömung frei schwangen. Waren die Rechenstäbe hingegen fixiert, so dass die Geräuschentwicklung unterbunden wurde, näherten sich die Cypriniden dem Rechen ohne Scheu bis auf wenige Zentimeter Entfernung. Die anderen in den Tests eingesetzten Arten, also Salmoniden und Aale hingegen zeigten keinerlei Reaktion gegenüber der Geräuschentwicklung des Chan-Bars. Diese Befunde erklären sich durch die unterschiedliche sinnesphysiologische Leistungsfähigkeit der Arten: Cypriniden haben ein gut entwickeltes Gehör (Kap. 5.3.2.5) und sind in der Lage, die vom Chan-Bar ausgehenden Schallreize wahrzunehmen. Deren Frequenz liegt jedoch oberhalb der Hörgrenze von Salmoniden und Aalen, so dass diese Arten die Geräusche nicht hören können und folglich auch nicht darauf reagieren.

Insgesamt zeigten die ethohydraulischen Tests, dass der Chan-Bar eine vergleichbare Schutzwirkung für Fische entfaltet wie andere Feinstrechen gleicher lichter Weite. Diese Wirkung geht allerdings verloren, sobald die Rechenfelder gegeneinander geschert sind, da sich zwischen den Spalten gerichtete Strömungspfade ausbilden, denen Fische bereitwillig nach stromabwärts folgen. Ob die akustische Komponente Fische unter Freilandbedingungen und insbesondere bei größeren Wassertiefen zu schützen vermag ist fraglich, zumal gerade die diadromen

Abb. 10.53 Lichtscheuchanlage um Aale aus dem Einlauf in ein Wasserkraftwerk fern zu halten (Foto: R. Hadderingh)

Zielarten von Fischschutz- und -abstiegsanlagen Lachs, Meerforelle und Aal zu den akustischen Generalisten gehören, die solche und andere Geräusche gar nicht wahrnehmen können.

10.2.4 Wirksamkeit von Verhaltensbarrieren

Angesichts des hohen Aufwandes für die Konstruktion, den Betrieb und die Wartung wirksamer mechanischer Barrieren wird seit langem nach Möglichkeiten gesucht, abwandernde Fische durch in das Gewässer eingebrachte Reize davon abzuhalten, in gefährliche Anlagenbereiche hinein zu schwimmen. Der Kreativität bei der Entwicklung derartiger Verhaltensbarrieren sind kaum Grenzen gesetzt, so dass bis heute eine Vielzahl von Verfahrenen basierend u. a. auf Ketten-, Luftblasen- und Wasserstrahlvorhängen, elektrischen Feldern, Licht unterschiedlichster Intensität und Qualität, Schall- und Druckwellen (Abb. 10.53) sowie Kombinationen verschiedener Reize entwickelt wurde (DWA 2005). Sogar die Fraßgeräusche von Raubfischen wurden aufgenommen und zur Abschreckung anderer Fische unter Wasser abgespielt (Loeffelmann et al. 1991).

Für die Betreiber von Wasserkraft- und Entnahmebauwerken sind solche Verhaltensbarrieren aufgrund der vergleichsweise geringen Kosten von hoher Attraktivität. Deshalb werden bis heute unterschiedlichste Verhaltensbarrieren installiert, auch wenn deren Funktionsfähigkeit meist nicht belegt ist oder Untersuchungen bestehender Anlagen sogar deren Versagen dokumentieren (DWA 2005).

Eine Voraussetzung für die Wirksamkeit einer Verhaltensbarriere ist, dass ein Fisch den jeweiligen Reiz wahrnehmen kann und darauf rechtzeitig in einer bestimmten Weise reagiert. In der Regel ist die beabsichtigte Reaktion eine negative Taxis, also eine Fluchtreaktion vom Reiz weg (Kap. 5.4.2). Im Rahmen einfachster ethohydraulischer Tests mit Stroboskoplicht und einem Luftblasenvorhang wurden die grundsätzlichen Wirkzusammenhänge zwischen den erzeugten Reizen und der

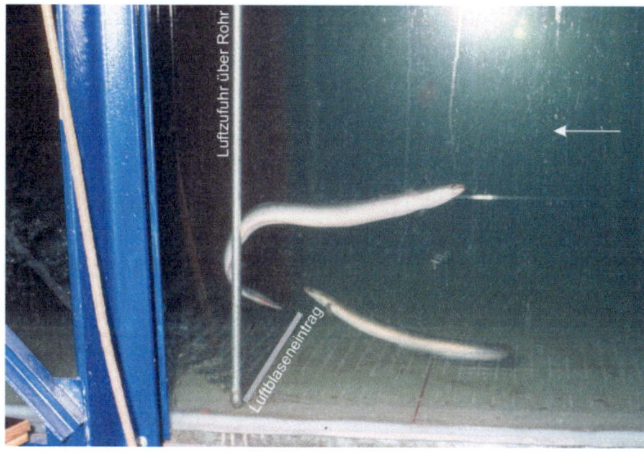

Abb. 10.54 Während ein Aal vor dem Luftblasenvorhang scheut, schwimmt ein anderer darauf zu und wird diesen passieren

Verhaltensreaktion von Fischen untersucht (Adam et al. 1999). Hierbei wurden, in Kombination mit vergleichbaren Labor- und Felduntersuchungen, folgende Gründe identifiziert, die zum Versagen von Verhaltensbarrieren führen können:

10.2.4.1 Mangelnde Wahrnehmbarkeit des Reizes

Voraussetzung für eine Reaktion ist die Wahrnehmbarkeit des jeweiligen Reizes, wofür ein Organismus entsprechende Rezeptoren benötigt, die auch auf adäquate Reizschwellen ansprechen. So können Fische beispielsweise auf Geräusche nur dann reagieren, wenn die Frequenz dem von ihnen wahrnehmbaren Spektrum angehört und die Intensität ihre Hörschwelle überschreitet. Hieraus erklärt sich, dass die von einem Chan-Bar ausgehenden Geräusche bei Cypriniden ein deutliches Meideverhalten auslösen, während die vergleichsweise „schwerhörigen" Salmoniden und Aale keinerlei Reaktion zeigen (Kap. 10.2.3).

10.2.4.2 Gewöhnung an den Reiz

Beim ersten Kontakt mit einem Reiz zeigen Fische häufig eine deutliche Reaktion. Entsprechend reagierten Aale in den ethohydraulischen Tests auf einen Vorhang aus Luftblasen zunächst mit einer Scheureaktion und vermieden einen direkten Kontakt. Allerdings gewöhnten sie sich rasch an diesen Reiz, schienen ihn bald gar nicht mehr wahrzunehmen und durchschwammen die Reizquelle schließlich wiederholt in beiden Richtungen, ohne irgend eine Reaktion erkennen zu lassen (Abb. 10.54).

10.2.4.3 Unbeabsichtigte Reaktion

Nicht nur die Reizwahrnehmung, sondern auch die Motivation auf einen Reiz zu reagieren kann erhebliche artspezifische oder durch andere Faktoren beeinflusste Unterschiede aufweisen. So wurde in den ethohydraulischen Tests bestätigt, dass Aale helles Licht meiden, also negativ phototaktisch reagieren. Andere Arten hingegen zeigen eine deutliche positive Phototaxis. So werden beispielsweise Lachsbypässe in Frankreich beleuchtet, um abwandernden Smolts anzulocken und einem Bypass zuzuführen (Larinier und Boyer-Bernard 1991). Auch andere Arten wie Dreistachlige Stichlinge verhalten sich positiv phototaktisch. Entsprechend kann eine Beleuchtung gefährdender Anlagenteile nicht nur zu einer gewünschten Reduktion, sondern auch zu einer Erhöhung von Fischschäden bei bestimmten Arten führen (Hadderingh 1982).

10.2.4.4 Ungerichtete Reaktion

Der Sinn von Verhaltensbarrieren besteht darin, Fische von einem bestimmten Ort fernzuhalten indem sie gezielt in die entgegengesetzte Richtung gescheucht werden. Doch selbst wenn sie eine angebotene Reizquelle wahrnehmen und heftig darauf reagieren, zeigen Fische noch keinesfalls das gewünschte gerichtete Verhalten. Im Gegenteil war bei den ethohydraulischen Tests zumeist zu beobachten, dass Aale ihre Abwärtsbewegung in einer Laborrinne vor einer Reizquelle nicht stoppten, sondern vielmehr beschleunigten, um z. B. aus dem Einflussbereich der Lichtquelle zu entfliehen. Hierbei schlugen sie oft genau die Richtung ein, aus der sie ferngehalten werden sollten. Bei derartigen ungerichteten Reaktionen spielt es sicherlich eine Rolle, dass Fischen eine räumliche Wahrnehmung verschiedener Reize nicht oder nur eingeschränkt möglich ist. In besonderem Maße trifft dies auf Schall- und Druckwellen sowie elektrische Felder zu. Entsprechend können sie eine Reizquelle nicht orten und folglich auch nicht mit einer gerichteten Schwimmbewegung darauf reagieren.

10.2.4.5 Verspätete Reaktion auf den Reiz

Um eine zielgerichtete Reaktion auf einen Reiz zu zeigen muss ein Fisch diesen wahrnehmen, verarbeiten und darauf mit einer Änderung seines Schwimmverhaltens reagieren. Diese reizinduzierte Reaktion benötigt eine gewisse Zeit und folglich war in den ethohydraulischen Tests sehr deutlich zu beobachten, dass Scheu- oder Meidereaktionen stets leicht verzögert erfolgten. Dies ist so lange unkritisch, so lange sich der Fisch in einem stehendem Wasserkörper bewegt. In Strömung hingegen bewegt er sich auf die Reizquelle zu. Diese kann somit nur als Verhaltensbarriere wirksam werden, wenn der Fisch den Reiz früh genug wahrnimmt und mit einer negativen Taxis reagiert, bevor er die Reizquelle erreicht hat. Entsprechend stellte sich bei den ethohydraulischen Tests heraus, dass Aale eine Lichtquelle umso öfter stromabwärts passierten, je höher die Fließgeschwindigkeit im Gerinne war.

Bei zahlreichen Freilanduntersuchungen hat sich übereinstimmend eine maximal zulässige Anströmgeschwindigkeit von 0,3 m/s ergeben, wenn Fische überhaupt eine Chance erhalten sollen, auf Verhaltensbarrieren zu reagieren (DWA 2005). Die Reaktionsdauer des Fisches ist zudem von einer Vielzahl endogener und exogener Faktoren abhängig. Je kälter beispielsweise das Wasser ist, desto geringer ist seine physiologische Aktivität und entsprechend kann er nur bei niedrigeren Anströmgeschwindigkeiten rechtzeitig reagieren.

Im Einlaufbereich von Wasserkraftwerken, wo die Fließgeschwindigkeiten in der Regel 0,3 m/s weit überschreitet, versagen Verhaltensbarrieren meist vollständig, wie auch im Falle einer Infrasound-Scheuchanlage, die von Baran et al. (2010) an zwei Standorten am Gave de Pau (Frankreich) getestet wurde (Abb. 10.55).

Abb. 10.55 Mit einer Kette aus Lautsprechern wird der Oberwassergraben eines Wasserkraftwerks mit Infrasound, d. h. dumpfen, lauten Tönen geringer Frequenz beschallt, um Fische von einem Einschwimmen abzuhalten. Jüngste radiotelemetrische Untersuchungen mit Aalen am Gave d'Pau (Frankreich) haben die völlige Funktionsuntauglichkeit dieser Verhaltensbarrieren nachgewiesen

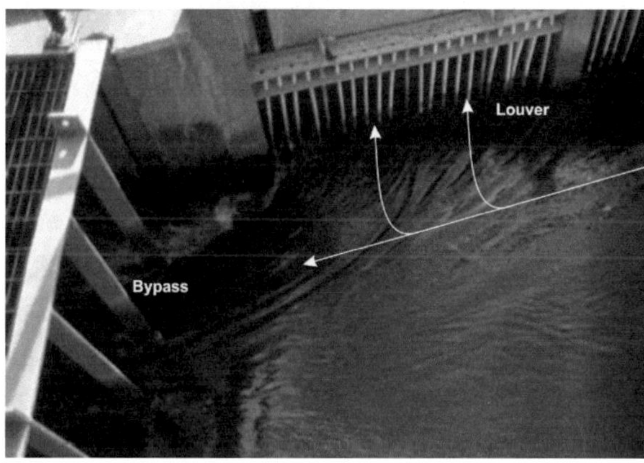

Abb. 10.56 Louver am Übergang in den Bypass am Holyoke Dam (USA)

10.2.4.6 Fehlen alternativer Abwanderkorridore

Speziell diadrome Arten lassen sich nicht dauerhaft von ihrer biologisch notwendigen, meerwärts gerichteten Abwanderung abhalten. Selbst effektiv wirksame Verhaltensbarrieren werden folglich früher oder später doch passiert, wenn keine optimal auffindbaren alternativen Abwanderkorridore verfügbar sind. Ebenso ist es auch bei Fischen aller anderen Arten von der individuellen Motivation abhängig, ob sie auf eine Verhaltensbarriere reagieren oder einen gebotenen Reiz ignorieren. Entsprechend können Verhaltensbarrieren immer nur eine begrenzte Wirksamkeit entfalten.

10.2.5 Schutzwirkung eines Louvers

Louver werden in Nordamerika häufig zum Schutz abwandernder Lachssmolts vor Wasserentnahmebauwerken installiert (Abb. 10.56). Sie werden im Winkel

Abb. 10.57 Louver im ethohydraulischen Versuchsstand auf einen Bypass im spitzen Winkel zuführend

von ca. 20° schräg zur Fließrichtung, auf einen Bypass zulaufend angeordnet. Es handelt sich um rechenartige Konstruktionen aus senkrecht stehenden, lamellenartig verbreiterten Rechenstäben, die quer zur Strömung ausgerichtet sind. Hierdurch wird eine spitzwinkelige Umlenkung der Strömung erzwungen und vor jeder Lamelle eine stehende Welle erzeugt. Durch diese Strömungsverhältnisse sollen abwandernde Fische von einer Passage abgehalten und dem Bypass zugeführt werden. Die lichte Weite beträgt bei Louvern bis zu 150 mm (DWA 2005) und überschreitet damit die Länge pazifischer Lachssmolts, die in Nordamerika in der Regel das Zielobjekt des Fischschutzes darstellen. Trotz des rechenartigen Aufbaus handelt es sich bei Louvern somit weniger um mechanische, sondern vielmehr um Verhaltensbarrieren, bei denen spezielle Strömungsbedingungen als Reiz eingesetzt werden.

Um die Wirkweise eines Louvers zu verstehen, wurde ein nach amerikanischem Vorbild gebauter, aus 15 cm breiten Einzellamellen bestehender Louver im Winkel von 15° zu Anströmung in der Laborrinne der Technischen Universität Darmstadt installiert (Abb. 10.57). Der Louver führte auf einen im spitzen Winkel anschließenden Bypass zu. Die Verhaltensbeobachtungen wurden sowohl mit Lachssmolts mit einheitlicher Länge von 12 cm, als auch mit 30 cm bis 90 cm langen abwanderbereiten Aalen bei mittleren Anströmgeschwindigkeiten von 0,3 m/s bis 1 m/s durchgeführt (Adam et al. 1999).

Abb. 10.58 Nachbau eines Louver im wasserbaulichen Labor (*oben*). Vor dem Louver verharrender Schwarm von Lachssmolts, der jedoch nicht in den Bypass einschwimmt (*unten*)

Bei bis zu sechs Stunden ohne Unterbrechung durchgeführten Verhaltensbeobachtungen mit Lachssmolts wurde keine einzige Passage durch die Lamellen hindurch beobachtet, obgleich die lichte Weite dies ohne weiteres zugelassen hätte. Vielmehr verharrten die Smolts schwarmweise vor dem Louver, ohne allerdings in den Bypass hinein zu schwimmen (Abb. 10.58). Dieses konstante und reproduzierbare Verhalten stimmt mit den Ergebnissen von Freilanduntersuchungen überein, nach denen Louver abwandernde Lachse wirksam vor einem Einschwimmen in für sie gefährliche Anlagenbereiche schützen können (u. a. Taft 1986).

Die Aale zeigten hingegen ein völlig anderes Verhalten. Nur wenige ließen sich von ihrem Kurs bei Annäherung an die Barriere in Richtung des Bypasses lenken. Die meisten Individuen versuchten, nach dem Anschwimmen der Lamellen eine Umkehrreaktion durchzuführen: Gelang es sich von der Barriere abzustoßen, entflohen sie ins Oberwasser. Häufig gerieten allerdings Exemplare zwischen die Lamellen und passierten auf diese Weise den Louver. Andere Exemplare durchschwammen die breiten Abstände zwischen den Lamellen direkt. In Bezug auf den Aal konnte somit keine Wirkung des Louvers als Verhaltensbarriere festgestellt werden. Im Sinne einer mechanischen Barriere wirkt der Louver aufgrund der großen Lamellenabstände ohnehin nicht. (Abb. 10.59).

Abb. 10.59 Gegenüber Aalen wurde keine Wirksamkeit des Louvers als Verhaltensbarriere festgestellt, da diese die Lamellen in jeder Richtung passierten und den Bypass nur durch Zufall auffanden

10.3 Bypässe für den Fischabstieg

Um die Abwanderung von Fische zu ermöglichen, bedarf es neben wirkungsvollen Schutzeinrichtungen auch auffindbarer und passierbarer Abwanderkorridore. Im Bereich wasserbaulicher Anlagen fallen solche als Bypässe bezeichneten Abwandermöglichkeiten im Vergleich zum übrigen Gewässerquerschnitt in der Regel sehr klein aus. Zudem werden sie mit einem relativ geringen Abfluss beaufschlagt, um den Wasserbedarf und damit energetische Verluste so weit als möglich zu minimieren.

Ist der Einstieg in den Bypass erfolgreich gefunden, muss nur noch die gefahrlose Passage bis ins Unterwasser sichergestellt werden. Dies kann über Rohrleitungen erfolgen, für die lediglich Linienführung, Kurvenradien und Fließgeschwindigkeiten festzulegen sind. Weitaus komplexer hingegen ist die Gewährleistung der Auffindbarkeit, der folglich eine herausragende Bedeutung bei der Konzeption von Bypässen zukommt. Hierzu bedarf es detaillierter Kenntnisse über artspezifische Orientierungsmechanismen und Verhaltensweisen abwandernder Fische.

Nach bisher vorliegenden Erkenntnissen vertrauen sich abwandernde Fische zumeist der Transportkraft der fließenden Welle an. Hierbei sind sie deutlich von der Sohle abgelöst, lassen sich aber ansonsten über den gesamten Gewässerquerschnitt verteilt sowie in allen Wassertiefen stromab treiben (Kap. 5.4.4).

Abwandernde Fische vermeiden abrupte Kurswechsel. Sie sind nur in begrenztem Umfang durch Reize zu beeinflussen und sofern sie reagieren, erfolgt dies in der Regel ungerichtet (Kap. 10.2.4). Entsprechend lässt sich das Problem des Fischabstiegs nicht im freien Wasserkörper des Flusses lösen, sondern erst im unmittelbaren Nahbereich eines Wanderhindernisses. Hier entscheidet die Aufteilung des Abflusses auf mehrere Teilströme, die räumliche Anordnung des Bypasses sowie seine Positionierung in Relation zu mechanischen Barrieren oder anderen Schutzeinrichtungen über dessen Auffindbarkeit.

In Abhängigkeit von der Fließgeschwindigkeit kann sich der Fisch nur eine begrenzte Zeit gegen die Strömung behaupten und ein Eindringen in gefährdende Anlagenteile bzw. ein Anpressen an mechanische Barrieren vermeiden. Insofern sind

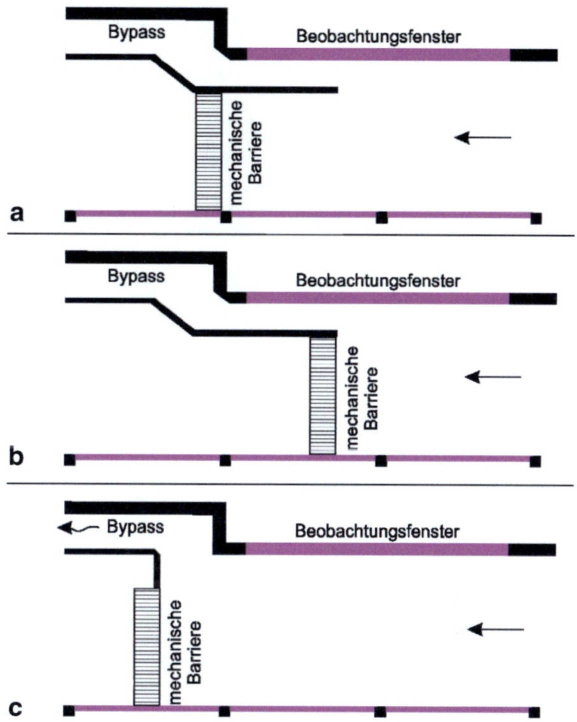

Abb. 10.60 Verschiedene Varianten von Bypassanordnungen im ethohydraulischen Versuchsstand

seine Möglichkeiten und seine Zeit beschränkt, einen sicheren Abwanderweg aufzufinden (Kap. 10.2.3). Dies bedeutet, dass das Auffinden von Bypässen nicht der aktiven Suche des Fisches bzw. dem Zufall überlassen werden darf. Vielmehr gilt es, den Fisch genau dort „abzuholen", wo er aufgrund seines Verhaltens auf das Hindernis auftrifft bzw. wo sich abwandernde Fische natürlicherweise konzentrieren.

Nachfolgend werden die Befunde ethohydraulischer Untersuchungen an unterschiedlich positionierten Bypässen beschrieben, die in den wasserbaulichen Versuchshallen der Universitäten Darmstadt und Karlsruhe sowie an einem Wasserkraftwerk im Freiland durchgeführt wurden.

10.3.1 Seitliche Anordnung von Bypässen

Im Rahmen ethohydraulischer Tests wurde die Auffindbarkeit von verschiedenen Varianten der seitlichen Anordnung von Bypässen sowohl für Lachssmolts und für Aale, als auch für potamodrome Arten untersucht (Adam et al. 1999, 2001; Kampke et al. 2008):

- Bypassöffnung, einer mechanischen Barriere stromauf vorgelagert (Abb. 10.60a)
- Bypassöffnung in Fließrichtung ausgerichtet auf gleicher Höhe mit der mechanischen Barriere (Abb. 10.60b und 10.61)
- Bypassöffnung orthogonal zur Fließrichtung auf gleicher Höhe mit der mechanischen Barriere (Abb. 10.60c)

Abb. 10.61 Senkrecht stehender Rechen mit unmittelbar seitlich daneben anbindender Bypassöffnung gemäß Abb. 10.60b

Bei den ethohydraulischen Tests stellte sich ein ins Oberwasser vorgelagerter Bypass (Abb. 10.60a) als schlechteste aller untersuchten Varianten heraus. Ein solcher Abwanderkorridor wurde nur von Fischen angenommen, deren Schwimmkurs zufällig direkt auf die Öffnung zuführte. In keinem einzigen Fall wurde beobachtet, dass ein abwandernder Fisch eine Kurskorrektur auf den Bypass zu unternahm. Ebenso wenig kehrten Fische vom Rechen gezielt stromaufwärts zurück, um hier nach einer Abwandermöglichkeit zu suchen.

Im Vergleich zu dieser Konstellation war die Auffindbarkeit einer unmittelbar seitlich auf gleicher Höhe wie das Wanderhindernis gelegenen Bypassöffnung (Abb. 10.60b, c) grundsätzlich besser. Die Ursache hierfür besteht darin, dass Fische seitliche Suchbewegungen vor dem Rechen ausführen und so früher oder später in den Bypass hinein finden. Hierbei wurden keine signifikanten Unterschiede zwischen einem strömungsparallel und einem orthogonal angeordneten Bypass festgestellt. Ein derart angeordneter Abwanderkorridor versagt allerdings, wenn die Fische keine seitlichen Suchbewegungen ausführen bzw. nicht dazu in der Lage sind:

- Aale zeigen an mechanischen Barrieren kein Suchverhalten, sondern führen die in Kap. 10.2.3 beschriebene Umkehrreaktion aus.
- Bei anderen Arten sind ausreichend geringe Fließgeschwindigkeiten die Voraussetzung dafür, dass sie sich längere Zeit vor der Barriere aufhalten und geeignete Abwanderwege suchen können.

Entsprechend ist beim Aal der Anteil erfolgreicher Bypasspassagen wesentlich geringer als bei anderen Arten. Bei diesen sinkt die Trefferquote mit zunehmender Anströmgeschwindigkeit bis schließlich, wie beim Aal nur noch diejenigen Exemplare in den Bypass einschwimmen, die zufällig in unmittelbarer Nähe seiner Öffnung auf das Wanderhindernis treffen.

Bei der Übertragung dieser Befunde auf die Freilandsituation ist zu bedenken, dass der Abflussanteil, mit dem Bypässe beaufschlagt werden, viel geringer ist und die Bypassöffnung in aller Regel einen viel kleineren Flächenanteil aufweist, als unter den verkleinerten geometrischen Maßstäben in Modellversuchen im Labor.

Zudem werden insbesondere Wasserkraftwerke typischerweise mit Fließgeschwindigkeiten angeströmt, die die Schwimmleistung der meisten abwandernden Fische überfordern. Entsprechend haben nur wenige Fische überhaupt die Möglichkeit, seitliche Suchbewegungen auszuführen und die Zeit, die ihnen hierfür zur Verfügung steht, ist sehr begrenzt. Hieraus folgt, dass ein steil bzw. senkrecht sowie orthogonal zur Strömung ausgerichteter Rechen, wie dies bei Wasserkraftwerken meist der Fall ist, in Hinblick auf den Fischabstieg eine pessimale Variante darstellt. Seitlich angeordnete Bypässe können bei dieser Konstellation folglich immer nur eine begrenzte Wirksamkeit erreichen.

Für Bypassöffnungen am Rechenfuß, wie beispielsweise mehrere an dem Wasserkraftwerk Hamm-Uentropp an der Lippe realisiert wurden (Späh 2001), gilt sinngemäß das gleiche, selbst wenn hier das Verhalten abwandernder Aale tendenziell besser berücksichtigt ist.

Zwar ist es grundsätzlich möglich die Wahrscheinlichkeit einer erfolgreichen Auffindung mit der Anzahl der Einstiegsöffnungen sowie mit zunehmender Dimensionierung und Beaufschlagung der Bypässe zu erhöhen. Allerdings geht dies mit erhöhten Bau- und Betriebskosten einher, ohne dass hierdurch eine zuverlässige Auffindbarkeit erreicht werden kann. Stattdessen ist also nach anderen Konstellationen zu suchen, die dem Verhalten abwandernder Fische besser gerecht werden. Dies können beispielsweise sein:

- Flachrechen mit oberflächennaher Bypassrinne (Kap. 10.3.2),
- die Bodengalerie (Kap. 10.3.4) sowie
- Schrägrechen mit Bypass im spitzen Winkel, die allerdings im Rahmen ethohydraulischer Untersuchungen bislang nicht systematisch ausgetestet wurden.

10.3.2 Flachrechen mit oberflächennaher Bypassrinne

Angesichts der mangelnden Schutzwirkung von 20 mm-Rechen (Kap. 10.2.1) und der begrenzten Auffindbarkeit seitlich angeordneter Bypässe (Kap. 10.3.1) wurden die ethohydraulische Tests mit einem sog. Wedge-Wire-Screen fortgesetzt (Adam et al. 2001). Dies ist ein in den USA gebräuchlicher Spaltrechen aus keilförmigen Rechenstäben, der dort mit sehr geringen lichten Weiten zum Einsatz kommt, um z. B. kleine Fische wie die Brütlinge und Jungfische anadromer Salmoniden vor einem Einschwimmen in Wasserausleitungen, z. B. für Bewässerungszwecke und Wasserkraftwerke zu bewahren (Abb. 10.62).

Durchgeführt wurden die ethohydraulischen Tests mit einem Spaltrechen von 5,3 mm lichter Weite, der flach geneigt im einem Winkel von 15° zur Sohle eingebaut und mit unterschiedlichen Fließgeschwindigkeiten angeströmt wurde. An seiner überströmten Oberkante wurde dieser Rechen mit einer quer verlaufenden Bypassrinne ausgestattet (Abb. 10.63). Als Probanden kamen Aale, Lachssmolts und einige potamodrome Arten wie Döbel, Hasel, Plötze und Bachforelle zum Einsatz. Angesichts der sehr geringen lichten Weite des Spaltrechens von 5,3 mm bestand an seiner Unpassierbarkeit für die eingesetzten Probanden kein Zweifel. Ein bemerkenswerter Gegensatz zu senkrecht angeordneten Rechen bestand jedoch darin,

Abb. 10.62 Detailansicht eines Spaltrechens mit 1 mm lichter Weite. Die glatte Breitseite der im Querschnitt dreieckigen Edelstahlstäbe wird der Strömung zugewandt eingebaut; die keilförmige Rückseite soll den Durchtritt der Strömung durch die Rechenfläche begünstigen

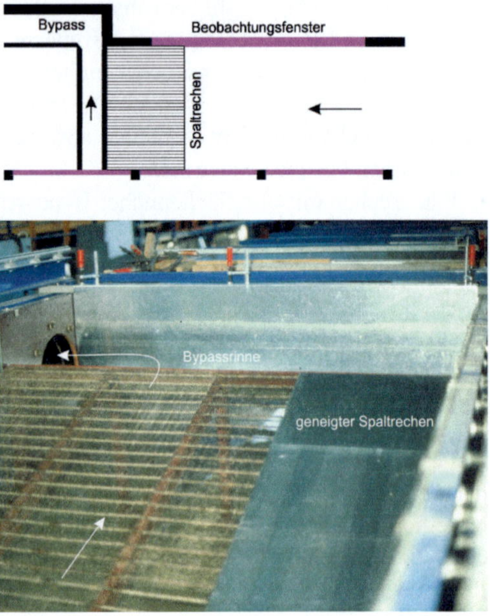

Abb. 10.63 15° zur Sohle in Fließrichtung geneigter Spaltrechen mit Bypassrinne

dass Fische gleich welcher Art nicht an den in flacher Neigung eingebauten Spaltrechen angepresst wurden. Vielmehr waren zwei unterschiedliche Verhaltensreaktionen zu beobachten:

- Gerieten Fische diverser Arten in direkten Kontakt mit dem Rechen, suchten sie beschleunigt Abstand zu diesem zu gewinnen. Teils hielten sie sich sodann längere Zeit oberstrom vor dem Rechen auf, teils schwammen sie auch weiter gegen die Anströmung auf. Aale führten die bereits von senkrecht angeordneten Rechen bekannte Umkehrreaktion aus, wobei sie nicht selten erst auf der flach geneigten Rechenfläche reagierten, dieser gegen die Strömung folgten und schließlich in Richtung Oberwasser flohen (Abb. 10.64).

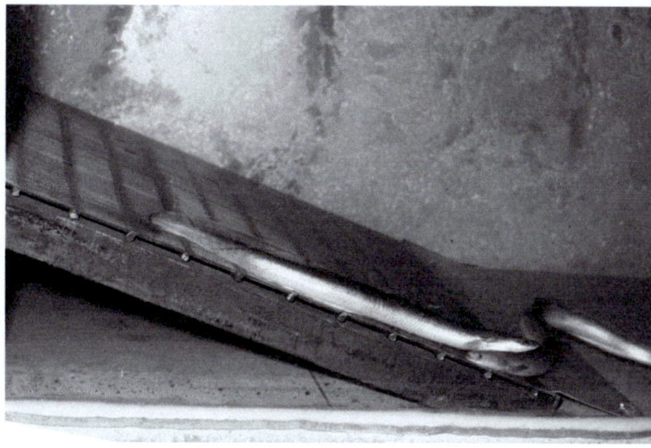

Abb. 10.64 Aale, die sich frei über die Rechenfläche eines 15° zur Sohle in Fließrichtung geneigten 5,3 mm-Spaltrechen bewegen

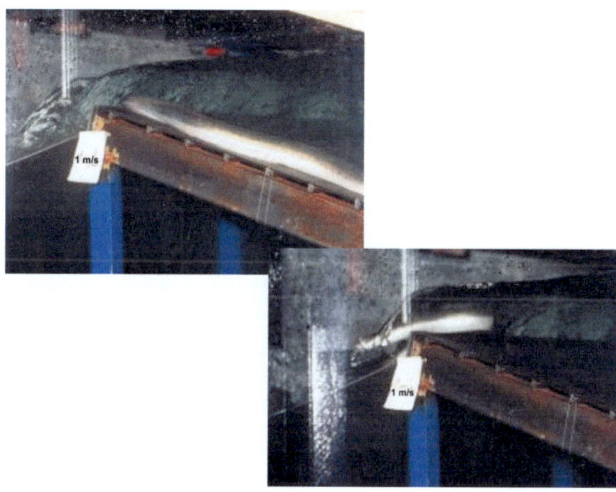

Abb. 10.65 Phasen der Verdriftung eines Aals über die Oberkante des Spaltrechens in die Bypassrinne bei einer Anströmgeschwindigkeit von 1 m/s

- Fluchtreaktionen erfolgten nicht unbedingt sofort nach dem Erstkontakt mit dem Spaltrechen. Häufig wurde Fische zunächst mehr oder weniger weit entlang der Rechenfläche verdriftet, bevor sie in der beschriebenen Weise reagierten. Zum Teil gelangten sie so bis zur Rechenoberkante und schwammen in die Bypassrinne ein.

Je höher die Anströmgeschwindigkeit war, umso weniger Zeit blieb den Fischen, nach Kontakt mit dem Rechen zu reagieren. Dementsprechend erhöhte sich die Effizienz der Bypassrinne mit zunehmender Anströmgeschwindigkeit bis schließlich kein Exemplar der Strömung mehr widerstehen konnte (Abb. 10.65). Eine Effizienz von 100 % erreicht der Abwanderkorridor folglich, wenn die Anströmung die Sprintgeschwindigkeit der Fische überschritt. In Hinblick auf den beabsichtigten Fischschutz ist es allerdings irrelevant, ob abwandernde Fische noch in der Lage sind zu entscheiden, ob sie den Bypass annehmen wollen oder nicht. Vielmehr zeigten die ethohydraulischen Tests auf, dass angestrebt werden sollte, dass die Tiere passiv, ggf. also auch gegen ihren Willen in die Bypassrinne hinein verdriftet wer-

Abb. 10.66 Vor dem Einlauf eines Kleinwasserkraftwerks an der Nette (Rheinland-Pfalz) wurde ein Spaltrechen mit Bypassrinne installiert

Abb. 10.67 Einbau eines im Winkel von 24° zur Sohle flach geneigten, 5,3 mm-Spaltrechens bei abgelassenem Obergraben

den. Eine Verletzungsgefahr besteht für die Fische aufgrund der glatten Oberfläche des aus Edelstahl gefertigten Spaltrechens nicht.

Insofern hat sich in ethohydraulischen Untersuchungen ein unpassierbarer, flach geneigter Rechen mit Bypassrinne als die mit Abstand beste konstruktive Lösung zur Gewährleistung des Fischabstiegs erwiesen. Dies war Anlass dafür, die Praxistauglichkeit einer solchen Fischschutz- und -abstiegsanlage einem Freilandtest zu unterziehen (Adam und Schwevers 2003). Hierzu wurde ein Spaltrechen mit einer lichten Weite von 5,3 mm und in einer Neigung von 24° zur Sohle vor dem Einlauf eines Kleinwasserkraftwerks mit einem Schluckvermögen von 1,7 m^3/s in Ochtendung an der Nette (Rheinland-Pfalz) installiert (Dumont 2000, Abb. 10.66). Die Rechenoberkante war wenige Zentimeter überströmt, um Treibgut und ggf. Fische einer quer verlaufenden Bypassrinne zuzuführen (Abb. 10.67). Die Leerung der Bypassrinne von Treibgut und Fischen ins Unterwasser erfolgte turnusmäßig über

Abb. 10.68 Schlauchwehr für den seitlichen Verschluss der Bypassrinne

einen einseitigen Verschluss in Form eines kleinen Schlauchwehres (Abb. 10.68). Die Reinigung der Fläche des Spaltrechens wurde nach Bedarf automatisch von einem von der Sohle zur Oberkante gezogenen Rechenbalken mit endständiger Bürste durchgeführt, wobei das anfallende Treibgut in die Bypassrinne hinein geschoben wurde.

Zur Überprüfung des Verhaltens abwandernder Aale wurden im Januar 2003 insgesamt 98 mit Transpondern individuell markierte Exemplare etwa 200 m stromaufwärts des Rechens in den Turbinenobergraben entlassen. Bereits kurze Zeit später trafen die ersten Exemplare am Spaltrechen ein. In den ersten beiden Nächten wurden 18 Exemplare mit Hilfe einer automatischen Antennenstation registriert, ein 19. Exemplar vier Tage später (Abb. 10.69). Danach stellten die Aale bei Wassertemperaturen unter 4 °C ihre Aktivität offensichtlich ein und bis zum Ende des zweiwöchigen Untersuchungszeitraumes wurden keine weiteren Passagen registriert. Immerhin aber war die Wiederfangquote mit 19,3 % für eine derartige Freilanduntersuchung vergleichsweise hoch.

Am Ende der Bypassrinne wurden die Aale in einem Hälterbecken aufgefangen und jeweils am nächsten Tag auf ihren Gesundheitszustand hin überprüft. Hierbei wurden bei keinem einzigen Exemplar Verletzungen oder Schädigungen irgendwelcher Art festgestellt. Darüber hinaus konnten in den ersten Abendstunden am Tag des Besatzes insgesamt 8 Exemplare bei ihrem Verhalten vor dem und am Rechen beobachtet werden: Sie erreichten den Rechen durch Drift in verschiedenen Tiefen des Wasserkörpers, nie jedoch direkt an der Oberfläche. Auch zeigten sie trotz der Beleuchtung des Einlaufbauwerks keinerlei Meide- oder Fluchtverhalten. Wie im Labor setzten Reaktionen bei allen beobachteten Exemplaren erst nach direktem Kontakt mit der mechanischen Barriere ein. Ein Anpressen an die Rechenfläche trat nie auf. Vielmehr zeigten einige Aale die bereits bekannte Umkehrreaktion und flohen ins Oberwasser. Die vor dem Kraftwerkeinlauf verbleibenden Exemplare bewegten sich auf der Rechenfläche in Richtung der Wasseroberfläche, wo sich auch das Geschwemmsel ansammelte. Sobald die Rechenoberkante auch nur minimal überstaut war, passierten die Alle diese in die Bypassrinne hinein (Abb. 10.70).

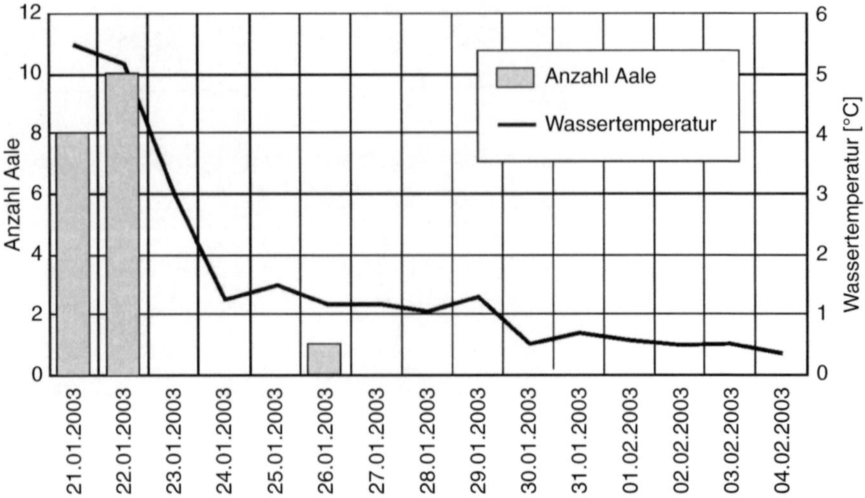

Abb. 10.69 Anzahl pro Tag abgewanderter Aale in Abhängigkeit von der Wassertemperatur

Abb. 10.70 Ein Aal liegt unmittelbar vor der Rechenoberkante, während ein zweites Exemplar gerade in die Bypassrinne einschwimmt

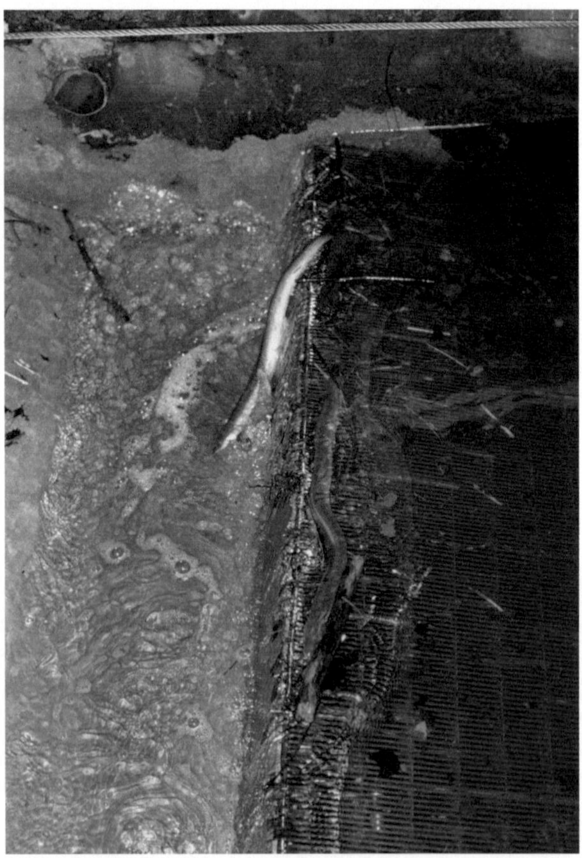

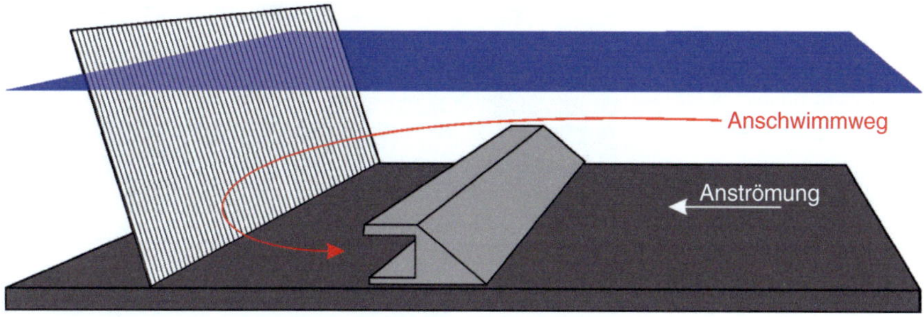

Abb. 10.71 Funktionsprinzip der Bodengalerie

Insgesamt wird mit diesem Freilandtest somit die Übertragbarkeit der anhand ethohydraulischer Laboruntersuchungen gewonnenen Befunde vollumfänglich bestätigt: An einem flach geneigten Rechen werden abwandernde Aale nicht angepresst und nicht geschädigt. Sofern sie nicht fliehen, folgen sie der Rechenfläche und gelangen auf diese Weise zuverlässig in eine quer verlaufende Bypassrinne.

Aus biologischer Sicht ist eine derartige Anordnung von Feinrechen und Bypassrinne somit uneingeschränkt zu empfehlen. Auch technische und betriebswirtschaftliche Bedenken gegen den Einsatz eines solchen Feinrechens konnten durch die an der Nette installierte Pilotanlage weitgehend entkräftet werden. Die Anlage ist bis heute in Betrieb, ohne dass ein erhöhter Wartungsaufwand festzustellen wäre. Lediglich die bleibende Verlegung des Rechens, von der nach einem Betriebsjahr ca. 10 % der Rechenfläche betroffen ist, muss gelegentlich mit einem Hochdruckreiniger entfernt werden. Gegenüber einem 20 mm-Rechen erfordert ein 5,3 mm-Spaltrechen allerdings etwa die doppelte bis dreifache Reinigungsfrequenz und der Rechengutanfall ist wesentlich höher, sofern keine Weitergabe an das Unterwasser erfolgt (Dumont 2000).

Jüngste Feldstudien von Blasel (2010) zeigen, dass eine kontinuierliche Überströmung der Rechenoberkante unbedingt erforderlich ist, damit sich Fische tatsächlich von der Bypassströmung in das Unterwasser verdriften lassen. Wird ein Bypass hingegen nur turnusmäßig geöffnet, warten vor der Bypassrinne versammelte Fische, insbesondere Lachssmolts nicht ab, bis sich die Verschlussorgane öffnen, sondern schwimmen stromaufwärts davon.

10.3.3 Die Bodengalerie als Bypassvariante für Aale

In Konsequenz der ethohydraulischen Erkenntnis über das für Aale charakteristische Umkehrverhalten (Kap. 10.2.3), wurde die Bodengalerie als neuartiges Bypassverfahren entwickelt. Diese besteht aus einem auf der Gewässersohle aufgebauten, dreiseitig geschlossenen und damit strömungsgeschützten Raum, dessen offene Längsseite der mechanischen Barriere zugewandt ist (Adam et al. 2002). Das Funktionsprinzip der Bodengalerie besteht darin, Aale abzufangen, die an der Barriere umkehren und sohlennah stromaufwärts fliehen (Abb. 10.71). Um die

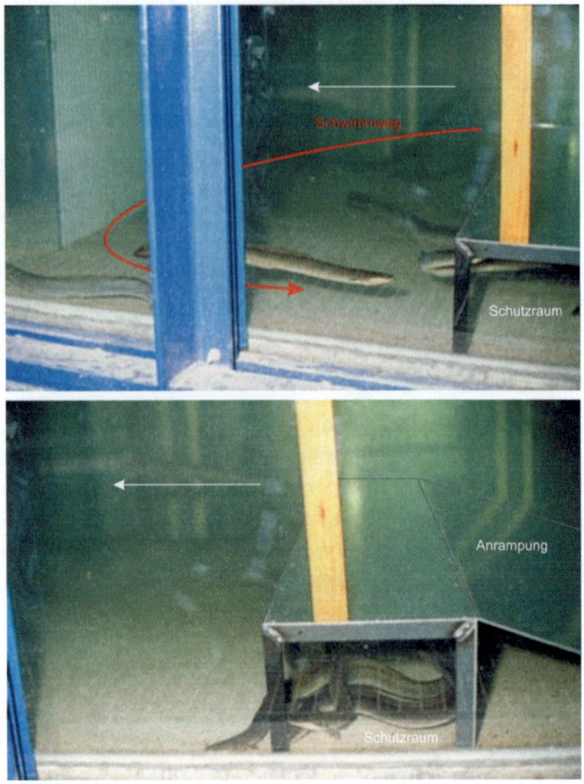

Abb. 10.72 Die nach einer Umkehrreaktion an einem Rechen stromauf fliehenden Aale (*oben*) finden Schutz in der Bodengalerie (*unten*)

Funktionsweise der Bodengalerie zu untersuchen, wurden in einer durchströmten Laborrinne ethohydraulische Tests mit einem einfach gebauten rechteckigen Kasten durchgeführt, der zu einem stromabwärts gelegenen 20 mm-Rechen hin geöffnet war.

Sofern die Anströmgeschwindigkeit dies zuließ, führten die Aale nach Kontakt mit der mechanischen Barriere die typische Umkehrreaktion aus, orientierten sich hierbei in Richtung Gerinnesohle, flohen sohlennah stromaufwärts und versammelten sich so binnen kürzester Zeit tatsächlich zum großen Teil in dem Schutzraum (Abb. 10.72). Insofern erwies sich die Bodengalerie grundsätzlich als geeignetes Bypasssystem zur Gewährleistung des Aalabstiegs. Allerdings zeigten die Aale nur eine geringe Bereitschaft, den geschützten Raum freiwillig wieder zu verlassen, um ihre Abwanderung beispielsweise über einen seitlich davon abzweigenden Bypass fortzusetzen. Dieses Problem könnte im Freiland dadurch gelöst werden, dass die Bodengalerie turnusmäßig verschlossen und abgesaugt wird, so dass die darin enthaltenen Aale passiv ins Unterwasser befördert werden (Adam et al. 2002). Zwischenzeitlich wurde das Funktionsprinzip der Bodengalerie nachgeahmt und wird als Aalsaugrohr vermarktet (Hassinger und Hübner 2009).

10.4 Verhalten abwandernder Fische gegenüber Wasserrädern

Die fischschädigende Wirkung von Turbinen unterschiedlicher Bauart wird grundsätzlich nicht mehr in Frage gestellt, zumal hierzu zahlreiche Freilanduntersuchungen vorliegen. Einen Überblick hierzu geben u. a. Larinier und Dartiguelongue (1989), Schwevers (1998) und DWA (2005). Traditionellen Wasserrädern hingegen wird nicht zuletzt aus nostalgischen Gründen immer wieder eine gewässer- und fischökologische Verträglichkeit attestiert. So stehen Behauptungen im Raum, dass sich abwandernde Fische aufgrund der Schlaggeräusche und Wellenentwicklung durch die eintauchenden Schaufeln aus dem Gefahrenbereich eines Wasserrades fern halten würden. Auch könnten Fische aufgrund der vergleichsweise geringen Umlaufgeschwindigkeit eines Wasserrades gefahrlos in ein solches hinein schwimmen und mit der Rotation des Rades unbeschadet ins Unterwasser transportiert werden (Lüttke 1991; Lüttke und Prinz 2001).

Vor diesem Hintergrund galt es im Rahmen eines europäischen Forschungsprojektes, mit Hilfe ethohydraulischer Tests in einer Laborrinne an der Technischen Universität Darmstadt das Verhalten von Fischen gegenüber einem mittelschlächtigen Wasserrad zu untersuchen (Adam und Engler 2011; Adam und Lindemann 2009; Engler et al. 2010). Hierfür wurde ein Wasserrad von 1,2 m Gesamtdurchmesser mit 12 Schaufeln von jeweils 0,4 m Länge bestückt. In verschiedenen Testserien wurde das Laufrad mit unterschiedlich geformten Schaufelblättern bestückt (Abb. 10.73):

- gerade Schaufeln
- gerade Schaufeln mit einer 4 cm breiten Gummikante
- gebogene Schaufeln
- Schräg zur Nabe angeordneten Schaufeln gemäß einer Wasserdruckmaschine (Müller 2006)

Die Anströmgeschwindigkeiten zum Wasserrad von etwa 0,3 m/s bis 0,5 m/s sowie die Umlaufgeschwindigkeit des Rades von etwa 10 U/min entsprachen den Realbedingungen in einem tschechischen Projektgewässer. Um eine Verletzung der Probanden zu verhindern, wurde unmittelbar vor dem Wasserrad ein Schutzgitter von 10 mm lichter Weite installiert. Tests zur Schadwirkung des Wasserrades wurden anstelle mit lebenden Fischen mit toten Speisefischen im Sinne von Dummies durchgeführt. Die Verhaltensbeobachtungen wurden mit leistungsstarken wie auch -schwachen Exemplaren 15 verschiedener Arten unterschiedlicher Gilden, darunter Aal, Barbe, Groppe, Hecht und Ukelei durchgeführt.

10.4.1 Verhalten gegenüber Wellen und Geräuschen

Die Schaufeln eines sich drehenden Wasserrades erzeugen beim Eintauchen laut schlagende Geräusche. Unabhängig von ihrer Form verdrängen die Schaufeln beim Eintauchen zunächst Wasser, bevor sich das durch die nachfolgende Schaufel begrenzte Kammervolumen durch eine Sogströmung füllt. Dieser regelmäßige Wech-

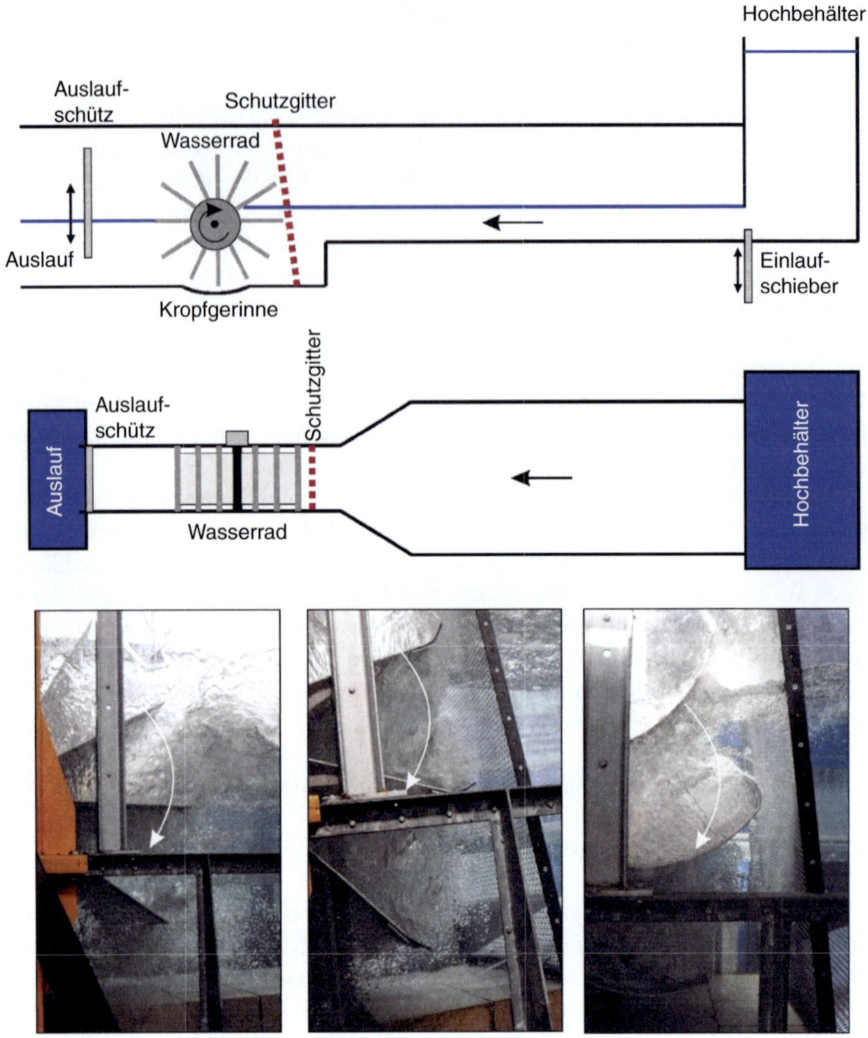

Abb. 10.73 Ethohydraulischer Versuchsstand mit mittelschlächtigem Wasserrad zur Untersuchung der Auswirkungen auf Fische (*oben*: Längsschnitt und Draufsicht), Getestete Schaufeltypen (*unten*): gerade Schaufeln (*links*), gerade Schaufeln mit Gummikante (*Mitte*), gebogene Schaufeln (*rechts*)

sel aus Verdrängungs- und Sogströmung erzeugt heftige Turbulenzen in den Kammerzwischenräumen. Darüber hinaus breiten sich an der Wasseroberfläche gegen die Fließrichtung Störwellen aus.

Die im Rahmen der ethohydraulischen Tests beobachteten Fische schwammen bei der Annäherung an das Wasserrad ohne Zögern selbst in die turbulentesten Wasserschichten hinein. Seitliche Ausweichmanöver oder ein Abtauchen in ruhigere Wassertiefen wurden nie beobachtet. Selbst die bevorzugt oberflächennah schwim-

Abb. 10.74 Ein Aal im Bereich der hochturbulenten Wasseroberfläche, nur durch das Schutzgitter daran gehindert, in das Wasserrad hinein zu schwimmen

Abb. 10.75 Plötzen im Einfluss der Störwellen, während andere Arten an der Sohle verweilen

menden Ukelei, Plötzen und Hechte zeigten keinerlei Meidereaktion gegenüber dem umlaufenden Wasserrad und den von ihm aus gehenden Geräuschen sowie den sich zum Teil sogar brechenden Wellen (Abb. 10.74 und 10.75). Vielmehr wurden sie nur durch das unmittelbar vor den Schaufeln installierte Schutzgitter davon abgehalten, in das Wasserrad hinein zu schwimmen.

Die durchgeführten ethohydraulischen Tests widerlegen somit die Behauptung, dass von einem sich drehenden Wasserrad Reize ausgingen, die bei Fischen Scheu-, Meide- oder gar Fluchtreaktion auslösen würden. Vielmehr zögerten die beobachteten Probanden nicht, sich Kopf-voran aktiv oder rückwärts verdriftend passiv auf das Wasserrad zuzubewegen: Ohne das Schutzgitter wären Fische aller Arten und Größen zweifellos in direkten Kontakt mit dem Wasserrad geraten.

10.4.2 Verletzungsrisiken

Die Ermittlung von Mortalitätsraten und -ursachen war nicht Gegenstand der ethohydraulischen Untersuchungen, zumal es sich hierbei um einen genehmigungspflichtigen Tierversuch gehandelt hätte, bei dem die Verletzung und Tötung der Probanden bewusst in Kauf genommen worden wäre. Um dennoch eine Vorstellung von den Verletzungsrisiken zu gewinnen, wurden ethohydraulische Tests mit Dummies durchgeführt. Es zeigte sich, dass die Fischkörper zunächst von dem Schaufelblatt erfasst, dann in Richtung des Sohlenspalts gezogen und schließlich von der Schaufelblattkante durchtrennt wurde (Abb. 10.76). Je nach Länge des Fisches, der Anzahl der Schaufelblätter und der Umlaufgeschwindigkeit des Rades ist eine mehrfache Wiederholung dieses Vorganges durch die nachfolgenden Schaufeln möglich.

Bei allen getesteten Schaufeltypen war dieser Ablauf einer potentiellen Schädigung von Fischen erkennbar. Insofern entbehren Behauptungen, dass Wasserräder und vergleichbare Konstruktionen für abwandernde Fische ungefährlich seien, einer gesicherten Grundlage: Nach vorliegenden Erkenntnissen bergen sie vergleichbare Risiken für Fische, wie andere Triebwerke, resp. Turbinen. Inzwischen liegen von verschiedenen Standorten Freilanduntersuchungen vor, die genau dies bestätigen (u. a. Schotzko und Jagsch 2006; Schmalz 2010; Tombek und Holzner 2008).

10.5 Verwendung numerischer Strömungssimulationen zur ethohydraulischen Planung wasserbaulicher Anlagen

Ein erweiterter Anwendungsbereich der Ethohydraulik, der u. a. auf den zuvor genannten Erkenntnissen aufbaut, besteht in der fischökologischen Interpretation hydrodynamisch-numerischer Strömungssimulationen. Ein solcher Ansatz wurde gewählt, um die Erreichbarkeit und Auffindbarkeit der drei Einstiege des Schlitzpasses in Iffezheim am Rhein für aufwanderwillige Fische abzuschätzen (Abb. 10.77, Schwevers und Adam 2010). Hierbei galt es, den Ist-Zustand mit der künftigen Situation zu vergleichen, nachdem das Wasserkraftwerk genau dort, wo bisher zwei der drei Einstiege in die Fischaufstiegsanlage positioniert waren, um eine zusätzliche Turbine erweitert wurde.

Als Grundlage wurden von der Bundesanstalt für Wasserbau (BAW) zunächst hydrodynamisch-numerische Strömungssimulationen für den Unterwasserkanal bis

Abb. 10.76 Eintritt eines Fisch-Dummy in ein Wasserrad (*oben*); durch Scherung der Schaufelblätter gegen Kanten, z. B. am Kropfgerinne entstehen charakteristische Schnittverletzungen (*unten*)

in einer Entfernung von 180 m vom Wasserkraftwerk vorgenommen. Zur Anwendung kam hierbei die Navier-Stokes-Gleichung, welche mit dem numerischen Verfahren OpenFoam iterativ für ein Berechnungsgitter gelöst wurde (Abb. 10.78, Hahne 2010). Auf diese Weise wurden die Fließgeschwindigkeiten und -richtungen für unterschiedliche, fischökologisch relevante Abflüsse und Wasserstände ermittelt.

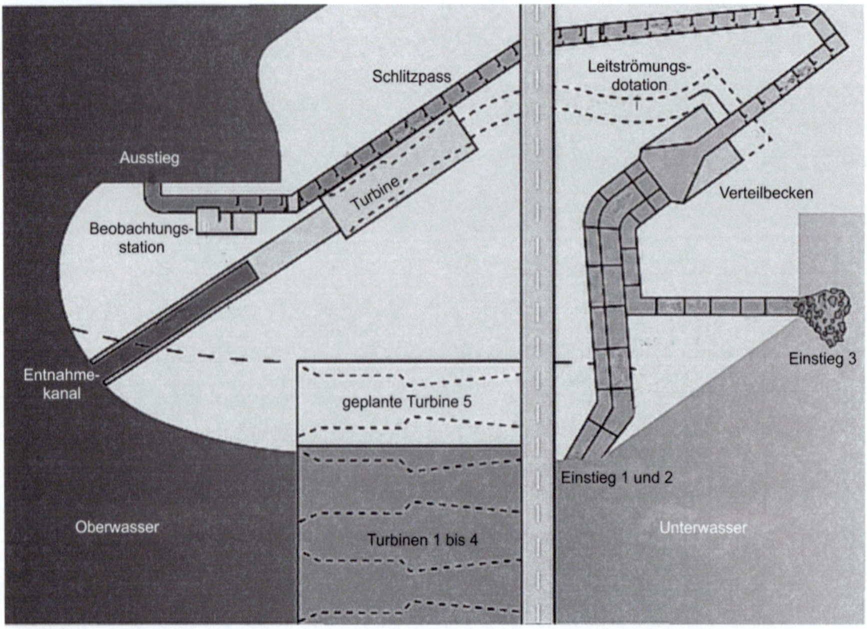

Abb. 10.77 Übersichtsplan der Fischaufstiegsanlage Iffezheim (verändert nach: EnBW)

Abb. 10.78 Mit ethohydraulischen Methoden betrachteter Gewässerabschnitt im Unterwasserkanal des Wasserkraftwerks Iffezheim (markiert) mit den drei Einstiegen in die Fischaufstiegsanlage (verändert nach: Google Earth)

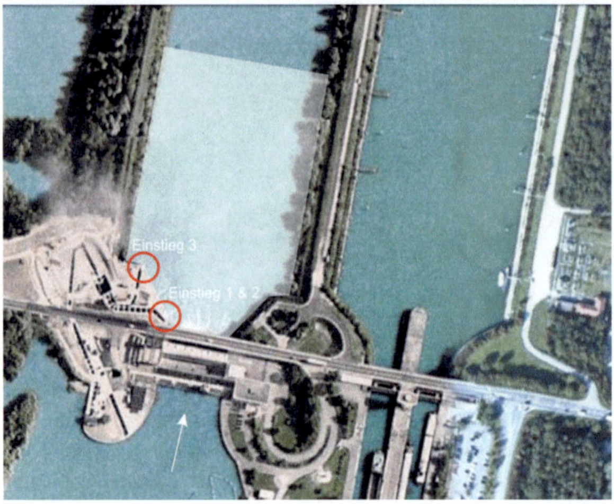

In einem nächsten Schritt wurde eine ethohydraulische Farbskala (Kap. 7.3.3) definiert, die auf dem Leistungsvermögen der Fische basiert (Kap. 5.4.3) und in ihrer Skalierung an die spezielle Fragestellung, also die Auffindbarkeit und Erreichbarkeit der drei Einstiegsöffnungen angepasst wurde:

- In Fischaufstiegsanlagen ist die maximale Fließgeschwindigkeit als begrenzender Faktor für das Aufstiegsgeschehen wirksam. Im Schlitzpass Iffezheim ergibt sich dieser Wert aus der Wasserspiegeldifferenz zwischen den Becken von 30 cm und beträgt etwa 2,5 m/s. Nur solche Fische, die in der Lage sind, diese Maximalgeschwindigkeit im Sprint zu überwinden, können auch die gesamte Fischaufstiegsanlage passieren. Vor diesem Hintergrund wurde ein „Bemessungsfisch" definiert, der dadurch gekennzeichnet ist, dass er genau diese Schwimmgeschwindigkeit von 2,5 m/s im Sprint erreichen kann. Der Bemessungsfisch wäre also der leistungsschwächste Fisch, der gerade noch in der Lage ist, die Fischaufstiegsanlage zu passieren. Exemplare mit geringerer Schwimmleistung hingegen werden an den Hochgeschwindigkeitszonen im Bereich der Durchlässe scheitern.

- Aufwanderwillige Fische, die sich dem Wasserkraftwerk nähern, müssen die dort auftretenden Geschwindigkeiten nicht nur lokal, sondern ggf. über größere Distanzen und damit über längere Zeit überwinden. Deshalb kann aufwandernden Fischen für das Erreichen einer Fischaufstiegsanlage nicht die kräftezehrende Sprintgeschwindigkeit abverlangt werden, sondern allenfalls die gesteigerte Schwimmgeschwindigkeit, die etwa 50 % der Sprintgeschwindigkeit beträgt. Der Bemessungsfisch, der die Durchlässe der Fischaufstiegsanlage im Sprint mit 2,5 m/s zu überwinden vermag, kann im Unterwasser somit nur gegen Fließgeschwindigkeiten von maximal 1,25 m/s anschwimmen. Mit zunehmender Überschreitung dieses Wertes scheitert nicht nur er, sondern auch leistungsstärkere Exemplare. Unterschreitet die Fließgeschwindigkeit im Wanderkorridor hingegen einen Wert von 1,25 m/s, können sich auch Exemplare bis zur Fischaufstiegsanlage vorarbeiten, die leistungsschwächer sind als der Bemessungsfisch. Dies nützt ihnen allerdings wenig, da sie selbst im Sprint nicht in der Lage sind, die Fließgeschwindigkeit von 2,5 m/s im Bereich der Durchlässe des Schlitzpasses zu überwinden.
- Problematisch für die Erreichbarkeit der Einstiegsöffnungen sind auch Bereiche, in denen geringere Fließgeschwindigkeiten herrschen, als für die Auslösung einer positiven Rheotaxis erforderlich ist, da den Fischen dann die Orientierung fehlt. Weil im Falle Iffezheim vor allem anadrome Salmoniden, wie Lachs und Meerforelle zu berücksichtigen sind, wurde als standortrelevante rheoaktive Fließgeschwindigkeit ein Wert von 0,3 m/s angesetzt.
- Schließlich desorientierten Walzen und Rückströmungen aufwanderwillige Fische. Wird in Rückströmungen gar der Grenzwert für das positiv rheotaktische Verhalten überschritten, richten sich die Fische flussabwärts gegen die Strömung aus, obgleich sie stromaufwärts schwimmen müssten, um die Fischaufstiegsanlage zu erreichen.

Hieraus ergibt sich die Abstufung der in Tab. 10.2 dargestellten ethohydraulischen Skalierung.

In Abb. 10.79 sind beispielhaft die Strömungsvektoren parallel zur Gewässerlängsachse in ausgewählten Querschnitten, stromabwärts fortschreitend von 80 m bis 180 m unterhalb des Kraftwerks im Ist-Zustand bei den Bemessungsabflüssen Q_{30} und Q_{330} dargestellt. Danach begegnet der Bemessungsfisch in 180 m Entfernung vom Wasserkraftwerk sowohl beim unteren als auch beim oberen Bemessungsabfluss sohlennah sowie ufernah links und rechts neben der Hauptströmung

Tab. 10.2 Ethohydraulische Skalierung der Fließgeschwindigkeiten im Unterwasser des Wasserkraftwerks Iffezheim zur Beurteilung der Erreichbarkeit und Auffindbarkeit der Einstiege in die Fischaufstiegsanlage

<table>
<tr><th>Fließgeschwindigkeit</th><th colspan="2">Ethohydraulische Bedeutung</th></tr>
<tr><td>≥ 2,5 m/s</td><td colspan="2">Die Fließgeschwindigkeit ist mindestens doppelt so hoch wie die gesteigerte Schwimmgeschwindigkeit des Bemessungsfisches. In rot markierten Zonen können nur Fische über längere Distanzen gegen die Strömung anschwimmen, die mindestens doppelt so leistungsfähig sind, wie der Bemessungsfisch.</td></tr>
<tr><td>1,25 m/s bis 2,5 m/s</td><td colspan="2">In gelb markierten Zonen überschreitet die Fließgeschwindigkeit die gesteigerte Schwimmgeschwindigkeit des Bemessungsfisches bis zu 100 %. Der Bemessungsfisch und viele leistungsstärkere Fische sind nicht in der der Lage, diese Zonen als Wanderkorridore zu nutzen. Hieraus resultiert eine zusätzliche Größenselektivität der Fischaufstiegsanlage.</td></tr>
<tr><td>0,3 m/s bis 1,25 m/s</td><td colspan="2">In grün markierten Zonen wird die Fließgeschwindigkeit, die eine positive Rheotaxis auslöst, für die Zielarten überschritten und die gesteigerte Schwimmgeschwindigkeit des Bemessungsfisches wird unterschritten oder allenfalls erreicht. Dies sind günstige Wanderkorridore des Bemessungsfisches, da hier eine Orientierung anhand der Strömung möglich ist. Alle Exemplare die die Hochgeschwindigkeitszonen innerhalb der Fischaufstiegsanlage passieren können, sind auch in der Lage, den Einstieg über die grün markierten Zonen zu erreichen.</td></tr>
<tr><td>0 m/s bis 0,3 m/s</td><td rowspan="2">Totwasserzone</td><td>Die rheoaktive Geschwindigkeit ist unterschritten, so dass sich aufwandernde Fische nicht an der Strömung orientieren können</td></tr>
<tr><td>- 0,3 m/s bis 0 m/s</td><td>Geringfügige Rückströmungen desorientieren die aufwanderwilligen Fische.</td></tr>
<tr><td>< - 0,3 m/s</td><td colspan="2">Starke Rückströmungen desorientieren die Fische und beeinträchtigen die Auffindbarkeit der Fischaufstiegsanlage stark.</td></tr>
</table>

breiten Wanderkorridoren. In dem Querschnitt in 80 m Entfernung ist bei beiden Abflüssen deutlich die Leitströmung des in Ufernähe einmündenden Einstiegs 3 erkennbar. Bei Q_{30} bindet diese nahtlos an den rechtsufrigen Wanderkorridor an und ist damit für alle aufwandernden Fische erreichbar und zumindest für ufernah wandernde Exemplare gut auffindbar. Bei Q_{330} mündet Einstieg 3 allerdings in eine ausgedehnte Totwasser- und Rückströmungszone ein, so dass die Leitströmung

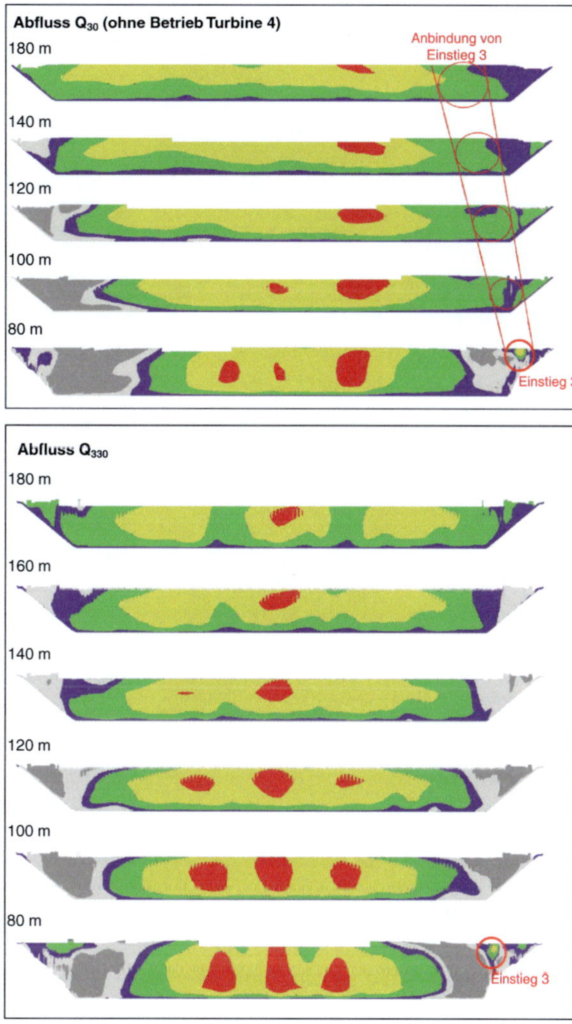

Abb. 10.79 Fließgeschwindigkeiten in Querschnitten von 180 m bis 80 m Entfernung vom Turbinenauslauf des Wasserkraftwerks Iffezheim (Hauptfließrichtung, 2-fach überhöht) bei Q_{30} (*oben*, hier wird Turbine Nr. 4 nicht betrieben) und bei Q_{330} (*unten*)

keinen Kontakt zu den weiter in Flussmitte verlaufenden Wanderkorridoren findet. Unter diesen Bedingungen ist Einstieg 3 somit nur durch Zufall auffindbar und es ist nicht mit einem nennenswerten Aufstieg von Fischen zu rechnen.

Unmittelbar seitlich am Saugschlauch münden die Einstiege 1 und 2 an der Wasseroberfläche ein. Deren Auffindbarkeit in Abhängigkeit vom Abfluss wird in oberflächennahen Horizontalschnitten deutlich, die in Abb. 10.80 dargestellt sind. Im Gegensatz zu Abb. 10.79 sind hier die absoluten Strömungsgeschwindigkeiten dargestellt und die Fließrichtung ist durch Pfeile gekennzeichnet. Dabei zeigt sich, dass die Strömungsbedingungen unterhalb des Saugschlauches durch ausgedehnte Zirkulationsströmungen charakterisiert werden. Im Bereich der Saugschlauchüberdeckung

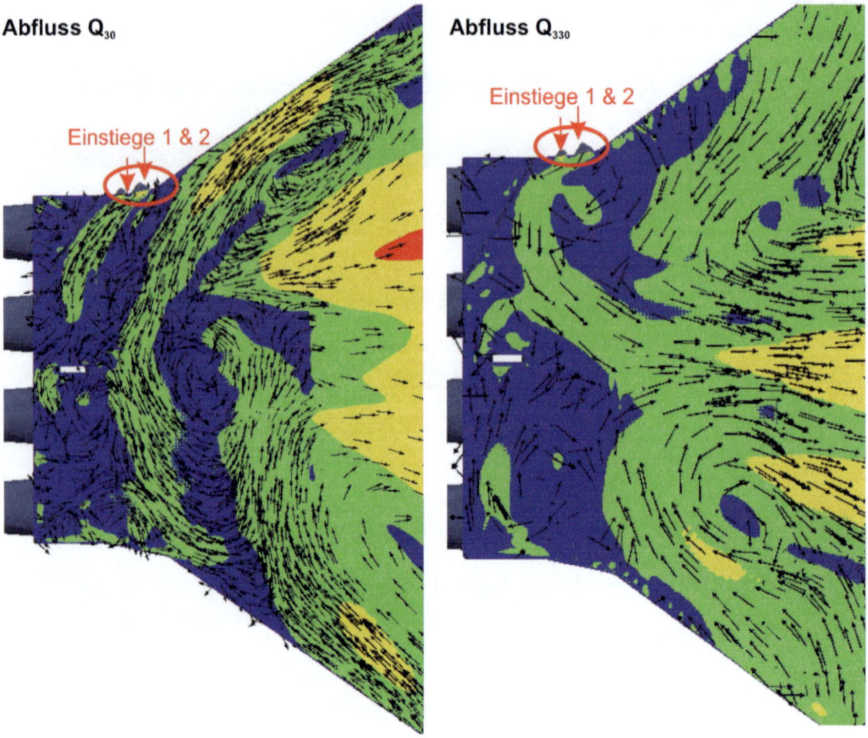

Abb. 10.80 Fließgeschwindigkeiten in oberflächennahen Horizontalschnitten vom Unterwasserkanal des Wasserkraftwerks Iffezheim bei Q_{30} (*links*) und bei Q_{330} (*rechts*)

breiten sich darüber hinaus großflächig Totwasserzonen aus, in denen die rheoaktive Geschwindigkeit von 0,3 m/s unterschritten wird. Genau hier mündet auch die Leitströmung der Einstiege 1 und 2 ins Unterwasser. Während sie bei Q_{30} innerhalb der Totwasserzone isoliert bleibt, findet sie bei Q_{330} direkten Anschluss an die im Unterwasser vorhandenen Wanderkorridore. Dies bedeutet, dass die Einstiege 1 und 2 bei höheren Abflüssen eine deutlich bessere Auffindbarkeit aufweisen, als bei niedrigen.

Auf der Basis derartiger Vergleiche zwischen dem Ist- und dem künftigen Zustand wurden schließlich Prognosen erstellt, in wie weit die Auffindbarkeit der drei Einstiege durch die Erweiterung des Wasserkraftwerk um eine zusätzliche Turbine beeinflusst wird.

Wenngleich eine solche Kopplung ethohydraulischer Erkenntnisse mit Strömungsmodellen bestechend ist und deren Visualisierung plausible Prognosen des Fischverhaltens ermöglicht, ist ein solches Vorgehen doch mit erheblichen Unsicherheiten behaftet. Diese bestehen einerseits darin, dass zwischen einer numerischen Simulation und der hydraulischen Strömungsrealität im Detail keine vollständige Übereinstimmung besteht. Andererseits sind die Sinneswahrnehmung und das Verhaltensrepertoire von Fischen so vielschichtig, dass sich deren Orientierung im Unterwasser eines Großkraftwerks kaum auf die beiden Faktoren rheoaktives Verhalten und Leistungsvermögen reduzieren lässt.

Im Falle der zitierten Studie zur Auffindbarkeit der Einstiege in die Fischaufstiegsanlage Iffezheim wurde diese Vorgehensweise dennoch gewählt, weil die Arbeiten zum Einbau einer neuen Turbine zwar bereits begonnen hatten, aber noch nicht abgeschlossen waren. Entsprechend standen weder der Ist- noch der künftige Zustand für Freilanduntersuchungen zur Verfügung. Insofern bedarf es dringend einer Verifizierung der erstellten Prognosen beispielsweise durch telemetrische Untersuchungen. Erst wenn die Möglichkeiten und Grenzen dieser Methodik auf diese Weise ausgelotet sind, kann sie sicher für einen routinemäßigen Einsatz empfohlen werden.

Literatur

Adam B, Engler O, Schwevers U (2001) Verhaltensbeobachtungen von Fischen an Rechen und Bypässen. Im Rahmen des DBU-Projekts „Entwicklung und Erprobung eines Feinstrechens für Wasserkraftanlagen“, 49 S (unveröff.)

Adam B, Engler O (2011) Development of hydropower converter for very low head differences/ Endbericht. – Im Auftrag des Instituts für Wasserbau und Wasserwirtschaft der Technischen Universität Darmstadt; EU-Forschungsprojekt in Kooperation mit der Universität of Southhampton/Civil Engineering (Koordination), 91 S (unveröff.)

Adam B, Lindemann C (2009) Development of hydropower converter for very low head differences/Bericht über die 1. Teststaffel. Im Auftrag des Instituts für Wasserbau und Wasserwirtschaft der Universität Darmstadt; EU-Forschungsprojekt in Kooperation mit der University of Southampton/Civil Engineering (Koordination), 34 S (unveröff.)

Adam B, Kampke W, Engler O, Lindemann C (2009a) Ethohydraulische Tests zur Rauhigkeitspräferenz kleiner Fischarten und Individuen. Im Rahmen des DBU-Projekt „Ethohydraulik – eine Grundlage für naturschutzverträglichen Wasserbau, 29 S (unveröff.)

Adam B, Lindemann C, Kampke W, Lehmann B (2009b) Ethohydraulische Tests zur Passierbarkeit von Schlitzen. Im Auftrag der Vattenfall Europe Generation AG, 42 S (unveröff.)

Adam B, Schwevers U (1998) Zur Auffindbarkeit von Fischaufstiegsanlagen – Verhaltensbeobachtungen an Fischen in einem Modellgerinne. In: Wasser & Boden 50/4, 55–58

Adam B, Schwevers U, Dumont U (1999) Beiträge zum Schutz abwandernder Fische – Verhaltensbeobachtungen in einem Modellgerinne. Solingen (Verlag Natur & Wissenschaft), Bibliothek Natur und Wissenschaft 16, 63 S

Adam B, Schwevers U, Dumont U (2002) Rechen- und Bypassanordnungen zum Schutz abwandernder Aale. In: Wasserwirtschaft 92/4+5: 43–46

Adam B, Schwevers U (2003) Untersuchung der Aalabwanderung über einen Feinstrechen mit Bypassrinne. Im Rahmen des DBU-Projekts „Entwicklung und Erprobung eines Feinstrechens für Wasserkraftanlagen“, 21 S (unveröff)

Anderer P, Dumont U, Heimerl S, Ruprecht A, Wolf-Schuhmann U (2010) Das Wasserkraftpotenzial in Deutschland. In: Wasserwirtschaft 100/9: 12–16

Baran p, Larinier m, Travade F (2010) Anguilles es ouvrages; actions R&D 2008–2010. Vortrag in Paris am 26.01.2010: Restaurer la continuité écologique: un axe phare du Plan National de Gestion Anguille

Beeck P, Ingendahl D, Klinger H (2008) Der Maifisch soll zurückkehren. In: Natur in NRW 33/3: 17–20

Bitterli S (1909) Über Anlage von Fischpässen. Schweiz. In: Bau-Z. 55/7: 92–96

Blasel K (2010) Funktionskontrollen an Fischabstiegsanlagen unterschiedlichen Bautyps in verschiedenen Gewässern in Baden-Württemberg. In: SVK-Skript, 20 S (unveröff.)
Bruijs MCM, Winter HV, Schwevers U, Dumont U (2003) Management of silver eel: Human impact on downstream migrating eel in the river Meuse. Kema-Report 50180283-KPS/MEC 03-6183, Abschlußbericht des EU-Forschungsprojekts Q5RS-2000-31141, 105 S
Dumont U (2000) Bericht zum Verhalten eines Wedge-wire-screen an einer kleinen Wasserkraftanlage. Ingenieurbüro Floecksmühle, Aachen, (unveröff.)
Dumont U, Anderer P, Schwevers U (2005) Handbuch Querbauwerke. Düsseldorf, Ministerium für Umwelt und Naturschutz, Landwirtschaft und Verbraucherschutz des Landes Nordrhein-Westfalen (Hrsg.), 212 S
DVWK (Deutscher Verband für Wasserwirtschaft und Kulturbau e.V.) (1996) Merkblätter zur Wasserwirtschaft 232/1996: Fischaufstiegsanlagen – Bemessung, Gestaltung, Funktionskontrolle. Bonn, Hrsg.: Wirtschafts- und Verlagsgesellschaft Gas und Wasser mbH, 110 S
DWA (Deutsche Vereinigung für Wasserwirtschaft, Abwasser und Abfall e.v.) (2005) DWA-Themen: Fischschutz- und Fischabstiegsanlagen – Bemessung, Gestaltung, Funktionskontrolle. Hennef, Hrsg.: DWA, 2. überarbeitete Auflage, 256 S
DWA (Deutsche Vereinigung für Wasserwirtschaft, Abwasser und Abfall e.V.) (2010) Merkblatt M-509: Fischaufstiegsanlagen und fischpassierbare Bauwerke – Bemessung, Gestaltung, Qualitätssicherung. Hennef, Hrsg.: DWA, Gelbdruck
Engler O, Adam B, Hufgard H (2010) Development of hydropower converter for very low head differences/Bericht über die 2. Teststaffel. – Im Auftrag des Instituts für Wasserbau und Wasserwirtschaft der Technischen Universität Darmstadt; EU-Forschungsprojekt in Kooperation mit der University of Southampton/Civil Engineering (Koordination), 43 S (unveröff.)
Europäisches Parlament und Rat der Europäischen Union (2000): Richtlinie 2000/60/EG des Europäischen Parlaments und des Rates vom 23. 10. 2000 zur Schaffung eines Ordnungsrahmens für Maßnahmen der Gemeinschaft im Bereich der Wasserpolitik. – Amtsblatt der Europäischen Gemeinschaften L 327/1–327/72 vom 22. 12. 2000
Gerhardt P (1904) Fischwege und Fischteiche – Die Arbeiten des Ingenieurs zum Nutzen der Fische. – Leipzig (Verlag von Wilhelm Engelmann), 147 S
Gessner J, Tautenhahn M, Nordheim von H, Borchers T (2010) Nationaler Aktionsplan zum Schutz und zur Erhaltung des Europäischen Störs (Acipenser sturio). – Berlin & Bonn (Bundesministerium für Umwelt & Bundesamt für Naturschutz), 84 S
Hadderingh RH (1982) Experimental reduction of fish impingement by artificial illumination at Bergum power station. In: Int. Rev. ges. Hydrobiol. 67, 887–900
Hahne L (2010) Numerische Berechnungen der Strömungsbedingungen im Unterwasser der Staustufe Iffezheim am Rhein in Hinblick auf die Auffindbarkeit der Einstiege der Fischaufstiegsanlage. Karlsruhe, Bundesanstalt für Wasserbau (unveröff.)
Hassinger R, Hübner D (2009) Entwicklung eines neuartigen Aal-Abstiegssystems mithilfe von Laborversuchen. In: KW Korrespondenz Wasserwirtschaft 2: 276–281
HFO (2008) Verordnung über die gute fachliche Praxis in der Fischerei und den Schutz der Fische vom 17. Dezember 2008. Gesetz- und Verordnungsblatt für das Land Hessen, Teil 1 Nr. 25: 1072–1077
Jansen HM, Winter HV, Bruijs MCM, Polman H (2007) Just go with the flow? Route selection and mortality during downstream migration of silver eel in relation to river discharge. In: ICES J Mar Sci 64: 1437–1443
Kampke W, Adam B, Engler O, Lehmann B, Schwevers U (2008) Ethohydraulische Untersuchungen zur Funktionsfähigkeit des Chan-Bar-Systems. Im Auftrag der Bezirksregierung Düsseldorf, 52 S (unveröff.)
Kampke W, Engler O, Adam B, Lehmann B (2009) Anbindung einer Fischaufstiegsanlage beim Wehr Duisburg-Ruhrort, wasserbauliche und ethohydraulische Untersuchungen. Im Auftrag des Staatlichen Umweltamtes Duisburg, (unveröff.)
Keller H (1885) Die Anlage der Fischwege. Berlin (Verlag von Ernst u. Korn), 69 S
Krüger F, Heimerl S, Seidel F, Lehmann B (2010) Ein Diskussionsbeitrag zur hydraulischen Berechnung von Schlitzpässen In: Wasserwirtschaft 100/3, 30–36

Läkemäker K, Seidel F, Musall M, Riester J, Lehmann B, Oberle P (2009) FAA Geesthacht, wasserbauliche Modellversuche / Sachstandsbericht 03 – Im Auftrag der Vattenfall Europe Generation Gmbh & Co. KG, März 2009, 9 S (unveröff.)

Larinier M, Boyer-Bernard S (1991) La dévalaison des smolts de saumon Atlantique au barrage de Poutès sur l'Allier (43): Utilisation de lampes à vapeur de mercure. In: Bull Fr Pêche Piscic 323, 129–148.

Larinier M, Dartiguelongue J (1989): La circulation des poissons migrateurs et transit à travers les turbines des installations hydroélectriques. In: Bull Fr Pêche Piscic 312/313:90 S

Liao J C (2007) A review of fish swimming mechanics and behaviour in altered flows. In: Phil Trans R Soc Lond B 362: 1973–1993

Liao J, Beal D, Lauder G, Triantafyllou M (2003) The Kármán gait: novel body kinematics of rainbow trout swimming in a vortex street. In: J. exp. Biology 206: 1059–1073

Loeffelman PH, Klinect DA, Hassel JA (1991) Fish protection at water intakes using a new signal development process and sound system. In: Waterpower 91: 355–365

Lüttke M (1991) Umweltfreundliche Wasserkraftnutzung ohne Wenn und Aber. – In: Wassertriebwerk 40: 1–13

Lüttke M, Prinz J (2001) Wasserkraftnutzung und Fischerei. – In: Wassertriebwerk 11/2001: 169–174

MUNLV (2009) Durchgängigkeit der Gewässer an Querbauwerken und Wasserkraftanlagen. – Düsseldorf (Ministerium für Umwelt und Naturschutz, Landwirtschaft und Verbraucherschutz NRW), Runderlass vom 26. 01. 2009.

Musall M, Riester J, Oberle P (2008) Numerische Simulation der Strömungssituation in der geplanten Fischaufstiegsanlage Geesthacht. Im Auftrag von Knabe-Beratende-Ingenieure, Hamburg, 15 S (unveröff.)

Müller G (2006) Die Staudruckmaschine: tatsächlich die innovative Neuentwicklung? – Wasserwirtschaft 96/11, 34–35

Pavlov DS, Lupandin AI, Kostin VV (2002) Downstream migration of fish through dams of hydroelectric power plants. Oak Ridge/Tennessee (Oak Ridge National Laboratory), 249 S

Rat der Europäischen Union (2007) Verordnung (EG) Nr. 1100/2007 des Rates vom 18. September 2007 mit Maßnahmen zur Wiederauffüllung des Bestands des Europäischen Aals. – Amtsblatt der Europäischen Union DE L 248/17–23 vom 22. 09. 2007

Russon IJ, Kemp PS, Calles O (2010) Response of downstream migrating adult European eels *(Anguilla anguilla)* to bar racks under experimental conditions. In: Ecology of Freshwater Fish 19: 197–205

Schmalz W (2002) Untersuchung der Möglichkeiten der Anwendung und Effektivität verschiedener akustischer Scheucheinrichtungen zum Schutz der Fischfauna vor Turbinenschäden. Schleusingen (Bauhaus-Universität Weimar, Hydrolabor Schleusingen), gefördert durch die DBU, 77 S

Schmalz W (2010) Untersuchungen zum Fischabstieg und Kontrolle möglicher Fischschäden durch die Wasserkraftschnecke an der Wasserkraftanlage Walkmühle an der Werra in Meiningen. Breitenbach, im Auftrag der Thüringer Landesanstalt für Umwelt und Geologie, 220 S

Schotzko N, Jagsch A (2006) 1. Fischtest an der Staudruckmaschine April 2006. – Im Auftrag von Adolf Brinnich, Bundesamt für Wasserwirtschaft, Wien, 20 S (www.oewatec.de)

Schwevers U (1998) Die Biologie der Fischabwanderung. – Solingen (Verlag Natur & Wissenschaft), Bibliothek Natur und Wissenschaft 11, 84 S

Schwevers U, Adam B, Gumpinger C (1998) Verhaltensbeobachtungen zur Fischabwanderung im Modellgerinne. Im Auftrag des Regierungspräsidiums Kassel, 72 S (unveröff.)

Schwevers U, Adam B (2010) Bewertung der Strömungsbedingungen im Unterwasser der Staustufe Iffezheim am Rhein im Hinblick auf die Auffindbarkeit der Einstiege der Fischaufstiegsanlage. – Im Auftrag der Bundesanstalt für Wasserbau, Karlsruhe, 84 S (unveröff.)

Schwevers U, Adam B, Engler O (2010) Befunde zur Abwanderung von Salmonidensmolts 2009. – Im Auftrag des Umweltbundesamtes im Rahmen des F+E-Vorhabens „Erarbeitung und Praxiserprobung eines Maßnahmenplans zur ökologisch verträglichen Wasserkraftnutzung an der Mittelweser" (Kurztitel: Wasserkraftnutzung und Wasserrahmenrichtlinie) 24 S (unferöff.)

Schwevers U, Faller M, Hufgard H (2011) Monitoring des Fischaufstiegs an der Staustufe Geesthacht an der Elbe, Jahrbuch 2010. – Cottbus (Vattenfall Europe Generation AG), Schriftenreihe Fischaufstieg Geesthacht 2 (in Druck)

Seidel F, Bernhart H (2004) Fischabstieg/Fischschutzrechen: Konstruktive Gestaltung eines Fischschutzrechens aus PVC zur Verbesserung des Fischabstiegs in der Ruhr. IWK (Institut für Wasserwirtschaft und Kulturtechnik, Universität Karlsruhe), wasserbauliche Studie (unveröff.)

Späh H (2001) Funktionskontrolle am Aalbypass der Wasserkraftanlage Hann-Uentropp. Im Auftrag der RWE Power AG, Bielefeld

Subra S, Gomes P, Vighetti S, Thellier P, Larinier M, Travade F (2007) Etude de dispositifs de dévalaison pour l´anguille angentée: Compartement de l´anguille et test d´un dispositif de dévalaison à l`usine hydroelectrique de Baigts de Béarn. – Chatou Cedex, Energie de France (EdF), 149 S

Taft EP (1986) Assessment of downstream migrant fish protection technologies for hydroelectric application. EPRI research project 2694-1. Boston (Stone & Webster Engineering Corporation)

Tombek B Holzner M (2008) Untersuchungen zur Effektivität alternativer Triebwerkstechniken und Schutzkonzepte für abwandernde Fische beim Betrieb von Kleinwasserkraftanlagen. – Lauda-Königshofen/Freising (Geise & Partner/Büro für Gewässerökol. u. Fischbiol.), im Auftrag d. LFV Bayern, 84 S

Turnpenny AWH, Struthers G, Hanson KP (1998) A UK guide to intake fish-screening regulations, policy and best practice. – London (Crown), 127 S

Turodache C, Viaene P, Blust R, Vereecken H, Boeck G (2008) A comparison of swimming capacity and energy use in seven European freshwater fish species. In: Ecology of Freshwater Fish, 17: 284–291

VDSF (Verband Deutscher Sportfischer e.V.) (2003) Dokumentation der Wiedereinbürgerungsprojekte des atlantischen Lachses (*Salmo salar* L.) in Deutschland. Offenbach, 135 S

11 Ausblick

Die bisher noch sehr überschaubare Zahl durchgeführter Studien mit den daraus gewonnenen Erkenntnisse machen deutlich, dass sich ein weites Feld für die Anwendung der Ethohydraulik öffnet: Bei Einhaltung der situativen Ähnlichkeit ist es unter den konditionierten Bedingungen von Laboruntersuchungen mit überschaubarem Aufwand möglich, Erkenntnisse über das Verhalten aquatischer Organismen zu erarbeiten und damit die Basis für eine bessere Berücksichtigung ihrer Lebensbedürfnisse in der wasserbaulichen Praxis zu schaffen. In Anbetracht der unzähligen offenen Fragen, z. B. nach der fischökologisch notwendigen Mindestwassertiefe von Restwasserstrecken, der Gestaltung attraktiver Abwanderkorridore oder der gezielten Beeinflussung von Fischen durch Verhaltensbarrieren wird es langjähriger ethohydraulischer Forschungen bedürfen, um zumindest die grundlegendsten Kenntnislücken über die Reaktionen einheimischen Fischarten auf anthropogene Eingriffe in ihren Lebensraum zu schließen.

Allerdings werden trotz der reproduzierbaren und nach wissenschaftlichen Kriterien abgesicherten Befunde, die die Ethohydraulik liefert, immer Zweifel darüber bestehen bleiben, ob sich Fische in ihrem natürlichen Lebensraum im Freiland nicht doch anders verhalten, als unter den künstlichen Bedingungen in einer Laborrinne. Dieses systemimmanente Dilemma lässt sich letztlich nur durch Freilanduntersuchungen aufheben.

Die methodischen Grenzen einer direkten Beobachtung von Fischen in Fließgewässern, die ja ursächlich für das geringe Wissen über das Verhalten dieser Organismen verantwortlich sind, wurden bereits in Kap. 2 thematisiert. Deshalb wird man sich auch für Freilanduntersuchungen in der Regel technischer Methoden bedienen müssen, um das Verhalten von Fischen zu beobachten. Diese stehen vor allem in Form der Telemetrie mittels Radiosendern oder akustischen Signalgebern durchaus zur Verfügung. Auch die Anwendung von Transpondern kommt hierfür in Frage, bei der die Sender durch induktive elektromagnetische Kopplung mit einer im Gewässer positionierten Antenne aktiviert werden und so, im Gegensatz zu batteriebetriebenen Telemetriesendern ein Fischleben lang funktionieren (Abb. 11.1).

B. Adam, B. Lehmann, *Ethohydraulik*,
DOI 10.1007/978-3-642-17210-6_11, © Springer-Verlag Berlin Heidelberg 2011

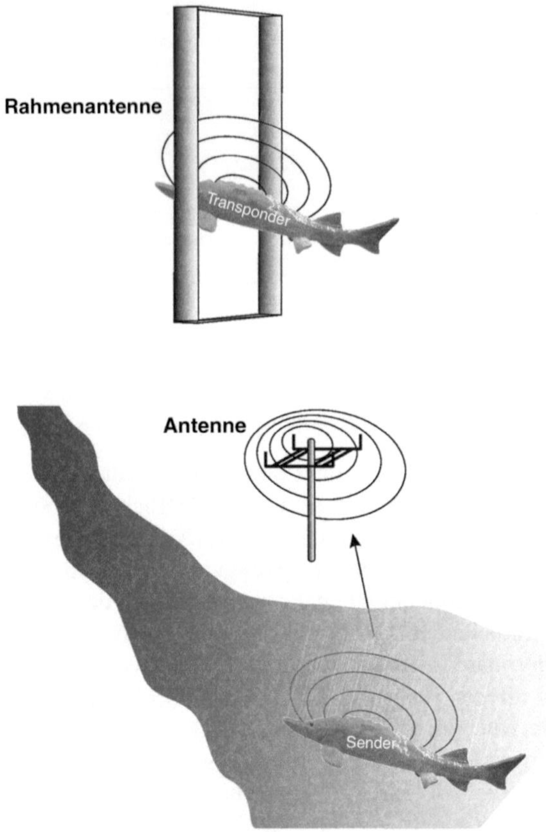

Abb. 11.1 Detektion eines Transponder-markierten Fisches bei seiner Passage durch eine Antenne (*oben*); telemetrische Peilung eines markierten Fisches (*unten*)

Jede dieser Verortungsmethoden mit all ihren technischen Varianten weist Nachteile, z. B. hinsichtlich der Verträglichkeit der Markierung für Fische oder der Einsatzfähigkeit der Methode in Abhängigkeit von den physikalischen Gegebenheiten auf (Spedicato et al. 2005; Adam und Lindemann 2010; Schwevers und Adam 2011). Entsprechend ist auch bei der Anwendung solcher Techniken keine lückenlose Überwachung von Fischen in ihrem natürlichen Lebensraum möglich. In der Regel geben sie auch keine direkte Einsicht in das Verhalten der Fische, sondern erlauben lediglich die Lokalisierung der Aufenthaltsorte und die Rekonstruktion der Schwimmpfade der markierten Individuen.

Insofern können tiefere Einsichten in das Verhalten der Fische letzten Endes nur durch eine Kombination von fischökologischen Freilandstudien und ethohydraulischen Laboruntersuchungen gewonnen werden, um gemäß der Einsicht von Gerhardt (1912) ein lückenloses Bild über *„die Gewohnheiten und die Lebensgeschichte der Fische"* zu erhalten.

Literatur

Adam B, Lindemann C (2010) Verträglichkeit von Markierungsmethoden für Fische. Tierärztliche Umschau 65(3):124–130

Gerhardt P (1912) Die Fischwege. Handbuch der Ingenieurwissenschaften 3. Teil, II. Bd., 1. Abt.: Wehre und Fischwege, S 454–499

Schwevers U, Adam B (2011) Die HDX-Technologie zur Überwachungen von Fischwanderungen in der Elbe. – Cottbus (Vattenfall Europe Generation AG), Schriftenreihe Fischaufstieg Geesthacht 5, in Vorbereitung

Spedicato MT, Lembo G, Marmulla G (Hrsg) (2005) Aquatic telemetry – advances and applications. FAO und COISPA, Rom, S 295

Anhang

Steckbriefe der im Buch genannten Neunaugen- und Fischarten

Nachfolgend wird das Aussehen und wesentliche biologische Charakteristika der im Buch zitierten Neunaugen und Fischarten beschrieben. Darüber hinaus werden Angaben über ihren Schutzstatus gemäß der Richtlinie zur Erhaltung der natürlichen Lebensräume sowie der wildlebenden Tiere und Pflanzen, kurz der sog. FFH-Richtlinie gegeben (Rat der Europäischen Gemeinschaften 1992). Diese werden durch den Gefährdungsstatus gemäß der aktuellen Roten Liste für Deutschland ergänzt (Freyhof et al. 2009).

Gemäß der vorliegenden Thematik besteht der Sinn der Steckbriefe jedoch insbesondere darin Informationen über das artspezifische Verhalten zu geben, das u. a. im Rahmen ethohydraulischer Untersuchungen dokumentiert wurde und zur Beantwortung der jeweiligen Fragestellungen keinen direkten Bezug hatte. Es wird nachfolgend mit 39 Arten nur ein Teil der in Deutschlands Binnengewässern vorkommenden Neunaugen und Fische behandelt, die bisher als Probanden in den zitierten ethohydraulischen Untersuchungen eingesetzt worden sind. Die verschiedenen Arten werden gemäß der zoologischen Systematik nach Familienzugehörigkeit abgehandelt, da im Buch ebenso häufig auf art-, wie auch taxaspezifische Verhaltensweisen z. B. von Cypriniden, d. h. den Karpfenfischen oder den Lachsfischen eingegangen wird. Informationen über die besprochenen Arten hinaus sind der einschlägigen ichthyologischen Fachliteratur, u. a. dem "Handbook of European Freshwater Fishes" zu entnehmen (Kotelat u. Freyhof 2007).

Familie: Neunaugen (Petromyzonidae)

Tiere mit schuppen- und schleimlosem, lang gestrecktem und fast drehrundem Körper ohne paarige Flossen. Der Name geht darauf zurück, dass auf jeder Körperflanke eines Neunauges außer 7 kreisrunden Kiemenöffnungen, das runde Auge sowie die Nasenöffnung zu sehen sind. Neunaugen zählen nicht zu den echten Fischen, da sie u. a. keine Kiefer, sondern eine mit Zähnchen besetzte Maulscheibe besitzen, mit der sie sich ansaugen können. Alle Neunaugen haben einen komplizierten Lebenszyklus, der bei einigen Arten sogar anadrome Wanderungen zwischen Meer und Binnengewässern einschließt. Während sich die Laichzeiten und die Lage der Laichplätze artspezifisch

B. Adam, B. Lehmann, *Ethohydraulik*,
DOI 10.1007/978-3-642-17210-6, © Springer-Verlag Berlin Heidelberg 2011

unterscheiden, heben stets mehrere Neunaugen in kiesigen Ablagerungen gemeinsam eine Laichgrube aus, in die die Geschlechtsprodukte abgegeben werden. Nach dem Schlupf verlassen die als Querder bezeichneten, augenlosen Larven diese Laichgrube, um sich in sandig-schlammige Gewässerabschnitte verdriften zu lassen. Hier leben sie 2 bis 5 Jahre im Sediment eingegraben. Querder ernähren sich von organischem Material, dass sie aus der fließenden Welle herausfiltern. Während ausschließlich im Süßwasser lebende Arten nach der Entwicklung eines Verdauungsapparates und funktionstüchtiger Augen erneut zu den Laichgebieten stromaufwärts wandern, ziehen die jungen Neuaugen anadomer Arten, wie das Fluss- und das Meerneuauge ins Meer. Dort ernähren sie sich einige Jahre parasitisch von Gewebe und Körperflüssigkeiten von Meeresfischen, bis sie als geschlechtsreife Tiere zur Fortpflanzung in die Binnengewässer bis zu geeigneten Laichplätzen zurück wandern.

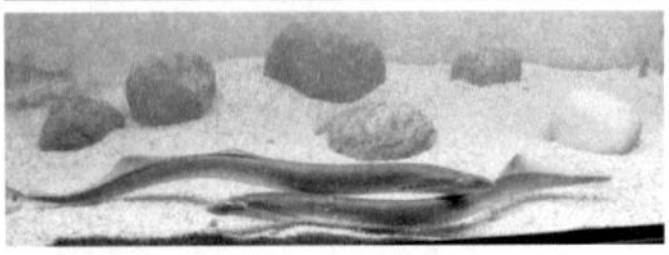

Schutzstatus:
FFH-Art gem. Anhang II & V
Rote Liste: gefährdet

Flussneunauge (Lampetra fluviatilis)

Adulte Flussneunaugen können eine Körperlänge von bis zu 50 cm erreichen. Sie besitzen eine mit zwei großen sowie zahlreichen kleinen Zähnen bewehrte Maulscheibe, um sich an anderen Fischen festzusaugen und sich von ihnen parasitisch zu ernähren. Die anadromen Flussneunaugen wandern im Herbst aus dem Meer in die Flüsse ein, um dort zu überwintern. Sobald die Wassertemperatur im nächsten Frühjahr 5 °C überschreitet setzen die Tiere ihre Wanderungen stromaufwärts fort. Flussneunaugen sind hinsichtlich der Wasserqualität und der strukturellen Ausstattung der Lebensräume, insbesondere der Sedimentqualität und Kornfraktionierung anspruchsvoll. Die Unterbrechung der Durchgängigkeit durch Wanderhindernisse auf dem Weg zu den Laichgebieten ist ein wesentlicher Gefährdungsfaktor für diese anadromen Tiere.

Adulte Flussneunaugen präsentierten sich in ethohydraulischen Tests als außerordentlich agil. Sie schwimmen mit schnellen Schlängelbewegungen und weitgehend unabhängig von der Fließgeschwindigkeit kreuz und quer im Laborgerinne umher, ohne ein eindeutig positiv rheotaktisches Verhalten erkennen zu lassen. Aufgrund ihres ungerichteten Verhaltens werden von Flussneunaugen häufig auch Öffnungen oder Durchlässe aufgefunden, die von der Hauptströmung abgekoppelt positioniert sind. Auch Rechenelemente werden von Flussneunaugen intensiv nach Passagemöglichkeiten abgesucht. In Ruhephasen saugen sich die Tiere mit ihrer Maulscheibe sowohl an der Sohle, als auch an den Seitenwänden fest und lassen den Körper frei in der Strömung pendeln. Durch diesen Haltemechanismus sind Neunaugen auch in der Lage sich in Bereichen mit vergleichsweise hohen Fließgeschwindigkeiten von mehr als 2,0 m/s und/oder starken Turbulenzen einer Verdriftung zu entziehen.

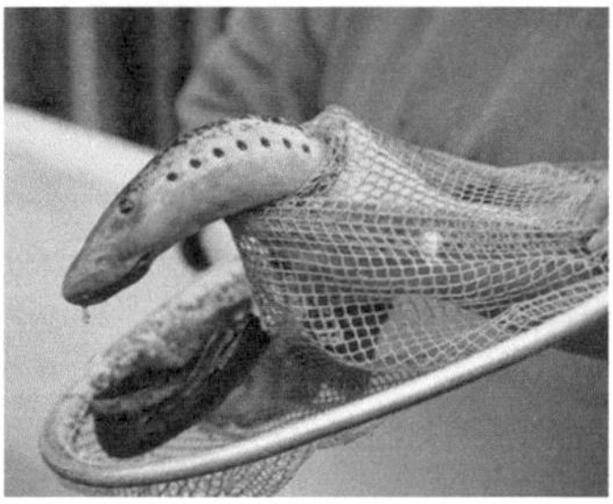

Schutzstatus:
FFH-Art gem. Anhang II.
Rote Liste: Vorwarnliste.

Meerneunauge (Petromyzon marinus).

Der Körper des graugrün marmorierten, bis zu 80 cm langen Meerneunauges nimmt zur Laichzeit eine prächtige orange Färbung an. Die große, am Rande ausgefranste Maulscheibe trägt zahlreiche, ringförmig angeordnete Hornzähnchen, mit denen sie im Meer bevorzugt an Dorsch und Makrele parasitieren. Zur Fortpflanzung zieht das anadrome Meerneunauge von Mai bis Juni aus dem Meer in die Flüsse. Da im Gegensatz zu den Flussneunaugen die Laichgebiete des Meerneunauges weiter stromab liegen, ist in der Regel die Anzahl der Wanderhindernisse auf dem Weg bis zu den Laicharealen und damit die Gefährdung der Art durch eine Unterbrechung der Wanderkorridore geringer.

In ethohydraulischen Tests ließen Meerneunaugen hinsichtlich des Schwimmverhaltens erhebliche Unterschiede zu den kleineren verwandten Flussneunaugen erkennen: Während die erstere Art in der Laborrinne scheinbar ziellos umher schwimmt, zeigt das Meerneunauge ab einer Fließgeschwindigkeit von 0,2 m/s ein streng positiv rheotaktisches Verhalten, in dem es sich strikt an der Hauptströmung orientiert und sich mit kraftvollen Schlängelbewegungen nur innerhalb derselben bewegt. Die muskulösen Tiere zeigten sich willens und fähig auch besonders schnell fließende Zonen mit Fließgeschwindigkeiten weit über 1 m/s, wie auch hoch turbulente Zonen zu durchqueren, ohne die Orientierung gegen die Hauptströmung zu verlieren.

Familie: Störe (Acipenseridae)

Der haiartige Körper der Störe endet in einer asymmetrischen Schwanzflosse. Über seine gesamte Länge ziehen sich charakteristische Reihen aus Knochenschilden, die strahlartige Unebenheiten aufweisen. Störe können ihr unterständiges und von tast- und geschmacksempfindlichen Barteln umstandenes Maul vorstülpen, um im weichen Sediment nach Nährtieren zu suchen. Zwischen dem Auge und den von einem Kiemendeckel nur unvollständig bedeckten Kiemen mündet ein sog. Spritzloch, über das Atemwasser aus den Kiemen nach außen gepresst wird. Obgleich viele Störarten anadrome Wanderungen durchführen und eine im Vergleich zu anderen Fischarten erhebliche Größe erreichen, zählen sie nicht zu den leistungsfähigen Arten. Vor allem die weiblichen Fische großwüchsiger Störarten unterliegen einem hohen Befischungsdruck, da sie eine große Masse von Eiern produzieren, die als Kaviar einen enormen Marktwert haben. So hatte insbesondere die fischereiliche Nachstellung bereits das Aussterben einiger Störarten, wie dem ehemals in Rhein, Weser und Elbe heimischen Atlantischen Stör zur Folge. Obgleich in Deutschland aktuell die Wiederansiedlung dieser Art im Elbesystem verfolgt wird (Gessner et al.

2010), stehen Atlantische Störe für ethohydraulische Tests nicht zur Verfügung. Ersatzweise wurden bisher andere, aus Fischzuchten stammende Störarten verwendet. Problematisch ist hierbei allerdings, dass diese Exemplare Zeit ihres Lebens in Teichen und Becken ohne Strömung gehältert werden und von geringen Fließgeschwindigkeiten schnell überfordert sind. Ob Störartige natürlicherweise eher passiv und leistungsschwach sind, wie die Fische, die in wasserbauliche Laborrinnen eingesetzt wurden, bedarf noch einer endgültigen Klärung.

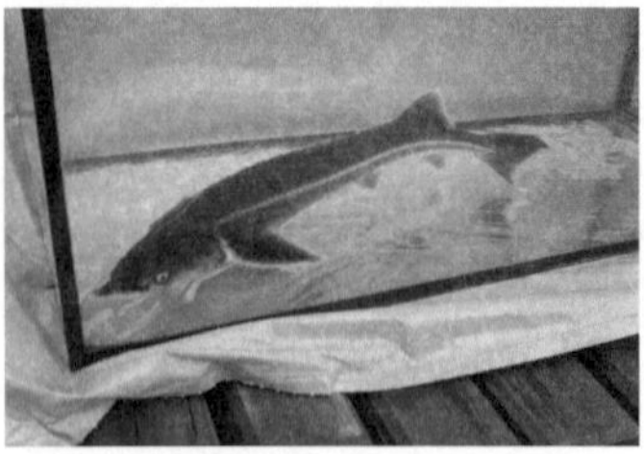

Foto: J. Gessner
Schutzstatus:
FFH-Art gem. Anhang V
Rote Liste: vom Aussterben bedroht

Sterlet (Acipenser ruthenus)

Der Sterlet ist mit einer Körperlänge von maximal 1 m die kleinste europäische Störart. Die elfenbeinfarbenen Knochenschilde entlang der Flanken heben sich deutlich von den graubraun gefärbten Rückenschildern ab, die sich dachziegelartig überlappen. Der Sterlet hat eine auffällig lange und spitze sowie leicht aufwärts gebogene Schnauze. Vor der extrem unterständigen Maulspalte steht eine Reihe 4 gefranster Barteln. Der Sterlet ist in Deutschland natürlicherweise auf das Donausystem beschränkt. Im Frühsommer vollzieht diese Störart ausgedehnte flussaufwärts gerichtete Wanderungen. In Abschnitten mit kiesigem Grund werden die Geschlechtsprodukte ins freie Wasser abgegeben. Die befruchtet Eier sinken sodann ab und bleiben an der Gewässersohle haften. Der Sterlet verbringt sein ganzes Leben im Süßwasser, wo er sich von benthalen Wirbellosen ernährt. Neben Gewässerbelastung und Überfischung ist auch die Unterbrechung der Wanderwege für den Rückgang der potamodromen Art verantwortlich. Vereinzelte aktuelle Nachweise dieser Art sind auf Besatzmaßnahmen zurück zu führen.

Die im Rahmen ethohydraulischer Tests beobachteten, etwa 40 cm langen Sterlets zeigten sich wenig leistungsbereit. Die Fische verharrten bevorzugt bewegungslos an der Sohle oder zogen sich in Spalten zurück. Selten nur war zu beobachten, dass Fische dieser Art gegen Strömungen anschwammen, wobei sie durchaus in der Lage waren, Fließgeschwindigkeit von 1,7 m/s mit hochfrequenten, heftigen Schwanzschlägen in gesteigerter Schwimmgeschwindigkeit zu überwinden.

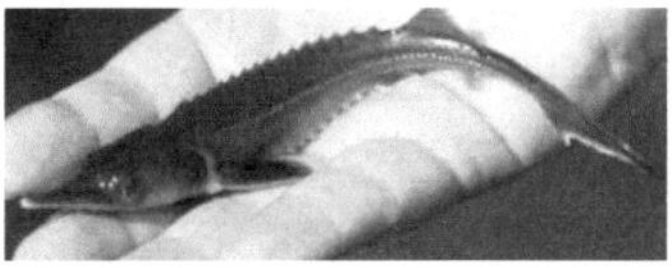

juveniler Bester
kein Schutzstatus

Bester (Huso huso x Acipenser ruthenus)

Bester werden in der Fischzucht künstlich durch Kreuzung eines weiblichen Hausen *(Huso huso)* mit einem männlichen Sterlet *(Acipenser ruthenus)* erzeugt. Diese Fische sind optisch attraktiv und besonders schnellwüchsig und werden sowohl als Zierfische, als auch geräuchert als Speisefische verkauft. Aus unzureichend gesicherten Teichen oder durch Besatz gelangen solche Hybride immer wieder auch in natürliche Gewässer.

In ethohydraulischen Tests wurden Bester von etwa 30 cm Körperlänge stellvertretend für Atlantische Störe eingesetzt, die außerhalb des Wiederansiedlungsprojektes an der Elbe nirgendwo bezogen werden können. Nur ein einziges Mal zeigte sich eines der zumeist passiv verharrenden Exemplare aktiv, indem der junge Bester über eine Strecke von etwa 0,5 m gegen eine Fließgeschwindigkeit von 1 m/s sohlennah und mit einer hohen Schwanzschlagfrequenz einen Durchlass durchschwamm.

juveniler Sibirischer Stör
kein Schutzstatus

Sibirischer Stör (Acipenser baeri)

Der Sibirische Stör zählt zu den ursprünglich in Deutschland nicht beheimateten Störarten, ist aber durch Besatz mittlerweile weit verbreitet. Die Färbung des bis zu 2 m langen Sibirischen Störs variiert von hellgrau bis dunkelbraun, während die Bauchseite hell ist. Das unterständige Maul ist von 4 Barteln umstanden. Die frühestens mit etwa 10 Jahren geschlechtsreifen Fische führen ausgedehnte anadrome Laichwanderungen durch.

Im Rahmen eines ethohydraulischen Tests wurden juvenile Sibirische Störe zwischen 10 cm und 25 cm Körperlänge eingesetzt. Sibirische Störe verweilen bevorzugt in strömungs- und turbulenzarmen Bereichen am Gewässergrund. Von hier schwimmen sie bei einer moderaten Fließgeschwindigkeit der Hauptströmung bis zu 0,3 m/s immer wieder zügig zur Wasseroberfläche auf, um jedoch als bald wieder abzutauchen. Beim Schwimmen legen die Fische ihre tragflächenartigen Brustflossen an den Körper, während die Schwanzflosse mit kraftvollen Ausschlägen den Vortrieb erzeugt. Alle bisher beobachteten Fische dieser Art präsentierten sich leistungsbereiter als z. B. Bester und verhielten sich bereits ab einer Fließgeschwindigkeit von 0,1 m/s positiv rheotaktisch. Die beobachteten Exemplare erreichten unter Laborbedingungen allerdings bereits bei einer Fließgeschwindigkeit von 0,6 m/s ihre Leistungsgrenze, in dem sie von der Strömung verdriftet wurden.

Familie: Flussaale (Anguillidae)

Alle Arten aus der Familie der Aale verfügen über einen schlangenartigen Körperbau. Rücken-, Schwanz- und Afterflosse bilden stets einen einheitlichen Flossensaum, während Bauchflossen fehlen. In deutschen Gewässersystemen lebt nur die Art des Europäischen Aals. Die meisten Aalarten sind katadrom, d. h. sie pflanzen sich im Meer fort, während sie ihre Entwicklung bis zum geschlechtsreifen Tier im Süßwasser durchlaufen. Der Europäische Aal teilt sich sein Laichgebiet im Meeresgebiet der Sagasso See vor der Südostküste Amerikas nach heutiger Kenntnis mit dem Amerikanischen Aal *(Anguilla rostrata)*. Während in Deutschland für ethohydraulische Untersuchungen grundsätzlich der Europäische Aal eingesetzt wird, werden in den USA Amerikanische Aale verwendet.

Glasaale

Steigaale

Europäischer Aal (Anguilla anguilla)

Der europäische Aal kann eine Länge von über 1 m erreichen. Sein von zähem Schleim überzogener, nahezu schuppenloser Körper besitzt während seiner durchschnittlich 10-jährigen Lebensphase im Süßwasser eine graubraun gefärbte Rückenpartie und eine gelblich weiße Bauchseite; ein solches Exemplar wird als "Gelbaal" bezeichnet. Bevor die Aale aus dem Süßwasser ins Meer abwandern, vergrößert sich ihr Augendurchmesser und es setzt eine Entwicklung der Geschlechtsorgane unter Rückbildung des Verdauungstraktes ein. Aufgrund ihrer dunkleren Rückenfärbung mit silbrig aufgehellter Bauchseite werden solche abwanderwilligen Exemplare als "Blankaale" (englisch: Silvereel) bezeichnet. Blankaale wandern während weniger Nächte im Jahr in großen Kollektiven die Flüsse stromabwärts und weiter durch die Ozeane bis zu ihren Fortpflanzungsgebieten, wo vermutlich in großer Tiefe das Laichgeschäft stattfindet. Nicht nur das Ablaichen der Aale und das Schicksal der Elterntiere danach, sondern auch die natürliche Entwicklung von Aaleiern wurde noch nie direkt beobachtetet. Die Nachweise der frühesten Larvenstadien stammen aus Planktonproben aus dem Golfstrom, in denen sich unpigmentierte und Aalen gänzlich unähnlich sehende weidenblattförmigen Larven finden. Mit diesen Meeresströmungen werden die Aallarven binnen zwei bis drei Jahren an die europäischen Küsten verdriftet. Erst hier wandeln sie sich zu augentragenden, lang gestreckten, ungefärbten "Glasaalen" um, die stromaufwärts in die Binnengewässer einwandern. Als bis zu 30 cm lange "Steigaale" schwimmen die Fische die Flusssysteme weiter hinauf, um hier bis zur Geschlechtsreife heran zu wachsen und schließlich in den Atlantik zurückkehren.

Blankaal
Rote Liste: Kein Schutzstatus da dieser nur für im Süßwasser laichende Arten vergeben wird

Das Aufkommen der Glasaale an den europäischen Küsten beträgt aktuell nur noch 1 bis 2 % gegenüber den Durchschnittswerten aus den 1970er Jahren (AFS 2003). Wenngleich für diesen dramatischen Bestandsrückgang viele Faktoren verantwortlich sind, tragen auch die für Steigaale nicht oder nur eingeschränkt passierbare Stauanlagen sowie die die abwandernden Elternfische schädigenden Turbinen und Pumpen wasserbaulicher Anlagen zur Gefährdung dieser Art bei. Vor diesem Hintergrund wurde ein europaweiter Aktionsplan verabschiedet, der von den Mitgliedsstaaten die Gewährleistung der Abwanderung für mindestens 40 % aller Blankaale bis ins Meer fordert (Rat der Europäischen Union 2007).

Aufgrund des aktuellen Interesses, vor allem abwandernde Aale vor sie gefährdenden wasserbaulichen Anlagen zu schützen, wurden in den vergangenen Jahren diverse ethohydraulische Studien durchgeführt, die tiefen Einblick in das Verhaltensrepertoire dieser Art erlaubten. Aufgrund ihrer schlängelnden Fortbewegung unterstützt durch den ondulierenden Flossensaum sind Aale in der Lage auf einer Achse gleichermaßen vorwärts, wie rückwärts zu schwimmen. Entsprechend können Aale im Gegensatz zu anderen Fischen ihre Bewegungsrichtung abrupt umkehren, ohne wenden zu müssen. Rückwärts schwimmen die Fische allerdings nur über kurze Distanzen, bevor der Aal wendet und seinen Weg Kopf-voran in gleicher Richtung fortsetzt. Fische dieser Art schwimmen sowohl mit als auch gegen die Strömung in allen Wassertiefen. Hierbei bevorzugen sie allerdings vom Untergrund abgelöste Wassertiefen, in denen sie die Kollision mit aufragenden Hindernissen vermeiden können. In Fließrichtung lassen sich Aale entweder Kopf-voran kontrolliert verdriften, wobei sie lediglich Korrekturen ihrer Körperlage mit den Brustflossen durchführen. Oder die Fische schwimmen aktiv Kopf-voran stromab, wobei das erste Drittel des Körpers leicht aufgerichtet ist, während der Hinterleib den Vortrieb übernimmt. Bei der Aufwanderung, d. h. dem Schwimmen gegen die Fließrichtung ist die Körperhaltung ähnlich der Abwanderung, jedoch nehmen die Fische mit zunehmender Fließgeschwindigkeit eine gestreckte Körperhaltung mit teilweise leicht gesenktem Kopf ein.

Aale agieren einzelgängerisch, doch zeigen sie sich gegenüber Artgenossen und anderen Fischen gegenüber sehr verträglich. Aale suchen intensiv nach dunklen Versteckmöglichkeiten, wobei sie in die schmalsten Ritzen eindringen. Um Flucht- oder Wandermöglichkeiten zu finden springen Aale gelegentlich sogar über der Wasseroberfläche bzw. verlassen am Ufer kurzzeitig den Wasserkörper. Vor diesem Hintergrund ist bei ethohydraulischen Untersuchungen mit Aalen eine sorgfältige Abdichtung selbst kleinster Spalten wichtig und die Hälterbecken müssen mit dicht schließenden, schweren Deckeln oder Auflagen gegen ein Entkommen der ausbruchsfreudigen Aale gesichert sein.

Selbst bei Klarwasserbedingungen und bei guten Lichtverhältnissen im Labor, war immer wieder zu beobachten, dass Aale in einer Laborrinne mit in die Wassersäule hinein ragenden Einbauten kollidieren. Dies spricht dafür, dass Aale über keine besonders sensible optische Wahrnehmung verfügen. Dennoch wird immer wieder versucht, ihren negativ phototaktischen Sinn dazu zu nutzen, Aale mittels heller Lichtquellen aus bestimmten Bereichen wasserbaulicher Anlagen, z. B. Kühlwasser- und Triebwerkseinläufen zu vertreiben. Gleiches wurde mit Geräuschquellen von Ultra- bis Infraschall unter Wasser versucht, wogegen sich Aale nicht zuletzt aufgrund ihres wenig entwickelten Hörsinnes ebenso unbeeindruckt zeigten, wie gegenüber anderen Störquellen wie Luftblasenvorhängen und elektrischen Feldern (DWA 2005).

Aale zeigten sich in ethohydraulischen Tests als sehr leistungsfähig. So sind sie z. B. in der Lage, ohne zu zögern turbulente Zonen mit einer spezifischen Leistungsdichte von annähernd 1.000 W/m3 im Sprint zu durchqueren, ohne die Orientierung oder ihre positiv rheotaktische Ausrichtung zu verlieren. Weitere aalspezifische Verhaltensweisen sind ausführlich in Kap. 9 beschrieben.

Familie: Lachsfische (Salmonidae)

Charakteristisch für alle Lachsfische ist ihr torpedoförmiger Körperbau, der die Fische als sehr schnelle und ausdauernde Schwimmer ausweist. Zwischen der Rücken- und der Schwanzflosse befindet sich eine Fettflosse, die für männliche Salmoniden vor allem in der Paarungszeit ein wichtiges Geschlechtsmerkmal ist (Hansen 1988). Der Familie der Lachsfische gehören viele Arten an, die wie Lachse und Meerforelle einen anadromen Lebenszyklus aufweisen, d. h. sich im Süßwasser fortpflanzen, während sich ihre Aufwuchshabitate bis zur Geschlechtsreife im Meer befinden.

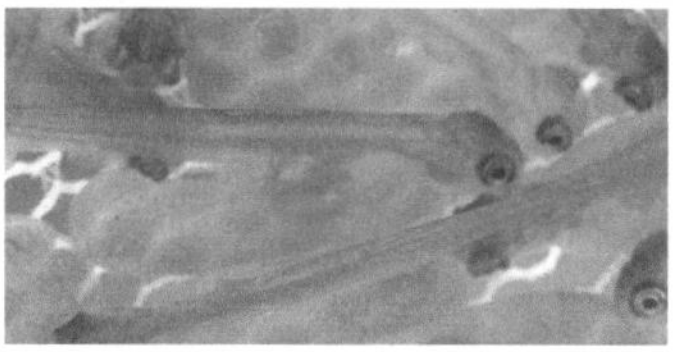

Dottersackbrütlinge

juveniler Lachs („Parr“)

abwanderbereiter Junglachs („Smolt“)

Atlantischer Lachs (Salmo salar)

Das natürliche Verbreitungsgebiet des der einzigen in Deutschland heimischen Lachsart umfasst alle deutschen Stromgebiete mit Ausnahme des Donausystems. Erwachsene Lachse können eine Körperlänge von über 1 m erreichen. Charakteristisch für die Art ist ein schlanker Schwanzstiel mit leicht eingebuchteter Schwanzflosse und eine Maulspalte, die sich nicht bis zum Hinterrand des Auges erstreckt. Die Schuppen sind klein und bilden ein silbrig glänzendes Kleid, das lediglich oberhalb der Seitenlinie kleine schwarze, unregelmäßige oder x-förmige Punkte trägt. Zur Laichzeit erscheint auf den Wangen sowie den Flanken der Elterntiere eine prächtig rote Marmorierung und der Unterkiefer der Männchen formt einen sog. Laichhaken aus, der sich nach der Fortpflanzungszeit wieder zurück bildet. Die Paarung der anadromen Lachse findet während der Wintermonate in Bachoberläufen ausreichender Wasserführung und kleineren Flüssen statt: Hier schlägt der weibliche Lachs mit der Schwanzflosse eine Laichgrube in den kiesigen Gewässerboden, in die Eier und Sperma abgegeben werden. Nach dem Schlupf verbleiben die mit einem Dottersack ausgestatteten Brütlinge bis zur Aufzehrung ihrer Nahrungsreserve noch gut geschützt im Lückensystem des Gewässerbodens, bevor sie zu einer freien Lebensweise im Gewässer übergehen. Die als “Parrs” bezeichneten Junglachse verbringen die ersten ein bis zwei Jahre in ihrem Geburtsgewässer, bis sie sich im Frühjahr zu silbrigen “Smolts” umfärben, um ins Meer abzuwandern. Nach ein bis mehreren Jahren Meeresaufenthalt kehren die Lachse schließlich, hauptsächlich von ihrem Geruchssinn geleitet zum Ablaichen mit hoher Sicherheit exakt in dasjenige Gewässer zurück, in dem sie ihre Jugend verbracht haben.

männlicher Rückkehrer mit Laichhaken

Schutzstatus:
FFH-Art gem. Anhang II & V
Rote Liste: vom Aussterben bedroht

Die Lachsbestände gingen bereits im 19. Jahrhundert infolge der zunehmenden Unterbrechung der Wanderkorridore dieser anadromen Fischart dramatisch zurück. Auch die fortschreitende Belastung der Gewässer sowie wasserbauliche Eingriffe trugen zur Bestandsgefährdung bei, so dass der Atlantische Lachs schließlich in den 1950er Jahren in ganz Deutschland verschollen war. Seit gut 20 Jahren ist diese Art Objekt umfangreicher Wiederansiedlungsbemühungen, wobei das Ziel sich selbst erhaltende Populationen wieder aufzubauen, noch nirgends erreicht wurde.

Für ethohydraulische Tests kamen bisher Parrs und Smolts mit Körperlängen bis zu 15 cm zum Einsatz, da die Beschaffung erwachsener Lachse nicht nur schwierig zu realisieren, sondern auch nicht genehmigungsfähig ist. Junglachse schließen sich in Strömung bevorzugt zu oberflächenorientierten Schwärmen zusammen. Bei einer Wassertiefe von etwa 1,2 m und Fließgeschwindigkeiten von bis zu 1 m/s verhielten sich solche Schwärme von Smolts in einer Laborrinne passiv, in dem sie stundenlang an mehr oder weniger derselben Stelle positiv ausgerichtet in der ungebremsten Strömung schwammen. Wurde die Strömung abgestellt, lösten sich diese Schwarmverbände sogleich auf und die einzelnen Individuen zogen sich, nach einer Weile scheinbar orientierungslosem Umherschwimmen, in Unterstände zurück oder verharrten bodennah dicht an die Wänden des Gerinnes oder von Einbauten angeschmiegt. Bevorzugt wurden möglichst kleinlumige Verstecke, die die Smolts gegen Artgenossen oder andere Konkurrenten aggressiv verteidigten.

Junglachse zeigen unter Laborbedingungen eine sehr sensible optische Wahrnehmung ihrer Umgebung, so dass sie niemals mit Hindernissen zusammen stoßen und auf Bewegungen außerhalb der Rinne reagieren. Tests mit Stroboskoplampen, Luftblasen- und Wasservorhängen lösen bei Lachsen allerdings unter Laborbedingungen kein dauerhaftes Meide- oder Fluchtverhalten aus.

Die vergleichsweise leistungsstarken Junglachse zeigen erst ab einer vergleichsweise hohen Fließgeschwindigkeit von etwa 0,3 m/s ein positiv rheotaktisches Verhalten. Darüber hinaus vermögen sie stundenlang selbst bei Fließgeschwindigkeiten über 1 m/s im freien Wasserkörper schwimmend einer Verdriftung zu trotzen. Weitere lachsspezifische Verhaltensweisen sind ausführlich in Kap. 9 beschrieben.

Schutzstatus:
Rote Liste: ungefährdet

Bachforelle (Salmo trutta f. fario)

Die goldfarbene Bachforelle trägt rote und schwarze Punkte mit einem hellen Hof auf Rücken und Flanken. Die Fettflosse dieser Art besitzt einen charakteristischen roten Rand. Bachforellen leben in der nach ihnen benannten Oberen- und Unteren Forellenregionen, wo sie je nach den Lebensbedingungen eine Körperlänge bis zu 50 cm erreichen können.

Bachforellen sind Einzelgänger, wenngleich sie sich zumindest zeitweilig unter Laborbedingungen zu Gruppen zusammenschließen, ohne gegeneinander aggressiv zu sein. Es wurde allerdings beobachtet, dass Bachforellen im Falle einer drohenden Gefahr Unterstände besetzen, die sie äußerst aggressiv gegenüber Artgenossen verteidigen. Entgegen herkömmlicher Behauptungen besteht jedoch keine feste territoriale Bindung einer Forelle an einen bestimmten Unterstand.

In ethohydraulischen Tests präsentierten sich sowohl etwa 15 cm lange junge Bachforellen, wie auch stattliche Exemplare vergleichsweise wenig aktiv. Vielmehr bevorzugen es Fische dieser Art auf der Sohle aufliegend, bewegungslos zu verharren. Sofern jedoch Bachforellen unabhängig von ihrer Größe ein aktives Verhalten zeigen, lösen sie sich blitzschnell aus ihrer Ruheposition. Sie erweisen sich als kraftvolle Schwimmer, mit schnellen Reaktionen, die in allen Wassertiefen agieren. Im freien Wasserkörper wechseln Bachforellen abrupt von einem aktiven Umherschwimmen in eine kontrollierte Drift. In der Laborrinne unternahmen Fische dieser Art und aller Größen von der Sohle bis zur Wasseroberfläche blitzartige Streifzüge, um dort nach treibenden Partikeln zu schnappen, bevor sie rasch und unvermittelt wieder abtauchen.

Während eine Fließgeschwindigkeit von 0,15 m/s bereits bei juvenilen Bachforellen ein positiv rheotaktisches Verhalten auslöst, richten sich größere Exemplare erst ab 0,2 m/s bis 0,3 m/s gegen eine Strömung aus. Noch bei Fließgeschwindigkeiten von bis zu 1 m/s können Bachforellen offenbar ermüdungsfrei schwimmen, wobei sie bodennahe oder pelagiale Positionen einnehmen. Gegen Fließgeschwindigkeiten über 1,7 m/s können Bachforellen aller Größen noch mit geringfügig gesteigerter Schwimmgeschwindigkeit anschwimmen. Selbst hochturbulente Zonen mit hoher Fließgeschwindigkeit werden von Bachforellen aller Größen zügig und unbeirrt gegen die Strömung orientiert durchmessen.

Im Gegensatz zu diesem von hoher Leistungsfähigkeit geprägtem Schwimmverhalten fällt es Bachforellen unter 20 cm Länge allerdings bei einer Anströmgeschwindigkeit von 1 m/s schwer, sich von einer unpassierbaren mechanischen Barriere zu lösen und zu entfliehen, nachdem sie an eine solche angepresst sind.

juvenile Regenbogenforelle

adulte Regenbogenforelle

kein Schutzstatus

Regenbogenforelle (Oncorhynchus mykiss)

Die bis zu 70 cm große Regenbogenforelle ähnelt in ihrer Körperform der Bachforelle, ist jedoch von gedrungenerer Gestalt. Während der Rücken grünlich bis oliv gefärbt ist und zahlreiche kleine schwarze Punkte trägt, werden die silbrigen Flanken von einem prächtig in Regenbogenfarben schillernden Band überzogen. Juvenile Fische tragen zusätzlich noch breite dunkle Querbänder auf den Flanken. Die Regenbogenforelle wurde 1887 aus Nordamerika eingeführt und hat sich aufgrund ihres qualitativ hochwertigen Fleisches sowie ihrer Eignung zur Haltung in Teichen zu einem beliebten Speisefisch entwickelt. Darüber hinaus wurden Regenbogenforellen in der Vergangenheit speziell in stark belasteten Gewässern besetzt, weil sie belastungstoleranter als einheimische Salmoniden sind. Fortpflanzungsfähige Bestände haben sich in Deutschland bis heute aber nur in wenigen Bächen etablieren können.

Bislang konnten keine wesentlichen Unterschiede im Verhalten von Regenbogen- und Bachforellen ausgemacht werden. So sind große Regenbogenforellen ebenso aggressive Einzelgänger, die kleinere Fische aller Arten aus ihrem unmittelbaren Umfeld vertreiben. Auch hinsichtlich der Leistungsfähigkeit wurden bislang keine artspezifischen Unterschiede weder in Hinblick auf die Rheotaxis, noch gegenüber hohen Fließgeschwindigkeiten und Turbulenzen erkannt. So sind Regenbogenforellen mühelos in allen Wassertiefen in der Lage, gegen Fließgeschwindigkeiten von über 1,7 m/s anzuschwimmen.

Familie: Äschen (Thymallidae)

Schutzstatus:
FFH-Art gem. Anhang V
Rote Liste: stark gefährdet

Äsche (Thymallus thymallus)

Charakteristisch für die Äsche ist ihre außergewöhnlich große Rückenflosse, die bei männlichen Fischen regenbogenfarbig schillert. Daneben findet sich zwischen der Rücken- und Schwanzflosse eine fleischige Fettflosse. Der von großen Schuppen bedeckte, silbrig schimmernde Körper erreicht eine Länge bis zu 50 cm. Die torpedoförmige Körpergestalt weist diese ausschließlich im Süßwasser lebende Art als schnell und ausdauernd aus. Äschen besiedeln gesellig hauptsächlich schnell strömende Unterläufe in größeren Bächen bzw. kleinen Flüssen. Dort ernährt sie sich von benthalen Wirbellosen und erbeutet an der Wasseroberfläche Insekten. Übersteigt die Wassertemperatur im Frühjahr 10 °C, lösen sich die Schwarmverbände auf und die Männchen verteidigen eigene Territorien. Nach einem komplizierten Balzritual geben die Weibchen mehrmals während einer Laichzeit ihre Eier in das Lückensystem kiesiger Substrate ab, wo sie vom Männchen befruchtet werden. Die Äsche reagiert empfindlich auf stoffliche und thermische Belastungen sowie strukturelle Degradation ihres Lebensraumes. Ihre Bestände werden zudem oft durch den Fraßdruck Fisch fressender Vögel dezimiert.

Aufgrund ihrer Empfindlichkeit insbesondere gegenüber Schwankungen der Wassertemperatur wurden bisher nur selten Äschen für ethohydraulische Tests eingesetzt. Fische dieser Art zeigen sich stets sehr aktiv, in dem sie den gesamten in der Laborrinne zur Verfügung stehenden Raum mit hoher Schwimmgeschwindigkeit und abrupten Kurskorrekturen in allen Dimensionen durchkreuzen. Oft steigen Äschen auch blitzschnell zur Wasseroberfläche auf und tauchen nach einem lauten Aufklatschen mit der Schwanzflosse ebenso zügig wieder ab. Bei diesen Manövern ist häufig zu beobachten, dass die Fische nach treibenden Partikeln schnappen. Vergleichbar Bach- und Regenbogenforellen verhalten sich auch Äschen gegenüber hohen Fließgeschwindigkeiten und Turbulenzen souverän, in dem sie unter den bisherigen Bedingungen im Versuchsstand nie erkennbar ihre Leistungsgrenzen erreichten, ermüdeten oder in hochturbulenten Zonen die Orientierung verloren. Ihre rheoaktive Geschwindigkeit liegt zwischen 0,2 und 0,3 m/s.

Familie: Stinte (Osmeridae)

Schutzstatus:
Rote Liste: Vorwarnliste

Stint (Osmerus eperlanus)

Der Stint ist ein silbrig glänzender, sehr schlanker Fisch von maximal 20 cm Länge, einem vergleichsweise lang gestreckten Kopf mit oberständigen Maulspalte, einer kleinen Fettflosse sowie eine verkürzte Seitenlinie, die auf Höhe der Brustflossen endet. Der Stint kommt in zwei Ökoformen vor, von denen der Binnenstint in Stillgewässern lebt, während der Wanderstint einen anadromen Lebenszyklus durchläuft: Im Frühjahr zieht letzterer aus Nord- und Ostsee in großen Schwärmen in die Unterläufe großer Flüsse und Ströme hinein, um zwischen Wasserpflanzen oder direkt auf den sandigen Gewässerboden seine Eier in eine langsame, aber stete Strömung abzugeben.

Anadrome Stinte zeigen sich äußerst empfindlich gegenüber jeglicher Behandlung, so dass eine Verwendung dieser Art für ethohydraulische Tests nur unter größter Vorsicht möglich ist. In einer Laborrinne halten sich Stinte bevorzugt im freien Wasserkörper, oft auch oberflächennah auf, ohne raumgreifende Aktivitäten zu entwickeln. In wie weit dies einem natürlichen Verhalten entspricht, ist aufgrund der geringen Erfahrung mit dieser schwer beschaff- und hälterbaren Art unklar. Immerhin zeigen sich Stinte zumindest auf kurzen Distanzen durchaus in der Lage, gegen eine Fließgeschwindigkeit bis zu 1,7 m/s zu behaupten. Ein rheoaktives Verhalten zeigen Stinte bereits bei Fließgeschwindigkeiten ab 0,1 m/s.

Familie: Hechte (Esocidae)

Schutzstatus:
Rote Liste: ungefährdet

Hecht (Esox lucius)

Kennzeichnend für den Hecht, der eine Länge bis weit über 1 m erreichen kann, ist sein stromlinienförmiger Körper mit der weit schwanzwärts verlagerten Rückenflosse, die ihn zur schnellen Beschleunigung bei der Jagd auf Fische, Amphibien und Wasservögel befähigt. Das Maul ist entsprechend groß und mit zahlreichen langen, spitzen Zähnen bewehrt. Während der Frühjahrshochwässer wandern Hechte bevorzugt in überflutete Auen ein, um hier ihre Eier an die untergetauchte Vegetation zu heften. Der hochwasserfreie Gewässerausbau hatte für diese Art zur Folge, dass Überschwemmungen zu schnell abfließen, so dass dem Hechtlaich nicht genügend Zeit bleibt, sich zu entwickeln und die Junghechte nicht rechtzeitig in den Fluss zurückkehren können. Aufgrund seiner großen Bedeutung als Speisefisch wird der Hecht daher in vielen Gewässern besetzt.

Als Raubfische, die bei Nahrungsmangel zum Kannibalismus neigen, stellt die Hälterung von Hechten im Rahmen ethohydraulischer Untersuchungen ein gewisses Problem dar, da insbesondere große Exemplare den übrigen Probanden nachstellen. Entsprechend sind zumindest die Hälterbecken mit Rückzugsmöglichkeiten auszustatten, in die die Hechte nicht eindringen können. Hechte bewegen sich in der Regel einzelgängerisch pelagial bis oberflächennah im Wasserkörper. In ruhiger Strömung werden Lagekorrekturen hauptsächlich durch Paddelbewegungen der Brustflossen vorgenommen. Selbst unter Laborbedingungen beschleunigen Hechte aller Größen blitzschnell und ohne erkennbare Vorzeichen durch kraftvolle Schläge mit der Schwanzflosse. Auf diese Weise springen sie aus Hälterbecken und Laborrinnen oder über Hindernisse hinweg. Im Normalfall verharren Hechte nahezu regungslos oberflächennah oder pelagisch auf einer Position.

Bei juvenilen Hechten von etwa 25 cm Länge wurde die positiv rheotaktische Fließgeschwindigkeit bereits ab 0,1 m/s ermittelt, während kapitale Exemplare von 0,6 m und länger erst auf einer Strömung mit einer Geschwindigkeit von 0,2 m/s reagieren. Wenngleich sich Hechte in der Regel inaktiv präsentieren, sind sie zumindest kurzzeitig zu Leistungen gegenüber hohen Fließgeschwindigkeiten und Turbulenzen fähig, die denen von Lachs, Bach- und Regenbogenforelle in nichts nachstehen. Eine überraschende Erkenntnis aus ethohydraulischen Untersuchungen ist, dass Hechte unabhängig von ihrer Körperlänge die Passage von Engstellen verweigern, die schmaler als 0,7 m sind.

Familie: Karpfenfische (Cyprinidae)

Karpfenfische entsprechen mit ihrem symmetrischen Körperbau mit den bauchständigen Bauchflossen dem Prototyp eines Fisches. In heimischen Gewässern leben mehrere Arten, die äußerlich oft recht ähnlich sind. Deshalb werden zur Unterscheidung der Arten anhand äußerlicher Merkmale neben der recht variablen Größe und Färbung insbesondere die Anzahl der Schuppenreihen entlang der Seitenlinie sowie bis zum Rücken, die Form sowie der Ansatz der Flossen und die Anzahl und Stellung von Barteln heran gezogen. Eine physiologische Besonderheit stellt bei den Cypriniden das vergleichsweise gute Hörvermögen infolge der Entwicklung schallleitender Gehörknöchelchen dar (Kap. 4.3.2.5). In der Regel sind Cypriniden gesellig und schließen sich mit anderen Fischen zu Gemischtartenschwärmen zusammen, um im Gewässer, wie auch in einer Laborrinne umher zu streifen.

Schutzstatus:
Rote Liste: ungefährdet

Aland/Goldorfe (Leuciscus idus)

Der bis maximal etwa 60 cm lange Aland hat einen leicht hochrückigen, silbergrauen Körper mit rötlichen Bauch- und Afterflossen. Der Hinterrand der Afterflosse ist deutlich eingebuchtet. Seltener kommt eine Farbvarietät, die sog. Goldorfe vor, die in toxikologischen Labors zur Ermittlung der Wirkweise und Giftigkeit chemischer Substanzen eingesetzt wird. Im Jugendstadium ist der Aland leicht mit anderen Karpfenfischen wie Döbel, Hasel, Plötze und Rotfeder zu verwechseln.

Bei ethohydraulischen Verhaltensbeobachtungen erwiesen sich Alande stets als besonders aktive, kraftvolle und leistungsstarke Schwimmer, die den gesamten zur Verfügung stehenden Raum in der Laborrinne nutzten, um bevorzugt im freien Wasserkörper umher zu streifen. Unterschiede in der Leistungsfähigkeit im Vergleich zu Salmoniden scheinen in erster Line in der Ausdauer zu bestehen. Der Grenzwert für die rheoaktive Geschwindigkeit liegt für den Aland bei 0,2 m/s. Adulte Fische dieser Art passieren Fließgeschwindigkeiten über 1,7 m/s und durchschwimmen selbst hochturbulente Zonen ohne die Orientierung zu verlieren.

Schutzstatus:
FFH-Art gem. Anhang V
Rote Liste: ungefährdet

Barbe (Barbus barbus)

Der Körper der lang gestreckten, muskulösen Barbe ist in Anpassung an eine bodenorientierte Lebensweise bauchseitig abgeflacht. Die Art besitzt ein unterständiges Maul mit vier Barteln. Barben können bis zu 1 m lang werden. Sie besiedeln gesellig Flussabschnitte mit hoher Fließgeschwindigkeit, wo sie sich von benthalen Wirbellosen ernährt. Von ihren Wintereinständen in tieferen Flussabschnitten oder Auegewässern aus wandert die potamodrome Barbe im Frühjahr ggf. über hunderte Kilometer, um auf geeigneten flach überströmten Kiesbänken abzulaichen. Die Bestände der Barbe leiden darunter, dass vor allem ihre präferierten Lebensräume zum Schutz vor Hochwasser, zur Schiffbarmachung und der Energiegewinnung aus Wasserkraft ausgebaut und staureguliert wurden. Da diese Fischart allerdings nicht essentiell auf Wanderungen angewiesen ist, gilt sie als nicht gefährdet.

Barben streifen bevorzugt in Gemischtartenschwärmen umher und suchen Unterstände nur kurzfristig auf, wenn Gefahr droht. Fische dieser Art halten sich im Gewässer, wie auch in einer Laborrinne, bevorzugt in Bodennähe auf, wo sie sich begünstigt durch ihre abgeflachte Bauchseite derart an den Untergrund anschmiegen können, dass die Strömung über den Kopf und Rücken streicht und den Fisch zusätzlich an den Untergrund presst. Auf diese Weise vermögen Barben selbst bei Fließgeschwindigkeiten weit über 2 m/s, wie z. B. unmittelbar unter dem Rheinfall von Schaffhausen, regungslos an Ort und Stelle zu verharren. Aufgrund ihrer kraftvollen Konstitution schwimmen Barben unbeirrt selbst in hochturbulente Zonen hinein und durchqueren wie andere Arten mit hohem Leistungsvermögen Abschnitte mit sehr starker Strömung. Bei Barben unter 10 cm Länge setzt ein rheoaktives Verhalten bereits bei einer Fließgeschwindigkeit von 0,15 m/s ein, während adulte Fische erst auf Strömungen ab 0,2 m/s positiv rheotaktisch reagieren.

Schutzstatus:
FFH-Art gem. Anhang II
Rote Liste: ungefährdet

Bitterling (Rhodeus amarus)

Diese maximal 10 cm lange Kleinfischart ist von hochrückiger und seitlich abgeflachter Gestalt. Über die Flanken zieht sich vor allem während der Laichzeit eine auffällige, blaugrün schillernde Längsbinde. Für die Fortpflanzung ist die Art auf die Präsenz von Großmuscheln angewiesen, in deren Kiemenraum das Weibchen mit Hilfe einer Legeröhre jeweils ein bis zwei Eier legt. Das während der Eiablage nahe des Geschehens verharrende Männchen gibt sein Sperma ab, das mit dem Atemwasser der Muschel in deren Kiemenraum gelangt und hier die Fischeier befruchtet. Nach einigen Wochen verlassen etwa 1 cm lange Jungfische die Muschel, die sie während ihrer ersten Lebensphase vor Räubern geschützt und stets mit sauerstoffreichem Wasser versorgt hat. Der Bitterling besiedelt Still- und Auegewässer sowie Flüsse mit sehr geringer Strömung. Er ernährt sich von abgestorbenen Pflanzenteilen und Wirbellosen. Nährstoffeintrag sowie die Verfüllung von Klein- und Auegewässern führten in der Vergangenheit regional zum Verschwinden von Muschelbeständen und damit auch des Bitterlings.

Die bevorzugt in Einartenschwärmen gesellig lebenden Bitterlinge halten sich auch in einer Laborrinne stets in der Nähe von Unterständen auf, um sich bei Annäherung einer Gefahr sofort zu verstecken. Sofern die Fische umher schwimmen, bewegen sie sich sohlennah über kurze Distanzen auf Strukturen zu, in deren Schutz sie innehalten und die Umgebung sichern können. Entsprechend ihrer Bindung an strömungsarme Lebensräume zeigen Fische dieser Art bereits bei einer Fließgeschwindigkeit ab 0,1 m/s ein positiv rheotaktisches Verhalten und erreichen bei einer mittleren Fließgeschwindigkeit von nur 0,4 m/s ihre Leistungsgrenze, in dem sie von der Strömung hilflos verdriftet werden.

Schutzstatus:
Rote Liste: ungefährdet

Brachsen (Abramis brama)

Der bis zu 70 cm lange Brachsen besitzt einen ausgesprochen hochrückigen, seitlich zusammen gedrückten Körperbau. Charakteristisch ist auch die lang gezogene Afterflosse. An den bis zum Ansatz der Bauchflossen zurück reichenden Brustflossen ist diese Art sicher vom ähnlichen Güster zu unterscheiden. Brachsen besiedeln die träge fließenden Flussabschnitte in denen bei mäßiger bis geringer Strömung im Sommer Wassertemperaturen bis zu 20 °C herrschen. Erwachsene Brachsen gründeln am schlammigen Gewässerboden nach benthalen Wirbellosen. Zur Laichzeit im Frühsommer wandern die adulten Fische bevorzugt in nährstoffreiche Stillgewässer ein oder an strömungsarme Stellen, um die klebrigen Eier an Hartstrukturen anzuheften. Die Jungfische leben zunächst in Ufernähe. Die Winterlager der Brachsen befinden sich in Flussabschnitten mit großer Wassertiefe. Aufgrund seiner hohen Toleranz gegenüber organischen Belastungen sowie seine Anpassungsfähigkeit an unterschiedliche Strömungsbedingungen ist der potamodrome Brachsen in Deutschland überall weit verbreitet und nicht gefährdet.

Brachsen sind für ethohydraulische Tests nicht nur aufgrund ihrer vergleichsweise einfachen Beschaffbarkeit, Toleranz gegenüber hohen Wassertemperaturen und Agilität, sondern vor allem als Vertreter der Gilde hochrückiger und gleichzeitig großwüchsiger Arten prädestiniert. Als Cypriniden sind sie stets in Gemischtartenschwärmen zu finden, finden sich jedoch auch gerne nur mit Artgenossen zusammen. In der Regel halten sich Brachsen in Sohlennähe auf. Ab 0,15 m/ zeigen juvenile und ab 0,2 m/s adulte Brachsen ein positiv rheotaktisches Verhalten. Sowohl kleine als auch kapitale Exemplare sind leistungsfähige Schwimmer, die auch hohe Fließgeschwindigkeiten bis zu 2 m/s nicht meiden. Dies ist den Fischen jedoch nur unter gerichteten, turbulenzarmen Strömungsbedingungen möglich, da ihre Körperform einer seitlichen Anströmung einen großen Widerstand bietet, so dass Brachsen leicht von Querströmungen verdriftet werden.

Schutzstatus:
Rote Liste: ungefährdet

Döbel (Squalius cephalus)

Der bis zu 60 cm lange, gestreckte Döbel ist von kräftigem Körperbau und besitzt einen massiven Kopf mit breiter Maulspalte. Charakteristisch ist die dunkle Umrandung seiner großen Schuppen, die eine Art Netzzeichnung bewirkt und die konvexe Kontur des Hinterrandes der rötlichen Afterflosse. Der Döbel ist eine anspruchslose, belastungstolerante Fischart, die in fast allen Gewässern anzutreffen ist. Junge Döbel sind schwarmbildend und ernähren sich von benthalen Wirbellosen, während ältere Exemplare zu einer einzelgängerischen Lebensweise tendieren und sich nicht nur von tierischer, sondern saisonal auch pflanzliche Kost ernähren.

Döbel verhalten sich in der Laborrinne stets sehr aufmerksam und reagieren äußerst sensibel auf rasche Bewegungen oder Geräusche. Exemplare dieser Art streifen nahezu unablässig in Gemischtartenschwärmen ähnlicher Größe umher und Unterstände werden lediglich kurzzeitig bei drohender Gefahr aufgesucht. Die Fließgeschwindigkeit, die ein positiv rheotaktisches Verhalten auslöst, beträgt beim Döbel unabhängig vom Alter 0,2 m/s. Die leistungsstarken Tiere bewegen sich in der Regel parallel zur Strömungsrichtung, während ein Schwimmen quer zur Fließrichtung allenfalls über kurze Distanzen z. B. bei Ausweich- oder Fluchtmanövern zu beobachten ist. Von Anströmgeschwindigkeiten ab 0,7 m/s werden Döbel mit Körperlängen unter 20 cm an unpassierbaren Barrieren hilflos angepresst, während adulte Exemplare erst ab 1 m/s in Gefahr sind, nicht mehr fliehen zu können. In ethohydraulischen Tests mit klingenden Rechenstäben im Frequenzbereich von 450 bis 500 Hz hielten Döbel zumindest kurzzeitig deutlich Abstand zur Geräuschquelle; ein Verhalten, das das gute Hörvermögen dieser Art unterstreicht.

Schutzstatus:
Rote Liste: ungefährdet

Elritze (Phoxinus phoxinus)

Die schlanken, maximal 15 cm langen Elritzen sind oberhalb der Seitenlinie oliv mit schwarzen Querbinden gezeichnet, während die Bauchseite golden glänzt. Bunter gefärbt sind zur Laichzeit allerdings die männlichen Fische. Die Elritze ist ein lebhafter Schwarmfisch von hoher Anpassungsfähigkeit. Sie kommt in Gewässeroberläufen, aber auch in Uferbereichen nährstoffarmer stehender Gewässer vor und ernährt sich von benthalen Wirbellosen. Da Raubfische die Elritze als Nahrung schätzen, benötigt die Elritze reich strukturierte Versteck- und Rückzugsmöglichkeiten, um dem hohen Fraßdruck zu entgehen. Für die Fortpflanzung der Elritze sind seichte, schwach überströmte Kiesbänke erforderlich, wo die Eier in das Lückensystem des Substrats abgelegt werden.

Während in großskaligen Laborrinnen Elritzen aufgrund ihrer geringen Größe nur selten eingesetzt werden, lassen sich die agilen Kleinfische in kleineren Laborrinnen hervorragend beobachten. Elritzen schließen sich stets nur mit Artgenossen zu Einartenschwärmen zusammen, die unablässig in allen Wassertiefen umher schwimmen. Allerdings ermüden Elritzen bei einer mittleren Fließgeschwindigkeit von etwa 0,4 m/s binnen einer Stunde und werden verdriftet. Deshalb benötigen Fische dieser Art auch in ethohydraulischen Tests Rückzugsmöglichkeiten oder zumindest einzelne Sohlenstrukturen, um sich der Strömung zu entziehen.

Giebel

Goldfisch

Schutzstatus:
Rote Liste: ungefährdet

Giebel (Carassius gibelio)
Goldfisch (Carassius auratus)

Der ursprünglich aus Asien stammende Giebel bewohnt sowohl stehende als auch langsam fließende Gewässer. Die Art ist von hochrückiger Gestalt mit einer langen, leicht nach innen gewölbter Rückenflosse. Seine Färbung variiert von golden bis braun. Der Goldfisch ist eine Unterart des Giebels und kommt in zahlreichen Farb- und Formvarietäten auch in offenen Gewässern vor. Die maximale Körperlänge von Art und Unterart beträgt etwa 45 cm. Eine Besonderheit dieser Art besteht in der sog. Gynogenese, d. h. die Entwicklung der Eier wird bereits bei Anwesenheit des Spermas verwandter Arten stimuliert, ohne dass eine Befruchtung erforderlich ist. Auf diese Weise ist bereits ein einzelner weiblicher Fisch in der Lage, eine neue Population zu begründen. Giebel und Goldfisch zeigen sich gegenüber Umwelteinflüssen und selbst starken Sauerstoffschwankungen sehr tolerant. Während der Giebel sich in den meisten Gewässern vermehrt, benötigt der Goldfisch höhere Wassertemperaturen, die er allerdings mit der steigenden Zahl thermisch belasteter Gewässer vorfindet. Die Nahrung beider Arten besteht aus Wirbellosen und verrottenden Pflanzenteilen.

Giebel und Goldfisch präsentieren sich in ethohydraulischen Tests als außerordentlich agil und leistungsstark. Da die Arten aufgrund ihrer begrenzten Körpergröße gut zu handhaben sind und sich problemlos hältern lassen, sind sie als Probanden besonders gut geeignet. Wenngleich sich hinsichtlich des Schwimmverhaltens keine Unterschiede zwischen Giebel und Goldfisch benennen lassen, scheinen die Goldfische lernfähiger zu sein. Dies äußerte sich u. a. darin, dass sie einer unattraktiven konstruktiv/hydraulischen Situation früher ausweichen, als Giebel. Adulte Fische beider Arten reagieren ab einer Fließgeschwindigkeit von 0,2 m/s positiv rheotaktisch und durchschwimmen sowohl Zonen mit Fließgeschwindigkeiten über 2 m/s, wie auch hochturbulente Abschnitte zügig. Allerdings treten bei bis zu 25 cm langen Fischen bei einer kontinuierlichen Fließgeschwindigkeit von 0,5 m/s ohne jegliche strömungsberuhigten Rückzugsmöglichkeit nach etwa einer Stunde Ermüdungserscheinungen auf. Giebel und Goldfisch finden sich oft mit anderen Fischarten zu Gemischtartenschwärmen zusammen und streifen bei moderaten Fließgeschwindigkeiten in allen Wassertiefen unermüdlich umher.

Schutzstatus:
Rote Liste: ungefährdet

Gründling (Gobio gobio)

Der Rücken des kaum über 20 cm großen Gründlings ist olivgrün-braun gefärbt, die Körperflanken glänzen metallisch blau und weisen entlang der Seitenlinie dunkler Flecken auf. Charakteristisch sind für diese bodenorientierte Kleinfischart zwei kurze, von der Oberlippe ausgehende Barteln. Der Gründling lebt in Schwärmen an der Sohle rasch fließender Bäche bis gering strömender Flüsse, wo er sich von benthalen Wirbellosen ernährt. Im Frühjahr heftet das Weibchen an seichten Stellen zahlreiche klebrige Eier an das Substrat an, die das Männchen sodann besamt. Der Gründling zeigt sich gegen Gewässerverschmutzungen und -ausbau gleichermaßen tolerant.

Bei ethohydraulischen Untersuchungen bilden Gründlinge bevorzugt Reinartenschwärme aus, die sich ausschließlich bodennah aufhalten. Eine Fließgeschwindigkeit von etwa 0,2 m/s löst sowohl bei juvenilen, als auch adulten Exemplaren ein positiv rheotaktisches Verhalten aus. In Strömung schwimmen Gründlinge entweder aktiv Kopf-voran oder aber sie lassen sich positiv rheotaktisch ausgerichtet langsam rückwärts treiben, wobei sie einen vorsichtig tastenden Eindruck erwecken und eine zu rasche Verdriftung abbremsen. Die Fische suchen gerne Unterstände oder strömungsberuhigte Bereiche auf, bevorzugen ansonsten aber eine gerichtete Strömung die nur wenig stärker ist als 0,2 m/s. Gründlinge meiden durch Sohlenrauhigkeit oder andere Störkörper hervorgerufene Turbulenzen strikt. Von diesem Verhalten jedoch auf eine nur geringe Leistungsfähigkeit der Art zu schließen wäre falsch: Hochturbulente Zonen, die von zweifelsfrei leistungsstarken Schwimmern wie Bachforelle oder Aal im Sprint durchmessen werden können, werden auch von Gründlingen gemeistert. Im Falle dieser Art ist davon auszugehen, dass sie unter Laborbedingungen weniger leistungswillig, als leistungsfähig ist. Gründlinge besitzen wie alle Cypriniden ein vergleichsweise gut entwickeltes Hörvermögen, weshalb sie zumindest für eine Weile Abstand zu Geräuschquellen halten.

Schutzstatus:
Rote Liste: ungefährdet

Güster (Blicca bjoerkna)

Der Güster ist eine hochrückige, silbrig glänzende Fischart mit rötlichen Flossenansätzen von maximal 35 cm Körperlänge. Von den sehr ähnlichen Brachsen unterscheidet sich der Güster unter anderem durch den größeren Augendurchmesser, größere Schuppen sowie die geringere Länge der Brustflossen, die nicht bis zum Ansatz der Bauchflossen reichen. Er bewohnt bevorzugt pflanzenreiche Uferzonen von Flüssen und stehenden Gewässern, wo er sich von Plankton und benthalen Wirbellosen ernährt. Im Frühjahr heften Güster ihren Laich an Hartsubstrate jeglicher Beschaffenheit an. Die Art zeigt eine ausgeprägte Anpassungsfähigkeit gegenüber stofflichen und strukturellen Beeinträchtigungen ihres Lebensraums.

Alle bei ethohydraulischen Test eingesetzten Güster zeigten vergleichbare Verhaltensweisen wie Brachsen. Dies betrifft das positiv rheotaktische Verhalten, ihre Leistungsstärke sowie auch das Schwimm- und Sozialverhalten mit der Neigung, Gemischtartenschwärme mit Individuen ähnlicher Körpergröße zu bilden.

Schutzstatus:
Rote Liste: ungefährdet

Hasel (Leuciscus leuciscus)

Der bis zu 30 cm lange Hasel hat einen spindelförmig gestreckten Körper, der von relativ kleinen, silbergrauen Schuppen bedeckt ist. Im Vergleich zum Döbel besitzt er einen kleineren Kopf, seine Schuppen sind nicht dunkel gerändert und der Hinterrand der Afterflosse ist deutlich eingebuchtet. Er lebt gesellig im freien Wasser rasch strömender Fließgewässer, wo er sich von Wirbellosen ernährt. Seine Eier gibt der Hasel ins freie Wasser ab, wo sie absinken und an Wasserpflanzen und Steinen haften bleiben. Wenngleich der Hasel gegenüber organischen Belastungen recht unempfindlich ist, gehen seine Bestände vermutlich infolge struktureller Defizite lokal zurück.

Auch in der Laborrinne halten sich Hasel bevorzugt pelagial, d. h. in mittlerer Tiefe des freien Wasserkörpers auf. Dabei schließen sich Fische dieser Art Gemischtartenschwärmen ähnlicher Körperlänge an, auch wenn diese eher sohlennah schwimmen. Unterstände nutzen Hasel allenfalls selten und wenn, dann nur kurzzeitig, bis eine drohende Gefahr wieder verschwunden ist. Mit zunehmender Größe steigt der Grenzwert für die Fließgeschwindigkeit, welche ein positiv rheotaktisches Verhalten auslöst von 0,15 m/s auf 0,2 m/s. Die zwar verhältnismäßig kleinen, aber leistungsstarken Fische dieser Art vermögen selbst hochturbulente Zonen von Tosbecken zu durchschwimmen, wobei sie allerdings Sprintgeschwindigkeit aufbieten müssen und entsprechend schnell ermüden. Es wurden sogar Sprungversuche beobachtet. Kleinere Hasel können sich ab einer Anströmgeschwindigkeit von etwa 0,8 m/s von einer mechanischen Barriere nicht mehr lösen. Aufgrund ihres vergleichsweise guten Hörvermögens halten die auch auf optische Reize sensibel reagierenden Hasel Abstand zu Störquellen.

Gestreckter Wildkarpfen

Schuppenkarpfen (Zuchtform)

Spiegelkarpfen (Zuchtform)

Schutzstatus:
Rote Liste: ungefährdet

Karpfen (Cyprinus carpio)

Der goldbraun bis olivfarbene Wildkarpfen kann bei einer Körperlänge von über 1 m ein Gewicht bis zu 30 kg erreichen. Aufgrund der 4 Barteln an der Oberlippe des vorstülpbaren Mauls sind Karpfen unverwechselbar. Die Stammform des hochrückigen und je nach Zuchtform mehr oder weniger schuppenlosen Teichkarpfens ist der lang gestreckte, vollbeschuppte Wildkarpfen, der bevorzugt in pflanzenreichen Fließgewässern mit ruhiger Strömung, Auegewässern und Stillgewässern lebt. Der Karpfen ist ursprünglich eine asiatische Art, wurde aber bereits von den Römern in Deutschland angesiedelt. Mindestens seit dem Mittelalter unterliegt der Karpfen einer intensiven Züchtung in Teichen. Um geeignete Lebensräume zu erreichen, führen Karpfen in Fließgewässern Wanderungen über mehrere hundert Kilometer durch. Die Art ernährt sich gründelnd von benthalen Wirbellosen und verrottenden Pflanzenteilen. Erst bei Wassertemperaturen über 20 °C wird der Laich von den weiblichen Fischen an Wasserpflanzen angeheftet und von männlichen Karpfen besamt.

Im Rahmen ethohydraulischer Untersuchungen wurden juvenile und adulte Karpfen bis zu 80 cm Länge eingesetzt. Beim Umgang mit den großen Exemplaren hat sich allerdings gezeigt, dass die enorm kräftigen Fische ab einer Länge von ca. 70 cm und damit einem Gewicht von deutlich über 6 kg kaum mehr handhabbar sind. Vielmehr versuchen sie immer wieder aus dem Kescher oder der Transportwanne zu springen und verursachen so erheblichen Stress.

Von einem springenden kapitalen Karpfen ramponiertes Abdeckgitter eines Hälterbeckens

	Karpfen halten sich in einer Laborrinne bevorzugt in der unteren Hälfte der Wassersäule bis Sohlennähe auf, wo gelegentlich auch das typische Gründeln beobachtet werden kann. Kapitale Karpfen schwimmen im Laborgerinne bevorzugt in zwei bis drei Individuen umfassenden Rein- oder Gemischtartengruppen umher, während sich juvenile Karpfen gerne größeren Verbänden gemischter Artzusammensetzung anschließen, so lange deren Mitglieder etwa gleich groß sind. Karpfen erweisen sich unter Laborbedingungen als sehr agil, ausdauernd und leistungsfähig. Darüber hinaus zeigen sich selbst die größten Exemplare als in der Lage, Hindernisse zu überspringen. Ungeachtet ihres Alters reagieren Karpfen auf Strömungen mit einer Fließgeschwindigkeit ab 0,2 m/s positiv rheotaktisch. Obgleich es sich um eine Art strömungsarmer Lebensräume handelt, trotzen Fische dieser Art Fließgeschwindigkeiten von mehr als 2 m/s und scheuen auch nicht davor zurück, hochturbulente Bereiche zu durchqueren. Während 0,2 m schmale Engstellen von großen Fischen nur selten und sehr zögerlich passiert werden, stellen Durchlässe von mindestens 0,4 m lichter Weite keine Hindernisse dar. Als problematisch erweist sich allerdings die hochrückige Körperform, wodurch quer zur Strömung schwimmende Karpfen leicht verdriftet werden. Wie alle Cypriniden verfügen auch Karpfen über ein sensibles Hörvermögen, so dass sie zumindest zeitweilig Abstand zu störenden Geräuschquellen halten.

Schutzstatus:
Rote Liste: Vorwarnliste

Nase (Chondrostoma nasus)

Charakteristisches Merkmal der potamodromen und bis zu 50 cm langen Nase ist ein stark unterständiges Maul mit einer gerade verlaufenden, scharfkantig verhornten Unterlippe. Mit dieser schaben sie in lichtdurchfluteten Wassertiefen den Algenaufwuchs von Hartsubstraten ab. Brust-, Bauch- und Afterflosse haben eine rötliche Färbung. Zur Laichzeit im Frühjahr unternimmt sie Wanderungen über mehrere 100 km stromaufwärts, wobei die männlichen Fische vor den weiblichen Tieren die Laichplätze erreichen. Das Fortpflanzungsgeschehen dieser Art zeigt eine außerordentliche Synchronität: Alle Elterntiere eines Bestandes laichen binnen 48 Stunden auf geeigneten Kiesbänken ab.

In ethohydraulischen Tests zeigen sich Nasen als agile, leistungswillige und -fähige Probanden, die eine ausgeprägte Neigung haben, sich zu Reinartenschwärmen zusammen zu schließen. Ersatzweise schließen sie sich auch Gemischtartenschwärmen mit anderen Cypriniden an. Ab einer Fließgeschwindigkeit von 0,2 m/s verhalten sich Fische dieser Art unabhängig vom Alter positiv rheotaktisch. Nasen sind in der Lage gegen hohe Fließgeschwindigkeiten von über 2 m/s anzuschwimmen und auch stark turbulente Zonen zu passieren, wobei sie allerdings nach einer Weile ermüden und sich in strömungsberuhigte Bereichen zurück ziehen.

Schutzstatus:
Rote Liste: ungefährdet

Plötze (Rutilus rutilus)

Die Plötze, die auch Rotauge genannt wird, hat einen leicht hochrückigen, mit großen Schuppen bedeckten, silberfarbenen Körper. Die Augen der bis zu 45 cm großen Fischart sind auffällig orangerot gefärbt. Die Rückenflosse liegt genau über dem Ansatz der Bauchflossen. Die sowohl gegenüber Gewässerverunreinigung als auch Gewässerausbau außerordentlich tolerante Art ist einer der häufigsten Fische sowohl stehender und als auch fließender Gewässer. Während junge Rotaugen krautige oder zumindest strukturreiche Uferzonen bevorzugen, besiedeln älter Exemplare sowohl das Freiwasser, als auch die Bodenzone. Als Nahrung dienen Pflanzenteile, wirbellose Organismen und auf die Wasseroberfläche fallende Insekten. Nach kurzer Laichwanderung im Frühjahr kleben die Weibchen die Eier an Hartsubstanzen jeglicher Art an, wo sie von den männlichen Fischen besamt werden. Die frisch geschlüpften Larven verfügen über Klebdrüsen am Kopf, mit denen sie sich zum Schutz vor Verdriftung anheften können.

Als eine der häufigsten Arten ist zwar die Beschaffung von Plötzen für ethohydraulische Untersuchungen vergleichsweise unproblematisch, doch bedarf es guter Hälterbedingungen bei Wassertemperaturen unter 20 °C damit die Probanden in guter Konstitution und motiviert sind. Plötzen schließen sich grundsätzlich mit anderen Cypriniden ähnlicher Größe zu Gemischtartenschwärmen zusammen und schwimmen sehr agil in einer Laborrinne umher. Fische dieser Art halten sich in allen Wassertiefen auf, meiden aber Bereiche mit schwacher oder ungerichteter Strömung. Auch turbulenten Zonen weichen vor allem junge Exemplare eher aus. Während ein positiv rheotaktisches Verhalten bei juvenilen Plötzen bereits bei einer Fließgeschwindigkeit von 0,15 m/s einsetzt, reagieren adulte Fische erst auf 0,2 m/s. Die Ausdauer von Plötzen hängt sehr von ihrer Körperlänge ab: Ausgewachsene Exemplare können problemlos über längere Zeit gegen Fließgeschwindigkeit von weit mehr als 1,7 m/s anschwimmen, während juvenile Fische bereits bei Fließgeschwindigkeiten von 1 m/s schnell ermüden und sich in strömungsberuhigte Bereiche zurück ziehen. Abwandernde Plötzen vermögen bei Anströmgeschwindigkeiten über 0,7 m/s nicht mehr sich von einer mechanischen Barriere zu lösen, um zu entfliehen.

Schutzstatus:
FFH-Art gem. Anhang II & V
Rote Liste: ungefährdet

Rapfen (Aspius aspius)

Der Rapfen erreicht einer Körperlänge von über 1 m. Er besitzt einen stromlinienförmigen, seitlich etwas zusammengedrückten Körper, der von kleinen silbrigen Schuppen bedeckt ist. Auffällig ist sein vorstehender Unterkiefer, der ein kräftiges Raubfischgebiss trägt. Die paarigen Flossen und die sichelförmig eingebuchtete Afterflosse schimmern leicht rötlich. Im Frühjahr wandern die geschlechtsreifen Elterntiere in Zuflüsse oder Seitengewässer ein, um auf rasch überströmten Kiesbänken die Eier abzulaichen. Während juvenile Rapfen gesellig nahe der Oberfläche in strömungsberuhigten Lebensräumen, wie Auegewässern und Buhnenfeldern anzutreffen sind, jagen adulte Exemplare einzelgängerisch in rascher Strömung.

Ethohydraulische Beobachtungen adulter Rapfen weisen diese Art als außerordentlich agil, schwimmstark und leistungsfähig aus, die auch gelegentlich versucht, Hindernisse zu überspringen. Während sich junge Rapfen bis etwa 30 cm bevorzugt Gemischtartenschwärmen anschließen, verhalten sich adulte Rapfen in Laborrinnen wie auch im Freiland strikt einzelgängerisch. In der Hälterung stellen sie zudem anderen Probanden nach. Ein positiv rheotaktisches Verhalten stellt sich unabhängig vom Alter ab einer Fließgeschwindigkeit von etwa 0,2 m/s ein. Rapfen sind problemlos in der Lage, auch sehr hohe Fließgeschwindigkeiten von weit über 2 m/s zu passieren und über längere Zeit ohne erkennbare Anstrengungen gegen Strömungen von 1 m/s anzuschwimmen. Auch stärkste Turbulenzen werden von Fischen dieser Art unabhängig von der Körpergröße ohne Zögern durchschwommen.

Rotfeder (Scardinius erythrophthalmus)

Die maximal 40 cm lange goldfarbene Rotfeder besitzt einen hochrückigen, seitlich abgeflachten Körper mit oberständiger Maulspalte. Bauchflossen, After- und Schwanzflosse sind auffällig hellrot gefärbt. Im Gegensatz zur Plötze liegt der Vorderrand der Rückenflosse auf einer gedachten senkrechten Achse schwanzwärts hinter dem Ansatz der Bauchflossen. Die Rotfeder bewohnt pflanzenreiche, langsam fließende oder stehende Gewässer, wo sie sich gesellig in Ufernähe aufhält und fast ausschließlich von Wasserpflanzen ernährt. Der Laich wird im Frühjahr an die untergetauchte Vegetation geheftet. Durch Abtrennung, Verfüllung oder strukturelle Degradation der als Laichgebiete dienenden Gewässer sind die Bestände der Rotfeder lokal oft erheblich verringert.

Wenngleich die Rotfeder ein typischer Bewohner von Gewässern mit geringer oder fehlender Strömung ist, lässt die Art in ethohydraulischen Tests eine vergleichbare Agilität und Leistungsfähigkeit wie die Plötze erkennen. Auch bei den Rotfedern sind die adulten Fische bedeutend ausdauernder als Jungfische und ein positiv rheoaktives Verhalten wird bei einer Fließgeschwindigkeit von 0,2 m/s ausgelöst. Unterschiedlich ist hingegen die ausgeprägtere Neigung sich zu Reinartenverbänden zusammen zu schließen

Schutzstatus:
Rote Liste: ungefährdet

Schutzstatus:
Rote Liste: ungefährdet

Schleie (Tinca tinca)

Am kräftig gebauten olivgrün-goldenen Körper der Schleie fallen besonders die sehr kleinen Schuppen, der kompakte Schwanzstiel und die fleischigen Bauchflossen auf. Deren erster Flossenstrahl ist bei geschlechtsreifen Männchen stark verdickt. Die oftmals leuchtend gelborange gefärbte Maulpartie ist durch zwei kurze, in den Mundwinkeln sitzende Bartfäden gekennzeichnet. Ausgewachsene Exemplare erreichen eine Länge von bis zu 50 cm. Die Schleie bewohnt langsam strömende Flüsse und stehende Gewässer mit dichtem Pflanzenbewuchs. Außer von benthalen Wirbellosen, die sie durch Gründeln erbeutet, ernährt sie sich hauptsächlich von pflanzlicher Kost. Im Frühsommer schließen sich die Tiere zu Schwärmen zusammen, um im Zuge des Laichgeschäfts ihre Eier in Ufernähe an Wasserpflanzen anzuheften. Im Winter zieht sich die Schleie an den Grund ihres schlammigen Wohngewässers zurück, und verfällt in eine Art Winterschlaf; die Nahrungsaufnahme wird in dieser Zeit eingestellt.

Alle bislang in ethohydraulischen Test beobachteten Schleien verhielten sich im Laborgerinne eher zurückhaltend, wenig agil und ausdauernd. Vor allem juvenile Schleien entfalten wenig Aktivität und suchen primär nach Versteckmöglichkeiten, in die sie sich zurückziehen, um hier regungslos zu verharren. Während ein positiv rheoaktives Verhalten bei juvenilen Schleien bereits bei einer Fließgeschwindigkeit ab 0,1 m/s einsetzt, reagieren adulte Exemplare erst bei einer Fließgeschwindigkeit von 0,2 m/s auf Strömung. Die großen Exemplare verhalten sich entweder einzelgängerisch oder schließen sich Gemischartenschwärmen an. Motiviert durch andere Fische zeigen sich Schleien jedoch als durchaus in der Lage, auch hochturbulente Bereiche zu passieren und gegen Fließgeschwindigkeiten über 1,5 m/s anzuschwimmen. Nach solchen Höchstleistungen suchen sie allerdings Bereiche mit geringer Strömung auf, um auszuruhen.

Schutzstatus:
Rote Liste: Vorwarnliste

Schneider (Alburnoides bipunctatus)

Der selten über 15 cm lange Schneider besitzt einen leicht hochrückigen, seitlich zusammengepressten silbrigen Körper mit blau-metallischem Glanz. Auffällig ist die abknickende, dunkel eingefasste Seitenlinie, der die Art ihren Namen verdankt, da sie an eine Schneidernaht erinnert. Die Flossenansätze sind orangerot. Der Schneider ist ein ausgesprochen geselliger Schwarmfisch, der bevorzugt kleine Flüsse mit rascher Strömung besiedelt. Er ernährt sich von benthalen Wirbellosen und Anflugnahrung. Das Laichgeschehen findet im Frühjahr statt, wobei die Eier in das Lückensystem von Kiesablagerungen abgegeben werden. Der Schneider stellt besonders hohe Ansprüche an eine differenzierte strukturelle Ausstattung seines Lebensraumes. Infolge dessen ist die Fischart lokal nur noch in Restpopulationen präsent oder bereits verschollen.

Schneider bilden auch in ethohydraulischen Untersuchungen Reinartenschwärme, die sich allerdings gern einen größeren Cypriniden als "Leitfisch" suchen, um ihm im Pulk zu folgen. Schneider zeigen so gut wie keine Affinität zu Unterständen, sondern schwimmen vielmehr permanent umher. Im Falle einer drohenden Gefahr suchen sie Schutz in Turbulenzen. Ein positiv rheotaktisches Verhalten lassen Schneider ab Fließgeschwindigkeiten von 0,2 m/s erkennen. Mit angelegter Rückenflosse und schnellen Schlägen der Schwanzflosse schwimmen sie aber auch bei Fließgeschwindigkeiten weit über 2 m/s noch erfolgreich und ohne erkennbare Ermüdung gegen die Strömung an. Stromabwärts lassen sich Schneider sowohl kontrolliert positiv rheotaktisch ausgerichtet, also Schwanz-voran verdriften, oder bewegen sich durch aktive Schwimmbewegungen unterstützt, mit hoher Geschwindigkeit Kopf-voran.

Schutzstatus:
Rote Liste: ungefährdet

Ukelei (Alburnus alburnus)

Charakteristisch für die schlanke, bis zu 20 cm lange Ukelei sind das extrem oberständige Maul sowie die kleinen, stark silbrig glänzenden Schuppen. Die oberflächenorientierte Ukelei bewohnt in Schwärmen die Mittel- und Unterläufe größerer Flüsse und Stillgewässer. Ihre Nahrung besteht vor allem aus Insekten, die auf die Wasseroberfläche fallen. Das Laichgeschäft findet im Frühjahr in flach überströmten Uferbereichen statt, wo die klebrigen Eier angeheftet werden.

Da sich die Schuppen dieser Art sehr leicht lösen und die Fische empfindlich auf höhere Wassertemperaturen reagieren, ist der Umgang mit Ukelei nicht unproblematisch. Da Ukelei allerdings obligat oberflächenorientiert schwimmen, kann auf diese Art für die Untersuchung der Auswirkung von Oberflächenströmungen nicht verzichtet werden, zumal sie sich unter günstigen Laborbedingungen als agil und ausdauernd präsentiert. Ukelei bilden bevorzugt Reinartenschwärme, um das Laborgerinne in oberflächennahen bis pelagialen Wassertiefen zu durchstreifen. Einzelexemplare schließen sich notfalls auch anderen Fischen ähnlicher Größe an, wobei sie aber ihre Orientierung zur Wasseroberfläche nie aufgeben. Die Fließgeschwindigkeit, die bei Ukelei ein positiv rheotaktisches Verhalten auslöst, liegt bei 0,2 m/s. Fische dieser Art sind in der Lage selbst hoch turbulente Zonen zu durchqueren. Allerdings schränken Fließgeschwindigkeiten über 1,7 m/s die Passierbarkeit von Durchlässen ein. Abwandernde Ukelei haben bei Anströmgeschwindigkeiten ab 0,7 m/s Probleme sich nach Kontakt mit einer unpassierbaren mechanischen Barriere von dieser zu lösen und zu entfliehen.

Schutzstatus:
Rote Liste: gefährdet

Zährte (Vimba vimba)

Die bis zu 50 cm lange Zährte hat einen gestreckten, seitlich zusammen gedrückten, silbrig bis golden schimmernden Körper. Kopf und Rücken sind besonders zur Laichzeit dunkel bis schwarz gefärbt. Die paarigen Flossen und die Afterflosse sind leuchtend orangerot gefärbt. Auffällig ist die fleischige, dunkel gefärbte nasenartige Schnauzenspitze mit einer unterständigen und hufeisenförmigen Maulspalte. Im Gegensatz zur ähnlichen Nase ist die Unterlippe nicht scharfkantig ausgebildet, sondern fleischig. Die Zährte ist eine typische Flussfischart, die sich bevorzugt in Bodennähe aufhält, um im schlammigen Grund nach Nahrung zu suchen. Im Frühjahr führt diese Art ausgedehnte Laichwanderungen über mehrere 100 km durch, um ihre klebrigen Eier an Steinen und Pflanzen abzulegen. Eine wesentliche Gefährdungsursache für die potamodrome Zährte ist deshalb zweifellos die Unterbrechung ihrer Wanderwege durch unpassierbare Querbauwerke.

Aufgrund der geringen Verfügbarkeit dieser Art kam bei ethohydraulischen Tests bislang nur ein einziges adultes Exemplar zur Beobachtung. Dieses schloss sich im Laborgerinne anderen Arten gleicher Größe an. Die Zährte richtete sich bei einer Fließgeschwindigkeit ab 0,2 m/s positiv rheotaktisch aus und zeigte sich von hoher und ausdauernder Leistungsfähigkeit, in dem sie Durchlässe bei Fließgeschwindigkeiten von 1,7 m/s ohne Probleme passierte und auch Turbulenzzonen nicht mied.

Zope (Ballerus ballerus)

Der hochrückige Körper der maximal 50 cm langen Zope schimmert silbern-bläulich. Der Kopf mit einer hohen Stirnpartie läuft spitz zu und trägt eine leicht oberständige Maulspalte. Die Afterflosse ist stark verlängert, die schmale Rückenflosse steil nach oben gerichtet. Die Zope ist ein Bewohner der Unterläufe großer Flachlandflüsse sowie von Stillgewässern, wo sie sich in Ufernähe aufhält. Ihre Nahrung besteht aus Plankton und benthalen Wirbellosen. Nicht nur zur Laichzeit im Frühjahr sondern auch im Spätherbst zieht die Zährte in großen Schwärmen stromaufwärts, um in pflanzenreichen, nicht zu stark durchströmten Bereichen abzulaichen.

Schutzstatus:
Rote Liste: Vorwarnliste

Zährten zeigen ein den Arten Brachsen und Giebel/ Goldfisch grundsätzlich vergleichbares Verhalten, einschließlich der Neigung sich Gemischtartenschwärmen anzuschließen. Der Grenzwert für eine positive Rheotaxis liegt bei 0,2 m/s. Fische dieser Art zeigen sich willig und fähig zumindest wenige Meter lange Strecken gegen Fließgeschwindigkeiten bis zu 2 m/s zu überwinden. Allerdings verlieren sie in Turbulenzen vergleichsweise schnell die Orientierung, da sie aufgrund ihrer hochrückigen Körperform durch Seitenströmungen und Wirbel leicht ins Trudeln geraten oder verdriftet werden.

Familie: Welse (Siluridae)

Schutzstatus:
Rote Liste: ungefährdet

Wels (Silurus glanis)

Der Wels kann eine Körperlänge bis zu 3 m erreichen. Er ist von plumper Gestalt mit einem breit abgeflachten Schädel mit vergleichsweise sehr kleinen Augen. Der Rücken ist dunkelgrau, die Bauchseite hellgrau bis weiß und die Flanken des schuppenlosen Körpers sind marmoriert. Seine Afterflosse ist verlängert, während die Rückenflosse auffällig klein ist. Der Wels besitzt ein mächtiges Maul mit zahlreichen, in mehreren Reihen angeordneten und zum Rachen hin gekrümmten sehr spitzen Bürstenzähnen. Der Oberlippe entspringen zwei lange Barteln und vier kürzere Barteln befinden sich zusätzlich an der Kopfunterseite. Der Wels lebt am Gewässergrund größerer Flüsse und Stillgewässer. Er ernährt sich räuberisch, wobei sein Nahrungsspektrum Fische, Amphibien und bei Gelegenheit auch Wasservögel und Kleinsäuger umfasst. Zur Laichzeit im Frühjahr bauen die männlichen Welse ein einfaches Nest aus Pflanzenteilen oder heben in Ufernähe eine Mulde aus, in die das Weibchen zahlreiche kleine Eier ablegt. Das Männchen bewacht das Gelege und betreibt Brutpflege, weshalb der Reproduktionserfolg dieser Art hoch ist. Das originäre Verbreitungsgebiet des Welses bilden die Gewässersysteme von Donau und Elbe, doch sind heute aufgrund von Besatzmaßnahmen in allen Gewässersystemen reproduktive Populationen vorhanden.

Da die Haltung dieser Raubfische problematisch ist, kamen für ethohydraulischen Untersuchungen bisher nur vergleichsweise kleine Welse unter 50 cm Länge zum Einsatz. Doch selbst diese Exemplare stellten den übrigen Probanden nach, fraßen sie auf oder verletzten sie durch Bisswunden schwer. Zudem ist beim Umgang mit kapitalen Fischen dieser Art darauf zu achten, dass die Untersucher nicht durch Zähne eines Welses verletzt werden. Welse verharren in einer Laborrinne die meiste Zeit passiv an der Sohle. Gelegentlich legen sie aber zeitweilig eine erhebliche Aktivität an den Tag, in dem sie einzelgängerisch und stets sohlenorientiert umher streifen.

Aktiver Wels im ethohydraulischen Test

Ein positiv rheoaktives Verhalten setzt bei Welsen ab einer Fließgeschwindigkeit von etwa 0,2 m/s sein. Welse schwimmen zumeist mit behäbigen Schlägen der Schwanzflosse in Bodennähe. Allerdings können diese Fische auf kurzer Distanz enorm beschleunigen und sind in der Lage Fließgeschwindigkeiten von über 2 m/s anzuschwimmen. Auch meiden die kraftvollen Schwimmer hochturbulente Zonen nicht. Gegen hohe Fließgeschwindigkeiten und turbulente Strömungen, die ihnen einen höheren Kraftaufwand abfordern, schwimmen sie mit leicht gesenktem Kopf.

Familie: Dorschfische (Gadidae)

Schutzstatus:
Rote Liste (2009): Vorwarnliste

Quappe (Lota lota)

Die braunschwarz marmorierte, in Ausnahmefällen bis 1 m lange Quappe ist an ihrer walzenförmigen Körperform zu erkennen. Am Kinn trägt sie einen einzigen langen Bartfaden, der sie als Verwandte der marinen Dorscharten ausweist. Zwei weitere sehr kurze Barteln sitzen an den Nasenöffnungen. Die Quappe besitzt zwei Rückenflossen und kehlständige Bauchflossen. Die Quappe bewohnt die Flussunterläufe mit träger Strömung. Tagsüber lebt sie bevorzugt versteckt im Uferbereich, während sie nachts auf Nahrungssuche geht. Quappen führen zur Laichzeit in den Wintermonaten stromaufwärts gerichtete Wanderungen über mehrere 100 km durch, bevor die sehr kleinen, ölhaltigen Eier ins Freiwasser abgegeben werden. Stromabwärts treibend schlüpfen aus ihnen die Larven. Durch Wanderhindernisse wird der Lebensraum der Quappe stark eingeschränkt.

In der Laborrinne zeigen die durchaus agilen, strikt einzelgängerisch umher schwimmenden Quappen kein ausgeprägtes positiv rheotaktisches Verhalten, so dass es bisher nicht möglich war, einen Grenzwert für die rheoaktive Geschwindigkeit zu ermitteln. Vielmehr durchschwimmen Fische dieser Art unabhängig von der Richtung und Stärke einer Hauptfließrichtung eine Strömung kreuz und quer. Auch folgen Quappen nicht selten senkrecht aufragenden Flächen von der Sohle bis unmittelbar zur Wasseroberfläche. Insgesamt macht das Verhalten der Quappen einen ständig suchenden und einen weniger zielorientierten Eindruck. Adulte Quappen sind durchaus in der Lage, kurze Strecken gegen Fließgeschwindigkeiten bis 1,9 m/s zu überwinden; rascher fließenden Strömungen oder Engstellen, an denen höhere Fließgeschwindigkeiten auftreten, können von Quappen jedoch nur in Ausnahmefällen überwunden werden.

Familie: Stichlinge (Gasterosteidae)

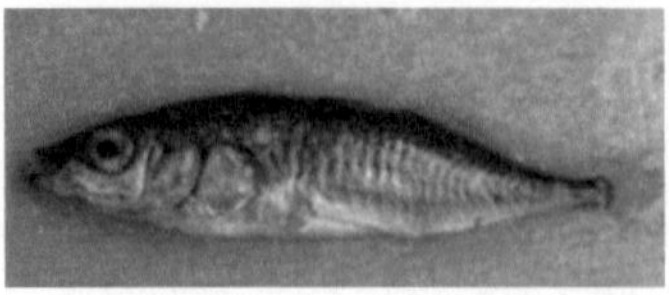

Anadrome Form des Dreistachligen Stichlings

Schutzstatus:
Rote Liste: ungefährdet

Dreistachliger Stichling (Gasterosteus aculeatus)

Der maximal 10 cm lange Dreistachlige Stichling trägt auf seinem Rücken drei einzelne, bewegliche und sehr spitze Stacheln. Zwei weitere Stacheln werden von den Bauchflossen gebildet. Während die Fische die meiste Zeit des Jahres unscheinbar grünlich braun gefärbt sind, tragen die männlichen Stichlinge zur Paarungszeit ein auffälliges Hochzeitskleid mit leuchtend rot gefärbter Bauchseite. Dreistachlige Stichlinge bewohnen sowohl stehende, als auch langsam fließende Gewässer, wo sie sich von benthalen Wirbellosen und gelegentlich Fischbrut ernähren. Im Brackwasser des norddeutschen Küstengebietes existiert eine anadrome Wanderform, die gegenüber den ausschließlich im Süßwasser im Binnenland lebenden Artgenossen zwar nicht länger ist, aber bis zu 5-mal mehr wiegt. Diese anadrome Form des Dreistachligen Stichlings wandert im April über die Estuare stromaufwärts, um im Binnenland geeignete Laichareale zu erreichen. Dreistachlige Stichlinge haben eine ausgeprägte Brutpflege entwickelt: Das Männchen baut ein Nest aus abgestorbenem Pflanzenmaterial, in das es mit einem komplizierten Balztanz nacheinander mehrere Weibchen zur Eiablage lockt. Nach der Besamung versorgt das Stichlingsmännchen das Nest bis zum Schlupf der Jungfische durch Fächeln mit den Flossen mit frischem Wasser und verteidigt die Nachkommenschaft gegen Räuber. Der Dreistachlige Stichling ist gegenüber Gewässerbelastung und strukturelle Degradation seines Lebensraumes äußerst unempfindlich. Deshalb vermag er sich noch in Gewässern fortzupflanzen, in denen andere Fischarten nicht mehr überleben können.

Der Einsatz von Dreistachligen Stichlingen in großskaligen Laborrinnen ist mühsam, da sich die kleinen Fische nur sehr schwer wieder finden lassen. Zwar ist die Beschaffung anadromer Dreistachliger Stichlinge zeitlich limitiert, doch erweisen sich Fische dieser Ökoform aufgrund ihrer besonders hohen Agilität, für die Kleinheit der Fische vergleichsweise große Leistungsstärke und Ausdauer als besonders interessante Studienobjekte. Jeweils 2 bis 5 Exemplare schließen sich im Laborgerinne zu einem kleinen Reinartenschwarm zusammen, um pelagial bis sohlennah im Wasserkörper umher zu schwimmen. Die positive Rheotaxis wird bei dieser Art bereits ab einer Fließgeschwindigkeit von 0,15 m/s ausgelöst. Während Dreistachlige Stichlinge aus Binnengewässern bei einer Fließgeschwindigkeit von 0,3 m/s rasch ermüden, schwimmen die offenbar konditionsstärkeren anadromen Exemplare gegen Fließgeschwindigkeiten von 0,5 m/s ausdauernd an. Ihre Leistungsgrenze erreichen anadrome Stichlinge bei einer Fließgeschwindigkeit von 1,5 m/s, der sie nichts entgegen zu setzen haben und deshalb verdriftet werden. Damit Dreistachlige Stichlinge z. B. lokal begrenzt höhere Fließgeschwindigkeiten im Bereich von Engstellen überwinden können, bedarf es einer Sohle mit moderater Rauheit oder alternativen strömungsberuhigten Wanderkorridoren.

Familie: Echte Barsche (Percidae)

Ein leicht erkennbares Merkmal der Barsche sind ihre zwei Rückenflossen, von denen die Vordere durch nicht selten spitz endende Stachelstrahlen verstärkt und die Hintere durch Weichstrahlen gestützt wird. Auch die Kiemendeckel und die Afterflosse tragen Dornen, die den Experimentator beim Umgang mit solchen Fischen verletzen können. Im Gegensatz zu allen anderen Fischarten, die runde oder ovale Schuppen mit glatter Oberfläche besitzen, hat eine Barschschuppe viele leistenartige Erhebungen, die aus der dachziegelartigen Anordnung der Schuppen nach Außen ragen. Diese Kammschuppen verstärken die Schutzwirkung der Haut und bewirken, dass sich die Oberfläche eines Barsches sehr rau anfühlt. Alle Barsche sind Raubfische, die auch in der Hälterung im wasserbaulichen Labor, vor allem während der Nacht anderen Probanden nachstellen.

Schutzstatus:
Rote Liste: ungefährdet

Flussbarsch (Perca fluviatilis)

Der bis zu 50 cm lange, etwas hochrückige Flussbarsch ist von seitlich abgeflachter Körperform. An den breiten dunklen Querstreifen und der intensiven Rotfärbung der Bauch- und Afterflossen ist diese Fischart unschwer zu erkennen. Flussbarsche sind äußerst anspruchslos gegenüber den Strömungsverhältnissen, sowie stofflichen und strukturellen Defiziten. Deshalb ist diese Art in allen Fließgewässern und stehenden Gewässern verbreitet. Während sich junge Barsche von Zooplankton und Insektenlarven ernähren, stellen adulte Exemplare kleinen Fischen nach. Flussbarsche neigen bei Nahrungsmangel zum Kannibalismus. Während der Laichzeit im Frühjahr heftet das Weibchen die Eier in langen Gallertbändern an untergetauchte Strukturen aller Art.

Wenngleich die Hälterung von Flussbarschen besondere Schutzmaßnahmen für die anderen Probanden erfordern, eignet sich diese einerseits robuste sowie andererseits agile, leistungsbereite und -fähige Art gut für ethohydraulische Untersuchungen. Flussbarsche bewegen sich in einer Laborrinne sowohl einzeln, als auch in Gruppen mit Artgenossen oder Gemischtartenschwärmen ähnlicher Größe in pelagialen Wassertiefen oder sohlennah umher. Ihr Grenzwert für die rheoaktive Fließgeschwindigkeit liegt unabhängig vom Alter bei 0,2 m/s. Flussbarsche sind ausdauernde und gute Schwimmer, die weder rasche Strömungen, noch starke Turbulenzen meiden. Fische dieser Art sind in der Lage, über längere Zeit und Distanzen gegen Fließgeschwindigkeiten von 2 m/s anzuschwimmen.

Schutzstatus:
Rote Liste: ungefährdet

Kaulbarsch (Gymnocephalus cernua)

Die vordere und die hintere Rückenflosse des Kaulbarschs sind miteinander verbunden. Der Körper dieser nur selten länger als 20 cm werdenden Art ist goldfarben mit dunklen Sprenkeln. Der Kaulbarsch bewohnt Flüsse und vor allem die Unterläufe großer Ströme, tritt aber auch in Auegewässern sowie im Brackwasser auf. Seine Nahrung besteht aus benthalen Wirbellosen. Zur Laichzeit ziehen die Kaulbarsche schwarmweise in seichte Uferzonen, wo sie ihre Eier in gallertigen Klumpen oder Bändern an Hartsubstraten anheften.

Kaulbarsche präsentieren sich in Laborrinnen als wenig leistungsbereite Einzelgänger, die die meiste Zeit auf einer Position verharren. Die aktivsten Exemplare bewegen sich stets sohlennah über Distanzen von wenigen Dezimetern, bevor sie möglichst im Schutze einer Struktur wieder pausieren. Ein positiv rheotaktisches Verhalten setzt bei Kaulbarschen ab einer Fließgeschwindigkeit von 0,15 m/s ein. Insgesamt sind Kaulbarsche zu den eher leistungsschwachen Arten zu zählen, wenngleich die bisher wenigen Observationen noch keine endgültigen Aussagen über maximal überwindbare Fließgeschwindigkeiten erlauben.

Schutzstatus:
Rote Liste: ungefährdet

Zander (Sander lucioperca)

Der Zander hat einen lang gestreckten, grünlich schimmernden Körper mit einigen dunklen Querstreifen und großen Kammschuppen. Die beiden Rückenflossen des bis zu 1,3 m langen Raubfisches sind deutlich voneinander getrennt und fast gleich lang. Der Zander bewohnt den freien Wasserkörper großer Flüsse und stehender Gewässer. Zur Laichzeit im Frühjahr heften die weiblichen Zander ihre Eier an Hartsubstanzen jeglicher Art an, wo sie nach der Besamung von dem Männchen bewacht werden. Ursprünglich war das Vorkommen dieser Art in Deutschland auf die Gewässersysteme von Donau und Elbe beschränkt. Als begehrter Speisefisch wurde er jedoch bereits in der zweiten Hälfte des 19. Jahrhunderts auch in anderen Gewässersystemen angesiedelt, so dass er mittlerweile überall verbreitet ist.

Der Umgang mit kapitalen Zandern, die mit 50 cm Länge etwa 1,5 kg wiegen, ist aufgrund der nadelspitzen Zähne und den spitzen Stacheln an den Kiemendeckeln und der Rückenflossen für Experimentatoren durchaus mit Verletzungsgefahren verbunden. Problematisch ist auch die Hälterung dieser Raubfischart, die anderen Probanden nachstellt und darüber hinaus sehr empfindlich gegenüber Sauerstoffdefiziten ist. Im Rahmen bisheriger ethohydraulischer Beobachtungen in Laborrinnen zeigten sich Zander agil und leistungsstark. Dabei verhalten sich Fische dieser Art in der Regel einzelgängerisch. Ein positiv rheotaktisches Verhalten wurde bei Fließgeschwindigkeiten ab 0,2 m/s ausgelöst. Adulte Zander sind in der Lage sowohl Durchlässe, als auch Fließgeschwindigkeiten über 2 m/s über längere Distanzen mühelos zu durchschwimmen. Auch hochturbulente Zonen durchquerten die Fische ohne zu Zögern oder die Orientierung zu verlieren.

Familie: Groppen (Cottidae)

Schutzstatus:
FFH-Art gem. Anhang II
Rote Liste: ungefährdet

Groppe (Cottus gobio)

Die etwa 15 cm lange Groppe oder Koppe ist an der gedrungenen und abgeflachten Körperform, dem breiten Kopf und der sehr großen Maulspalte zu erkennen. Sie hat einen braunen, schuppenlosen Körper, der von dunkleren breiten Querbändern überzogen ist. Die Groppe besiedelt bevorzugt schnell strömende Gewässer; tritt jedoch auch in größeren Flüssen oder durchflossenen Seen auf. Mit Hilfe der großen, flach ausgebreiteten Brustflossen lässt sie sich von der Strömung an die Sohle anpressen, um hier zu verharren. Die Nahrung der Groppe besteht aus benthalen Wirbellosen. Das unter Steinen in einer Laichhöhle eingebrachte Gelege wird vom Männchen bis zum Schlüpfen der Brut bewacht.

Alle bislang beobachteten Groppen verharrten von Beginn bis zum Ende einer Beobachtungszeit nahezu regungslos auf einer Position. Selten bewegt sich eine Groppe über die Sohle, und wenn dann nur über eine sehr kurze Distanz. Werden Groppen z. B. durch andere Fische bedrängt, flüchten sie mit einem kurzen Sprint in den freien Wasserkörper, um sich sofort wieder zur Sohle sinken zu lassen. Bietet eine Laborrinne gar Versteckmöglichkeiten, verharren Groppen darin bewegungslos. Entsprechend dieses Verhaltens konnte weder ein Grenzwert für ein positiv rheotaktisches Verhalten ermittelt werden, noch wurden Erkenntnisse über das Leistungsvermögen der Groppe gewonnen. Aufgrund dieser Passivität ist diese Art für ethohydraulische Untersuchungen wenig geeignet.

Familie: Schollen (Pleuronectidae)

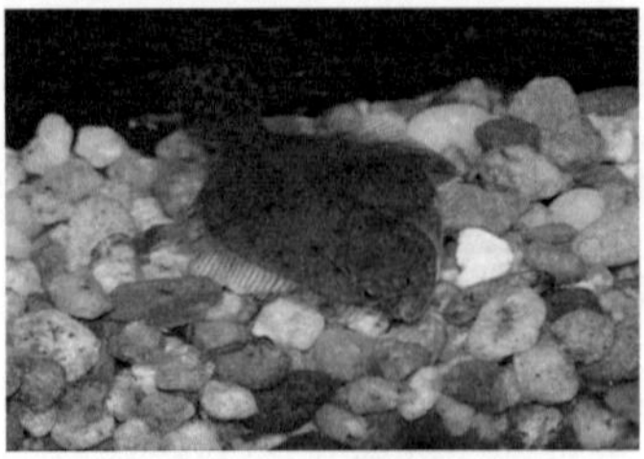

Rote Liste: Kein Schutzstatus da dieser nur für im Süßwasser laichende Arten vergeben wird.

Flunder (Platichthys flesus)

Die Oberseite der bis zu 50 cm langen, ovalen Flunder ist von grünlich brauner Grundfärbung, die der Plattfisch jedoch der Farbe des Untergrundes anpassen kann. Entlang der Seitenlinie weist der mit kleinen Schuppen bedeckte Körper warzige Erhöhungen auf. Die Rückenflosse reicht vom Auge bis zum Schwanzstiel; die Afterflosse erstreckt sich von der Position des Ansatzes der Brustflossen bis zum Schwanzstiel. Die Flunder ist zwar eine marine Art, die ihren gesamten Entwicklungszyklus im Meer vollenden kann, doch zeigt sie ein katadromes Wanderverhalten: Sie wandert in die Estuare ein und steigt während des Sommers gesellig die Flüsse bis weit ins Binnenland auf, um sich hier von benthalen Wirbellosen zu ernähren. Historische Quellen belegen Wanderungen der Flunder über mehrere 100 km stromaufwärts. Zur Laichzeit im Frühjahr zieht diese Fischart wieder stromabwärts ins Meer. Die Anzahl von Flundern in den Flüssen hat sich infolge einer verbesserten Wasserqualität in den letzten Jahren deutlich erhöht. Staustufen geringster Höhe sind jedoch für diese Art unüberwindlich.

Aufgrund der problematischen Beschaffung wurden Flundern bisher selten und nur als präadulte Exemplare bis 30 cm Länge in ethohydraulischen Tests eingesetzt. Diese ausschließlich dicht über Grund schwimmenden Einzelgänger sind wenig aktiv und von vergleichsweise geringer Leistungsfähigkeit. Bevorzugt verharren Flundern bewegungslos am Gerinneboden. Sofern sie jedoch umher schwimmen, erfolgte dies ruckartig in alle Richtungen über mehr oder weniger große Distanzen, in dem der Körper mittels wellenartiger Schwimmbewegungen und mit Hilfe der Flossensäume richtungskorrigiert wenige Zentimeter über die Sohle gleitet. Aufgrund dieses Schwimmverhaltens konnte ein eindeutig positiv rheotaktisches Verhalten bzw. eine Grenzgeschwindigkeit hierfür noch nicht ermittelt werden. Die Schwimmgeschwindigkeiten der Flunder sind zwar gering, doch gelingt es den Plattfischen sich problemlos gegen eine Fließgeschwindigkeit bis etwa 0,7 m/s zu behaupten. Eine Engstelle, in der eine Fließgeschwindigkeit von deutlich über 1,5 m/s herrscht, kann von Fischen dieser Art jedoch in der Regel nicht passiert werden.

Literatur

AFS (American Fisheries Society) (2003) Proklamation zum Schutze des Aals. Quebec (Canada), 2. International Eel-Symposium, 14. August

DWA (Deutsche Vereinigung für Wasserwirtschaft, Abwasser und Abfall e.V.) (2005) DWA-Themen: Fischschutz- und Fischabstiegsanlagen – Bemessung, Gestaltung, Funktionskontrolle. Hennef, 2. Auflage, S 256

Freyhof J (2010) Rote Liste der im Süßwasser reproduzierenden Neuaugen und Fische (Cyclostomata & Pisces). In: Bundesamt für Naturschutz (Hrsg): Rote Liste gefährdeter Tiere, Pflanzen und Pilze Deutschlands, 289–316

Gessner J, Tautenhahn M, von Nordheim H, Borchers T (2010) Nationaler Aktionsplan zum Schutz und zur Erhaltung des europäischen Störs (*Acipenser sturio*). Bonn, Bundesministerium für Umwelt, Naturschutz und Reaktorsicherheit und Bundesamt für Naturschutz (Hrsg), S 84

Hansen L P (1988) Effects of Carlin tagging and fin clipping on survival of Atlantic Salmon (Salmo salar L.) released as Smolts. In: Aquaculture 70:391–394

Kottelat M, Freyhof J (2007) Handbook of European freshwater fishes. Cornol (Schweiz) (Publications Kottelat), S 646

Rat Der Europäischen Union (2007) Verordnung (EG) Nr. 1100/2007 des Rates vom 18. September 2007 mit Maßnahmen zur Wiederauffüllung des Bestands des Europäischen Aals. In: Amtsblatt der Europäischen Union DE L 248/17–23 vom 22. 09. 2007

Rat Der Europäischen Gemeinschaften (1992) Richtlinie zur Erhaltung der natürlichen Lebensräume sowie der wildlebenden Tiere und Pflanzen. Richtlinie 92/43/EWG vom 21. Mai 1992, Abl. L 206 vom 22. 07. 1992, S 7

Glossar

Adhäsion Die Adhäsion, die auch Anhangskraft genannt wird, beschreibt den Zustand einer Grenzflächenschicht zwischen zwei in Kontakt tretenden Phasen, z. B. Wasser und Umgebungsluft oder Wasser und Gerinnewand. Die Haupteigenschaft dieses Zustandes ist der durch molekulare Wechselwirkungen in der Grenzflächenschicht hervorgerufene mechanische Zusammenhalt der beteiligten Phasen.

anadrom Neunaugen- und Fischarten, die zwischen ihren Reproduktionsgebieten im Binnenland und ihren Aufwuchshabitaten im Meer wandern, werden als anadrome Arten bezeichnet. Dazu zählen u. a Fluss- und Meerneunauge, Atlantischer Stör, Atlantischer Lachs, Maifisch und Stint. Etwa ein Fünftel der einheimischen im Süßwasser reproduzierenden Arten haben einen anadromen Lebenszyklus.

Anströmung Strömung, welche den Querschnitt vor einem Objekt, z. B. einen Einlauf oder einen Rechen senkrecht durchfließt. Die Anströmung wird als mittlere Fließgeschwindigkeit ausgedrückt, obwohl sich in der Realität in einem Querschnitt stets eine heterogene Geschwindigkeitsverteilung einstellt.

Aspekt Ist im Sinne der Ethohydraulik ein Gemisch aus geometrischen, hydraulischen, fischbiologischen und gewässerökologischen Strukturen und Zuständen, die eine Strömungssituation oder -eigenschaft verursachen und damit das Fischverhalten beeinflussen.

attraktierend Über eine mehr oder weniger große Distanz anziehende bzw. anlockende Wirkung.

Axon Nervenfortsatz einer primären Sinneszelle.

benthale Invertebraten Die Gewässersohle besiedelnde Organismen ohne Wirbelsäule, z. B. Würmer, Muscheln und Schnecken, Krebse, Insekten und Insektenlarven.

Biometrie Maße, die die Körperform (Morphologie) eines Tieres beschreiben, z. B. Länge von Schnauze bis Schwanzflosse, Dicke, Körperhöhe.

Cypriniden Karpfenartige: Artenreichste Familie unter den einheimischen Fischen mit u. a. Karpfen, Barbe, Gründling und Ukelei.

B. Adam, B. Lehmann, *Ethohydraulik*,
DOI 10.1007/978-3-642-17210-6, © Springer-Verlag Berlin Heidelberg 2011

diadrom Arten, die im Laufe ihres Lebens obligat zwischen Lebensräumen im Meer und süßwassergeprägten Lebensräumen im Binnenland wechseln.

dorso-ventral Achse vom Rücken zum Bauch.

Druckabfluss Strömung in einem abgedeckelten Gerinne ohne freie Wasseroberfläche, die relativ zur Umgebung unter Überdruck steht. Das Abflussgeschehen in einer gefüllten Rohrleitung findet in der Regel als Druckabfluss statt.

Elektrische Fische Einige sowohl im Süß-, wie auch im Salzwasser lebende Fische haben Muskelfasern so umgebildet, dass sich an deren Zellmembranen getrennte Ladungspotentiale aufbauen. Durch Summation einer Vielzahl solcher kleiner Potentiale und ihre salvenartige Entladung können stark elektrische Fische hohe Spannungen aufbauen. Der Zitteraal kann beispielsweise eine Spannung von bis zu 500 V erzeugen, um Feinde zu vertreiben oder Beutetiere zu betäuben. So genannte „schwach elektrische Fische" umgeben sich demgegenüber mit einem schwachen elektrischen Feld mit einer Frequenz von bis zu 2000 Hz. Werden die elektrischen Feldlinien durch lebende oder tote Objekte verändert, nimmt der elektrische Fisch dies als Reiz wahr, die ihm auch in trüben Gewässern eine Orientierung und innerartliche Kommunikation ermöglich.

Expertenwissen Wissen, über das nur eine exklusive Personengruppe verfügt. Da dieses Wissen nicht ubiquitär vorhanden ist, ist sein Wahrheitsgehalt nicht überprüfbar. Damit entspricht Expertenwissen weder naturwissenschaftlichen Anforderungen, noch repräsentiert es den Stand des Wissens oder der Technik. Im Gegensatz dazu basiert Fachwissen auf naturwissenschaftlichen und damit nachprüfbaren Ergebnissen oder Fakten. (www.wiper.de/konzepte-03.html; 01.01.2011)

Fischaufstiegsanlagen … und fischpassierbare Bauwerke dienen der Gewährleistung der stromaufwärts gerichteten Wanderungen von Neuaugen und Fischen. Sie sind so zu konstruieren, dass sie an mindesten 300 Tagen pro Jahr weitgehend ohne Zeit- und damit Energieverlust von allen Arten, Größen und Entwicklungsstadien der am jeweiligen Standort zu erwartenden Fischfauna auffindbar und ohne vermeidbaren Stress sowie gefahrlos bis ins Oberwasser des Wanderhindernisses passierbar sind. Um auch Ortsbewegungen an der Gewässersohle lebender Wirbelloser zu ermöglichen, ist die Sohle mit einem durchgehenden Lückensystem auszustatten.

Ethohydraulik Transdisziplinäre Verschneidung der biologischen Teildisziplin der Verhaltensbiologie (=Ethologie) und dem ingenieurwissenschaftlichen Fachgebiet der Hydraulik.

ethohydraulische Signatur Werte geometrischer, kinematischer und dynamischer Parameter, mit denen eine fischrelevante hydraulische Situation beschrieben oder bewerkstelligt werden kann.

Ethologie Die objektive Erforschung des Verhaltens von Tieren und Menschen mit naturwissenschaftlichen Methoden. Verhaltensforschungen befassen sich sowohl mit einer ganzheitlichen Betrachtung eines Organismus, als auch mit der Analyse seiner einzelnen Verhaltensabläufe.

Ethogramm Repertoire aller Verhaltensweisen, die einer Tierart zueigen sind.

Freispiegelabfluss Eine Strömung mit einer freien Wasseroberfläche, bei der nur der Atmosphärendruck anliegt, wird als Freispiegelabfluss bezeichnet.

Gründeln Bei der Futtersuche nach benthalen Wirbellosen saugen Fische mit dem Maul quasi auf dem Kopf stehend Feinsedimente samt Nährtieren auf und stoßen die unverdaulichen Partikel aus Maul und über die Kiemenspalten wieder aus. Auf diese Weise wird der Gewässergrund systematisch abgesucht.

heimische Art Eine Art gilt gemäß gesetzlicher Definition als heimisch, wenn ihr Verbreitungsgebiet oder regelmäßiges Wanderungsgebiet ganz oder teilweise im Inland liegt, in geschichtlicher Zeit lag oder sich auf natürliche Weise nach Deutschland ausdehnt. Auch verwilderte oder durch menschlichen Einfluss in freier Natur eingebürgerte Tiere oder Pflanzen sind als heimisch zu betrachten, wenn sie sich ohne menschliche Hilfe über mehrere Generationen erhalten.

Hydraulik Lehre vom Strömungsverhalten der Flüssigkeiten. Die Hydraulik beschäftigt sich dabei mit der physikalisch-mathematischen Beschreibung der Strömungskinematik (Fließbewegung und -geschwindigkeit) als auch der Strömungsdynamik (Kräfte bei Fließbewegungen). Da viele strömungsmechanische Prozesse bislang nicht naturwissenschaftlich exakt in mathematisch-physikalischen Gleichungsansätzen abgebildet werden können, hat sich bei den Ingenieurwissenschaften die Disziplin der Technischen Hydraulik etabliert. Die Formelansätze der Technischen Hydraulik enthalten in der Regel empirische Beiwerte. Dem Ingenieur wird es bei sorgfältiger Wahl der empirischen Beiwerte möglich, praxisrelevante hydraulische Fragestellungen belastbar zu beantworten.

hydraulischer Längsschnitt Graphische Darstellung der Wasserspiegellagen, Fließgeschwindigkeiten und Druckverhältnisse entlang des Fließweges in einem offenen Gerinne oder einer Rohrleitung. Die Fließgeschwindigkeiten und Druckverhältnisse werden im hydraulischen Längsschnitt ebenso wie die Wasserspiegellagen in der Einheit [m] als so genannte Geschwindigkeitshöhe $v^2/(2 \cdot g)$ und Druckhöhe $(p/(\rho \cdot g))$ skaliert aufgetragen.

Interdisziplin Die Betrachtung eines Problems erfolgt mittels der Erkenntnisse, Theorien, Methoden und Analyseverfahren verschiedener Fachdisziplinen um jeweils disziplinspezifische Lösungen zu erarbeiten. Die Disziplinen bedingen einander nicht und in Berichten interdisziplinärer Projekte stehen die Beiträge der Einzeldisziplinen separat nebeneinander.

Interstitial Lückensystem zwischen Steinen am Gewässergrund.

Invertebraten Organismen ohne Wirbelsäule.

Isotachendiagramm Graphische Darstellung der Strömungsgeschwindigkeiten in einem Querschnitt. Die Linien, welche im Diagramm gleiche Geschwindigkeitswerte miteinander verbinden, werden als Isotachen bezeichnet.

juvenil Das noch nicht geschlechtsreife Jugendstadium einer Art.

Kalibrierung Zur Gewährleistung der situativen Ähnlichkeit eines Modells wird untersucht, ob und in welchem Maß das Modell Abweichungen von der Natur aufweist, um solche ggf. durch Modifikation des Versuchsaufbaus zu korrigieren. Ein kalibrierter Versuchsstand gewährleistet, dass eine Natursituation hinsichtlich der untersuchungsrelevanten Aspekte exakt abgebildet ist.

katadrom Arten, die zwischen ihren Reproduktionsgebieten im Meer und ihren Aufwuchshabitaten im Süßwasser wandern. Als einzige katadrome Fischart lebt in deutschen Gewässern der Europäische Aal.

Kohäsion Bindungskräfte zwischen den Atomen und Molekülen eines Stoffes. Kohäsive Kräfte wirken in Flüssigkeiten und führen an den Oberflächen zur Grenzflächenspannung. Die Kohäsivität einer Flüssigkeit wird über die Stoffeigenschaft der Viskosität (Zähigkeit) quantitativ ausgedrückt.

Lachssmolts Zur Abwanderung ins Meer bereite, 1- bis 2-jährige Junglachse mit charakteristischer silberner Färbung. Auch Meerforellen haben ein solches Smoltstadium.

Lokomotorik Eine beispielsweise schwimmende, schlängelnde oder kriechende Fortbewegung mittels hierfür ausgebildeter Gliedmaße oder Körperstrukturen wie Flossensäume.

makrozoobenthale Invertebraten Mit bloßem Auge noch erkennbare Wirbellose Organismen, die bevorzugt die Gewässersohle besiedeln.

modulare Einbauten In der Laborrinne installierte und möglichst modifizierbare Bauelemente, die zur Herstellung der situativen Ähnlichkeit einer Natursituation für eine ethohydraulische Untersuchung benötigt werden.

Neunaugen Neunaugen zählen aufgrund verschiedener entwicklungsgeschichtlicher und anatomischer Besonderheiten nicht zu den Fischen (Pisces), sondern zu den Kiefernlosen (Agnatha), und hier zur Ordnung der Rundmäuler (Cyclostomata). Sofern im Buch jedoch nicht ausdrücklich „Neunaugen" benannt werden, wird diese Artengruppe gemäß der allgemein gebräuchlichen Definition der Fischereigesetze unter dem Begriff „Fische" subsumiert.

Neuromasten Sinneszellen, die in verschiedenen Sinnesorganen wie dem Seitenlinienorgan oder im Innenohr enthalten sind und die Schwerkraft, Druck- und Schallwellen sowie Winkelbeschleunigungen wahrnehmen. Diese lang gestreckten Sinneszellen tragen an ihrer dem Außenmedium zugewandten Seite mehrere kürzere Kino- sowie ein bis wenige längere Stereocilien. Werden diese als Sinneshärchen bezeichneten Strukturen ausgelenkt, wird dies von dem Rezeptor als Reiz wahrgenommen.

Ökohydraulik (englisch=ecohydraulics) Diese Disziplin beschreibt der ökologischen Auswirkungen physikalischer Prozesse auf Flüsse, Ästuare und Feuchtgebiete. Es handelt sich um ein interdisziplinäres Arbeitsgebiet der Ingenieurwissenschaften, Biologie und Chemie. Bei der Ethohydraulik, die ein Spezialgebiet der Ökohydraulik darstellt, werden die Zusammenhänge zwischen Strömungen und Fließzuständen, die durch Strukturen in und am Gewässer erzeugt werden auf die aquatischen Organismen betrachtet.

Parameter Ist im Sinne der Ethohydraulik eine bestimm- und messbare Größe, der sowohl qualitativ, z. B. „die Fließbewegung ist am Ort A durch eine Querströmung gekennzeichnet", als auch quantitativ, z. B. „die Wassertiefe h beträgt am Ort B x [m]" angegeben werden kann.

pelagial Im freien Wasserkörper zwischen Sohle und Wasseroberfläche.

Pheromon Kleinmolekulare Hormone, die über Luft oder im Wasser ausgebreitet werden und im Sinne von Botenstoffen innerartliche Informationen tragen, die das Verhalten beeinflussen.

Photorezeptor Sinneszellen, in deren Membran lichtempfindliche Pigmente eingelagert sind. Diese erfahren bei der Adsorption von Licht eine Veränderung ihrer Struktur, was von dem Rezeptor als optischer Reiz wahrgenommen wird.

Population Fortpflanzungsgemeinschaft.

potamodrom Arten, deren Reproduktions- und Aufwuchsgebiete innerhalb der Flusssysteme liegen. Allerdings können die Distanzen zwischen diesen Lebensräumen erheblich sein, weshalb potamodrome Arten ausgedehnte Wanderungen unternehmen; z. B. Karpfen mehrere hundert km, Zährte über 800 km, Barbe bis zu 300 km, Aland und Döbel bis zu 100 km.

Prädator Fressfeind. Fressfeinde der Fische sind neben Raubfischen, an Land lebenden Raubtieren und Vögeln auch der Mensch.

Präprozess In diesem ersten Arbeitsschritt einer ethohydraulischen Untersuchung gilt es sicher zu stellen, dass eine auf die Organismen im Gewässer einwirkende Realsituation so ähnlich wie möglich in einem wasserbaulichen Modell nachgebildet wird, damit Fische unterschiedlicher Arten und Größen darauf mit einem quasi natürlichen Verhalten reagieren können.

Pulsationseffekt Als Pulsation wird in der Strömungsmechanik ein zyklischer Wechsel von hydrodynamischer Kraft bezeichnet, der beim Wasser oft mit abwechselnder Ausdehnung und Kontraktion der Wasseroberfläche einhergeht. Pulsationseffekte erzeugen in einem Strömungsfeld unstete Zustände, die Auswirkungen auf das Verhalten von Fischen haben können.

Reiz Sowohl mechanische, chemische, elektromagnetische oder Wärmereize bestehen aus einem Energiegefälle, das auf eine Sinneszelle einwirkt und eine Zustandsänderung dieses Rezeptors bewirkt. Diese wird vom Organismus als Information wahrgenommen.

Rezeptor Für die Aufnahme chemischer oder physikalischer innerer oder äußerer Reize spezialisierte Zellen. Beispielsweise nehmen Photorezeptoren Lichtreize auf, Riechrezeptoren nehmen den Duft und Geschmacksrezeptoren den Geschmack von Molekülen auf. Photo- und Riechrezeptoren leiten die aufgenommenen Reize direkt über eigene Fortsätze bis ins Gehirn weiter (primäre Sinneszellen), während die übrigen Rezeptortypen mit anderen Nervenzellen verschaltet sind (sekundäre Sinneszellen), um die aufgenommenen Informationen über die Nerven an das Gehirn weiter zu leiten.

Rheotaxis Verhalten von Organismen gegenüber einem Strömungsreiz. Beim positiv rheotaktischen Verhalten schwimmen Fische gegen die Strömung an.

Salmoniden Lachsartige, z. B. Lachs und Forellen, wobei sich letztere in weitere Ökotypen aufspalten, wie Bachforelle *(Salmo trutta f. fario)*, Seeforelle *(Salmo trutta f. lacustris)* und Meerforelle *(Salmo trutta f. trutta)*.

situative Ähnlichkeit Vergleichbarkeit einer für den Fisch relevanten baulichen oder hydraulischen Situation in der Natur und ihre Nachbildung in einem ethohydraulischen Versuchsstand.

Strömungsfluktuation Die einmalige oder andauernde Veränderung von Strömungsprozessen infolge äußerer Einwirkungen oder Pulsationseffekten. Da es problematisch ist, Parameter bei Strömungsfluktuationen allein durch Mittelwerte darzustellen, werden zusätzlich die Varianzen und/oder Standardabweichungen angegeben, z. B. bei der Quantifizierung von Turbulenz.

Telemetrie Verfolgung mit Sendern versehener Tiere über große Distanzen, wobei deren Position und ggf. weitere Messdaten von Antennen empfangen und aufgezeichnet werden.

Totwasserzone Bereich in einem fließenden System, in dem keine Strömung vorhanden ist. Totwasserzonen bilden sich beispielsweise im Strömungsschatten angeströmter Objekte oder auf der Lee-Seite von Bauwerkskanten infolge von Strömungsablösung.

Tracer (englisch; to trace = verfolgen) Im wasserbaulichen Versuch wird durch Einfärbung des Wassers eine Oberflächen- oder Tiefenströmung sichtbar gemacht. Tracer, die als Flüssigkeiten oder Feststoffen dem Wasser zugegeben werden beeinflussen die Fließbewegung nicht, erzeugen jedoch infolge ihrer Verdriftung Konzentrationsgradienten, die z. B. Strömungspfade, Rückströmungen und Totwasserzonen sichtbar machen.

Transdisziplin Die Betrachtung eines Problems erfolgt mittels Erkenntnissen, Theorien, Methoden und Analyseverfahren verschiedener Fachdisziplinen, wobei sich die Disziplinen gegenseitig unterstützen und durchdringen. Auf diese Weise werden neue Denkansätze und Methoden sowie oft sogar auch eine eigene Fachsprache entwickelt.

Transferprozess Im letzten Arbeitsschritt einer ethohydraulischen Untersuchung werden auf der Grundlage der Erkenntnisse aus den Verhaltensbeobachtungen in Kombination mit ethohydraulischen Signaturen Regeln sowie präzise Richt- oder Grenzwerte für die wasserbauliche Praxis formuliert, die den Bedürfnissen der betrachteten Organismen gerecht werden.

Transponder Technologie zur individuellen Markierung und automatischen Detektion von Tieren. Ein von einer Antenne via elektromagnetischer Induktion aktivierte Sender von maximal 32 mm Länge und 4 mm Breite emittiert auf einer Frequenz von 134,2 Hz einen Code, der von der Antenne empfangen und einem nachgeschalteten Lesegerät entschlüsselt wird. Das Funktionsprinzip wird als „Radio Frequency Identification“ (RFID) bezeichnet und, da der Sender keine eigene Energiequelle benötigt, wird er als „Passive Integrated Transponder“ (kurz: PIT-Tag) bezeichnet.

Vektordiagramm Vektoren werden zur graphischen Darstellung von Geschwindigkeiten und Kräften verwendet. Bei Vektordiagrammen erfolgt die Abbildung eines Vektors als Pfeil: Die Spitze zeigt die Richtung an, in der die Geschwindigkeit oder Kraft wirkt, die Länge des Pfeilschaftes gilt als Maß für den Betrag der Geschwindigkeit oder Kraft. In der Ethohydraulik stellt das Vektordiagramm mehrere Geschwindigkeitsvektoren in einem betrachteten Querschnitt zusammen. Daraus werden Hauptströmungs-, Wirbel-, Rückströmungs- und Totwasserzonen erkennbar.

Viskosität Die Viskosität ist ein Maß für die Zähflüssigkeit von Wasser. In der Hydraulik wird zwischen der kinematischen (υ) und der dynamischen Viskosität (η) unterschieden, wobei eine Umrechnung mit $\upsilon = \eta/\rho$ möglich ist. Die Viskosität ändert sich in Abhängigkeit von der Temperatur. Bei ethohydraulischen und wasserbaulichen Fragestellungen wird sie mit $\upsilon = 1{,}3 \cdot 10^{-6}$ m²/s als konstant angenommen.

Wirbelzopf Strömungsphänomen, bei dem sich eine spiralartige Strömung mit nahezu horizontaler Längsachse im Wasser ausbildet. Solche Strömungen entstehen, wenn mehrere Einflussfaktoren gleichzeitig wirken. Beispielsweise können die Kanten einer Einengung Strömungsablösungen erzeugen, die in Kombination mit einer schrägen Anströmung einen Drall und somit die Entstehung von Wirbeln bewirken. Infolge der Verdriftung solche Wirbel durch und mit der Hauptströmung entsteht eine korkenzieherförmige Wirbelstraße, die infolge ihrer Viskosität mit zunehmender Driftstrecke an Rotationsbewegung verliert und sich letztendlich auflöst.

Zielart Art oder Entwicklungsstadium einer Art, deren spezifische Anforderungen es durch ethohydraulische Tests zu untersuchen oder allgemein zu berücksichtigen gilt.

Sachverzeichnis

B. Adam, B. Lehmann, *Ethohydraulik*,
DOI 10.1007/978-3-642-17210-6, © Springer-Verlag Berlin Heidelberg 2011

MIX
Papier aus verantwortungsvollen Quellen
Paper from responsible sources
FSC® C105338

If you have any concerns about our products,
you can contact us on
ProductSafety@springernature.com

In case Publisher is established outside the EU,
the EU authorized representative is:
Springer Nature Customer Service Center GmbH
Europaplatz 3, 69115 Heidelberg, Germany

Printed by Libri Plureos GmbH
in Hamburg, Germany